新一代信息技术（网络空间安全）高等教育丛书

丛书主编　方滨兴　郑建华

工信学术出版基金
Industry and Information Technology
Academic Publishing Fund

工信知识赋能工程

# 无线网络安全

◆ 李兴华　主　编
◆ 王运帷　张俊伟　马建峰　副主编

U0290860

电子工业出版社
**Publishing House of Electronics Industry**
北京·**BEIJING**

# 内 容 简 介

无线网络满足了人们随时随地互联互通的需求，已经渗透到国计民生的方方面面。然而，无线网络在给大众带来便捷的同时，也面临着严重的安全威胁。本书针对用户在无线网络活动中存在的安全及隐私威胁展开研究，在对已有应对方案分析、总结的基础上，针对网络接入、数据传输、服务使用三个环节分别提出了对应的解决方案，以确保无线网络能更好地为大众提供安全且便捷的服务。

本书是作者在无线网络安全领域深耕多年的成果汇集，全书共 14 章，主要内容包括接入认证、安全传输、位置隐私保护三个部分，在详尽介绍无线网络安全应对方案的同时，也对未来发展进行了展望。

本书既可作为相关从业者和科研人员的参考资料，也可作为网络安全、计算机等专业本科生与研究生学习的参考用书。同时，本书还可以作为无线网络安全的科普读物，供社会各界人士阅读。

图书在版编目（CIP）数据

无线网络安全 / 李兴华主编. -- 北京 ：电子工业
出版社，2024. 10. -- ISBN 978-7-121-49539-7

Ⅰ. TN92

中国国家版本馆 CIP 数据核字第 2025JP5530 号

责任编辑：戴晨辰　　文字编辑：孟泓辰
印　　刷：三河市龙林印务有限公司
装　　订：三河市龙林印务有限公司
出版发行：电子工业出版社
　　　　　北京市海淀区万寿路 173 信箱　　邮编：100036
开　　本：787×1092　1/16　印张：18.25　　字数：467.2 千字
版　　次：2024 年 10 月第 1 版
印　　次：2024 年 10 月第 1 次印刷
定　　价：69.00 元

凡所购买电子工业出版社图书有缺损问题，请向购买书店调换。若书店售缺，请与本社发行部联系，联系及邮购电话：(010) 88254888，88258888。

质量投诉请发邮件至 zlts@phei.com.cn，盗版侵权举报请发邮件至 dbqq@phei.com.cn。

本书咨询联系方式：dcc@phei.com.cn。

# PREFACE 前言

无线网络满足了人们随时随地互联互通的需求，已经成为人们日常生活中必不可少的组成部分。例如，在随处可见的餐厅、商场、办事大厅中，用户可通过无线网络实现扫码点餐、在线支付、在线办公等。目前大众熟知的无线网络主要包括无线局域网（WLAN）和移动通信网（如 4G/5G 等），依托这两类网络，服务提供商可以为用户提供各类丰富的应用，如移动社交、智慧交通、智能物流、移动支付等。

然而，用户在享受无线网络带来的便捷的同时，也面临着严峻的安全和隐私威胁问题，其主要原因在于，无线网络的开放性、广覆盖性以及和物理世界的深度融合性使其承载了更多的用户隐私，面临着更大的攻击面。概括来讲，用户在无线网络中的活动可分为网络接入、数据传输、服务使用三个环节，均可能遭到外部恶意攻击，导致非法终端接入、身份信息、数据信息以及位置信息泄露，严重威胁了用户的个人隐私，甚至生命财产安全，阻碍了国家信息数字化建设的进展。

为了解决无线网络面临的安全和隐私威胁问题，研究人员相继提出了一系列方法，本书在相关基础上进行了改进和补充。全书共 14 章，围绕用户在无线网络活动中的不同环节展开，涉及接入认证、安全传输、位置隐私保护三部分。具体地，第 1 章介绍了无线网络的背景和面临的安全及隐私威胁，并总结了现有无线网络中安全和隐私保护机制。第 2～6 章主要针对用户网络接入环节中的安全机制——接入认证展开研究，内容涉及无线局域网和移动通信网，主要实现了接入认证的安全性、高效性以及隐私性。第 7～9 章主要针对数据传输环节中的安全机制——安全传输展开研究，内容涉及无线网络中安全端到端通信和安全群组通信。第 10～13 章主要以无线网络中最常用的基于位置的服务为例，针对服务使用环节的安全机制——位置隐私保护展开研究，内容涉及分布式 $K$-匿名和差分隐私两种位置隐私保护关键技术，旨在实现单个用户位置隐私保护的同时，兼顾整体用户空间分布的可用性。第 14 章对全书进行了总结，并对无线网站安全未来的研究方向进行了展望。

作为国内较早涉猎无线网络安全的团队之一，团队已在无线网络安全和隐私保护问题中进行了深入、系统的研究，先后受到国家杰出青年科学基金"无线网络安全（62125205）"、国家自然科学基金联合基金项目（U23A20303）、陕西省重点研发计划（2023KXJ-190）、陕西省重点研发计划（2024GX-YBXM-072）等项目资助，取得了丰硕的理论成果。本书的主体内容由团队多年来的研究成果汇聚而成，理论性和创新性强，学术价值高，可以为网络安全相关从业人员和技术人员提供有价值的参考。

本书由西安电子科技大学网络与信息安全学院李兴华教授担任主编，王运帷、张俊伟、马建峰担任副主编。感谢在此过程中提供帮助的任彦冰、刘佼、任哲、张展、童秋云、张曼、薛沛雷、王雨晴、张金海、李卓文、王子豪、董杰、雷恒、安洁莹、周芷慧等团队成员。

无线网络发展日新月异，加之作者水平有限，书中难免存在疏漏和不妥之处，欢迎广大读者批评指正。

编　者

2024 年 7 月

# CONTENTS

目录

# 第1章 绪论

**内容提要**

　　无线网络满足了人们随时随地互联互通的需求，已经渗透到国计民生的方方面面。大众熟知的无线网络主要包括无线局域网和移动通信网。然而，用户在享受无线网络带来的便捷的同时，也面临着严重的安全及隐私威胁问题。本章首先分析了导致无线网络严重安全和隐私威胁的两个主要原因——信息世界同物理世界的深度融合性和开放性；其次以用户在无线网络中的活动环节为主线，指出了各环节面临的威胁，具体地，在网络接入环节面临非法终端接入和身份信息泄露，在数据传输环节面临数据信息泄露，在服务使用环节面临位置信息泄露；最后，总结了现有的无线网络安全和隐私保护机制以及存在的不足。

**本章重点**

- ◆ 无线局域网和移动通信网
- ◆ 非法终端接入
- ◆ 身份信息泄露
- ◆ 数据信息泄露
- ◆ 位置信息泄露

## 1.1 背景

　　信息化时代，为了满足人们随时随地互联互通的需求，无线网络应运而生，并在过去短短的几十年里迅猛发展。所谓无线网络，顾名思义就是使用无线通信技术实现各类设备互联的网络。相比于有线网络，它摆脱了物理线缆的束缚，提高了用户访问网络的自由度，具有网络安装便捷、易于扩展、支持移动接入服务等优点，已成为大众日常生活中必不可少的组成部分。

　　目前，大众熟知的无线网络主要包括无线局域网（Wireless Local Area Network，WLAN）和移动通信网。无线局域网是指在局部范围内建立的无线网络，覆盖范围小，通常只能将距离不远的分散用户接入同一个无线网络中，并利用无线接入点（Access Point，AP）实现面向更大的互联网范围的连接。例如，在随处可见的餐厅、火车站、办事大厅等地方，人们可连接本区域的无线网络实现扫码点餐、远程办公等。无线局域网的初步应用可追溯到第二次世界大战期间，美国军队采用无线电信号完成了数据资料的远距离传输。受此启发，1971 年，夏威夷大学搭建了首个无线电通信网络 ALOHNET，包含 7 台计算机，通过无线网络实现相互通信。1990 年，IEEE 802 标准化委员会建立了 802.11 工作小组，负责设计无线局域网标准，并于 1997 年批准了 IEEE 802.11 成为世界上第一个 WLAN 标准，标志着无线网络技术逐渐走向成熟。此后，经过不断完善和演进，形成了 IEEE 802.11 系列标准，以人们熟知的 WiFi 统称并运营。

移动通信网是指承载移动通信业务的网络，其主要完成移动用户之间、移动用户与固定用户之间的信息交互。相比于无线局域网，移动通信网覆盖范围更大，通常可以包含一个地区或国家。人们可以利用移动通信网接入互联网享受各种便捷的服务，如网络视频、位置导航、移动支付等。移动通信网随着通信技术的革新动态演进，迄今为止先后经历了五代。以 1983 年贝尔实验室与摩托罗拉大规模商用的第一代模拟语音通信技术（The 1st Generation, 1G）为发展原点，先后经历了 2G、3G、4G，目前 5G 网络已在全世界得到商用。在此过程中，移动通信网逐渐从单纯的语音业务扩展到支持丰富多样的垂直业务。以 5G 网络为例，它通过划分不同的网络切片来支持各种垂直行业，为车联网、无人机自组网等新兴重点领域提供服务。人类对技术的探索和革新是永无止境的，2020 年 3 月 4 日，国际电信联盟（International Telecommunication Union，ITU）启动了面向 2030 年及未来 6G 网络的研究工作，这标志着 6G 网络被正式纳入国际标准化组织研究计划。6G 网络的愿景是借助卫星通信、无人机通信以及新空口技术等，实现空、天、地全域无缝覆盖通信，建立一体化的空间信息网络。

## 1.2 无线网络中的安全及隐私威胁

人们在享受无线网络带来的便捷的同时，也面临着更为严峻的安全及隐私威胁问题，其主要原因如下。①无线网络通过感知技术将物理世界和信息世界深度融合，使其承载了更多的隐私信息，如医疗健康信息、位置信息等。②无线网络的开放性为其带来了更大的攻击面。这里的开放性主要包含两个方面，一是无线链路的开放性，这使得网络更容易受到被动窃听或主动干扰攻击。二是网络边界的开放性，具体而言，随着网络虚拟化、软件定义网络（Software Defined Network，SDN）等 IT 技术的应用，无线网络不再是封闭的网络，而是一个开放平台，这无疑使得无线网络没有一个清晰的防御边界，传统依靠设备物理隔离的方法将难以奏效，导致用户面临更大的隐私泄露风险。因此，在无线网络中，用户对于信息安全及隐私保护的需求更加迫切，各国政府也都给予了极大的关注，纷纷制定相应的法律法规，为互联网时代的用户信息安全及隐私保护装上法律的盾牌。例如，美国政府实施的《电子通信隐私法案》《网上隐私保护法》；欧盟联盟出台了《通用数据保护条例》《欧洲网络安全法案》；我国先后颁布了《中华人民共和国网络安全法》《中华人民共和国数据安全法》。

概括来讲，用户在无线网络中的活动可为三个环节：网络接入、数据传输和服务使用，具体如图 1.1 所示，用户在通过身份认证接入网络后，进行数据传输，使用各种应用服务。在上述三个环节中都可能遭到外部恶意攻击，导致非法终端接入，从而使身份信息、数据信息以及位置信息泄露。

### 1. 网络接入环节

用户在接入无线网络享受各种便捷服务前，需要完成同网络的认证。但由于网络覆盖范围广且开放，终端种类繁多且能力各异，无线网络接入认证面临严峻的安全问题。第一是非法终端接入问题，2019 年 5 月，FBI 在互联网犯罪报告中报道非法终端接入攻击的案例，全世界有超过 3000 万人的终端设备遭受过 SIM（Subscriber Identity Module）卡假冒攻击，使得攻击者可以利用自己的终端假冒合法用户。第二是终端接入时的身份信息泄露问题，2014 年 8 月，在全球知名的黑客大会 Black Hat 上，来自柏林工业大学的研究人员展示了如何利用用户在网络接入时发送的身份标识（International Mobile Subscriber Identity，IMSI）对其进行跟踪定位，并获取用户发送的短信。在上述两个问题中，非法终端接入会破坏无线网络的各类基础设施和服务，终端身份信息泄露会导致用户被定位、跟踪，甚至可能造成 SIM 卡被克隆、窃听。

因此，网络接入环节的安全需求是，保证终端身份的真实性和匿名性，以防止非法终端接入和身份信息泄露。

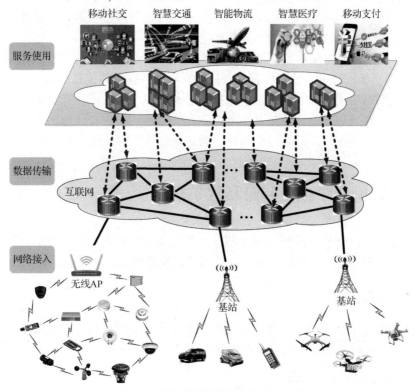

图 1.1　用户在无线网络中的活动环节

### 2．数据传输环节

用户安全接入网络后，需要和网络中的服务提供商进行数据传输。由于无线网络的开放性，攻击者可以很容易地对传输的数据信息进行窃听和篡改。2016 年 3 月，央视 3·15 晚会特别展示了信息诈骗犯如何利用公共免费 WiFi 截获用户的通信信息，非法获取其个人隐私，如联系人目录、消费账单、聊天记录等。与此同时，国内关于用户连接公共免费 WiFi 导致银行卡被盗刷造成经济损失的报道也屡见不鲜。2016 年，国外信息安全媒体报道，来自奇虎 360 的独角兽团队在 4G LTE（Long Term Evolution）通信网络中发现了安全漏洞，并且在 Ruxcon 黑客大会上向全世界展示了如何拦截 LTE 通信网络中的语音通信和短信消息。

因此，数据传输环节的安全需求是保护数据的机密性，防止数据信息泄露，这就需要终端和应用服务间建立端到端的安全通信，对数据进行保密传输，防止数据信息在传输过程中被窃取。

### 3．服务使用环节

基于位置的服务（Location-Based Service，LBS）是无线网络用户最常使用的一种应用服务，如查询周围的医院、最近的地铁站等。然而，服务提供商在为用户提供便捷服务的同时，还可能搜集并滥用用户提交的位置信息，从而非法获取他们的个人隐私，如工作/家庭地址、宗教信仰、政治倾向等。2017 年 2 月，中国解放军报报道，某集团军战士利用手机在网上订餐，导致营区位置等军事信息泄露。同月，央视新闻联播报道，通过提供用户手机号码，可从信息贩子处非法购买到该用户的个人出行轨迹，如使用"滴滴出行"的详细信息等。2019 年 12 月，《纽约时报》揭露了该报隐私项目 Times Privacy Project 获得的一份令人震惊的定位追踪文件，该文件中包括 2016 年和 2017 年某几个月一些智能手机的精确位置，通过分析这些数据，美国很多名人、政要的行踪都被暴露无遗。

因此，服务使用环节的安全需求是位置隐私保护，这就需要用户在使用位置服务的时候，采用 LBS 位置隐私保护技术，使得位置服务提供商不能够获得其位置信息。

此外，无线网络中用户的身份信息、数据信息和位置信息之间存在密切的关系，例如，用户身份信息的泄露会导致位置信息甚至数据信息的泄露，而位置信息的泄露也会导致身份信息的泄露。对上述任何一类信息保护不当，就会导致其他隐私信息的泄露。

## 1.3 现有无线网络中安全和隐私保护机制

针对用户在无线网络使用过程中存在的安全和隐私威胁以及对应的需求，下面将从网络接入、数据传输、服务使用三个环节展开，分别介绍现有的安全和隐私保护方法。

### 1.3.1 网络接入环节——接入认证

依据网络类型的不同，现有的接入认证研究主要聚焦于两种网络：无线局域网和移动通信网。下面将简单介绍并分析一些在不同网络下的典型接入认证协议。

#### 1．无线局域网中的接入认证

现有的无线局域网中认证协议主要分为两种，一种基于非共享密钥，另一种基于共享密钥。首先介绍基于非共享密钥的典型协议。具体地，Liu 等人[1]提出一种无证书签名的远程匿名认证协议，用于保证病人在使用远程医疗服务时的隐私安全，该协议能够有效防止应用程序或者服务提供商获取用户的真实身份，从而保证了用户的安全。He 等人[2]对 Liu 等人的协议进行分析，指出其协议不能抵抗伪装攻击，进而通过将认证数据存储于网络管理器来保证用户认证过程中的匿名性。Yein 等人[3]提出了一种基于椭圆曲线和零知识证明的安全匿名身份认证协议，在用户的认证过程中，采用双向匿名认证算法来保证用户的隐私，并通过假名机制和签名证书来隐藏车辆的真实身份，定期更新假名和证书，保证车辆不被非法跟踪。基于非共享密钥的认证协议需要复杂的数学计算并且有较大的存储需求，并不适用于计算能力和存储能力受限的移动终端。接下来介绍基于共享密钥认证的典型协议。具体地，Gódor 等人[4]提出基于哈希机制的匿名认证协议，服务器在认证过程中查看用户具有匿名特性的证书来为用户提供匿名服务，但是用户认证过程所使用的具有匿名特性的证书中有一个 Holder 标识，且该标识的值对于同一个用户固定不变，因此攻击者可以通过该标识对用户进行跟踪。Safkhani 等人[6]提出通过将用户的共享密钥进行哈希处理或将 CRC 校验发送给认证服务器进行匿名认证，认证服务器根据数据库中存储的共享密钥实现对用户真实身份的匿名认证。由于该过程需要认证服务器进行数据库遍历，最坏情况需要遍历数据库中所有的共享密钥并和原消息进行匹配，当数据库中数据量很大时，会严重消耗认证服务器的资源，攻击者如果利用该漏洞发起大量匿名认证请求则会耗尽服务器资源，影响服务器对其他用户的正常认证。Li 等人[5]提出基于共享密钥的轻量级 $k$-假名匿名认证协议，用户在进行身份认证时，将包含自己真实身份标识的 $k$-假名集合以及与认证服务器间的共享密钥的哈希值发送给认证服务器，认证服务器最多对 $k$ 个用户的共享密钥进行遍历并验证其对应的哈希值，即可完成对用户的认证，避免了认证服务器资源的过度消耗，该协议能够有效抵抗增强 Dolev-Yao 模型中的求交集攻击。Avoine 等人[7]和 Alomair 等人[8]考虑了认证时间不一致导致的认证用户关联的问题，通过提前计算所有可能需要的假名信息和认证计数值的哈希值，并存储在数据库中，提出了常量时间的认证协议，但是该协议引入认证计数值来避免假名被跟踪，同时需要大量的哈希值，导致认证服务器存储开销巨大。虽然 Gope 等人[9]采用分布式数据库存储相关认证信息来避免用户被跟踪，但其所需的存储开销和计算开销依然较大。

## 2. 移动通信网中的接入认证

由于接入点的覆盖范围有限，用户在移动通信网中常常需要进行切换认证。随着混合网络的出现，切换认证也从单一的接入网络类型间切换演化至不同的接入网络类型间切换，切换认证面临着更加严峻的安全威胁。目前，研究人员已经针对不同无线网络下的切换认证进行了研究。由于认证服务器被放置在远离用户的位置，用户为了和基站完成认证，往往需要和认证服务器进行多次交互，导致时延可达数百毫秒，这对于一些实时业务来说是不可接受的。为了降低认证时延，Cao 等人[10]利用了直接认证的思想简化了上述认证过程，在无认证服务器参与的情况下，仅通过三轮交互就实现了用户和基站间的双向认证和密钥协商，该架构尽管简化了认证的过程，但是由于使用了更多的密码学技术，计算开销很大。同时，为了消除认证服务器的参与，一种基于安全上下文的架构[11]被提出。这种架构需要提前选定切换的目标接入点，并且在目标接入点上发送需要的认证信息，虽然在一定程度上缓解了计算开销过大的问题，但是会增加基站和用户间或基站与基站间的信息交互，并且需要依赖于基站间的信任关系。为了实现更加高效的切换认证，Han 等人[12]引入边缘服务器来协助认证，使得边缘服务器通过缓存用户信息来减少认证时延，但是，核心网依旧需要经常和边缘服务器交换用户信息，这会消耗很多通信资源。另外，因为边缘服务器上存储了大量的用户信息，这些缓存数据的安全也难以得到保证，如果边缘服务器被攻击，则会泄露用户信息。为了弥补边缘缓存数据安全性差的缺点，Zhang 等人[13]引入区块链技术，利用区块链在不同接入点间共享用户信息，完成快速切换认证。

与此同时，随着移动通信技术的发展，为了满足不同应用服务的需求，网络切片被引入5G 网络中，用来分割网络。在切片技术的支撑下，5G 网络允许第三方切片服务提供商来租赁网络切片，并且和运营商就切片的服务质量、数据带宽等指标达成服务等级协议（Service Level Agreement，SLA）。切片场景下的一个关键安全问题在于如何针对切片订阅用户进行特定切片的认证和授权。为了实现用户的跨片安全通信，Zhang 等人[14]提出了两种混合签名方案 PCHS（PKI-CLC Heterogeneous Signcryption）和 CPHS（CLC-PKI Heterogeneous

Signcryption），可以实现不同用户在无证书环境下和公钥基础设施环境下的跨片安全通信。然而，该工作没有考虑第三方切片服务提供商的存在，因此不能实现第三方切片下的认证和授权。为了解决这一问题，Behrad 等人[15]提出了 5G-SSAAC（5G Slice Specific Authentication and Access Control）认证架构，将用户的身份认证和访问控制委托给第三方切片服务提供商，从而减少了核心网的负载。然而，该架构仅提出了一个协议框架，缺乏具体的协议实现。为此，Behrad 等人[16]又进一步在 5G 网络中设计了一个新的网络功能，对用户接入第三方切片的协议进行了设计，使得第三方切片服务提供商可以根据自己的安全需求选择相应的认证和访问控制方法。此外，在物联网（Internet of Things，IoT）方面，Ni 等人[17]提出了一种网络切片下面向服务的认证架构，该架构使用户在注册阶段可以获得运营商和物联网服务器（IoT Server，ISV）授权的匿名认证凭据。当用户需要使用切片时，则利用这个匿名认证凭据向 ISV 进行认证。虽然该工作提出了一种网络切片下面向服务的认证架构，但是该认证架构没有对片间切换进行考虑，由于认证阶段凭据需要从用户端回传到 ISV 进行验证，并且采用基于双线性对的密码学原语，整个认证过程计算开销很大，仅用户端在切换认证时的计算开销就高达 332.544ms，不能够满足实时业务的需求。另外，该架构中只构造了一个单一抽象的物联网认证服务器，没有考虑网络切片在部署时会存在多个 ISV 的情况，因此 Ni 等人所提架构的凭据不具有通用性，还需要额外的机制来完成切换认证。为了补充切片内点对点间的用户隐私保护，Sathi 等人[18]提出了切片形成期间对抗拓扑学习攻击的群组匿名双向认证架构，同时还提出了一种保护用户的服务接入行为的群组匿名单向认证架构。然而，尽管上述架构对切片下的认证进行了一些研究，但是没有任何一个架构考虑了用户在切片切换时需要快速认证的需求，因此现有的架构都无法满足快速的切片切换认证。

### 1.3.2　数据传输环节——安全传输

依据数据传输模式的不同，现有安全传输的研究主要聚焦在端到端通信和安全群组通信。下面将简单介绍并分析不同数据传输模式下的典型安全传输方法。

#### 1．安全端到端通信

可信网络连接是安全端到端通信的基础。2003 年，可信计算组织（Trusted Computing Group，TCG）的出现标志着可信计算技术的进一步成熟，该组织提出了包括可信 PC（Personal Computer）平台、可信 PDA（Personal Digital Assistant）平台、可信网络连接等在内的一系列技术规范。在这些规范的指导下，许多网络企业利用 TNC（Trusted Network Connection）架构对他们的产品进行支持和管理。然而，此类架构和协议内容都是基于 C/S 模式对终端进行管理的，它们都需要可信第三方来帮助系统完成终端访问控制的检测工作，并不适合去中心化的分布式网络环境。从分布式系统的角度来看，Dorodchi 等人[19]提出了一种结合信任策略和信任框架的物联网设备安全端到端通信方法，但其没有考虑对通信双方终端的安全性评估。Thomas 等人[20]提供了一种验证终端的方法，即服务器通过一系列的转换规则，对终端发送的请求信息进行验证匹配，从而完成对终端设备的安全验证。然而，该方法实际上还是基于集中式的模型对终端进行验证管理的，并不满足分布式环境下去中心化的要求。Park 等人[21]将区块链与可信计算相结合，通过验证终端平台的完整性来判断终端的可靠性，以建立安全端到端通信。但是该方法的安全性不足，没有从可信网络连接的角度设计，这使该方法在实际应用中具有一定的安全隐患。

## 2. 安全群组通信

群组密钥是实现安全群组通信的基本方法，在通信链路稳定的有线网络中，安全的群组密钥分发得到了广泛的研究，但在通信链路不稳定的网络环境中，极易出现更新群组密钥广播消息丢失的情况，导致节点无法及时更新群组密钥。为了解决这一问题，现有的不可靠通信环境下群组密钥管理方案主要分两种，一种是借助中心控制节点的自愈式群组密钥管理方案，一种是借助邻居节点的互愈式群组密钥管理方案。Staddon 等人[22]于 2002 年首先提出了具有自愈机制的群组密钥管理方案。随后，Blundo 等人[23]指出，在 Staddon 所提方案的第一种自愈机制构造方法中，攻击者可直接利用连续的广播消息计算出更新群组密钥，Blundo 等人通过简单修改原有方案的广播消息中冗余信息的方法解决了这一问题，并提出了仅可通过当前的广播消息恢复出所有丢失群组密钥的自愈方案。Liu 等人[24]引入了滑动窗口机制，通过权衡广播消息的开销和群组密钥自愈的能力（可恢复的最大群组密钥数量），有效降低了 Staddon 所提方案的通信和存储开销。然而，上述方案均需要预先设定最大群组会话次数，且存在无法支持用户临时撤销等问题。为此，研究者们又提出了基于双线性对的自愈式群组密钥管理方案[25]，可支持任意数量群成员的撤销，抵抗任意多非法成员的合谋攻击，且无群组最大会话次数限制，该方案虽较好地解决了前面方案固有的问题，但存在较大的计算和通信开销，不适合应用于节点资源受限的场景。然而，在上述自愈式群组密钥管理方案中，丢失群组密钥的恢复均需要依靠密钥管理中心下一次更新群组密钥的广播消息，是一种被动式的群组密钥恢复方法，其时效性差。

为了解决自愈式群组密钥管理中存在的时效问题，研究者们又进一步提出了互愈式群组密钥管理方案[26-29]，它的核心思想是，群成员通过主动请求其他成员的协助来恢复丢失的群组密钥。Bohio 等人[26]最早提出互愈式群组密钥管理的概念，但文中仅讨论了其可行性，并未给出具体的技术方案。Tian 等人[27]在无线传感器网络中提出了基于双线性对运算的互愈式群组密钥管理方案，需预先完成对每个传感器节点的定位，当节点群组密钥丢失时，向群组广播包含其身份、位置等信息的请求消息，响应请求的邻居节点通过位置邻近关系验证请求节点的合法性，并基于请求节点位置和自身位置生成共享密钥，加密发送丢失的群组密钥广播消息，协助其完成群组密钥恢复。随后，Agrawal 等人[28]指出，Tian 的方案无法抵抗位置信息篡改攻击，即由于请求消息和响应消息均包含各自节点的位置信息且以明文形式传输，位置信息容易被篡改，节点间彼此位置验证将不通过，进而导致节点无法恢复丢失的群组密钥。同时，密钥互愈过程采用了双线性对运算，计算开销较大。Agrawal 改进了 Tian 的方案，利用历史群组密钥，一方面实现对交互消息中节点位置信息的加密保护，另一方面实现对交互消息完整性的保护，但考虑到群组中离开节点存在泄露历史群组密钥的风险，该方案仍无法有效抵抗篡改攻击。同时，Agrawal 等人[29]又提出了基于中国剩余定理的互愈式群组密钥管理方案，该方案通过哈希链预先构造一系列辅助密钥，并将其隐藏在群组密钥广播消息中，在群组密钥更新的同时完成节点辅助密钥的更新。在群组密钥互愈过程中，节点利用相邻两次辅助密钥的哈希关系来验证从响应节点处获取的群组密钥广播消息的完整性和正确性。因此，在该过程中，当请求节点丢失若干次群组密钥时，其本地存储的辅助密钥将和群组中最新辅助密钥不同步，容易导致群组密钥恢复失败。

值得注意的是，上述方案受限于无线传感器网络中节点位置固定、计算资源有限以及群组成员基本不发生变更等特点，在节点丢失群组密钥获取过程中均采用了较弱的安全保护机制，具体包括基于位置关系和共享群组密钥的消息认证等。然而，在动态无线网络（特别是无人机网络）中，成员节点变更频繁且节点位置不固定，上述方法无法确保安全的群组密钥恢复。

### 1.3.3 服务使用环节——位置隐私保护

依据应用服务场景的不同，现有的位置隐私保护研究主要两类场景：基于位置的服务（Location Based Service，LBS）和移动群智感知（Mobile Crowd Sensing，MCS）服务。下面将简单介绍并分析不同应用场景下典型的位置隐私保护方法。

#### 1. LBS 中的位置隐私保护

分布式 $K$-匿名是 LBS 中保护位置隐私的一种常用方法，其基本原理是，LBS 请求者通过点对点通信技术寻找 $K-1$ 个协作者，将其在服务过程中提供的真实位置进行泛化，使得位置服务提供商难以从 $K$ 个用户中鉴别出真实用户位置。在分布式 $K$-匿名中，激励广泛的协作者参与匿名区域构造是确保其安全应用的关键。为此，研究者们提出了许多 $K$-匿名激励机制。Li 等人[30]提出了互惠激励机制，如果帮助他人的次数与需要帮助的次数之比超过某个阈值，用户就可以获得匿名区域构造协助。然而，互惠激励只能够激励对位置隐私敏感的用户并为其提供帮助，但通常对位置隐私敏感的用户很少，因此这种方法在实际应用中效果较差。为了解决这一问题，Yang 等人[31]首次提出了基于货币的 $K$-匿名激励机制，该机制允许协作者通过密封双向拍卖向请求者出售自己的位置。然而，他们没有考虑满意率，即获胜请求者人数与所有请求者人数的比例。因此，Zhang 等人[32]使用贪婪算法来提高满意率，然而这也为拍卖商带来了赤字。此外，在基于虚拟位置的 $K$-匿名中，Wu 等人[33]假设，真实轨迹与虚拟轨迹相似的用户能够从构造虚拟轨迹的请求者处获得所需的查询结果，并基于逆向拍卖对请求者进行金钱补偿。与文献[33]类似，Fei 等人[34]根据用户的查询概率对所有用户进行分组，并通过拍卖理论，确定组内普通用户对组内匿名代理的补偿金额。然而，上述的激励机制大多依赖于可信第三方。此外，这些机制仅能激发协作者的协助，无法激励用户的诚实策略，因此，现有的激励机制不能直接应用于分布式 $K$-匿名。

#### 2. MCS 服务中的位置隐私保护

MCS 是越来越有价值的应用，这一场景下的位置隐私保护问题已经成为当前的研究热点，为了让平台在感知用户整体空间分布的同时保护用户的位置隐私，研究者们开展了一系列工作。其中，基于差分隐私的方法可提供严格且正式的隐私保障，已被广泛应用于位置隐私保护。具体地，在基于差分隐私的方法中，为了消除对集中式服务器的依赖，Kairouz 等人[35]率先提出了基于本地化差分隐私（Local Differential Privacy，LDP）的保护方法，又称为 $k$ 元随机响应（$k$-RR），并给出了相应的分布估计方法。该算法通过对用户进行概率 $k$ 元采样，生成用户的混淆位置，并通过逆运算得到用户分布的经验估计。然后，Chen 等人[36]提出了个性化本地差分隐私的概念，以获取用户的空间数据并设计了一个高效的计数估计协议作为构造块，在不侵犯用户隐私的情况下学习用户的整体空间分布。随后，Jia 等人[37]提出了一种可以集成到各种 LDP 算法中的校准步骤，以降低分布积分过程中的噪声。然而，该算法假设服务器具有噪声和空间分布的先验知识，这影响了其在实际应用中的可行性。与此同时，上述方法只在服务器端集成了分布，忽略了不同用户对空间分布有不同的期望。此外，由于差分隐私的组合特性，当用户以不同的隐私水平动态提交其混淆位置时，可能无法获得令人满意的分布精度。因此，现有的方法都不适用于理性用户的隐私保护空间分布感知。

## 1.4 本书主要内容

本书主要针对用户在无线网络使用过程中的安全和隐私保护展开,其内容包含接入认证、安全传输和位置隐私保护三部分。其中,接入认证部分包含 5 章,内容涉及无线局域网和移动通信网,主要实现了接入认证的安全性、高效性以及隐私性。具体地,第 2 章针对现有无线局域网接入认证标准 802.11i 存在认证时延大、难以满足移动设备高效认证的需求,提出了一种高效的初始访问认证协议 FLAP。第 3 章针对现有无线网络匿名认证协议存在计算开销大、难以适用于资源受限终端设备以及无法抵抗认证时间关联攻击,导致用户身份隐私泄露的问题,提出了无线网络中基于共享密钥的轻量级匿名认证协议。第 4 章针对移动通信网终端业务切换频繁的特点,在考虑业务隐私保护的前提下设计了 5G 网络中具备切片选择隐私保护的统一认证架构。考虑到未来 6G 网络将包含大量无人值守终端,其在接入认证中容易遭受物理攻击的问题,第 5 章设计了 6G 网络中适用于无人值守终端的认证架构。第 6 章针对目前移动通信网络中接入认证协议缺乏可扩展性且与通信技术紧耦合,难以满足未来移动通信多样化的认证需求的问题,提出了一种基于 USIM 的统一接入认证架构。

安全传输部分包含 3 个章节,内容涉及无线网络中安全端到端通信和安全群组通信。具体地,空间信息网作为实现无线网络泛在连接、全面覆盖的大型基础网络设施,往往存在于多个不同安全域,且各域内采用的安全机制各不相同,因此终端用户无法直接进行跨域密钥协商,实现安全的端到端通信。针对这一问题,第 7 章提出了空间信息网中可跨域的端到端密钥交换方法。针对现有无线网络连接框架难以支持分布式环境下可信的网络端到端通信连接服务,第 8 章提出了一种基于区块链的分布式可信网络连接协议。无人机网络作为无线网络一个重要应用领域,其被广泛应用于军事和民用领域,例如联合作战,环境勘探等。第 9 章针对无人机网络中通信链路不稳定导致群组密钥更新消息易丢失,难以有效确保安全群组通信的问题,提出了无人机网络中基于区块链的互愈式群组密钥更新方案。

位置隐私保护部分包含 4 个章节,主要围绕无线网络中最常用的 LBS 中位置隐私的保护展开。具体地,在基于位置的服务中,为了激励用户协助他人通过分布式 $K$-匿名保护位置隐私,研究者们提出了许多激励机制。然而,现有的分布式 $K$-匿名机制存在如下问题,首先大多依赖可信第三方服务器,破坏了 LBS 的分布式架构;其次,忽略了用户的恶意策略,导致用户隐私被泄露、激励失效。针对上述问题,第 10 章提出了 LBS 中隐私增强的分布式 $K$-匿名激励机制。第 11 章针对现有方案忽略了服务器端用户位置分布的可用性要求,导致错误地统计位置分布的问题,提出了一种分布保持的 LBS 位置隐私保护方案。第 12 章针对现有方案没有考虑到用户是理性的,导致其在实际群智感知应用中难以得到满足所有用户感知位置分布的问题,提出了基于博弈论的隐私保护用户位置分布移动群智感知方案。针对在群智感知任务分配中,现有的位置隐私保护工作无法满足用户动态隐私保护需求的问题,第 13 章提出了移动群智感知下动态位置隐私保护任务分配方案。

最后,第 14 章对全书的内容进行了总结,并对未来的研究进行了展望。本书旨在进一步补充和完善无线网络中安全和隐私保护方法,为国内同行后续的相关研究提供有价值的参考。

# 第2章 FLAP：一种高效的 WLAN 初始访问认证协议

◆内容提要◆

随着越来越多的移动设备支持 WLAN，WLAN 得到了越来越广泛的应用，高效的初始链路建立机制是应用的关键，因此，比目前所使用的 802.11i 更快的接入认证协议成为迫切需求。本章通过实验观察到，802.11i 的认证时延在某些情况下是不可容忍的，并指出，导致这种低效性的主要原因是，802.11i 从协议的角度进行设计，引入了太多消息。为了克服这一缺点，本章提出了一种高效的 WLAN 初始访问认证协议 FLAP，该协议通过两条往返消息来实现认证和密钥分配。本章形式化地证明了该协议比四次握手协议更安全。实际测量结果表明，FLAP 可以将 EAP-TLS 的认证时延减少 94.7%，同时，本章在不同场景下进行了大量仿真，结果表明，当 WLAN 拥挤时，FLAP 的优势更加突出。此外，本章还提出了一种简单实用的方法，使 FLAP 与 802.11i 兼容。

◆本章重点◆

- ◆ RSNA 建立过程
- ◆ 802.11i 低效原因
- ◆ 初始访问认证协议 FLAP
- ◆ 协议性能分析

## 2.1 引言

近年来，无线局域网（Wireless Local Area Network，WLAN）[38]因其移动性好、带宽大和灵活性高而受到关注，越来越多的移动设备（如智能手机、平板电脑等）都开始支持 WLAN。用户可以通过 WLAN 轻松访问各种网络应用程序，如 Facebook、Twitter、电子邮件、在线音乐和视频等。然而，由于无线媒体是在一定范围内对公众开放的，其安全性是一个严重的问题。

为了通过无线链路提供安全的数据通信，802.11 任务组提出了有线等效保密（Wired Equivalent Privacy，WEP）协议来加密数据流、认证无线设备。然而，在加密和认证协议[39]中都发现了重大缺陷。为了修复 WEP 中的问题，WiFi 联盟提出了一种基于 EAP/802.1X/RADIUS[40][41]的认证协议以取代 WEP 中糟糕的开放式系统认证和共享密钥认证。作为保护无线链路安全的长期解决协议，最新的 IEEE 标准 802.11i 于 2004 年 6 月 24 日获得批准，其认证过程将 802.1X 认证与密钥管理过程结合，生成新的成对密钥和（或）群组密钥，然后进行数据传输会话。WLAN 中的大多数安全问题都可以由 802.11i 解决。

然而，随着 WLAN 得到了更广泛的应用，出现了挑战当前协议（尤其是 802.11i）的新场景。在 WLAN 中，每次移动设备进入扩展服务集（Extend Service Set，ESS）时，它都必须进行初始链路设置以建立 WLAN 连接，该连接通常包括源接入点（Access Point，AP）的发现和关联以及 802.11i 认证和 IP 地址的获取。当给定时间段内的新站点（Station，STA）数量较少时，这种方法效果良好。然而，当大量用户同时进入 ESS 时，需要一种可扩展的高效机制来最小化 STA 在初始链路设置中所花费的时间，同时保持安全的认证。在初始链路的设置上花费大量时间会导致移动设备无法充分利用 WLAN，很多服务难以执行，举例如下。

（1）在交通高峰时段，大量乘客密集地进入地铁站或同时下车，他们支持 WLAN 的移动设备试图与 WLAN 建立连接以获得网络服务。

（2）实时服务从 5G 网络无缝转移到 WLAN。如果 5G 网络和 WLAN 不是由同一运营商运营的，则无法执行预验证，需要快速初始验证才能有效地与 WLAN 建立连接。

（3）高速公路上的汽车或卡车经过收费站或地磅站时，无须停车即可通过 WLAN 完成付款或交换货物信息。

（4）特快列车通过车载 AP 向乘客提供网络服务，AP 在后端使用 802.11 的波束天线与轨道沿线的基础设施网络保持连接。

（5）当用户经过一家商店时，其支持 WLAN 的移动设备可以连接商店的 WLAN，无须停下来即可获得电子优惠券；商店可以识别用户，并推出适当的广告和电子优惠券。

（6）救护车可以通过道路沿线的 AP 将重要的患者信息上传到他们要去的医院（或需要咨询的任何其他专家），这些信息可能包括视频和仪器读数。这或许是一种更好的定义最佳行动协议的方法。

（7）所有车队都试图随时跟踪他们所有的车辆。卡车车队可以利用公路沿线和整个城市地区广泛存在的 WLAN，快速连接到他们的总部，不仅可以显示他们所在的位置，还可以同时向司机下载任何必要的更新。

为了解决上述问题，一个特定的任务组 802.11ai 被建立，其目标是在保持 802.11i 安全水平的同时缩短初始链路设置时间。802.11i 规定的认证过程是初始链路设置中一个庞大且耗时的组件，被 802.11ai 视为需要改进的重要目标，这是本章要解决的问题。

为了探讨 802.11i 认证的效率，研究者们进行了大量实验，观察到当 WLAN 拥挤时，802.11i 是低效的[42]。例如，在 EAP-TLS 中，在 5 个批量传输作为背景流量的情况下，15 个 STA 的平均 EAP-TLS[43] 认证时延为 6.620s；在 25 个恒定比特率（Constant Bit Rate，CBR）传输作为背景流量的情况下，15 个 STA 的平均认证时延为 15.553s（有关详细信息，请参阅 2.5 节）。随着执行通道扫描时间和 DHCP 所需时间的增加，初始链路设置时间将变得更长。可见，802.11i 无法满足某些场景的要求是用户充分利用 WLAN 的阻碍。

导致 802.11i 效率低下的根本原因是，它是从协议角度设计的，在移动终端和 WLAN 之间引入了太多的消息交互。例如，EAP-TLS 设计有 11 条往返消息交互，但因为 MAC 层中存在碎片，实际实现需要 13 条往返消息。为了提高其效率，本章提出了一种高效的初始访问认证协议，该协议只需 2 条往返消息即可完成移动终端、AP 和认证服务器（Authentication Server，AS）之间的认证和密钥分配。

## 2.2 预备知识

802.11i 健壮安全网络连接（Robust Security Network Association，RSNA）[43]的建立过程由 802.1X 认证与密钥管理（Authentication and Key Management，AKM）协议组成。其中涉及三个实体，分别为请求者（STA）、认证者（AP）和认证服务器（AS，实际为 RADIUS[41] 服务器）。通常，成功的认证指的是请求者和认证者相互验证对方的身份，并为随后的密钥派生一个共享秘密。基于这个共享秘密，密钥管理协议计算并分发数据通信会话的可用密钥。假设 AS 和 AP 之间的连接在物理上是安全的，那么可以在具有 AP 的单个设备上或通过单独的服务器来实现 AS。建立 RSNA 的完整握手如图 2.1 所示。

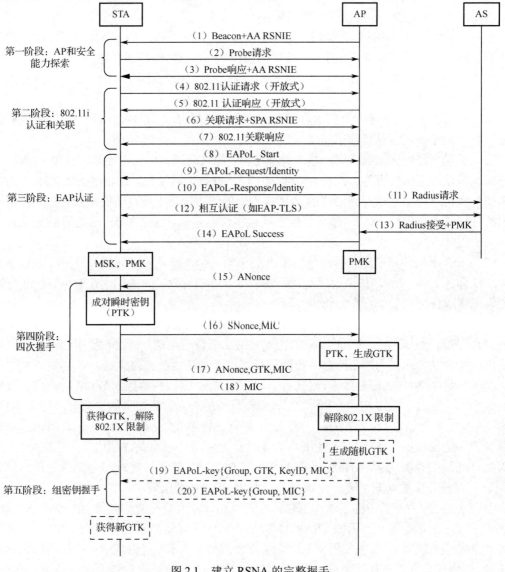

图 2.1　建立 RSNA 的完整握手

为了探讨 802.11i 的效率，本章建立了一个测试平台，并测试了实际的 EAP-TLS 认证时延，如果只有一个 STA，其平均认证时延为 260.253ms。此外，本章使用 NS3 对不同的背景流量和 STA 编号进行了实验。结果表明，在 5 个批量传输作为背景流量的情况下，20 个新引入的 STA 的平均认证时延为 7.198s；在 25 个 CBR 传输作为背景流量的情况下，只有一个新引入的 STA 的平均认证时延为 13.848s。因此，如果将网络发现和 DHCP 过程考虑在内，初始链路设置时间将变得更长，这种低效率对于某些应用场景来说是无法忍受的。

为什么 802.11i 如此低效？从图 2.1 中可以看出，802.11i 采用多个往返消息来实现认证与密钥分配。消息交互的数量因使用的认证协议不同而各异。例如，在设计中，EAP-TLS 有 11 条往返消息（不包括扫描过程），但实现需要 13 条往返消息，因为在 MAC 层，它的一条消息被分为三条。PEAP/EAP-MSCHAPv2[44]接收 16 条往返消息。而对于 WLAN 的每个站点，必须使用分布式协调功能（Distributed Coordination Function，DCF）相互竞争无线信道。如果 WLAN 拥挤，STA 将等待很长时间才能获得传输消息的通道。大量的消息交互意味着需要花费大量时间才能获得该通道，因此，AP 不能同时有效地与多个用户建立连接，或者说在 STA 移出 AP 的覆盖范围之前，停留时间不足以建立初始链路。

802.11i 不是一个特定的协议，而是作为一个统一的协议设计的，在这个协议中可以合并不同的认证协议。与特定认证协议的设计相比，设计一个统一的协议需要考虑更多的因素，使协议更通用、更适合大多数场景。①为了实现向后兼容性，保留了开放式系统认证。然而，这两条信息对于初始链路设置是无用的。②采用了 EAP，它是开放的，任何两方认证协议都可以在其中集成和运行。然而，它引入了一些额外的消息，如消息 EAPoL-Request/Identity、消息 EAPoL-Response/Identity 和消息 Radius Request。③为了保持协议的一致性，必须依次执行 EAP 和四次握手协议。也就是说，只有在 EAP 阶段结束后，才能执行四次握手协议，以实现 STA 和 AP 之间的相互认证。但是实际上，AP 和 STA 之间的认证在某种程度上可以与 STA 和 AS 之间的认证并行执行。

## 2.3　协议设计

### 2.3.1　设计目标和理念

通过 2.2 节的分析，本节给出本章协议的设计目标和理念。具体如下。

（1）方向：本章协议不是取代 802.11i，而是一种补充，应该与之兼容。

（2）范围：只引入了一个新的初始访问认证，不应影响 802.11i 的后续过程（如 PTK 的更新）。

（3）功能性：使用最少的消息实现 STA、AP 和 AS 之间的认证和密钥分配。

（4）安全性：本章协议的安全级别不低于现行标准。

（5）性能：本章协议将极大地改进 802.11i。

根据现有构架的缺陷和上述设计目标，我们得出了本章协议的设计思路：使用最少的消息（两条消息）实现 STA 和 AS 之间的认证，并将四次握手协议消息合理地集成在一起，实现 STA 和 AP 之间的认证。

### 2.3.2　FLAP 步骤

在该协议中，每个 STA 与 AS 共享一个密钥 $k$，并且假设 AS 和 AP 之间的链路是安全的。FLAP 协议流程图如图 2.2 所示，其交互过程如下。

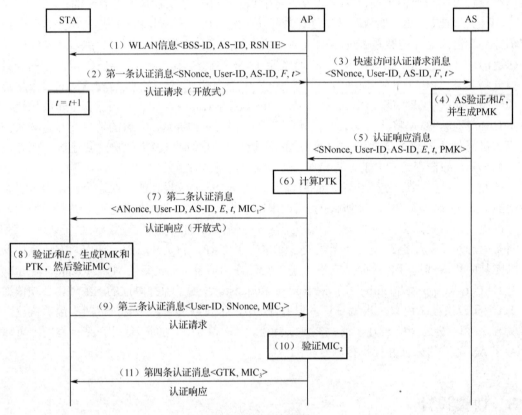

图 2.2　协议流程图

（1）STA 通过主动扫描获取 WLAN 信息，包括基本服务集的身份（BSS-ID）、AS 的身份（AS-ID）和网络的安全能力（RSN IE）。

（2）第一条认证消息 <SNonce, User-ID, AS-ID, $F,t$> 从 STA 发送到 AP，其中，$t$ 是初始值设置为 1 的计数器。当发送这条消息时，STA 将计数器加 1。SNonce 是 STA 生成的随机值。User-ID 是用户的身份，而 AS-ID 是 AS 的身份。$F = f(k,t\,\|\,SNonce\|User\text{-}ID\|AS\text{-}ID)$，其中，$f()$ 为哈希函数，$\|$ 表示串联。

（3）AP 向 AS 发送快速访问认证请求消息 <SNonce, User-ID, AS-ID, $F,t$>。

（4）AS 中还为每个用户设置了一个计数器，其初始值也设置为 1。在接收到快速访问认证请求消息时，AS 根据 User-ID 获取其当前的 $t$ 值，并将其与接收到的 $t$ 值进行比较。如果接收到的 $t$ 值小于 AS 保存的 $t$ 值，则 STA 的认证失败，AS 的当前 $t$ 值保持不变；否则，AS 将根据接收到的 $t$ 值和密钥 $k$ 进一步验证 $F$。如果正确，则 AS 对 STA 认证成功，并且 AS 将接收到的 $t$ 值增加 1，并将其设置为其当前的 $t$ 值。随后，AS 计算生成成对主密钥 PMK= $h(k,"FLAP\_PMK"\|t\|User\text{-}ID\|AS\text{-}ID)$，其中，$h()$ 是哈希函数，FLAP\_PMK 是常量字符串。

（5）AS 用认证响应消息 <SNonce, User-ID, AS-ID, $E,t$, PMK> 回复 AP，其中 $E=f(k,t\,\|$

SNonce || AS-ID || User-ID)。

（6）在接收到认证响应消息时，AP 生成自己的随机值 ANonce 并计算 PTK。PTK=
PRF-X(PMK."Pairwise key expansion"||Min(AA,SPA)||Max(AA,SPA)||Min(ANonce,SNonce)||Max
(ANonce,SNonce))，其中，PRF-X 是一个伪随机函数，SPA 是 STA 的 MAC 地址，AA 是
AP 的 MAC 地址，Min() 表示获取最小值，Max() 表示获取最大值，Pairwise key expansion 是
常量字符串。这里 PTK 的推导与 802.11i 的推导完全相同。如果 AS 与 AP 共存，则 AS 与 AP
之间不存在消息交互，相关操作由 AP 执行。

（7）AP 发送第二条认证消息 <ANonce,User-ID,AS-ID,$E$,$t$,MIC$_1$>，其中，MIC$_1$ 是 AP 使
用 PTK 根据该消息计算的消息认证码，$t$ 是 AS 的当前值。

（8）在接收到第二个认证消息后，STA 将比较接收到的 $t$ 与当前的 $t$，如果相等，STA 将
验证 $E$。如果正确，AS 的认证将通过。此后，STA 使用与 AS 和 AP 相同的方法计算 PMK
和 PTK，STA 使用 PTK 验证 MIC$_1$。如果有效，则 AP 验证成功。

（9）STA 发送第三条认证消息 <User-ID,SNonce,MIC$_2$>，其中，MIC$_2$ 是 STA 使用 PTK 根
据该消息计算的消息认证码。STA 还表明是否需要组临时密钥GTK。此外，该消息携带完成
关联所需的 RSN IE。

（10）在接收到第三条认证消息后，AP 验证 MIC$_2$。如果正确，意味着 STA 生成了相同
的 PTK，并且 AP 成功地对 STA 进行认证。到目前为止，网络端完成 STA 的认证，AP 安装
派生的 PTK。此外，AP 在分布式系统中注册 STA 以完成关联操作。如果 MIC$_2$ 被验证无效，
或者在给定时间内没有接收到第三条认证消息，AP 将删除 STA 的认证消息，并对其进行反
认证。同时，认证失败的消息将被发送到 AS，AS 将依次删除 STA 的认证消息并回滚其 $t$ 值。

（11）AP 向 STA 发送第四条认证消息 <GTK,MIC$_3$>，其中，GTK 被 PTK 加密。收到此
消息后，STA 验证 MIC$_3$。如果正确，STA 解密并获取 GTK 和其他相关信息。同时，STA
安装 PTK 和 GTK。

### 2.3.3 协议实现的注意事项

FLAP 并不打算取代 802.11i，而是针对某些特殊应用，将其作为当前协议的补充。因此，
必须提供一种方法，使 FLAP 与 802.11i 兼容并共存。在标准的 802.11i 协议之前，用户进行
初始认证可以选择开放式系统或 WEP。参考这种方法，我们同样为用户提供了两种选择：
802.11i 和 FLAP。

FLAP 在 802.11i RSN IE 中的 802.11i AKM 套件列表里添加了一个新的 AKM 套件选择器[43]，
扩展了认证请求（开放式），并添加了一个新的认证算法标识，即添加一个由"FLAP"表示
的 dot11 Authentication Algorithm 值。这样共有三个选择，包括现有的"开放式系统"和"共
享密钥"（用于 WEP）。同时，FLAP 增加了一个新的 IE，它封装了该协议的消息字段。

当网络支持 FLAP 且 STA 更倾向于使用 FLAP 时，STA 将在第一条认证消息中将 dot11
Authentication Algorithm 设置为"FLAP"，并将其相应的信息元素添加到帧体中。AP 接收到
消息后，将首先检查 dot11 Authentication Algorithm，如果它是"开放式系统"，它将用认证响
应（开放式）进行回复，WLAN 将像往常一样运行 802.11i。如果是"FLAP"，则 AP 将消息
转发给 AS。为了使 RADIUS 服务器能够理解消息，我们仍然可以使用 EAP-over-RADIUS 格
式来传输消息。因此，AP 需要对接收到的第一条认证消息执行 EAP 封装，即提取信息元素

并将其封装到 EAP 消息中。然后通过 RADIUS 消息向 AS 发送 EAP 消息。为了使 AS 能够识别协议，必须在 AS 中实现 FLAP，并在 EAP 消息的类型字段中添加一个新值 "FLAP method"，以识别该协议，其余字段相应地放入下一个类型数据字段。AS 接收到快速访问认证请求消息后，将首先检查 EAP 消息中的类型字段，如果是 "FLAP-method"，那么 AS 将执行 FLAP。

要继续上述过程，STA 必须了解网络是否支持快速访问认证。在扫描阶段，AP 将广播 FLAP 是否适用于 RSN IE。只有当 AS 和 AP 都支持 FLAP 时，AP 才能声称 WLAN 支持此协议。为了实现 FLAP，必须更新 AP。

从实现的角度来看，采用四次消息交互的原因如下。

（1）重用了认证请求（开放式）和关联的消息协议，因此，FLAP 只需要修改四条消息的内容，而不修改其协议。

（2）四次握手的消息内容被重用。在 FLAP 中，STA 和 AP 之间的四条消息与四次握手非常相似，因此，可以通过适当修改四次握手的内容来实现 FLAP。

（3）802.11i 中 STA 的状态机可以保持不变。其初始状态为 "状态 1：未经验证、未关联"。在通过认证请求和认证响应成功地与 AS 进行相互认证后，STA 进入 "状态 2：已认证、未关联"。当协议成功完成时，STA 进入 "状态 3：已验证，关联"。这个过程符合 802.11i 的规范。

## 2.4 协议分析

### 2.4.1 兼容性分析

从 2.3 节中可以看出，FLAP 可以与 802.11i 兼容。FLAP 为用户提供了 802.11i 之外的另一种选择。只有当 STA 和网络都支持快速初始访问认证时，才能执行 FLAP。如果有任何一方不支持该协议，可以改用 802.11i。因此，FLAP 是 802.11i 的补充。此外，FLAP 只涉及初始访问认证，产生的输出是与 802.11i 相同的 PMK 和 PTK。因此，802.11i 的后续过程（如 PTK 的更新）不会受到影响。通过这种方式，FLAP 可以与当前标准几乎完全兼容。

### 2.4.2 安全性分析

如果哈希函数 $f()$ 和 $h()$ 是安全的，则 FLAP 可以实现 STA、AP 和 AS 之间的相互认证，并生成安全密钥 PTK。此外，FLAP 比四次握手协议更安全。

### 2.4.3 弹性和可扩展性分析

在 FLAP 中，STA 和 AS 中的 $t$ 值没有严格的同步要求，只要求 STA 中的 $t$ 值不小于 AS 保存的 $t$ 值。因此，它对系统的要求并不高。

当环境（如系统故障）导致 $t$ 值异步化时，将执行 802.11i。并且，在成功认证后，双方会向对方发送其最终使用的 $t$ 值，并选择较大的 $t$ 值作为新的同步 $t$ 值。需要注意的是，即使新的同步 $t$ 值小于之前使用的最后一个 $t$ 值（这种情况会在 STA 和 AS 都丢失 $t$ 值时发生），也不会损害协议的安全性，因为攻击者只能重放使用过的快速认证请求，但无法获得 PMK，这将使其无法启动第三条认证消息。此外，它不会干扰 STA 和 AS 之间 $t$ 值的同步，因为如果攻击者无法继续执行该协议，AS 的 $t$ 值将在收到来自 AP 的失败消息时回滚[参考步骤（10）]。

也就是说，如果 FLAP 不能完成，AS 将不会更新其 $t$ 值。通过这种方式，$t$ 值再次得到同步。从这个过程中可以看出，如果 AP 没有成功地对 STA 进行认证，则步骤（10）中 AS 的 $t$ 值回滚是必要的，否则，在重新同步过程中，如果攻击者重放快速认证请求，AS 的 $t$ 值将大于 STA 的 $t$ 值，导致合法的 STA 无法进行认证。

在 802.11i 中，只有成功认证后才能进行 STA 的 IP 地址获取，但在 FLAP 中，IP 地址的获取可以与 FLAP 并行执行。如果使用传统的 DHCP 来获取 IP 地址，那么它的四条消息中的每一条都可以作为新字段，由协议中的响应消息携带。如果地址分配了 DHCP 快速提交选项，那么它的两条消息可以通过 FLAP 的前两条消息进行传输。但是，在任何一种情况下，只有 AP 成功认证 STA，才能将分配的 IP 地址传递给 STA。因此，FLAP 可以很容易地扩展到不同的 IP 地址获取方法中，从而有可能进一步加速初始链路设置。

从以上分析可以看出，FLAP 满足了设计目标。

## 2.5 实验

根据 2.3.3 节给出的协议实现的注意事项实现了该协议。测试平台的拓扑结构如图 2.3 所示。

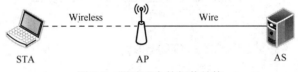

图 2.3 测试平台的拓扑结构

### 1. 802.11b 中的认证时延

STA 和 AP 中的 PCI 无线网卡在 802.11b 模式下工作，其带宽为 11Mbps。

分别运行 EAP-TLS（内置于 freeradius 和 wpa_supplicant 中）和 FLAP 50 次，测量并比较它们的认证时延（不包括扫描时间），如图 2.4 所示。EAP-TLS 和 FLAP 的平均认证时延分别为 260.253ms 和 13.884ms，FLAP 将 EAP-TLS 的平均认证时延减少了 94.7%。表 2.1 为它们之间的比较。

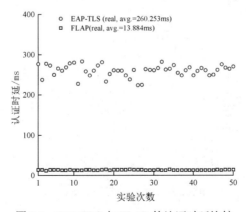

图 2.4 EAP-TLS 与 FLAP 的认证时延比较

表 2.1　EAP-TLS 与 FLAP 的性能比较

| 架　　构 | 往　返　消　息 | 认证时延/ms |
|---|---|---|
| EAP-TLS | 11（实际为 13） | 260.253 |
| FLAP | 2 | 13.884 |

此外，基于实际测量，使用 NS3 分别对 EAP-TLS 和 FLAP 进行了模拟，结果如图 2.5 所示。从图 2.5 中可以看出，EAP-TLS 和 FLAP 的平均认证时延分别为 256.674ms 和 13.009ms。实际测量结果与仿真结果的比较，如表 2.2 所示。可以看出，仿真结果与实际测量结果非常接近。

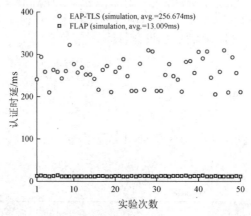

图 2.5　EAP-TLS 与 FLAP 的认证时延仿真结果比较

表 2.2　实际测量结果与仿真结果之间的比较

| 架　　构 | EAP-TLS | FLAP |
|---|---|---|
| 实际测量/ms | 260.253 | 13.884 |
| 仿真/ms | 256.674 | 13.009 |

下面比较 EAP-TLS 和 FLAP 在三种不同情况下的认证时延：无背景流量、批量传输背景流量以及 CBR 传输背景流量。首先是无背景流量下的认证时延，将同时通过 WLAN 进行认证的新引入 STA 的数量从 1 增加到 50，对两个协议各仿真实验 100 次并求得平均值，结果如图 2.6 所示。

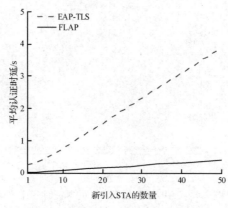

图 2.6　无背景流量的认证时延比较

添加批量传输（尽力而为传输，如浏览网页或下载数据）和 CBR 传输（如访问在线音乐或视频）作为背景流量，分别在两种背景流量下比较 EAP-TLS 和 FLAP 的认证时延。对于前者，假设当新引入 STA 进入 WLAN 并开始认证时，已经存在一些批量传输应用。批量传输编号分别设置为 1、3 和 5。将并发的新引入 STA 的数量从 1 逐步增加到 50，对两个协议各模拟 100 次，得到如图 2.7 所示的平均值。然后，假设有一些 STA 已经建立了链路并正在进行 CBR 传输，下行链路带宽被设置为上行链路带宽的四倍。图 2.8 为 EAP-TLS 和 FLAP 在 CBR 传输背景流量下的认证时延比较。

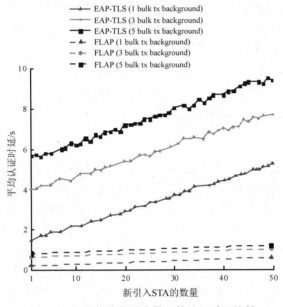

图 2.7 批量传输背景流量下的认证时延比较

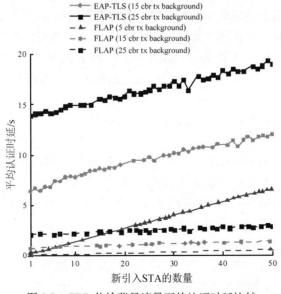

图 2.8 CBR 传输背景流量下的认证时延比较

从图 2.6、图 2.7 和图 2.8 中可以得出如下结论。①EAP-TLS 效率低下，尤其是当引入的 STA 数量急剧增加或 WLAN 拥挤时。例如，当 50 个无背景流量的 STA 被引入时，其时延为 3.891s；以 5 个批量传输作为背景流量，15 个新引入的 STA 的平均认证时延为 6.620s；在 25 个 CBR 传输作为背景流量的情况下，15 个新引入的 STA 的平均认证时延为 15.553s。考虑到扫描和 DHCP 过程，初始链路设置时间将更长。因此，从 5G 网络到 WLAN 的无缝转移肯定无法实现。此外，让我们想象这样一个场景，假设 WLAN 的半径为 100m，当速度为 45km/h 的汽车通过 WLAN 时，如果有背景流量或 WLAN 拥挤，车载 STA 不足以设置初始链路，这将最多需要 16s。②与 EAP-TLS 相比，FLAP 具有显著的优势，尤其是在 WLAN 拥挤的情况下。随着新引入的 STA 数量的增加，EAP-TLS 和 FLAP 之间的认证时延差值越来越大。例如，在图 2.6 中，当新引入 STA 的数量为 1 时，EAP-TLS 的认证时延比 FLAP 多 243.665ms；当新引入 STA 的数量为 40 时，其差值达到了 2788.796ms。在图 2.8 中，以 15 个 CBR 传输作为背景流量，当引入的 STA 数量为 1 时，EAP-TLS 的认证时延比 FLAP 多 5.663s；当新引入的 STA 数量达到 50 时，它们的认证时延差值增加到了 10.694s。

## 2. 仿真结果分析

有三个因素使得 FLAP 相比于 EAP-TLS 具有显著优势。①FLAP 不是一个统一的认证协议，而是一个特定的认证协议，因此，可以免去 802.11i 中的一些消息，如开放认证请求或响应消息。同时，802.11i 中的一些消息是集成的，例如，FLAP 中的身份信息是与其他认证信息一起发送的，而 802.11i 使用两个独立的消息来携带这些信息。此外，STA 和 AS 之间的认证巧妙地与四次握手结合在一起，而不引入额外的消息。为了实现集成，AS 必须在收到第一条消息（快速访问认证请求）后成功认证 STA；否则，AP 无法在生成第二条认证消息之前获取 PMK 或生成 PTK，并且无法继续进行四次握手。在 AS 和 STA 之间的双消息认证协议的设计中，如何保证快速访问认证请求的新鲜性是一个关键问题。在 FLAP 中，使用了一个不必严格同步的宽松计数器 $t$。通过上述努力，FLAP 只需要两条往返消息交互，而 802.11i 有 13 条往返消息。通过减少消息交换，大幅缩短了争夺无线信道的时间，尤其是在 WLAN 拥挤的情况下。②FLAP 采用对称加密算法，而 EAP-TLS 采用非对称加密算法，因此，EAP-TLS 的计算时延比 FLAP 的要大得多。③EAP-TLS 的数据量为 14341 字节（从 EAPoL-Response/identity 到四次握手结束，其中公钥证书的传输是主要因素），而 FLAP 的数据量仅为 1129 字节。

从图 2.6、图 2.7 和图 2.8 中可以看出，平均认证时延几乎随新引入 STA 数量的增加而线性增加，下面来解释一下它的合理性。认证时延由进程时延和通信时延两部分组成。前者主要包括计算时间、数据包封装和去封装时间。通信时延是指通过无线和有线传输信息所花费的时间。在 WLAN 中，所有 STA 必须使用 CSMA/CA[38] 相互竞争以获得无线信道，这需要花费大量时间。与在无线网络中花费的时间相比，在有线网络中的花费时间可以忽略不计，因为带宽非常大，AP 不需要竞争有线信道。

当引入一个新的 STA 时（假设原始 STA 为 $n$ 个，现在共有 $n+1$ 个 STA），对于原始 $n$ 个 STA 中的每一个，其处理时间基本不会增加（假设 AS 的计算容量巨大，可以并行处理认证）。然而，由于又有一个 STA 与之竞争信道，通信时延会变得更长。因此，对于原始 $n$ 个 STA 中的每一个，新引入一个 STA 将导致其通信时延增加。假设平均认证时延为 $D$，若原始 STA

数量为 $n$ ，由一个新引入的 STA 产生的额外认证时延为 delta ，则对于原始 $n$ 个 STA 中的每一个，新的平均认证时延为 $D+\text{delta}$ 。对于新的 STA ，其认证时延也接近于其余 $n$ 个 STA 的平均认证时延。因此， $n+1$ 个 STA 的平均认证时延也将是 $D+\text{delta}$ 。

与此同时，由文献[45]可知，由于 WLAN 中的分布式协调功能（DCF）机制，当 $n$ 个 STA 中的每一个都有一个数据包可供传输时，对于固定的数据包大小，平均认证时延几乎随新引入 STA 的数量增加而线性增加。这意味着每个新引入的 STA 将导致固定的认证时延，也就是说，FLAP 中的 delta 是固定的。因此，在仿真中，平均认证时延几乎与新引入 STA 的数量呈线性增加。

在图 2.6 中，当新引入 STA 的数量小于 10 时，平均认证时延随新引入 STA 数量的增加缓慢增加，而当新引入 STA 数量大于 10 时，平均认证时延随新引入 STA 数量增加而快速增加（近似线性）。这一结果与文献[46]中使用马尔可夫链分析 WLAN 性能的结果一致。当新引入 STA 的数量大于 10 时，模型更接近实际情况。基于文献[45]和文献[46]得出的结论是，WLAN 平均认证时延几乎与新引入 STA 的数量呈线性。

在图 2.7 中，EAP-TLS 平均认证时延的曲线斜率（ delta ）是相似的，FLAP 平均认证时延的曲线斜率也是相似的。这种情况同样出现在图 2.8 中。分别计算它们的斜率，发现引入一个 STA 后平均认证时延增加了，结果如表 2.3 所示。CBR 传输背景流量下的平均认证时延斜率与其他两个不同。有两个原因可以解释，第一，在图 2.8 中，上行链路带宽被设置为不同于下行链路带宽，并且下行链路带宽是前者的四倍；第二，CBR 传输的特性不同于批量传输，对于 CBR 传输，无论网络状态如何，发射机都以固定速率传输数据。当 WLAN 变得拥挤时，发射机以固定速率传输数据将使网络状态更加糟糕，并导致更严重的碰撞和丢包。而对于批量传输，当 WLAN 变得拥挤时，发送机可以自适应地调整传输速率，这将导致固定的丢包率。因此，与批量传输相比，在 CBR 传输背景流量下，引入新 STA 将导致更大的认证时延。

表 2.3　新引入 STA 所增加的平均认证时延

| 架　　　构 | 无背景流量/ms | 批量传输/ms | CBR 传输/ms |
| --- | --- | --- | --- |
| EAP-TLS | 74 | 75 | 110 |
| FLAP | 8 | 8 | 14 |

基于上述分析结果，可以估计 EAP-TLS 和 FLAP 在新引入 STA 的数量更多时的平均认证时延。

### 3. 进一步的考虑

上述测量均在带宽仅为 11Mbps 的 802.11b 模式下进行。那么，在带宽为 54Mbps 的 802.11g 模式下，认证时延会是怎样的呢？在测试平台上，将 WLAN 设置为 802.11g 模式（使用的 PCI 无线网卡支持 802.11b 和 802.11g），并测量了 EAP-TLS 和 FLAP 的认证时延，将其与 802.11b 中测量的进行比较，如图 2.9、图 2.10 所示，二者的比较如表 2.4 所示。

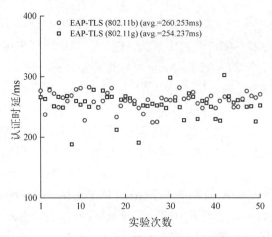

图 2.9 802.11b 和 802.11g 模式下 EAP-TLS 的认证时延

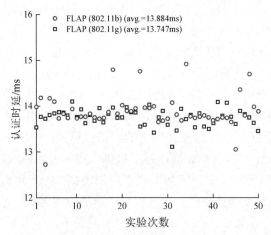

图 2.10 802.11b 和 802.11g 模式下 FLAP 的认证时延

表 2.4 802.11b 和 802.11g 中两个协议的平均认证时延比较

| 架 构 | 在 802.11b 中的平均认证时延/ms | 在 802.11g 中的平均认证时延/ms | 优化率/% |
|---|---|---|---|
| EAP-TLS | 260.253 | 254.237 | 2.31 |
| FLAP | 13.884 | 13.747 | 0.98 |

从表 2.4 中可以看出，802.11g 模式下的平均认证时延略小于 802.11b 模式下的平均认证时延，这意味着带宽不会对认证时延产生实质性影响，并且使用的数据量越小，带宽对认证时延的影响就越小。其合理性解释如下：带宽的增加只是提高了传输时延，而与大容量数据传输相比，认证协议的数据量较小，带宽对认证时延的影响非常有限，信道竞争时间是造成通信时延的主要因素。

由于目前支持 802.11n 的可编程无线网卡非常少，且 NS3 不支持 802.11n，因此我们无法获得 802.11n 模式下 EAP-TLS 和 FLAP 的认证时延。但是，基于上述观察，我们认为两个协议在 802.11n 模式下的认证时延也不会大幅减少，尽管 802.11n 采用了 OFDM 和 MIMO，其带宽可以达到 600Mbps。所有的移动终端在 MAC 层仍然共享同一个信道，并且它们还必须相互竞争以获得用于数据传输的信道。因此，即使引入 802.11n 甚至 801.11ac，EAP-TLS 的认证时延也不会有很大改善，FLAP 仍然具有重要意义。

## 2.6　本章小结

随着越来越多的移动设备支持 WLAN，现有的 WLAN 标准 802.11i 的性能使其在应用中备受限制。本章首先通过实验证明了 802.11i 的效率较低，然后指出其根本原因是，802.11i 是从协议的角度设计的，引入了太多的消息交互。为了克服这一缺点并满足新的应用需求，本章提出了一种高效的初始访问认证协议 FLAP，该协议只需要移动终端和网络之间的两条往返消息就可以完成 STA、AP 和 AS 之间的认证和密钥分配。分析表明，FLAP 比四次握手协议更安全，与 EAP-TLS 相比，认证时延减少了 94.7%。此外，仿真结果表明，随着新引入 STA 数量的增加，FLAP 比 EAP-TLS 具有更显著的优势。在实现时给出了一种简单的方法，使 FLAP 能够与 802.11i 兼容。

## 2.7　思考题目

1. 简述 802.11i 健壮安全网络连接（RSNA）的建立过程。
2. 简述 802.11i 效率低下的原因。
3. 按照自己的理解，简要描述 FLAP 的流程。
4. 为什么说 FLAP 比四次握手协议更安全？体现在哪？

# 第3章 无线网络中基于共享密钥的
# 轻量级匿名认证协议

▷ 内 容 提 要 ◁

随着人们对隐私保护问题的日益关注，无线网络环境下身份认证的匿名问题也越来越引起人们的重视。目前大部分匿名认证协议都是基于非共享密钥的，此类协议计算开销大，资源消耗严重，并不适用于计算能力有限的设备。基于共享密钥的协议存在易被追踪或存储开销较大等问题。分析和实验证明，Li 等人提出的基于共享密钥的协议不能抵抗时间关联攻击，从而泄露用户身份信息。考虑到现有的常数时间认证协议存储开销较大的问题，本章引入用户分组机制，在 Li 等人提出的基于共享密钥的协议基础上提出了一种基于共享密钥的轻量级匿名认证协议。该协议对用户进行分组并且分配对应的组标识，在认证阶段，用户仅需要发送组标识和共享密钥的哈希值到认证服务器，认证服务器根据组标识遍历对应分组的共享密钥来认证用户的身份信息，完成认证过程。形式化的安全性证明说明了该协议的安全性和匿名性，进一步的性能分析和实验表明，该协议不仅具有更高的安全性，而且具有计算开销、通信开销和存储开销都较小等优点。

▷ 本 章 重 点 ◁

◆ 匿名认证
◆ 共享密钥
◆ 时间关联攻击

## 3.1 引言

随着无线通信技术的迅猛发展和移动设备的普及，无线网络逐渐被应用于生产生活的各领域，在为人们提供便利的同时，也给人们的隐私安全带来了严重的威胁。用户在使用无线网络的过程中可能泄露个人身份信息，从而暴露个人隐私。因此，无线网络的匿名性已经成为一种基本的安全需求，对匿名认证协议的研究也已经成为一个研究热点。

现有的无线网络匿名认证协议主要分为两种，一种基于非共享密钥，另一种基于共享密钥。基于非共享密钥的协议主要通过签名算法、零知识证明等方法来实现匿名，计算开销和对存储空间的需求均较大，由于无线网络中大多是计算能力以及存储能力有限的移动设备，这种协议不适用于无线网络。基于共享密钥的协议[3,4]主要通过假名机制、哈希算法等来实现匿名。Li[5]等人针对非共享密钥匿名认证协议的局限性，将包含用户身份信息的 $k$-假名集合和用户与认证服务器间的共享密钥发送给认证服务器进行匿名认证,认证服务器仅需要通过 $k$ 次遍历即可完成对用户的认证,因此,该协议可以显著降低认证过程的计算开销和存储开销。但是,经过分析与实验验证,该协议在认证过程中所花费的时间和用户在 $k$-假名集合中的位置存在线性关系,如果攻击者利用时间关联分析进行攻击,就可以以非常高的概率获取用户的身份信息,从而导致用户的身份信息泄露。同时,现有的常量时间认证协议虽然能够一定程度地解决认证时间不一致所带来的问题,但是该协议以牺牲存储空间为代价,在用户增多的情况下效率显著降低,性能下降。

本章提出了一种无线网络中基于共享密钥的更加安全高效的轻量级匿名身份认证协议。首先,通过对 Li 匿名认证协议进行分析,发现在该协议中,认证服务器对用户认证请求的处理时间会导致用户身份信息的泄露,并对其进行了攻击实验,通过对实验数据进行量化与分析,证明了该协议确实存在上述安全缺陷。其次,对该协议进行改进,引入用户分组机制,使用组标识(Group Identification,GID)替代用户的真实身份进行认证,保证了用户身份信息安全,认证服务器最多对分组中所有成员进行认证即可完成认证,显著提高了认证效率,进而提出了无线网络中基于共享密钥的轻量级匿名认证协议(以下称为本章协议),并给出安全模型,对所设计协议进行了形式化的安全性证明。最后,对本章协议从抗攻击性、双向认证性、前向保密性、后向保密性等方面进行了安全性分析,并从认证时间、通信开销、存储开销和计算开销等方面进行性能分析。结果表明,与同类协议相比,本章协议在安全性和性能方面均具有更好的表现。

## 3.2 Li 匿名认证协议的安全缺陷

Li 提出使用 $k$-假名集合的匿名认证协议(以下称为 Li 协议)引入了 Dolev-Yao 模型和增强的 Dolev-Yao 模型,并说明了该协议可以有效抵抗这两个模型中所涵盖的攻击。但是上述两个模型没有考虑攻击者基于认证时间的关联分析,并且该协议的 $k$-假名集合中仍然包含用户的身份标识,通过对认证时间的统计和分析,可以进一步推断出用户的身份标识在假名集合中的位置,从而确定用户的身份信息,因此该协议具有安全缺陷。

### 3.2.1 认证时间关联分析

为了进一步分析 Li 协议的安全缺陷,首先在表 3.1 中给出协议中所使用的符号。

表 3.1 Li 协议符号对照表

| 符 号 | 意 义 |
|---|---|
| $N_1$ | 认证服务器生成的随机数 |
| $N_2$ | 用户生成的随机数 |
| $C$ | 用户的身份标识 |
| HMAC | 哈希函数 |
| kIDs | 用户发送的 $k$ 个身份标识集合 |
| Key | 用户和认证服务器的共享密钥 |

| 符　号 | 意　义 |
|---|---|
| SK | 用户和认证服务器的会话密钥 |
| PRNG() | 随机数生成器 |

下面给出 Li 协议的认证过程，如图 3.1 所示。

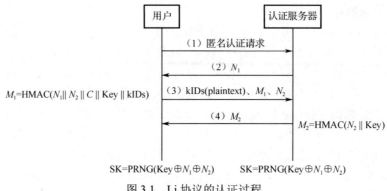

图 3.1　Li 协议的认证过程

（1）用户→认证服务器：由用户请求开始匿名认证，消息内容是 32bit 的字符串信息。

（2）认证服务器→用户：认证服务器接收到用户的匿名认证请求后，发送随机数 $N_1$ 给用户。

（3）用户→认证服务器：用户接收到认证服务器发来的随机数 $N_1$ 后，自己生成随机数 $N_2$，然后计算消息 $M_1$，并将 kIDs、$M_1$、$N_2$ 发送给认证服务器。

（4）认证服务器→用户：认证服务器接收到用户发来的认证消息，按照 kIDs 集合中的用户身份标识顺序到数据库查询对应的共享密钥，并计算消息 $M_1' = \mathrm{HMAC}(N_1 \| N_2 \| C' \| \mathrm{Key} \| \mathrm{kIDs})$，其中，$C'$ 为 kIDs 中的某个假名，比较 $M_1'$ 和 $M_1$ 是否相等，若相等则认证成功，停止遍历 $k$-假名集合中的其他成员。随后计算消息 $M_2$，并将 $M_2$ 发送给用户端。

由于整个认证过程的时间消耗主要在步骤（4），因此主要分析该阶段的时间信息。将用户的身份标识 $C$ 在 $k$-假名集合中的位置记作 $r$，步骤（4）的处理时间记作 $\Delta t$，易知时间 $\Delta t$ 为

$$\Delta t = T_{\mathrm{verify}} + T_{\mathrm{compute}} + T_{\mathrm{delay}} \tag{3.1}$$

$T_{\mathrm{verify}}$ 是认证服务器按照 $k$-假名集合中用户身份标识的顺序，对用户身份进行认证所需要的时间，对 $k$-假名集合中每个用户身份标识主要执行三项操作：①按顺序取出集合中下一个用户身份标识，并到数据库查询对应的共享密钥；②根据查询到的共享密钥计算消息 $M_1'$；③比较 $M_1'$ 和 $M_1$ 是否相等，相等则结束遍历，不相等则返回①继续执行。由于对每个用户身份标识的处理过程都是相同的，因此所耗费的时间也相同，设认证一个用户身份标识的时间为 $T_{\mathrm{average}}$，易知 $T_{\mathrm{average}}$ 为常数时间，那么 $T_{\mathrm{verify}} = r T_{\mathrm{average}}$。其中，$r$ 为用户身份标识在集合中的位置。

$T_{\mathrm{compute}}$ 是计算消息 $M_c'$ 所需的时间，对所有用户而言，$T_{\mathrm{compute}}$ 是常数时间。

$T_{\mathrm{delay}}$ 是消息接收与发送的时间，主要由两部分组成：一是认证服务器接收步骤（3）中用户发送的消息所需要的时间，包括消息在信道上传输的时间；二是认证服务器向用户发送消

息 $M_2$ 所需要的时间，包括消息在信道上传输的时间和竞争无线信道所损耗的时间（信道竞争时延）。由于消息在信道上的传输速度很快，因此消息长度对传输时间的影响很小。此外，当用户要发送的消息长度固定时，信道竞争时间与参与竞争的用户数量呈近似线性关系。因此，在并发请求认证用户数量相对稳定的环境下，信道竞争时间相对稳定，$T_{delay}$ 为常数时间。基于上述描述可以进一步得到

$$\Delta t = rT_{average} + T_{compute} + T_{delay} \tag{3.2}$$

根据前面分析可知 $\Delta t$ 与 $r$ 存在近似线性关系。假设式（3.2）是线性关系式，其中，$T_{average}$ 为比例系数，$T_{compute} + T_{delay}$ 为常数。因此，如果能够确定该式的相关参数，就能得到 $\Delta t$ 与 $r$ 之间的准确关系式。用得到的关系式和 $\Delta t$ 就能计算出用户身份标识在集合中的准确位置 $r$，从而导致协议匿名性被破坏、用户身份信息泄露。

### 3.2.2 认证时间关联的攻击

根据 Dolev-Yao 模型中攻击者所具有的能力和上述分析，攻击者可能在认证过程中发起攻击来计算用户身份标识在 $k$-假名集合中的位置。攻击主要分为两个阶段：第一阶段为确定步骤（4）的处理时间 $\Delta t$ 与用户身份标识在集合中位置 $r$ 的准确关系式；第二阶段为通过拦截消息计算出被攻击用户的 $\Delta t$，并利用所得关系式计算 $r$，从而得到用户身份信息。

#### 1. 第一阶段

攻击者作为合法用户参与认证过程，从而获取相关数据，攻击过程如图 3.2 所示，具体操作如下。

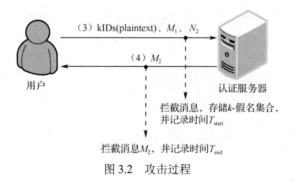

图 3.2 攻击过程

① 攻击者作为合法用户参与认证过程，并发起对信道的窃听攻击。攻击者拦截自己在步骤（3）中发送的 kIDs、$M_1$ 和 $N_2$，存储 kIDs 并记录拦截消息的时间 $T_{start}$。

② 攻击者拦截步骤（4）中认证服务器发送给自己的消息 $M_2$，并记录拦截消息的时间 $T_{end}$。

③ 根据步骤①和②可以计算步骤（4）的处理时间 $\Delta t = T_{end} - T_{start}$，因为攻击者作为合法用户参与认证过程，所以知道自己的身份标识在 $k$-假名集合中的位置 $r$。

④ 为了提高攻击的准确性，攻击者可以同时串联多个其他攻击者来进行多次认证，并执行步骤①～③，得到多组对应的 $(\Delta t, r)$ 二维数据。然后，将得到的数据使用最小二乘法进行线性拟合，计算出相关参数的值，从而确定 $\Delta t$ 和 $r$ 的准确关系式。

## 2. 第二阶段

拦截被攻击用户的认证消息并计算出 $\Delta t$，根据式（3.2）进行处理，计算出用户身份标识在 $k$-假名集合中的位置 $r$。具体操作如下。

⑤ 攻击者拦截被攻击用户在步骤（3）中发送的 kIDs、$M_1$ 和 $N_2$，然后存储 kIDs 并记录拦截消息的时间 $T_{start}$。

⑥ 攻击者拦截步骤（4）中认证服务器发送给被攻击用户的消息 $M_2$，记录拦截消息的时间 $T_{end}$。

⑦ 攻击者计算 $\Delta t$，并根据第一部分得出的 $\Delta t$ 和 $r$ 的准确关系式计算出 $r$，最终从先前得到的 $k$-假名集合中确定被攻击用户的身份标识。

以上是对攻击过程的分析描述，根据分析可知，Li 协议存在上述安全缺陷并可能导致用户身份信息的泄露。

### 3.2.3 安全缺陷的实验证明

为了证明安全缺陷是真实存在的，本节设计了仿真实验来验证分析结果。按照上述分析，攻击实验主要分为两个阶段。第一阶段为处理时间 $\Delta t$ 与用户身份标识在 $k$-假名集合中位置 $r$ 的准确关系式，需要攻击者作为合法用户参与认证；第二阶段为通过 $\Delta t$ 以及得到的准确关系式计算被攻击用户的 $r$ 值，从而确定用户身份标识。为了提高攻击实验的准确性，采取了如下两项措施。

（1）模拟了并发用户数量稳定的情况，以减小 $T_{delay}$ 对 $\Delta t$ 的影响。在攻击实验中，并发认证用户数量设定为 15 人。

（2）对每个用户 $\Delta t$ 值的计算都取 20 次认证的平均值。为了抵抗增强的 Dolev-Yao 模型中攻击者发动的求交集攻击，用户在每次认证过程中必须使用相同的 $k$-假名集合，以免身份信息泄露。

下面分别对攻击实验的两个阶段进行介绍。

### 1. 第　阶段

通过时间关联建立 $\Delta t$ 与 $r$ 的准确关系式。该阶段攻击实验中，通过串联 10 名攻击者并执行攻击步骤①~④，得到如表 3.2 所示的 10 组 $(\Delta t, r)$ 二元数据，为了保证实验的随机性和普适性，位置 $r$ 在实验过程随机给出。

表 3.2　$(\Delta t, r)$二维数据

| 序　号 | 位置 $r$ | $\Delta t$/ms |
| --- | --- | --- |
| 1 | 3 | 12.2583 |
| 2 | 5 | 12.2591 |
| 3 | 2 | 12.2576 |
| 4 | 7 | 12.2597 |
| 5 | 6 | 12.2595 |
| 6 | 8 | 12.2603 |
| 7 | 11 | 12.2614 |

| 序　号 | 位置 $r$ | $\Delta t$/ms |
|:---:|:---:|:---:|
| 8 | 9 | 12.2607 |
| 9 | 19 | 12.2639 |
| 10 | 23 | 12.2645 |

根据所得到的 $\Delta t$ 与 $r$ 的数据，使用最小二乘法对表 3.2 中的数据进行线性拟合，从而可以求出参数 $1/T_{average}$ 和 $1/T_{average} \times (T_{compute} + T_{delay})$ 的值，即可得到式（3.3）的准确形式。使用最小二乘法可以使所有 $r$ 的误差平方和最小，各参数计算公式如式（3.4）～式（3.6）所示。

$$r = \frac{1}{T_{average}} \times \Delta t - \frac{1}{T_{average}} \times (T_{compute} + T_{delay}) \tag{3.3}$$

$$\frac{1}{T_{average}} = \frac{1}{C} \times \sum_{k=1}^{n} (\Delta t_k - \overline{\Delta t}) \times (r_k - \overline{r}) \tag{3.4}$$

$$-\frac{1}{T_{average}} \times (T_{compute} + T_{delay}) = \overline{r} - \frac{1}{T_{average}} \times \overline{\Delta t} \tag{3.5}$$

$$C = \sum_{k=1}^{n} (\Delta t_k - \overline{\Delta t})^2 \tag{3.6}$$

用最小二乘法进行线性拟合，得到式（3.3）的准确形式为

$$r = 2686.016846\Delta t - 32923.066825 \tag{3.7}$$

其中，$1/T_{average}$ =2686.016846，$1/T_{average} \times (T_{compute} + T_{delay})$ =-32923.066825。

根据最小二乘法对表 3.2 中数据进行线性拟合，各组数据的分布情况如图 3.3 所示，由图 3.3 可以更直观地看出 $\Delta t$ 与 $r$ 之间确实存在近似线性的数学关系。

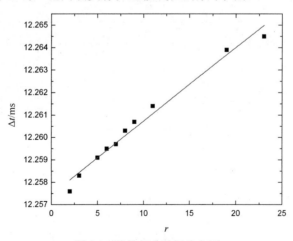

图 3.3　线性拟合数据分布图

### 2. 第二阶段

计算被攻击用户的 $r$ 值。执行攻击步骤⑤、⑥拦截步骤（3）、（4）的消息，拦截到的数据如图 3.4 所示，并记录相应的时间 $T_{start}$ 和 $T_{end}$，然后根据 $\Delta t = T_{end} - T_{start}$ 计算出 $\Delta t$ 的值，代入式（3.7）中进行计算，得到计算位置 $R$。

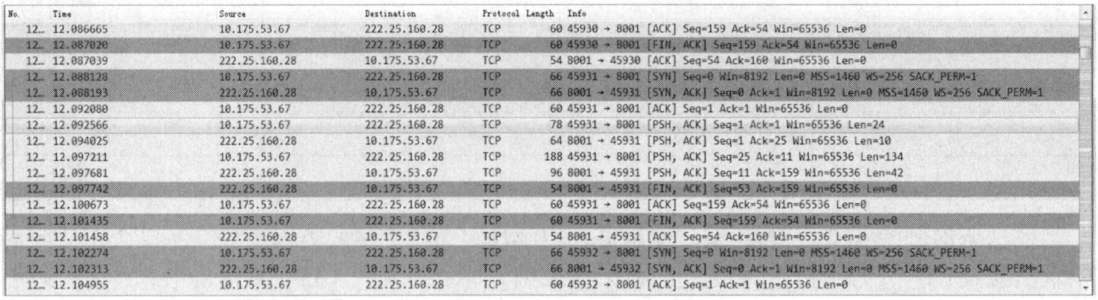

```
No.    Time          Source            Destination      Protocol Length  Info
12...  12.086665     10.175.53.67      222.25.160.28    TCP      60   45930 → 8001 [ACK] Seq=159 Ack=54 Win=65536 Len=0
12...  12.087020     10.175.53.67      222.25.160.28    TCP      60   45930 → 8001 [FIN, ACK] Seq=159 Ack=54 Win=65536 Len=0
12...  12.087039     222.25.160.28     10.175.53.67     TCP      54   8001 → 45930 [ACK] Seq=54 Ack=160 Win=65536 Len=0
12...  12.088126     10.175.53.67      222.25.160.28    TCP      66   45931 → 8001 [SYN] Seq=0 Win=8192 Len=0 MSS=1460 WS=256 SACK_PERM=1
12...  12.088193     222.25.160.28     10.175.53.67     TCP      66   8001 → 45931 [SYN, ACK] Seq=0 Ack=1 Win=8192 Len=0 MSS=1460 WS=256 SACK_PERM=1
12...  12.092080     10.175.53.67      222.25.160.28    TCP      60   45931 → 8001 [ACK] Seq=1 Ack=1 Win=65536 Len=0
12...  12.092566     10.175.53.67      222.25.160.28    TCP      78   45931 → 8001 [PSH, ACK] Seq=1 Ack=1 Win=65536 Len=24
12...  12.094025     222.25.160.28     10.175.53.67     TCP      64   8001 → 45931 [PSH, ACK] Seq=1 Ack=25 Win=65536 Len=10
12...  12.097211     10.175.53.67      222.25.160.28    TCP      188  45931 → 8001 [PSH, ACK] Seq=25 Ack=11 Win=65536 Len=134
12...  12.097681     222.25.160.28     10.175.53.67     TCP      96   8001 → 45931 [PSH, ACK] Seq=11 Ack=159 Win=65536 Len=42
12...  12.097742     222.25.160.28     10.175.53.67     TCP      54   8001 → 45931 [FIN, ACK] Seq=53 Ack=159 Win=65536 Len=0
12...  12.100673     10.175.53.67      222.25.160.28    TCP      60   45931 → 8001 [ACK] Seq=159 Ack=54 Win=65536 Len=0
12...  12.101435     10.175.53.67      222.25.160.28    TCP      60   45931 → 8001 [FIN, ACK] Seq=159 Ack=54 Win=65536 Len=0
12...  12.101458     222.25.160.28     10.175.53.67     TCP      54   8001 → 45931 [ACK] Seq=54 Ack=159 Win=65536 Len=0
12...  12.102274     10.175.53.67      222.25.160.28    TCP      66   45932 → 8001 [SYN] Seq=0 Win=8192 Len=0 MSS=1460 WS=256 SACK_PERM=1
12...  12.102313     222.25.160.28     10.175.53.67     TCP      66   8001 → 45932 [SYN, ACK] Seq=0 Ack=1 Win=8192 Len=0 MSS=1460 WS=256 SACK_PERM=1
12...  12.104955     10.175.53.67      222.25.160.28    TCP      60   45932 → 8001 [ACK] Seq=1 Ack=1 Win=65536 Len=0
```

图 3.4  拦截数据图

将计算得到的位置 $R$ 与对应的 $k$-假名集合中用户身份标识的位置 $r$ 进行比较，如果相等则攻击成功，否则攻击失败，并记录 $R$ 与 $r$ 的绝对偏差。

如表 3.3 所示，$R$ 为根据式（3.7）以及时间 $\Delta t$ 计算得到的位置，$r$ 为用户身份标识在 $k$-假名集合中的位置，绝对偏差为 $R$ 与 $r$ 的偏差的绝对值。T 表示攻击成功，即 $R=r$，F 表示攻击失败，即 $R \neq r$。

表 3.3  攻击结果

| 序　　号 | 时间 $\Delta t$/ms | $R$ | $r$ | 绝 对 偏 差 | 结　　果 |
|---|---|---|---|---|---|
| 1 | 12.2576 | 1 | 3 | 2 | F |
| 2 | 12.2599 | 8 | 8 | 0 | T |
| 3 | 12.2661 | 26 | 24 | 2 | F |
| 4 | 12.2582 | 2 | 2 | 0 | T |
| 5 | 12.2597 | 7 | 6 | 1 | F |
| 6 | 12.2584 | 3 | 3 | 0 | T |
| 7 | 12.2619 | 13 | 12 | 1 | F |
| 8 | 12.2672 | 29 | 29 | 0 | T |
| 9 | 12.2589 | 5 | 5 | 0 | T |
| 10 | 12.2577 | 1 | 3 | 2 | F |
| 11 | 12.2657 | 25 | 25 | 0 | T |
| 12 | 12.2617 | 13 | 13 | 0 | T |
| 13 | 12.2664 | 27 | 28 | 1 | F |
| 14 | 12.2598 | 7 | 7 | 0 | T |
| 15 | 12.2685 | 33 | 33 | 0 | T |

本次实验共对 200 名用户进行攻击（每个用户取 20 次认证过程 $\Delta t$ 的平均值来计算 $R$），成功 121 次，失败 79 次，成功率为 60.5%，证明 Li 协议具有较严重的安全缺陷，从表 3.3 中可以看到，即使攻击失败，$R$ 与 $r$ 的绝对偏差也不会超过 2，即 $r$ 的值较大概率落在以 $R$ 的值为中心、大小为 5 的集合内。因此，即使攻击失败，不能得到准确的用户身份标识的位置，也可以将其限定在一个较小的范围内，这降低了匿名性。原本攻击者猜中用户身份信息的概率为 $1/k$，匿名成功率 $P=(k-1)/k$，而通过本次攻击，用户身份信息被猜中的概率变为 $1/5$，

匿名成功率 $P=4/5$，匿名成功率下降了 $\Delta p=(k-5)/5\times k$。通过上述实验，可以确定 Li 协议确实存在安全缺陷，导致匿名成功率大幅下降，甚至直接暴露用户的身份信息。

## 3.3 协议设计

上节说明 Li 协议不能有效抵抗基于认证时间的关联分析。通过分析可以得出，引发该安全缺陷的因素主要有：①用户在向认证服务器发送 $k$-假名集合进行认证时，集合中包含用户的身份标识，增加了用户身份信息泄露的风险；②认证服务器对用户请求的处理时间与用户真实身份在 $k$-假名中的位置存在近似的线性关系式，通过对认证时间的拟合即可得到二者的准确关系式，从而根据处理时间确定用户的身份信息；③为了增强抵抗 Dolev-Yao 模型中攻击者发动求交集攻击，用户在每次认证时必须使用相同的 $k$-假名集合，因此攻击者能够多次观察认证过程，从而利用求平均值的方法提高攻击的准确性。

针对上述问题，本章协议引入用户分组机制，用户在认证之前需要预先在认证服务器进行分组，并向认证服务器索取自己所在组的组标识 GID、共享密钥 Key 等。用户在后续的认证过程中，即可使用 GID 替代自己的身份标识。在保证用户身份信息安全的同时，用户分组机制不会降低协议的性能，认证服务器只需按照分组进行遍历即可完成认证过程，保证了协议的高效性。

### 3.3.1 交互过程

本章协议的提出过程中主要采用如下技术。

（1）采用共享密钥技术，使协议能更好地适用于能力受限的移动设备。

（2）采用假名技术，使用组标识 GID 替代用户身份标识来实现匿名性。

（3）采用用户分组机制，改进了 Li 协议，增强协议安全性的同时能够提高协议性能。

在本章协议中，需要认证服务器预先给用户进行分组并存储分组信息，然后将用户所在组的组标识 GID 发送给用户。用户在认证过程中将 GID 连同用共享密钥加密的认证消息发送到认证服务器。通过认证其对应认证消息即可认证用户身份信息。在该协议中，用户使用 GID 来进行认证，即使被攻击者拦截也无法关联分析出用户身份信息，而且认证服务器至多遍历 GID 对应组中所有用户的密钥即可完成认证，避免了认证服务器资源浪费，同时保证了协议的高效性。本章协议中的符号含义如表 3.4 所示，同时图 3.5 中给出了认证过程。

表 3.4　本章协议符号对照表

| 符　　号 | 意　　义 |
| --- | --- |
| SNonce | 认证服务器生成的随机数 |
| CNonce | 用户生成的随机数 |
| $C$ | 用户身份标识 |
| GID | 用户所在组的组标识 |
| HMAC | 哈希函数 |
| Key | 用户和认证服务器的共享密钥 |

| 符　号 | 意　义 |
|---|---|
| SK | 用户和认证服务器的会话密钥 |
| PRNG() | 随机数生成器 |

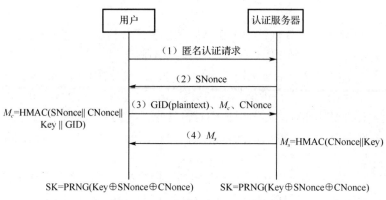

图 3.5　本章协议的认证过程

（1）用户→认证服务器：由用户请求开始匿名认证，消息内容是 32bit 的字符串信息。

（2）认证服务器→用户：认证服务器接收到用户发送的匿名认证请求消息，产生随机数 SNonce 并发送给用户，长度为 64bit。认证服务器为了提高处理速度，可以预先生成一些随机数存储在本地，当有用户请求匿名认证时就选取一个随机数发送出去。

（3）用户→认证服务器：随机数 SNonce 到达用户端后，用户生成随机数 CNonce，然后计算消息 $M_c$。

$$M_c = \text{HMAC}(\text{SNonce} \| \text{CNonce} \| \text{Key} \| \text{GID}) \tag{3.8}$$

其中，"‖"是字符串连接符。然后用户向认证服务器发送 GID、$M_c$、CNonce 进行认证。此步骤发送的消息内容不包含用户身份标识，主要是为了防止攻击者通过认证时间等信息计算出用户的身份标识。$H_1'$、$H_2'$、$P'$ 和 CNonce 实现挑战-应答，确保认证过程传输消息的新鲜性，抵抗消息重放。

（4）认证服务器→用户：认证服务器接收步骤（3）中用户发送的消息，随后遍历 GID 对应组中的用户进行认证。首先，认证服务器按照（组标识为 GID 的组）组内用户身份标识的先后顺序计算对应 $M_c'$，如式（3.9）所示，并验证 $M_c'$ 与 $M_c$ 是否相等。如果相等则停止查询组内其他用户，对用户认证通过；如果遍历完组内所有用户都不能使 $M_c'$ 与 $M_c$ 相等，则认证失败。若认证成功，则认证服务器计算消息 $M_s$，然后将 $M_s$ 发送给用户，$M_s$ 的计算如式（3.10）所示。

$$M_c' = \text{HMAC}(\text{SNonce} \| \text{CNonce} \| \text{Key}' \| \text{GID}) \tag{3.9}$$

$$M_s = \text{HMAC}(\text{CNonce} \| \text{Key}) \tag{3.10}$$

用户接收到消息 $M_s$，按照相同的方式计算 $M_s$，然后与收到的消息进行比对。相等则用户对认证服务器认证成功，否则即认证失败。在用户完成对认证服务器的认证后，双方生成会话密钥。认证服务器以及用户的会话密钥 SK 的计算如式（3.11）所示。

$$\text{SK} = \text{PRNG}(\text{Key} \oplus \text{SNonce} \oplus \text{CNonce}) \tag{3.11}$$

计算认证消息 $M_s$ 和 $M_c$ 所使用的哈希算法选取了资源消耗较小的 SHA-1 算法，有助于提高认证性能。

### 3.3.2　安全性证明

#### 1．安全模型

为了保证本章协议的安全性，使用形式化证明说明其安全性。假设攻击者具有 Dolev-Yao 模型中攻击者所具有的全部能力，那么攻击者可以通过发起如下 Oracle 查询来进行攻击，其中 $C$ 代表用户，$S$ 代表认证服务器。

（1）Listen($C$,$S$)：模拟攻击者进行被动攻击，可以窃听 $C$ 和 $S$ 之间交换的所有消息。

（2）Send($C$,$S$)：模拟攻击者可以扮演合法 $C$ 向 $S$ 发送消息，并接受 $S$ 的应答消息。

（3）Send($S$,$C$)：模拟攻击者可以扮演合法 $S$ 向 $C$ 发送消息，并接受 $C$ 的应答消息。

（4）Union($C$)：模拟攻击者可以联合 $C$ 的能力，使 $C$ 泄露自己的 Key。

（5）Test($C$)：模拟攻击者用从 Union($C$)中获取的 Key 来度量 $C$ 中 Key 的语义安全性，根据 $b\{0,1\}$，若 $b=1$，则返回 Key，若 $b=0$，则返回一个与 Key 同等长度的随机串。

攻击者的目的是对认证用户的身份进行区别和跟踪，以获取用户的身份信息。基于上述信息将攻击者 $A$ 设定为概率多项式时间算法，在多项式时间 $t(n)$ 内（$n$ 为时间参数，可忽略），攻击者可以尝试最多 $q(n)$ 次攻击，并将该攻击定义为攻击者 $A$ 与用户和认证服务器之间进行的游戏，攻击分为两个阶段。

1）训练阶段

攻击者 $A$ 可以发送任意的 Listen($C$,$S$)、Send($C$,$S$)、Send($S$,$C$)和 Union($C$)查询，并在 $t(n)$ 时间内收集最多 $q(n)$ 条知识。根据协议认证的过程，这些知识的组成包括 $I(n) = \{SNonce, CNonce, GID, M_c, M_s\}^{q(n)}$，$I(n)$ 将作为下一阶段的帮助信息。

考虑攻击者 $A$ 的目的是识别用户 $C$，由于用户的身份标识均被组标识 GID 所替代，那么攻击者只能通过跟踪 GID 来识别用户 $C$，因此假设攻击者的攻击目标是 $GID_c$，并且在训练阶段，攻击者 $A$ 在 $t(n)$ 内的 $q(n)$ 次查询来自 $GID_c$ 的概率为 $\alpha(0 \leqslant \alpha \leqslant 1)$，那么攻击者 $A$ 在知识 $I(n)$ 中能够得到与 $GID_c$ 有关的信息数目为 $q_c(n) = \alpha \times q(n)$。

2）挑战阶段

在挑战阶段，攻击者 $A$ 在游戏的某个时刻参与用户和认证服务器的会话过程。攻击者 $A$ 在协议执行过程中发起 Test($C$)查询，由于攻击者 $A$ 是概率多项式时间算法，在多项式时间 $t(n)$ 内，$A$ 可以进行 $q(n)$ 次攻击实验，设每次攻击实验其获胜的概率优势为 $\mathrm{Adv}_A^i$，则最终攻击成功（获胜）的概率优势为 $\mathrm{Adv}(A) = \sum\limits_{i=1}^{q(n)} \mathrm{Adv}^i(A)$。

#### 2．安全定义

语义安全：在 $I(n)$ 的基础上对 $b$ 进行猜测，输出 $b'$。若 $b' = b$，则输出为 1，否则输出为 0，因此攻击者在实验 $\mathrm{EXP}_A(t,q)$ 中获胜的概率优势为 $\mathrm{Adv}(A) = |\mathrm{pr}(\mathrm{EXP}_A(t,q)=1) - 1/2|$。如果在该实验中，攻击者获胜的概率优势 $\mathrm{Adv}_A$ 是可忽略的，则说明本章协议是语义安全的。

**匿名性**：用户 $C_i$ 和 $C_j$ 分别为 GID 分组中的两个用户，同时 $M(C_i,S)$ 和 $M(C_j,S)$ 分别表示两个用户执行协议的消息抄本，若 $\mathrm{Dist}[M(C_i,S)] = \mathrm{Dist}[M(C_j,S)]$（其中 $\mathrm{Dist}[M(C,S)]$ 表示 $M(C,S)$ 的概率分布），则说明本章协议具有匿名性。

### 3．证明过程

**定理 3.1** 设攻击者 $A$ 是概率多项式时间算法，在多项式时间 $t(n)$ 内，攻击者最多进行 $q(n)$ 次攻击实验，则攻击者获胜的概率优势 $\mathrm{Adv}(A) \leqslant q(n)/2^{|key|} + neg(l)$，是可忽略的，其中，$neg(l)$ 表示关于安全参数 $l$ 的一个可忽略函数，因此本章协议是安全的。

**证明**：采用混合实验的方法来证明该协议是语义安全的，通过一系列的攻击实验对模拟规则进行改变，直到攻击者获胜的概率优势为可忽略的函数为止。用 $\mathrm{Adv}^i(A,\mathrm{EXP}_j)$ 表示攻击者 $A$ 在第 $i$ 次攻击的第 $j$ 个混合实验中的概率优势。

实验 $\mathrm{EXP}_0$：此实验模拟 Oracle 模型下真实的协议运行，在实验中，攻击者 $A$ 可以进行 Oracle 查询，则有 $\mathrm{Adv}^i(A) = \mathrm{Adv}^i(A,\mathrm{EXP}_0)$。

实验 $\mathrm{EXP}_1$：此实验通过建立信息列表来模拟 Oracle 函数，分别将 2 个 HMAC 和 PRNG 函数记为 $H_1$、$H_2$ 和 $P$，同时模拟私有的 Oracle 函数 $H_1'$、$H_2'$ 和 $P'$。随机预言函数的模拟规则如下。

（1）$H_i$ 查询列表 $T_{H_i}$（$i=1,2$）：对于训练阶段每次的 Oracle 函数 $H_i(m)$，将记录 $(i,m,r)$ 添加到 $T_{H_i}$。对于挑战阶段新的 Oracle 函数 $H_i(m)$，若列表中存在记录 $(i,m,r)$，则返回 $r$；否则随机选择 $r \in \{0,1\}^l$，将 $r$ 返回给攻击者，并将记录 $(i,m,r)$ 添加到 $T_{H_i}$。

（2）$P$ 查询列表 $T_P$：对于训练阶段每次的 Oracle 函数 $P(m)$，将记录 $(m,r)$ 添加到 $T_P$。对于挑战阶段新的 Oracle 函数 $P(m)$，若列表中存在记录 $(m,r)$，则返回 $r$；否则随机选择 $r \in \{0,1\}^l$，将 $r$ 返回给攻击者，并将记录 $(m,r)$ 添加到 $T_P$。

（3）$H_i'$ 查询列表 $T_{H_i'}$（$i=1,2$）：对于训练阶段每次的 Oracle 函数 $H_i'(m)$，将记录 $(i,m,r)$ 添加到 $T_{H_i'}$。对于挑战阶段新的 Oracle 函数 $H_i'(m)$，若列表中存在记录 $(i,m,r)$，则返回 $r$；否则随机选择 $r \in \{0,1\}^l$ 返回给攻击者，并将记录 $(i,m,r)$ 添加到 $T_{H_i'}$。

（4）$P'$ 查询列表 $T_{P'}$：对于训练阶段每次的 Oracle 函数 $P'(m)$，将记录 $(m,r)$ 添加到 $T_{P'}$。对于挑战阶段新的 Oracle 函数 $P'(m)$，若列表中存在记录 $(m,r)$，则返回 $r$；否则随机选择 $r \in \{0,1\}^l$，将 $r$ 返回给攻击者，并将记录 $(m,r)$ 添加到 $T_{P'}$。

除了模拟 Oracle 函数，还根据协议的安全模型模拟所有的 Listen$(C,S)$、Send$(C,S)$、Send$(S,C)$ 和 Test$(C)$ 查询，由模拟规则可知 $\mathrm{Adv}^i(A,\mathrm{EXP}_0) = \mathrm{Adv}^i(A,\mathrm{EXP}_1)$。

实验 $\mathrm{EXP}_2$：该阶段实验排除一些发生碰撞的会话，如果会话中的消息发生碰撞或者 Oracle 函数的输出发生碰撞，则取消会话的运行。由生日攻击原理可知，实验 $\mathrm{EXP}_2$ 和实验 $\mathrm{EXP}_1$ 不可区分，因此 $|\mathrm{Adv}^i(A,\mathrm{EXP}_2) - \mathrm{Adv}^i(A,\mathrm{EXP}_1)| \leqslant neg(l)$。

实验 $\mathrm{EXP}_3$：该阶段实验修改对 Listen$(C,S)$ 查询的模拟，在被动会话中将 Oracle 函数 $H_1$、$H_2$、$P$ 分别替换为 $\mathrm{EXP}_1$ 中定义的 $H_1'$、$H_2'$、$P'$，并且随机选择 Oracle 函数中的输入 Key。由于其他的值都是公开的，仅共享密钥 Key 和会话密钥 SK 是秘密的，因此攻击者如果想获取 SK，必须从以下两个角度进行。

（1）攻击者必须可以正确恢复共享密钥 Key 从而进一步恢复会话密钥 SK，但是共享密钥 Key 与其他值并无任何关系，从训练阶段积累的知识中也无法推导出 Key，因此攻击者在区

分被动会话中的共享密钥时没有任何优势，Key 完全随机产生。假设此实验为 $\mathrm{EXP}_3^1$，则实验 $\mathrm{EXP}_3^1$ 与 $\mathrm{EXP}_2$ 不可区分，即 $|\mathrm{Adv}^i(A,\mathrm{EXP}_3^1) - \mathrm{Adv}^i(A,\mathrm{EXP}_2)| \leqslant \mathrm{neg}(l)$。

（2）攻击者必须通过训练阶段积累的知识对 SK 进行直接恢复，由于用户认证时每次使用相同的共享密钥 Key，因此如果被动攻击实验中所使用的 SNonce 和 CNonce 在训练阶段出现，那么攻击者可以通过 Oracle 函数 $P$ 直接恢复 SK。假设此实验为 $\mathrm{EXP}_3^2$，现在证明 $\mathrm{EXP}_3^2$ 与 $\mathrm{EXP}_2$ 是不可区分的。

首先给出攻击者 $A$ 在训练过程中积累的知识对认证过程的影响。攻击者 $A$ 的目标 $\mathrm{GID}_{C_m}$ 来自某特定用户 $C_m$ 的概率为 $\mathrm{pr}(C_m) = 1/|\mathrm{GID}_{C_m}|$，$|\mathrm{GID}_{C_m}|$ 为分组大小，挑战阶段用户 $C_m$ 认证过程中使用的 SNonce 在训练阶段出现过的概率为 $\mathrm{pr}(\mathrm{SNonce}) \leqslant \mathrm{pr}(C_m) \times q_{C_m}(n)/2^{|\mathrm{SNonce}|}$，用户 $C_m$ 认证过程中使用的 CNonce 在训练阶段出现过的概率为 $\mathrm{pr}(\mathrm{CNonce}) \leqslant \mathrm{pr}(C_m) \times q_{C_m}(n)/2^{|\mathrm{CNonce}|}$。$|\mathrm{SNonce}|$ 和 $|\mathrm{CNonce}|$ 分别表示 SNonce 和 CNonce 的长度。因此，攻击者通过 SNonce 和 CNonce 直接恢复 SK 的概率为

$$\begin{aligned}
\mathrm{pr}(\mathrm{SK}) &= \mathrm{pr}(\mathrm{SNonce}) \times \mathrm{pr}(\mathrm{CNonce}) \times \mathrm{pr}(C) \\
&\leqslant \mathrm{pr}(C)^3 \times q_c(n)^2/2^{|\mathrm{SNonce}|+|\mathrm{CNonce}|} \\
&\leqslant \frac{q_c(n)^2}{|\mathrm{GID}_c|^3 \times 2^{|\mathrm{SNonce}|+|\mathrm{CNonce}|}}
\end{aligned}$$

在实验过程中，CNonce 和 SNonce 选择 64bit，在用户分组大小适当的情况下，直接恢复 SK 的概率 $\mathrm{pr}(\mathrm{SK})$ 是可忽略不计的，因此 $\mathrm{EXP}_3^2$ 与 $\mathrm{EXP}_2$ 不可区分，则 $|\mathrm{Adv}^i(A,\mathrm{EXP}_3^2) - \mathrm{Adv}^i(A,\mathrm{EXP}_2)| \leqslant \mathrm{neg}(l)$。

综上所述，实验 $\mathrm{EXP}_3$ 与 $\mathrm{EXP}_2$ 是不可区分的，即

$$|\mathrm{Adv}^i(A,\mathrm{EXP}_3) - \mathrm{Adv}^i(A,\mathrm{EXP}_2)| \leqslant \mathrm{neg}(l)$$

实验 $\mathrm{EXP}_4$：此阶段实验最后处理攻击者通过 $\mathrm{Send}(C,S)$ 和 $\mathrm{Send}(S,C)$ 进行的主动攻击。一方面让攻击者接受用户的 SNonce，并返回步骤（3）的消息 $(\mathrm{GID}, M_c, \mathrm{CNonce})$，其中 $M_c$ 使用 $H_1$ 生成，Key 随机选择，此时认证服务器拒绝接受并终止协议进行。另一方面，攻击者作为认证服务器接收步骤（3）的消息，并返回步骤（4）的消息 $M_s$，其中 $M_s$ 使用 $H_2$ 生成，Key 随机选择，此时用户拒绝接受并终止协议进行。显然实验 $\mathrm{EXP}_4$ 与实验 $\mathrm{EXP}_3$ 是不可区分的，除非攻击者能够正确计算出 Key，从而正确生成 $M_s$ 或 $M_c$，将该事件定义为 getKey，则 $|\mathrm{Adv}^i(A,\mathrm{EXP}_4) - \mathrm{Adv}^i(A,\mathrm{EXP}_3)| \leqslant \mathrm{pr}^i(\mathrm{getKey})$。

在上述实验中，由于训练阶段没有获取任何关于 Key 的直接信息，并且 Key 是随机选择的，在实验 $\mathrm{EXP}_2$ 中也已经排除了 Oracle 函数的碰撞，因此显然有 $\mathrm{pr}^i(\mathrm{getKey}) \leqslant 1/2^{|\mathrm{Key}|}$，其中 $|\mathrm{Key}|$ 表示密钥的长度。

由于在多项式时间 $t(n)$ 内，攻击者可以进行 $q(n)$ 次查询，有 $\mathrm{pr}(\mathrm{getKey}) \leqslant q(n)/2^{|\mathrm{Key}|}$，进一步有 $\mathrm{Adv}(A) \leqslant \alpha \times q_c(n)/2^{|\mathrm{key}|} + \mathrm{neg}(l)$，因此定理 3.1 得证。

**定理 3.2**　本章协议实现了匿名性，并且攻击者至多以 $1/|\mathrm{GID}|$ 的概率破坏匿名性。

**证明**：用户 $C_i$ 和 $C_j$ 发送的所有消息中，SNonce 和 CNonce 随机选择，并且 GID 是相同的，因此消息是均匀分布的。Key 对于同一用户固定且秘密，通过 $M_s$ 不会泄露身份信息，因此对两个用户 $C_i$ 和 $C_j$ 有 $\mathrm{Dist}[M(C_i,\mathrm{S})] = \mathrm{Dist}[M(C_j,\mathrm{S})]$，即实现了匿名性。

对于用户 $C$，攻击者仅通过协议真实执行过程中截获的消息 $\{\mathrm{SNonce}, \mathrm{CNonce}, \mathrm{GID}_c, M_c, M_s\}$ 来识别攻击者身份，在此过程中 SNonce 和 CNonce 都是随机的，因此攻击者通过该

消息不可能有任何区分用户身份信息的优势。根据训练阶段获取的知识 $I(n)$，攻击者可根据 $GID_c$ 以 $\alpha$ 概率获取和 $C$ 同一分组的所有消息 $\{M_c^{GID_c}, M_s^{GID_c}\}^{\alpha \times q(n)}$，但是 $M_c$ 和 $M_s$ 的生成过程都需要用户和认证服务器的共享密钥 Key 作为输入，而 $M_c^{GID_c}$、$M_s^{GID_c}$ 对攻击者并没有任何可用的帮助，因此攻击者通过该消息也不可能有任何区分用户身份信息的优势。此时，攻击者仅能通过 $GID_c$ 对用户进行随机猜测，假设攻击者根据知识掌握用户使用 $GID_c$ 的信息，仍然至多以 $1/|GID_c|$ 的概率猜测出正确的用户，因此攻击者破坏匿名性的概率至多为 $1/|GID_c|$，定理 3.2 得证。

## 3.4　协议分析

为了说明本章协议的安全性和高效性，下面进行安全性分析和性能分析。安全性方面主要从抗攻击能力等方面进行分析，从而将本章协议与现有协议的安全性进行对比，证明本章协议更加安全可靠。通过搭建测试环境来进行性能分析，使用的设备有 TP-Link 无线路由器、联想笔记本电脑（windows7、i5-4590 CPU、3.30GHZ、4G 内存）、惠普 Z620 工作站（windows7、E5-1603 24 核 CPU、96G 内存）。实验拓扑图如图 3.6 所示。

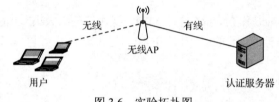

图 3.6　实验拓扑图

### 3.4.1　安全性分析

**1. 本章协议安全性分析**

1）抵抗时间关联攻击

Li 协议在认证过程中虽然使用了 $k$-假名集合，但是集合中依然含有用户的身份信息，并且该集合在认证过程中直接以明文的方式发送给认证服务器，容易被攻击者截获。通过实验可知，攻击者通过认证时间与用户身份标识在集合中的位置的线性关系并结合假名集合可以确定用户身份消息，从而泄露用户隐私。

而本章协议将用户的身份标识泛化为组标识 GID，用户在认证过程中不再需要发送有关个人的身份标识，只需要发送 GID 到认证服务器，使攻击者不能获取有关用户身份的任何信息，在攻击者仅知道 GID 的情况下，无法将发起匿名认证请求的用户与对应分组内某个特定的用户相关联。同时，由于同一分组内有多个用户，攻击者根据特定的假名信息对用户进行追踪的难度加大，进一步保证了用户的不可追踪性，可以保证用户的隐私安全。

2）抵抗重放攻击

本章协议的交互过程引入了挑战-应答机制，以保证认证过程中传输消息的新鲜性。认证服务器收到用户发来的匿名认证请求后发送一个随机数 SNonce 给用户，用户使用共享密钥和 SNonce 生成一条认证消息 $M_c$，并将 $M_c$ 和自己生成的随机数 CNonce 发送给认证服务器，认证服务器用共享密钥计算 $M'_c$，将其与 $M_c$ 比较即可知道该消息是否具有新鲜性。因为只有用相同的随机数计算的消息才会相同，而认证服务器使用的是最新产生的随机数，同理，用户也可以通过自己产生的随机数 CNonce 验证认证服务器发来的消息是否具有新鲜性，可以抵抗重放攻击。

3）抵抗伪装攻击

本章协议通过共享密钥加密来抵抗伪装攻击。用户在认证之前需要先到认证服务器注册，然后与认证服务器协商共享密钥 Key。交互过程中，用户发送认证消息 $M_c$ 到认证服务器，认证服务器使用对应共享密钥生成类似的消息 $M'_c$，将其与 $M_c$ 进行比较。因为密钥只有用户和认证服务器拥有，而攻击者没有，因此，若 $M'_c$ 与 $M_c$ 相等，则该消息是来自用户的，且其中引入挑战-应答机制，避免了该消息是攻击者重放的，能抵抗攻击者伪装用户，同理，用户通过消息 $M_s$ 来识别认证服务器是否被伪装。基于上述分析可知，本章协议能够抵抗攻击者伪装用户和认证服务器的攻击。

4）抵抗消息修改攻击

本章协议通过使用哈希算法来抵抗消息修改攻击。认证过程中，认证服务器通过计算消息 HMAC(SNonce ‖ CNonce ‖ C ‖ Key ‖ GID) 来认证用户身份信息。若是攻击者修改消息内容，根据哈希算法的抗强碰撞性可知，认证服务器同攻击者计算的消息摘要必然不同，因此认证服务器可以检测出来自用户的消息是否被修改过，同理，用户也可以通过认证消息 HMAC(CNonce ‖ Key) 检测来自认证服务器消息是否被修改过。因此本章协议可以有效抵抗消息修改攻击。

5）抵抗别名去同步攻击

别名去同步攻击主要指攻击者破坏用户与认证服务器二者的别名同步，以达到用户不能正常认证的目的。该攻击主要针对需要进行别名或假名更换的协议，本章协议不涉及这方面的问题，即用户的分组 GID 是固定不变的，不存在更换问题，因此不会受这种类型的攻击。

6）双向认证性

本章协议中，认证服务器通过遍历 GID 组内所有成员并计算 $M'_c$，将其与 $M_c$ 比较来认证用户的身份，而用户通过计算 $M_s$，并与认证服务器发送的消息进行比较，来认证其可信性。交互完成后，二者都验证了对方身份信息的合法性。

7）前向保密性和后向保密性

本章协议中，用户与认证服务器通过两轮交互彼此认证对方身份信息，然后立即使用预先协商好的算法计算会话密钥 SK，用于加密后续通信过程传输的消息。其中，计算 SK 使用了随机数 SNonce 和 CNonce，即 SK = PRNG(Key ⊕ SNonce ⊕ CNonce)，而 SNonce 和 CNonce 在每次认证过程中都是随机生成的，与前一次或后一次生成的随机数没有关联，因此，攻击者不能通过截获会话密钥 SK 来计算前一次或后一次的会话密钥，保证了前向保密性和后向保密性。

### 2．安全性对比

主要将本章协议和参考文献[4,5]中的匿名认证协议进行安全性对比，表 3.5 是本章协议和现有协议的安全性对比结果，表明本章协议安全性更高。此外，本章协议在不能获取 MAC 地址的移动通信网中，能够抵抗攻击者根据 MAC 地址等独有信息对用户进行的非法跟踪，而在 WLAN 等能获取 MAC 地址的环境下，可以通过引入 MAC 地址随机化等技术抵抗攻击者对用户进行非法跟踪。

表 3.5　安全性对比

| 安 全 属 性 | 文献[4]协议 | 文献[5]协议 | 本 章 架 构 |
|---|---|---|---|
| 抵抗重放攻击 | Y | Y | Y |
| 抵抗伪装攻击 | Y | Y | Y |
| 匿名性 | Y | Y | Y |
| 双向认证性 | Y | Y | Y |
| 前向和后向保密性 | Y | Y | Y |
| 抵抗时间关联攻击 | Y | N | Y |
| 无需额外设备 | Y | Y | Y |
| 抵抗别名去同步攻击 | N | Y | Y |

### 3.4.2　性能分析

本节通过进行仿真实验并对实验数据进行量化处理，对本章协议的认证时间、计算开销、通信开销和存储开销大小等方面进行分析。

#### 1．认证时间

认证时间是评估一个匿名身份认证协议性能的重要指标。通常来讲，认证时间不应超出用户的忍受限度，过长的认证时间将会降低服务质量和协议的可使用性。本章协议通过对用户分组来进行认证，因此分组的大小是影响认证时间的重要因素。仿真实验主要针对两种情况来测试认证时间：第一种主要测试认证时间随分组的大小 $n$ 的变化情况；第二种主要测试认证时间随并发认证用户数量的变化情况。

第一种测试情况为了得到认证时间的上限，考虑了最坏的情况，即每个参与测试的用户身份标识在分组的最后一个位置。实验中分别测试分组大小 $n$ 为 1、10、20、30、40 叶 20 次认证每一次的认证时间（该测试中同一时间只有一个用户进行认证），实验结果如图 3.7 所示。可以看到，随分组大小 $n$ 的增加，认证时间有所增长，但是分组大小对认证时间影响不大。

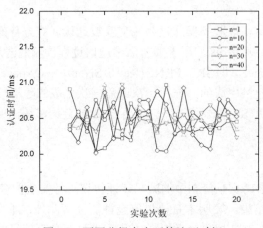

图 3.7　不同分组大小下的认证时间

20 次认证的平均认证时间随分组大小的变化情况如图 3.8 所示，可知当分组大小 $n$ 增加时，平均认证时间也有所增加，但是分组大小对认证时间影响很小，因此，本章协议认证时间相对稳定且受分组大小影响较小。此外，由于本章协议引入了用户分组机制，即使认证服务器中注册用户的数量增加，由于认证过程仅需要遍历分组内用户，因此认证时间也不会增加，即认证时间较稳定，仅与分组大小有关，说明该协议可以进一步抵抗时间关联攻击，具有较好的性能。

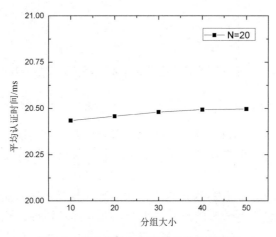

图 3.8　不同分组大小下的平均认证时间

本章协议采用了假名技术，比通过身份信息加密来实现匿名性的协议具有更高的性能。例如，在 RFID 身份认证过程中，认证服务器需要遍历数据库中的所有标签来认证用户的身份。当标签数量很多时认证时间会很长，导致协议的性能低且可用性差。本章协议中认证服务器最多遍历整个组中的用户即可完成认证，通过限制分组大小就可以保证协议具有高效性。

第二种测试情况主要测试多个用户同时认证时的认证时间变化。本实验预先指定分组大小 $n = 20$，并通过改变并发用户数量来分析认证时间的变化。如图 3.9 所示为平均认证时间随并发用户数量的变化情况。可以看到，平均认证时间与并发用户数量呈近似线性关系。认证时间主要包括通信时间和处理时间，其中通信时间指消息传输所需要的时间，处理时间指计算认证消息并进行认证所需要的时间。在上一个测试中已经发现处理时间对认证时间的影响比较小，因此即使多个用户同时进行认证，处理时间也不会对认证时间产生太大的影响。

多个用户同时进行认证主要影响通信时间，因为在无线网络中，当有多个用户同时进行认证时，所有用户要通过 CSMA/CA 来竞争无线信道，会产生一定的时间消耗。当同时进行认证的用户数量由 $m$ 增加到 $m+1$ 时，原来 $m$ 个用户的认证时间会因为新加入的一个用户竞争无线信道而有所增加。设新加入一个用户后，$m+1$ 个用户的平均时间增加 delta，$m$ 个用户同时认证时的平均认证时间为 $t$，那么 $m+1$ 个用户同时认证时平均认证时间为 $t + \text{delta}$。在无线网络中，由于分布式协调功能 DCF 的作用，当所有用户要发送的数据包大小相同时，用户接入网络所需要的平均时间与并发用户数量呈线性关系。因此本章协议所达到的并发效果符合正常的水平。

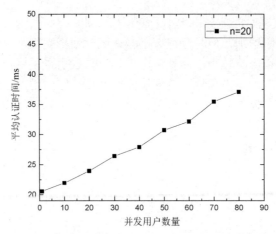

图 3.9　平均认证时间随并发用户数量的变化情况

分组大小 $n$ 直接影响了本章协议的性能。其中分组大小 $n$ 的确定需要考虑两个方面的因素。①用户的隐私需求。当用户具有较高的隐私需求时，应使分组大小 $n$ 较大，易知攻击者不能以超过 $1/n$ 的概率分辨出真实用户，因此 $n$ 越大，用户隐私泄露的概率越小。②用户的服务质量需求。一般来说，分组大小 $n$ 越大，认证时间越长，服务质量将会降低，同时认证服务器的性能对服务质量也有一定的影响。因此，在实际环境中，隐私需求和服务质量需求相互制约，需要综合以上两个方面来最终确定合适的分组大小。在上述实验中，为了仿真实际环境中不同的隐私需求，并且考虑实验设备的性能，将分组大小设置在了 $1\sim50$，从而验证本章协议的高效性。

**2．通信开销**

通信开销指认证过程中用户和认证服务器之间传输消息的数据量之和。本章协议交互过程分为四个交互步骤，传输消息如下。

步骤（1）中传输的消息为认证请求，长度为 32bit。

步骤（2）中传输的消息为 SNonce，长度为 64bit。

步骤（3）中传输的消息为 CNonce 和 $M_c$，CNonce 长度为 64bit，$M_c$ 是使用 SHA-1 计算的认证消息，长度为 160bit，因此总消息长度为 224bit。

步骤（4）中传输的消息 $M_s$ 是使用 SHA-1 计算的认证消息，长度为 160bit。

交互过程传输消息的通信开销如表 3.6 所示，总的通信开销为 480bit。

表 3.6　本章协议通信开销

| 步　　骤 | 通信开销/bit |
| --- | --- |
| （1） | 32 |
| （2） | 64 |
| （3） | 224 |
| （4） | 160 |
| 通信开销总和 | 480 |

### 3．存储开销

用户端需要存储用户的身份标识 $C$（长度为32bit）、共享密钥 Key（长度为128bit）、组标识 GID（长度为32bit）、会话密钥 SK（长度为128bit），因此，用户端需要的存储空间总量为320bit。

认证服务器端为每个用户存储用户的身份标识 $C$（长度为32bit）、共享密钥 Key（长度为128bit）、组标识 GID（长度为32bit）、会话密钥 SK（长度为128it），则每个用户端所需的存储空间总量为320bit。假设认证服务器上注册的用户数量为 $n$，则认证服务器所需总存储空间为 $n \times 320$bit。此外，相比于现有的常量认证时间协议，本章协议在存储开销方面具有绝对的优势。表3.7中 $C$ 为对应协议中的计数值，本章协议与现有协议的存储开销对比如表3.7所示。

表 3.7　存储开销对比

| 架　　构 | 文献[7]协议 | 文献[8]协议 | 文献[9]协议 | 本 章 架 构 |
|---|---|---|---|---|
| 存储空间 | $O(C \times n)$ | $O(C \times n)$ | $O(C \times n)$ | $O(n)$ |

### 4．计算开销

计算开销指认证过程中计算认证消息所需的计算开销，分为用户端计算开销和认证服务器端计算开销。

（1）用户在认证过程中需要进行的计算主要包括如下内容。

① 2次哈希运算：计算消息 $M_c$ 和消息 $M_s$。

② 2次异或运算：计算共享密钥 SK，其中包含2次异或运算。

（2）认证服务器在认证过程中需要进行的计算主要包括如下内容。

① $r+1$ 次哈希运算：$r$ 为用户身份标识在组中的位置，认证服务器通过组标识 GID 遍历组内用户并计算 $M_c'$ 来认证用户身份，共需要 $r$ 次哈希运算。计算消息 $M_s$ 需要一次哈希运算。

② 2次异或运算：计算共享密钥 SK，其中包含2次异或运算。

根据上述计算开销统计，并与现有的基于共享密钥的协议进行对比，对比结果如表3.8所示。可以看出，本章协议在保证上述优点的同时并不增加计算开销，并且通过设置合理的认证服务器端分组大小，可以保证用户端和认证服务器端的性能。

表 3.8　计算开销对比

| 运 算 方 式 | 文献[4]协议 | 文献[5]协议 | 本 章 架 构 |
|---|---|---|---|
| 哈希运算 | $n+10$ | $r+3$ | $r+3$ |
| 异或运算 | 13 | 4 | 4 |
| CRC 运算 | 0 | 0 | 0 |

上述性能测试与评估结果表明，本章协议认证时间短，通信开销、存储开销和计算开销都较小，因此具有轻量级的特点，能更好地适用于无线网络。

## 3.5　本章小结

首先分析了 Li 协议的安全缺陷，指出认证时间和用户标识在 $k$-假名集合中的位置存在线性关系，导致该协议无法抵抗认证时间关联分析。进一步进行仿真实验验证，结果证明，攻击者能够根据认证时间以较大概率获取用户的身份标识。本章通过引入用户分组机制，提出了一种基于共享密钥的轻量级匿名认证协议。性能分析和仿真实验验证说明，本章协议能够抵抗时间关联等攻击，并具有计算开销小、通信开销小和存储开销小等优点，表明本章协议更加安全，并且具备轻量级的特点，更加高效。

## 3.6 思考题目

1. 认证时间关联分析在其他认证方法中是否依然有效？
2. $k$-假名集合的大小与攻击成功率间是否存在关系？
3. 非共享密钥和共享密钥的认证协议各有什么优势？
4. 认证服务器在遍历组成员的过程中怎么优化以提高效率？

# 第4章 FUIS：5G 网络中具有隐私保护的快速统一片间切换认证架构

内 容 提 要

随着 5G 网络的落地，移动通信网中新型移动业务层出不穷，用户体验要求不断提升。云操作、虚拟现实、增强现实、智能设备、智能交通、远程医疗、远程控制等各种业务对移动通信的需求日益增加。网络切片可以让运营商在同一套硬件基础设施上切分出多个虚拟逻辑的端到端网络，每个网络切片从接入网到传输网再到核心网存在逻辑隔离，可以适配各种业务的不同特征需求，从而满足大容量、低时延、超大连接以及多业务支持的需求。

本章针对 5G 网络终端业务切换频繁的特点，为了保证终端业务质量，在考虑隐私保护的前提下实现了匿名切片接入和切换。

本 章 重 点

- ◆ 移动通信网中的统一认证
- ◆ 5G 网络切片选择
- ◆ 切片业务隐私性
- ◆ 用户匿名性
- ◆ 快速片间切换认证

## 4.1 引言

相比于过去的通信系统，5G 网络具有更快的速度、更高的带宽和更低的时延，为实现随时、随地的万物互联提供了一个更加灵活的网络环境。在 5G 网络中，各类业务和应用场景不断涌现，如智能交通网、VR 游戏、远程医疗等。然而每种业务和应用场景对网络有不同的需求，远程医疗要求网络是可靠、低时延的，而 VR 游戏希望网络具备超高带宽。因此，同一张网络在承载不同业务时无法同时满足这些业务的不同需求。为了满足不同的需求，网络切片被引入 5G 网络中，网络切片也因此成为学术界和企业界研究的重点。

用户在使用服务的过程中会根据个人偏好（如切片服务质量、服务费等）或者地理位置的移动而进行片间切换。例如，一个用户会根据切片在不同时段下的服务费情况，从而选择在不同切片间切换服务，使得自己要花的费用最低；又例如自动驾驶汽车在行驶过程中，需要随着地理位置的移动在不同切片间快速地完成认证。因此，为了防止未经授权的用户占用未经订阅的切片资源，在用户请求切片服务时，需要进行特定切片的认证。片间切换时用户使用的是无线通信网，切片会为一些特殊的人群提供专门服务，如在车联网中为警车和救护车提供专用切片。但是，单个网络切片选择辅助信息（Single Network Slice Selection Assistance Information，S-NSSAI）作为切片的唯一标识符可能会被连接到这些具有特殊职业的驾驶员身上，如果用户身份和 S-NSSAI 以不受保护的方式传输，任何拥有窃听能力的攻击者[15]都可以从无线通信网中窃取用户的身份信息和服务类型信息，这会导致访问该服务的驾驶员的隐私泄露。为了保护用户的隐私，在片间切换认证时需要隐藏用户的身份信息和服务类型信息。另外，考虑自动驾驶汽车的片间切换，汽车随着地理位置的移动会在不同切片间进行切换，由于自动驾驶的实时性需求，我们要求片间切换认证是可以快速完成的。因为不同的网络切片可能是由不同的切片服务提供商运营的，所以片间切换会有三种情况：①用户在进行图 4.1（a）的切换时，切片服务提供商和运营商都是不同的；②用户在进行图 4.1（b）的切换时，运营商相同，切片服务提供商不同；③用户在进行图 4.1（c）的切换时，运营商是不同的，切片服务提供商是相同的。因为安全需求不同，不同的运营商和切片服务提供商可能会设置不同的认证架构，而不同的认证架构在片间切换时会不兼容，导致用户在不同切片下的服务质量受损。

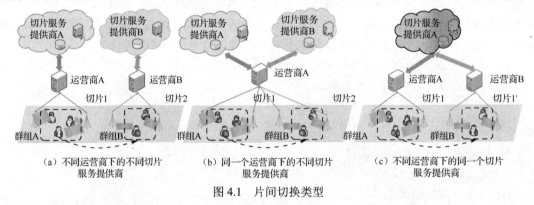

(a) 不同运营商下的不同切片      (b) 同一个运营商下的不同切片      (c) 不同运营商下的同一个切片
　　　　服务提供商 　　　　　　　　　　　　　服务提供商 　　　　　　　　　　　　　服务提供商

图 4.1　片间切换类型

从切换认证的角度出发，现有的切换认证架构[12,13]主要围绕用户的身份合法性进行认证，当用户设备（User Equipment，UE）从一个源接入点（Access Point，AP）覆盖的域移动到另一个目标接入点覆盖的域时，随着源接入点信号的衰弱和目标接入点信号的增强，发生了切换认证。但是，由于现有切换认证架构没有考虑网络切片，仅实现了用户接入网络时的认证，没有面向切片服务认证，导致现有的切换认证架构无法满足特定切片的认证需求。因此，现有的切换认证架构不能直接用于片间切换认证。考虑到上述三种类型的片间切换差异很大，既有运营商之间的切换又有切片服务提供商间的切换，有必要提出一种适用于片间切换的统一认证架构。针对上述问题，Ni[17]等人提出了一个方案，该方案虽然可以实现匿名认证，但是由于采用了比较复杂的架构，导致终端设备接入时延过大，无法满足片间切换的低时延需求，因此在设计片间切换认证架构时需要保护用户的隐私，并且需要在隐私保护的前提下实现高效的片间切换认证。

针对上述问题，本章提出了一种具有隐私保护的快速统一片间切换认证架构（Fast and Universal Inter-Slice Handover Authentication Framework with Privacy Protection，FUIS），以下称为本章架构。为了实现片间快速的匿名切换认证，构造了一种匿名认证票据，并将票据缓存在系统的边缘控制器，使得用户在片间切换时可以直接和边缘控制器完成认证。同时，为了实现跨运营商和跨切片的认证，引入了区块链技术，使得边缘控制器可以共享认证消息，并且具有一致性和不可篡改性，同时在共识阶段提前对票据进行验证。

## 4.2  预备知识

### 4.2.1  区块链

区块链起源于中本聪提出的比特币。作为比特币的底层技术，区块链本质上是一个去中心化的数据库，也就是通过去中心和去信任的方式集体维护一个可靠数据库的技术架构。以比特币为例，矿工会打包目前区块链网络上的交易数据，并由矿工来争取记账权，争取到记账权后，矿工把交易数据打包进区块，并链接到前一个区块，之后向区块链网络中广播链上的信息，连续得到 6 个区块的确认后，所有交易就不可逆转地得到了确认，交易数据具有不可篡改性，并且实现了各个节点的分布式存储。

按照公开程度，区块链可以分为三种：公有链、联盟链和私有链。

公有链是一个开放式的区块链，去中心化属性最强。在公有链中，数据的存储、更新和维护不再依赖于一个中心化的服务器，而是依赖于每个节点。需要注意的是，公有链需要发币，这是因为公有链需要一种激励机制，让全体节点参与到公有链的构建中。

联盟链是公司与公司、组织与组织之间达成联盟的模式，维护链上数据的节点都来自该联盟中的公司或组织，记录和维护数据的权力掌握在联盟成员手中。相比于公有链，联盟链去中心化的属性大大降低了。

私有链是一种不对外公开的、只有被授权的节点才可以参与并查看数据的私有区块链。和联盟链一样，去中心化属性大大降低，并且不需要像公有链一样需要发币作为节点维护网络的奖励。

综合三种区块链的特点，本章更倾向于使用联盟链来实现原型系统，因为切片网络是由运营商和切片服务提供商共同来维护的。

### 4.2.2  共识算法

在区块链的世界中，无论采用的是哪种区块链，数据都是分布式存储的。为了实现分布式存储数据的一致性，区块链系统中设计了共识算法，常见的共识算法有工作量证明（Proof of Work，POW）、股权证明（Proof of Stake，POS）、拜占庭容错（Byzantine Fault Tolerance，BFT）等。其中，工作量证明共识算法自 2009 年以来得到了广泛测试与应用，是一种最常见的共识算法。但是，为了证明自己的工作量，区块链参与者（矿工）要在区块链中添加一块交易，就需要解决某种"复杂但无用"的计算问题，在这种情况下，矿工的算力相当于被浪费了。

在矿工算力无法利用的背景下，伯克利的 BOINC（Berkeley Open Infrastructure for Network Computing）在近期发布的白皮书中表明将进行底层区块链改造，希望利用区块链进一步推动 BOINC 的发展。在白皮书中，BOINC 提出了一种名为价值算力证明共识（Proof of Valuable Computing，PoVC）的共识算法，可以把计算资源引导至具有实际意义的应用场景中。

FUIS 中的区块链模块也借鉴了上述思想，将票据验证的计算任务交给区块链中的矿工提前完成，这样可以加快用户的片间切换过程。

### 4.2.3　变色龙哈希函数

变色龙哈希函数是一种特殊的哈希函数，对于绝大多数使用者来说，其同样满足哈希函数的碰撞抵抗性。然而，如果某个人知道变色龙哈希的一些秘密（用 sk 表示），则可以非常容易地破坏哈希函数的碰撞抵抗性。也就是说，对于任意的 $m$，很容易能够找到 $m'$ 使得 $CH(m) = CH(m')$。这似乎破坏了哈希函数的碰撞抵抗性，但是对于绝大多数使用者来说，哈希函数仍然是安全的。

这里介绍基于椭圆曲线的变色龙哈希函数，用户选择一个初始值 $(m^*, r^*)$，其中 $m^*, r^* \in \mathbb{Z}_q^*$。对于变色龙哈希函数来说，给定一个输入 $(m, r)$，可以这样计算哈希值 $CH_Y(m, r) = m \times P + r \times Y$，其中，$(P, Y)$用于计算哈希值，被称为哈希键（Hash Key），$(k, r)$ 是陷门，其中 $x \in \mathbb{Z}_q^*$，$Y = x \times P$，$k = m^* + r^* \times x$。变色龙哈希函数的性质如下。

（1）碰撞抵抗性：对于不知道陷门的人来说，很难找到 $m', r' \in \mathbb{Z}_q^*$，$(m, r) \neq (m', r')$ 使得 $CH_Y(m, r) = CH_Y(m', r')$。

（2）碰撞陷门：给定一个 $r' \in \mathbb{Z}_q^*$，对于知道陷门的人来说，很容易可以计算 $m' = k - r'x \pmod{q}$，使得 $CH_Y(m^*, r^*) = CH_Y(m', r')$。

### 4.2.4　环签名

环签名是一种特殊的签名方式，和群签名类似，两者都可以实现匿名签名，也就是验证者在验证签名时只知道签名者是某个群体中的一个人，但不知道具体是谁。相比群签名，环签名的特点在于，用户在生成环签名时，不需要和其他人协商，只需要搜集其他用户的公钥值并形成一个环，加上自己的私钥值即可生成一个环签名，具有很强的匿名性，并且环签名不可以被打开，以防止揭露签名者的身份。

这里抽象地定义环签名函数 $\text{Sig}_{\text{Ring}}([RG, sk], m) \rightarrow RC$，其中，RG 代表产生环签名的环成员公钥集合，sk 代表某位环成员公钥的对应私钥值，$m$ 代表被签名的消息，输出结果 RC 代表生成的环签名。同时，定义环签名验签函数 $\text{Verify}_{\text{Ring}}(RG, RC) \rightarrow \{\text{Ture}, \text{False}\}$，RG 和 RC 的含义同上，输出结果为真或假（Ture 或 False）。

## 4.3　架构设计

### 4.3.1　架构的组成

本章架构的系统模型如图 4.2 所示，包括基站、移动网络用户、边缘控制器、运营商、切片服务提供商和区块链公共账本。

**移动网络用户：**在 5G 网络中，用户的形式是多样化的，由移动终端、小型物联网设备和智能汽车等组成。

**边缘控制器：**边缘计算是 5G 网络中的一个重要概念，边缘控制器（EC）是靠近基站一端的设备，通过有线连接与核心网、基站进行通信使得系统边缘有更强的计算能力和存储能力，FUIS 让边缘控制器作为矿工参与并维护一个区块链。

**运营商：**运营商主要负责网络的运营和网络切片的租赁业务，在核心网内有如下几个功能模块，包括 AMF（Access and Mobility Management Function）、SMF（Session Management

Function）、AUSF（Authentication Server Function）等。具体来说，AMF 主要负责用户注册、连接管理、可达性管理、移动性管理和身份认证；SMF 主要负责会话管理，如会话建立、修改和释放；AUSF 主要负责接入认证。

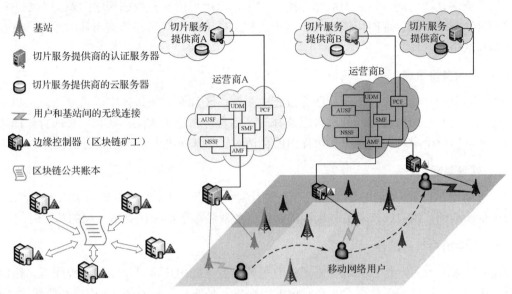

图 4.2　本章架构的系统模型

**切片服务提供商**：切片服务提供商向运营商租赁切片，为特定的用户提供专用的服务。因此，为了防止切片资源被未授权的用户占用，切片服务提供商有自己的认证服务器（AAA Sever of the 3rd Vertical Industriy，A3VI），可以对用户进行特定的切片认证。

**区块链公共账本**：用户在进行特定切片注册时会生成一个匿名票据，该票据由切片服务提供商发布到区块链上，由矿工进行合法性的验证，在验证通过后上链存储。这些匿名票据会被缓存到各个边缘控制器上，方便用户在进行片间切换时快速认证。

### 4.3.2　安全威胁

由于 5G 网络拥有更强的拓展性和更高的开放性，其更容易受到来自内部和外部的各种安全和隐私威胁。5G 网络中的用户隐私、数据完整性和可用性是主要的攻击对象，例如，攻击者可以发起窃听攻击来捕获数据包，或者发起中间人攻击获取会话密钥。这些侵犯切片服务安全性和用户隐私的外部攻击是面向服务的切片网络架构的主要安全威胁。我们在这里定义架构参与者的诚实程度。

由于运营商、切片服务提供商和边缘控制器是整个网络的运营者和使用者，他们没有主动攻击网络设施的动机，但他们有可能会记录用户的服务数据，并进行数据分析，因此，他们是诚实且好奇的。对于用户来说，作为切片服务和 5G 网络的受益方/使用方，用户虽然不会主动攻击网络设施，但有可能会伪装成其他用户来逃避收费，因此，用户有可能是恶意的。

### 4.3.3　安全目标

在 FUIS 中，空口消息可以被攻击者窃听到，在 5G 网络中，攻击者非常有可能发起一些经典的架构攻击，如假冒攻击、重放攻击、中间人攻击等。因此，在设计架构时需要考虑以下 6 个安全目标。

### 1．片间切换认证

为了确保切片的服务资源不被非法用户占用，当用户由于自身或网络的原因需要进行片间切换时，就必须执行片间切换认证，这个过程可以确保用户已订阅该切片的服务，有权接入该切片网络。

### 2．片内身份匿名

为了避免用户的身份在认证和服务过程中暴露，在片间切换认证中，希望用户可以在不需要表明真实身份的情况下，利用自己选择的假名身份来完成认证。同时，片内身份的匿名性必须保证同一个用户在任何两个切片内的会话对于外部窃听者都具有不可链接性。

### 3．快速认证

为了满足 5G 网络的低时延性，用户在进行身份认证时只需要与最近的边缘控制器交互。在身份认证期间，用户应该避免与远端的认证服务器进行通信和计算所引起的等待时间。

### 4．恶意用户可追踪性

用户的匿名性是一把双刃剑。匿名性有可能导致某些用户可以毫无顾虑地作恶。因此，在系统中建立一种能够揭露用户真实身份的追踪机制是非常有必要的，追踪机制要保证 A3VI 服务器或监督者能够通过某种方法来跟踪和揭露任何恶意行为用户的真实身份。

### 5．免密钥托管

在过去的架构中，用于认证用户身份的长期密钥是认证服务器或者密钥生成中心派发的，长期密钥有可能被攻击者窃听到，也有可能因为单点故障而泄露。为了避免这种情况，希望用户的长期密钥是由自己决定的。

### 6．前向安全性

当用户切换到新的切片下使用服务时，用户和新的切片间的业务数据有可能被窃听。因此，有必要在片间切换认证时协商一个独立的会话密钥，抵抗一些潜在的攻击，如用户的主密钥或者认证服务器的主密钥被破解、协商过程中的临时随机数泄露等，FUIS 需要实现完美前向保密和已知随机保密。

### 4.3.4　架构概览

为了方便架构的理解，表 4.1 中总结了一些重要符号和说明。

表 4.1　FUIS 中的重要符号和说明

| 符　号 | 说　明 |
| --- | --- |
| $x \in X$ | $x$ 是从集合 $X$ 中随机选择的 |
| $l_1 \| l_2$ | 字符串 $l_1$ 和 $l_2$ 的拼接 |
| $H_i$ | 哈希函数，其中 $i = 0,1,2,3,\cdots$ |
| $GF(p)$ | 一个素数幂次 $p$ 的有限域 |

| 符　号 | 说　明 |
|---|---|
| $E_p$ | 一个在有限域 GF($p$) 上的椭圆曲线 |
| $\mathbb{G}$ | 椭圆曲线 $E_p$ 中的素数阶 $q$ 子群 |
| $\mathbb{Z}_q^*$ | 模素数 $q$ 的有限整数域 |
| $\mathrm{ID}_E$ | 实体 $E$ 的身份 ID |
| CH() | 变色龙哈希函数 |
| $T_{\mathrm{Curr}}$ | 当前时间下的一个时间戳 |
| $T_{\mathrm{Exp}}$ | 票据过期时间 |
| $\mathrm{AES}_{\mathrm{ENC}}(\mathrm{key},m)/$ $\mathrm{AES}_{\mathrm{DEC}}(\mathrm{key},m)$ | 使用密钥对消息 $m$ 进行加密和解密的 AES 算法 |
| ENC(pk,$m$) | 公钥 pk 的非对称加密 |
| Sig(sk,$m$) | 私钥 sk 对消息 $m$ 的签名 |
| $\mathrm{RG}^E$ | 一组用于环签名的公钥，其中 $E=\{\mathrm{A3VI, Ope}\}$ |
| $\mathrm{Sig}_{\mathrm{Ring}}([\mathrm{RG,sk}],m)$ | 一个带有 RG 和签名者私钥 sk 的环签名 |
| $\mathrm{Verify}_{\mathrm{Ring}}(\mathrm{RG},m)$ | 环签名的验签函数 |

FUIS 的主要特点是具有统一性且速度快。在该架构下，用户需要提前向切片服务提供商注册。在注册过程中，用户计算好一个变色龙哈希函数值 $\mathrm{CH}_{\mathrm{UE}}$，并将变色龙哈希函数值 $\mathrm{CH}_{\mathrm{UE}}$ 以及相关注册信息通过运营商转交给切片服务提供商，用户自己保存好变色龙哈希函数值的陷门值，该陷门值在片间切换认证时使用。运营商在对接收到的用户注册信息进行验证后，利用环签名生成一个公钥环 $\mathrm{RG}_i^{\mathrm{Ope}}$，并在变色龙哈希函数值 $\mathrm{CH}_{\mathrm{UE}}$ 上进行环签名，生成票据 $\mathrm{PST}_i$，表示运营商对用户的授权。运营商记录下用户的 $\mathrm{ID}_{\mathrm{UE}}$ 后，把 $\mathrm{PST}_i$ 中发送给切片服务提供商，由 A3VI 对 $\mathrm{PST}_i$ 中进行处理，同样，A3VI 利用环签名在 $\mathrm{PST}_i$ 中进行签名，生成票据 $\mathrm{ST}_i$。最后，A3VI 把票据 $\mathrm{ST}_i$，以及可以认证票据合法性的相关信息发送到区块链网络中，由矿工进行验证并上链，验证过程不会暴露用户的身份和票据的服务类型，上链完成后，矿工返回票据号给 A3VI，A3VI 再把票据号返回给用户。

在片间切换认证阶段，当用户切换到一个新的切片下时，只需和边缘控制器进行交互，向边缘控制器出示票据号后，边缘控制器会利用票据号查询区块链，获取票据信息（包含变色龙哈希函数值）。然后，用户利用手中的变色龙哈希函数值的陷门值计算出链上票据记录的哈希碰撞值，即可以证明用户是链上票据的合法拥有者，完成认证。这一过程，用户只需出示自己的一个假名就能完成匿名认证。最后，用户和切片服务提供商的 A3VI 协商一个会话密钥用于加密通信。

### 4.3.5　架构细节

#### 1. 系统初始化

为了使架构的用户、运营商和切片服务提供商能够在同一个标准下进行计算和交互，需要按照以下的方法开始系统初始化。

（1）运营商选择安全哈希函数：$H_0:\{0,1\}^* \times \mathbb{Z}_q^* \to \mathbb{Z}_q^*$，$H_1:\{0,1\}^* \times \mathbb{G}^2 \times \{0,1\}^* \to \mathbb{Z}_q^*$，$H_2:$ $\{0,1\}^* \times \mathbb{Z}_q^* \times \mathbb{G}^2 \times \{0,1\}^* \times \mathbb{Z}_q^* \times \mathbb{G}^2 \times \{0,1\}^* \to \{0,1\}^\lambda$，$H_3:\mathbb{G} \times \{0,1\}^\lambda \times \{0,1\}^* \times \mathbb{Z}_q^* \times \mathbb{G}^2 \times \{0,1\}^* \to \{0,1\}^\lambda$。

（2）运营商指定一个变色龙哈希函数 $CH_Y(m,r)$，供用户使用。

（3）运营商生成公私钥对 $(pk_{Ope}, sk_{Ope})$，其中 $pk_{Ope}$ 用于加密和验签，$sk_{Ope}$ 用于签名。在生成公私钥对后，运营商向 CA 注册，获取证书 $Cert_{Ope}$。同理，切片服务提供商的 A3VI 生成公私钥对 $(pk_{A3VI}, sk_{A3VI})$，并注册证书 $Cert_{A3VI}$。用户生成公私钥对 $(pk_{UE}, sk_{UE})$，并注册证书 $Cert_{UE}$。

（4）运营商公布系统公共参数 $PK = \{q, P, \mathbb{G}, H_0, H_1, H_2, H_3, CH_Y(m,r)\}$。

**2．切片服务注册**

（1）如图 4.3 所示，用户首先选择参数 $x_{UE}, s_{UE}, m_{UE}^* \in \mathbb{Z}_q^*$，然后计算 $Y_{UE} = x_{UE}P$，$r_{UE}^* = H_0(ID_{UE} \| s_{UE})$，令 $CH_{UE} = CH_{Y_{UE}}(m_{UE}^*, r_{UE}^*)$。在生成变色龙哈希函数值 $CH_{UE}$ 后，用户选择一个会话号 $N_i \in \mathbb{Z}_q^*$ 和一个对称密钥 $key_1$，然后利用对称加密算法 AES 计算 $UText = AES_{ENS}(key_1, CH_{UE} \| N_i \| ID_{UE} \| ID_{A3VI})$，并利用运营商的公钥把 $key_1$ 加密为 $E_1 = Enc(pk_{Ope}, key_1)$，同时为了保护信息的真实性和完整性，用户用自己的私钥做了签名 $\sigma = Sig(sk_{UE}, H(UText \| E_1))$。最后，用户把消息 $<UText, E_1, \sigma>$ 发送给运营商的 AMF。

（2）AMF 收到消息 $<UText, E_1, \sigma>$ 后，首先利用用户的公钥 $pk_{UE}$ 验证签名 $\sigma$。如果验签失败，AMF 拒绝用户的请求并中断连接。在验签成功后，AMF 把消息 $<UText, E_2>$ 转发给 SMF。

（3）SMF 利用运营商的私钥 $sk_{Ope}$ 解密 $E_1$ 获取密钥 $key_1$。获取 $key_1$ 后，SMF 就可以解密 $UText$，并得到 $CH_{UE}$、$N_i$、$ID_{UE}$、$ID_{A3VI}$。然后，SMF 把消息 $<CH_{UE}, N_i, ID_{UE}, ID_{A3VI}>$ 转发给 AUSF 处理。

（4）AUSF 收到消息后，首先选择一个环签名公钥群 $RG_i^{Ope} = \{pk_1, pk_2, \cdots, pk_i, \cdots, pk_n\}$，其中，$pk_i$ 是运营商的公钥 $pk_{Ope}$，$RG_i^{Ope}$ 中的其他公钥是 5G 网络中其他运营商的公钥，在确定 $RG_i^{Ope}$ 后，AUSF 用环签名生成票据 $PST_i = Sig_{Ring}([RG_i^{Ope}, sk_{Ope}], H_0(CH_{UE} \| N_i))$。然后，AUSF 选择一个密钥 $key_2$ 计算 $CText = AEC_{ENC}(key_2, CH_{UE} \| N_i \| RG_i^{Ope} \| PST_i)$，并利用 A3VI 的公钥把 $key_1$ 加密为 $E_2 = Enc(pk_{A3VI}, key_2)$。为了保护信息的真实性和完整性，AUSF 用运营商的私钥做了签名 $\beta = Sig(sk_{Ope}, Hash(CText \| E_2))$。最后，用户把消息 $<CText, E_2, \beta>$ 发送给身份为 $ID_{A3VI}$ 的切片服务提供商。

（5）由切片服务提供商的 A3VI 来处理消息 $<CText, E_2, \beta>$，A3VI 首先利用切片服务提供商的公钥 $pk_{A3VI}$ 来验证签名 $\beta$。验签成功后，A3VI 利用自己的私钥 $sk_{A3VI}$ 来解密 $E_2$ 获取密钥 $key_2$。获取 $key_2$ 后，A3VI 就可以解密 $CText$，并获取 $CH_{UE}$、$N_i$、$RG_i^{Ope}$、$PST_i$。此时，A3VI 选择一个环成员的公钥群 $RG_i^{A3VI} = \{pk_1, pk_2, \cdots, pk_i, \cdots, pk_n\}$，其中，$pk_i$ 是 A3VI 自己的公钥 $pk_{A3VI}$，$RG_i^{A3VI}$ 中的其他公钥是 5G 网络中其他 A3VI 的公钥。在确定 $RG_i^{A3VI}$ 后，A3VI 用环签名的方式生成票据 $ST_i = Sig_{Ring}([RG_i^{Ope}, sk_{A3VI}], PST_i)$。

最后，A3VI 把消息 $data_{Tx} = (CH_{UE}, N_i, T_{Exp}, RG_i^{Ope}, RG_i^{A3VI}, ST_i)$ 发送到区块链网络上。矿工在进行挖矿时，会对 $data_{Tx}$ 进行认证，确保 $data_{Tx}$ 包含的票据 $ST_i$ 可以证明票据的拥有者已被授权，可以合法访问票据对应的切片服务，具体方法为：①矿工利用 $CH_{UE}$ 和 $N_i$ 生成 $H_0(pkn_i \| N_i)$；②矿工计算 $Verify_{Ring}(RG_i^{Ope}, Verify_{Ring}(RG_i^{A3VI}, ST_i))$。若等式 $H_0(pkn_i \| N_i) = Verify_{Ring}(RG_i^{Ope}, Verify_{Ring}(RG_i^{A3VI}, ST_i))$ 成立，则认为票据是由系统中合法的 A3VI 和运营商签发的切片服务授权的，该票据的拥有者可以访问对应的切片服务，最后矿工把 $Message_{TXID} = (CH_{UE}, T_{Exp})$ 记录到链上，票据信息交易链上的数据结构如图 4.4 所示；若等式不成立，则矿工

丢弃 $data_{Tx}$。 $Message_{TXID}$ 成功记录到链上后，A3VI 会获得一个链上记录的交易号 $TXID_{ST_i}$，该交易号可以用来确定链上数据记录的位置。

A3VI 会把消息 $< TXID_{ST_i}, T_{Exp} >$ 发送给 AUSF 和用户。AUSF 收到 $TXID_{ST_i}$ 后，在本地存储 $ID_{UE} \parallel ID_{A3VI} \parallel TXID_{ST_i} \parallel T_{Exp}$，方便未来用户作恶时进行匿名追踪。用户在收到 $TXID_{ST_i}$ 后，会根据 $TXID_{ST_i}$ 确认自己申请的票据是否已经上链。具体来说，用户会利用 $TXID_{ST_i}$ 来定位交易，为了确认交易是 A3VI 创建的，用户会检查交易中的输入脚本 inscript 里是否包含了 $pk_{A3VI}$ 的环签名，同时检查输出脚本上的 outscript 是否包含了 $pk_{A3VI}$ 的环签名，即检查利用 $RG_i^{A3VI}$ 验证环签名 $\gamma$ 是否合法。最后，确认 OP_RETURN 中是否存储了最初发送的 $CH_{UE}$。在用户检查票据上链后，票据授权阶段结束。

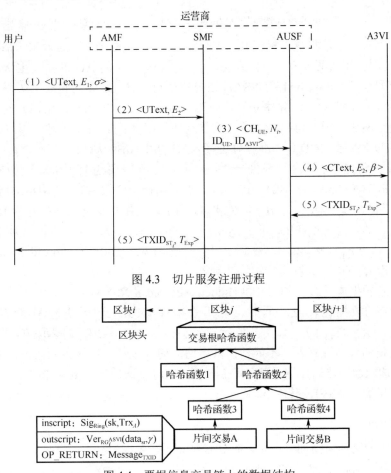

图 4.3　切片服务注册过程

图 4.4　票据信息交易链上的数据结构

### 3.片间切换认证

如图 4.5 所示，运营商的网络被划分为多个虚拟网络切片，分别为切片 1、切片 2、…、切片 $i$、…、切片 $n$、默认切片。为了防止用户的数据隐私、接入类型和具体的切片 ID 被边缘控制器知道，运营商网络首先计算 $HSST_i = H_1(SST_i \parallel ID_{A3VI})$，然后，AMF 把 $HT = (HSST_1, HSST_2, \cdots, HSST_n)$ 发送给边缘控制器。边缘控制器会一直保存着 HT，当用户进行请求时，边缘控制器利用 HT 来选择切片，可以实现带有隐私保护的切片选择。注意，若某个切片的情况发生改变，则对应的 $HSST_i$ 也需要在边缘控制器处更新。

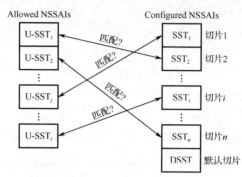

图 4.5　用于切片服务数据转发的 Allowed NSSAIs 到 Configured NSSAIs 的映射关系

每个用户都有一个用户身份标识 $ID_{UE}$，为接入运营商的 5G 网络，用户需要执行 3GPP TS.33.201 中的注册和认证过程。具体来说，用户会和运营商的 AUSF 执行主认证，向运营商进行注册并获取包括 Subscribed S-NSSAIs 在内的订阅信息。在成功完成主认证后，用户获取到订阅信息 Allowed NSSAIs，并建立非访问层（Non Access Stratum，NAS）安全上下文。

当用户由于网络原因或自己的偏好，需要从切片 1 切换到切片 2 时，用户需要找到自己订阅的切片 2 的票据号 $TXID_{ST_i}$，准备好进行未来的片间切换认证。

如图 4.6 中的片间切换认证部分所示，当用户需要进行片间切换时，首先计算 Hidden Allowed S - NSSAI $= H_1(SST_i \| ID_{A3VI})$，然后选择一个假名 $PID_{UE} \in \{0,1\}^*$ 和两个随机数 $\alpha_{UE}, \beta_{UE} \in \mathbb{Z}_q^*$，计算 $A_{UE} = \alpha_{UE} Y_{UE}$，$B_{UE} = \beta_{UE} Y_{UE}$。为了证明用户是链上票据号为 $TXID_{ST_i}$ 的票据拥有者，用户令 $\gamma_{UE} = H_1(PID_{UE} \| A_{UE} \| B_{UE} \| T_{Curr})$，其中 $T_{Curr}$ 是一个时间戳，并计算 $m_{UE} = k_{UE} - r_{UE} x_{UE}$，$r_{UE} = \alpha_{UE} \gamma_{UE}$。最后，用户把消息 < Hidden Allowed S – NSSAI, $PID_{UE}$, $A_{UE}, B_{UE}, m_{UE}, T_{Curr}, TXID_{ST_i}$ > 发送给边缘控制器。

边缘控制器根据本地缓存的 HT 和 Hidden Allowed S-NSSAI 进行匹配，选择一个目标切片 $i$ 进行后续的数据包转发。同时，利用票据号 $TXID_{ST_i}$ 到区块链上查询 $CH_{UE}$，计算 $\gamma_{UE} = H_1(PID_{UE} \| A_{UE} \| B_{UE} \| T_{Curr})$，并判断等式 $m_{UE} P + \gamma_{UE} A_{UE} - CH_{UE}$ 是否成立。若等式不成立，则用户不是票据的合法拥有者，不能访问其申请的切片服务，边缘控制器终止架构交互。若等式成立，则边缘控制器通知用户开始密钥协商，同时发送消息 < ACK, $PID_{UE}, m_{UE}, A_{UE}, B_{UE}$ > 给切片服务提供商的 A3VI，其中 ACK={1}。

### 4. 密钥协商

如图 4.6 中的密钥协商部分所示，在认证结束后，A3VI 选择参数 $\alpha_{A3VI}, \beta_{A3VI} \in \mathbb{Z}_q^*$，并利用自己的公私钥对 $(pk_{A3VI}, sk_{A3VI}) = (Y_{A3VI}, x_{A3VI})$ 计算 $A_{A3VI} = \alpha_{A3VI} Y_{A3VI}$，$B_{A3VI} = \beta_{A3VI} Y_{A3VI}$。再利用收到的 $A_{UE}$、$B_{UE}$ 计算 $K_{A3VI} = x_{A3VI}(\alpha_{A3VI} + \beta_{A3VI})(A_{UE} + B_{UE})$。最后生成一个临时的会话密钥 $SK_{A3VI} = H_2(PID_{UE} \| m_{UE} \| K_{A3VI})$。在生成临时会话密钥 $SK_{A3VI}$ 后，A3VI 发送消息 < $A_{A3VI}, B_{A3VI}$ > 给用户。用户收到消息后，计算 $K_{UE} = x_{UE}(\alpha_{UE} + \beta_{UE})(A_{A3VI} + B_{A3VI})$，再计算临时的会话密钥 $SK_{UE} = H_2(PID_{UE} \| m_{UE} \| K_{UE})$。最后，用户计算 $ACK_{UE} = H_3(K_{UE} \| SK_{UE})$，并把 $ACK_{UE}$ 发送给 A3VI。A3VI 在收到 $ACK_{UE}$ 后，利用自己的 $K_{A3VI}$、$SK_{A3VI}$ 进行验证，如果验证通过，则用户和 A3VI 间采用会话密钥 $SK = SK_{UE} = SK_{A3VI}$ 进行加密通信。

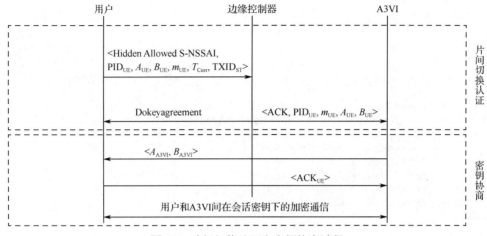

图 4.6　片间切换认证和密钥协商过程

# 4.4　架构分析

本节首先给出形式化分析的认证模型。然后实现了 FUIS 的核心部分，包括注册阶段、认证阶段和密钥协商阶段。同时也对其他的安全性进行了分析。

## 4.4.1　形式化分析

与一般架构的正确性相比，密码架构的安全性更为重要，这是因为，一个正确的架构只需考虑期望完成的任务，而一个安全的架构除考虑期望完成的任务外，还需要考虑来自攻击者的攻击。目前，对密码架构的安全性分析主要有两种方法，一种基于形式化模型，一种基于计算模型。ProVerify 是前一种方法下的自动化分析工具，可以用于 spi 演算，其优势在于易于通过编程进行分析。下面简要说明 ProVerify 的一些基本操作，方便我们理解安全性分析。

query < query >：该声明告诉系统想证明的内容。

query attacker ($M$)：表示攻击者可以在某个阶段获取 $M$（注意 $M$ 不是秘密值）。

query inj-ev: $f(x_1,x_2,\cdots,x_n)$ ==> inj-event: $f'(x_1,x_2,\cdots,x_n)$：是一个单射，query 为真表示当事件 $f(x_1,x_2,\cdots,x_n)$ 被执行时，事件 $f'(x_1,x_2,\cdots,x_n)$ 已经被执行过了。

!< process >：表示不限次数地反复执行 < process >，并且可以用 < process >|< process >|< process >|⋯ 来表示并行执行 < process >。

我们利用 ProVerify 实现 FUIS 的核心部分，包括注册阶段、认证阶段和密钥协商阶段。ProVerify 的结果如图 4.7 和图 4.8 所示。接下来分几个部分针对之前设置的安全目标进行具体的分析。

## 1. 片间切换认证

在 ProVerify 中可以使用对应声明来捕获身份认证。为了证明用户在片间切换后能成功完成认证，定义 event AuthStrated(Hidden_S_NSSAI, PID, $A$, $B$, $m$, $T$, TXID) 和 event AuthFinished(PID, $m$, $A$, $B$)，并进行了 Query inj-event(AuthFinished(PID, $m$, $A$, $B$))==>inj-event(AuthStrated(Hidden_S_NSSAI, PID, $A$, $B$, $m$, $T$, TXID)) 的操作。结果如图 4.7 所示，最终结果为真，这表明

当架构执行结束时，A3VI 相信自己的确是和用户完成了交互，因此用户向 A3VI 的认证是成立的。

```
-- Query inj-event(AuthFinished(PID,m_3479,A_3477,B_3478)) ==> inj-ev
ent(AuthStrated(Hidden_S_NSSAI_3476,PID,A_3477,B_3478,m_3479,T,TXID
_3480))
Completing...
200 rules inserted. The rule base contains 194 rules. 9 rules in the queue.
Starting query inj-event(AuthFinished(PID,m_3479,A_3477,B_3478)) ==>
inj-event(AuthStrated(Hidden_S_NSSAI_3476,PID,A_3477,B_3478,m_3479,
T,TXID_3480))
RESULT inj-event(AuthFinished(PID,m_3479,A_3477,B_3478)) ==>
inj-event(AuthStrated(Hidden_S_NSSAI_3476,PID,A_3477,B_3478,
m_3479,T,TXID_3480)) is true.
```

图 4.7    ProVerify 中用户向 A3VI 的认证结果

## 2. 前向安全性

为了证明用户和 A3VI 成功建立了会话密钥，定义 event KA_A3VI_Finished($A$, $B$, $K$, SK)、event KA_UE_Finished($A$, $B$, $K$, SK)、event KA_UE_ACK(ACK)和 event KA_A3VI_ACK_Vefify (ACK)，并进行 query inj-event(KA_A3VI_ACK_Vefify(ACK)) ==> (inj-event(KA_UE_ACK(ACK)) ==>(inj-event(KA_UE_Finished($A$,$B$,$K$,SK)) ==>inj-event(KA_A3VI_Finished($A$,$B$,$K$,SK)) 的操作。结果如图 4.8 所示，表明用户和 A3VI 间成功建立了会话密钥。

```
-- Query inj-event(KA_A3VI_ACK_Vefify(ACK)) ==> (inj-event(KA_UE_ACK
(ACK)) ==> (inj-event(KA_UE_Finished(A,B,K,SK)) ==> inj-event(KA_A3VI_
Finished(A,B,K,SK))))
Completing...
200 rules inserted. The rule base contains 196 rules. 9 rules in the queue.
Starting query inj-event(KA_A3VI_ACK_Vefify(ACK)) ==> (inj-event(KA_U
E_ACK(ACK)) ==> (inj-event(KA_UE_Finished(A,B,K,SK)) ==> inj-event(KA
_A3VI_Finished(A,B,K,SK))))
RESULT inj-event(KA_A3VI_ACK_Vefify(ACK)) ==> (inj-event(KA_UE_ACK
(ACK)) ==> (inj-event(KA_UE_Finished(A,B,K,SK)) ==> inj-event(KA_A3VI
_Finished(A,B,K,SK)))) is true.
```

图 4.8    ProVerify 中用户和 A3VI 的密钥协商结果

为了进一步说明密钥协商过程具有完美前向保密性（Perfect Forward Secrecy）和主密钥前向保密性（Master Key Forward Secrecy）两个安全特性，在 ProVerify 中，利用 Phase 故意泄露用户和 A3VI 的主密钥。结果如图 4.9 所示，即使泄露了用户和 A3VI 的主密钥，但由于 5.2.5 节中，在会话密钥协商材料 $K_{UE}$、$K_{A3VI}$ 的计算过程中均有随机数 $\alpha_{UE}$、$\beta_{UE}$、$\alpha_{A3VI}$、$\beta_{A3VI}$ 参与，因此保证了前向安全性。

```
RESULT not attacker_ID(ID_UE[]) is true.
RESULT not attacker_nonce(N[]) is true.
RESULT not attacker_point(CH_UE[]) is true.
RESULT not attacker_bitstring(SK_A3VI[]) is true.
RESULT not attacker_point(K_A3VI[]) is true.
RESULT not attacker_bitstring(SK_UE[]) is true.
RESULT not attacker_point(K_UE[]) is true.
```

图 4.9    前向安全性的证明结果

### 3. 密钥随机性

同样，为了说明密钥协商过程具有已知随机性保密的安全特性，故意泄露 $\alpha_{UE}$、$\beta_{UE}$、$\alpha_{A3VI}$、$\beta_{A3VI}$ 值，结果和图 4.9 所示一致，攻击者仍然不能够获取会话密钥协商材料 $K_{UE}$、$K_{A3VI}$ 以及会话密钥 $SK_{UE}$、$SK_{A3VI}$。

### 4.4.2 安全性分析

#### 1. 片内身份匿名

在注册阶段，用户虽然使用了自己的真实身份，但是生成的匿名认证票据并不包含任何用户的身份信息，并且由于注册阶段进行了加密保护，攻击者在公开信道中无法窃听到用户的 $ID_{UE}$、$CH_{UE}$ 以及会话值 $N_i$。

用户在认证阶段的匿名性由两方面保障，第一是用户在认证时，出示的是一个假名 $PID_{UE}$，该假名和用户的 $ID_{UE}$ 没有任何关系，并且 A3VI 在向链上发布数据时，仅保存了 $(CH_{UE}, T_{Exp})$，没有泄露任何与 $ID_{UE}$ 相关的信息；第二是用户在申请票据时，运营商和切片服务提供商都采用环签名的方式生成授权票据，因此矿工在验证合法性的时候，无法知道票据具体是由哪个运营商和切片服务提供商发布的，保证了票据类型的匿名性，同时保证了用户在使用票据时的服务隐私。

#### 2. 恶意用户可追踪性

假设用户在使用假名 $PID_{UE}$ 的过程中有作恶行为，那么运营商可以利用 $< \text{Hidden Allowed S-NSSAI}, PID_{UE}, A_{UE}, B_{UE}, m_{UE}, T_{Curr}, TXID_{ST_i} >$，结合以下方法来对用户的真实身份进行追踪。首先，A3VI 计算 $\gamma_{UE} = H_1(PID_{UE} \parallel A_{UE} \parallel B_{UE} \parallel T_{Curr})$，并利用 $\gamma_{UE}$ 进一步计算 $CH_{UE} = m_{UE}P + \gamma_{UE}A_{UE}$。然后利用 $TXID_{ST_i}$ 查询链上存储的 $CH_{UE}$，在确保和本地计算出的 $CH_{UE}$ 相同的前提下，利用 $TXID_{ST_i}$ 在运营商的本地数据库进行查询，得到查询结果 $ID_{UE} \parallel ID_{A3VI} \parallel TXID_{ST_i}$，最后输出 $ID_{UE}$。

#### 3. 免密钥托管

由前文可知，用户的私钥 $x_{UE}$ 是由用户自己选择的，并且不会缓存于任何第三方中。因此，FUIS 是一个免密钥托管的片间切换认证架构。

## 4.5 实验

本节首先对 FUIS 的时间开销和通信开销进行分析和测试，以此说明 FUIS 在具体实施中的性能表现。此外，还分析了边缘控制器端和 AUSF 端的存储开销，从而进一步证明 FUIS 的可行性。最后，利用 NS3-5G-LENA[2] 对 FUIS 在片间切换过程中的切换时延进行了更加全面的分析。

### 4.5.1 性能评估

性能评估部分分为计算开销和通信开销两部分。

**1. 计算开销**

FUIS 是一个运行在传输层上的架构,该架构实现了面向服务的匿名认证,同时保证了数据的保密传输。在实验开始之前,假定用户、运营商、A3VI 的公钥证书已经交换过了。FUIS 的计算开销将决定架构在实际应用中的表现。为了评估计算开销,需要统计 FUIS 各个阶段的密码学原语操作,其中包括标量乘、AES 加密和解密。注意,这里不评估点的加法、整数乘法和哈希运算,因为这几个运算相比于前两个运算来说不是资源消耗类型的密码学原语操作。用 SM 代表标量乘运算,MSM 代表多重标量乘运算,AES 代表 AES 加密或解密。经过统计,将 FUIS 各阶段的密码学原语操作统计在表 4.2 中。

表 4.2  FUIS 各阶段的密码学原语操作统计

| 阶　　段 | 用　户 | 边缘控制器 | 运　营　商 | A3VI |
|---|---|---|---|---|
| 系统初始化 | 1SM | / | 1SM | 1SM |
| 切片服务注册 | 3SM + 1MSM + AES | / | 4SM + 2AES + $(3n-1)$MSM | 3SM + 1AES + $(3n-2)$MSM |
| 片间切换认证 | 2SM | 1MSM | / | / |
| 密钥协商 | 1SM | / | / | 3SM |

实验中各个操作都是基于椭圆曲线的,椭圆曲线公私钥生成需要 1SM,ECDSA 签名需要 1SM,ECDSA 验签需要 1MSM,计算变色龙哈希函数值需要 1MSM,椭圆曲线加密需要 1SM,椭圆曲线解密需要 1SM,环签名需要 $(4n-2)$SM,其中 $n \geqslant 1$。以 A3VI 切片服务注册为例,A3VI 需要一次验签、一次椭圆曲线解密、一次 AES 解密和一次环签名,所以 A3VI 的计算开销为 3SM + 1AES + $(3n-2)$MSM,其中 $n$ 是环成员个数。

利用计算机对 FUIS 进行仿真,并记录下各阶段的计算时间和运行时间。用户、边缘控制器、运营商和 A3VI 都运行在一台电脑上。该电脑的配置为 Intel® Coro™ i7 8700 CPU @ 3.20GHz and 16GB memory,操作系统为 64 位 Windows 10,C++编译器是 Visual Studio 2019,python 版本为 3.7。主要利用 PyCryptodome3.9.8、sslcrypto5.3 两个库来实现密码学原语。这里采用的椭圆曲线是 secp256r1。

经过实验仿真,FUIS 各个参与实体在不同阶段下的计算开销总结在表 4.3 中,其中 $n=10$,代表环签名成员个数是 10。结果表明,FUIS 的计算开销对于手机和一般的物联网设备来说是可以接受的。另外,为了进一步节省时间,可以让用户和 A3VI 提前计算 $A_{UE}$、$B_{UE}$、$A_{A3VI}$、$B_{A3VI}$,还可以让运营商和 A3VI 提前选取好环成员 $RG_i^{Ope}$、$RG_i^{A3VI}$,这样可以进一步提升 FUIS 在注册和认证阶段的性能表现。

表 4.3  FUIS 各阶段的计算开销

| 阶　　段 | 用户/ms | 边缘控制器/ms | 运营商/ms | A3VI/ms |
|---|---|---|---|---|
| 系统初始化 | 1.342 | / | 1.097 | 1.085 |
| 切片服务注册 | 19.549 | / | 987.767 | 975.2699 |

| 阶　　段 | 用户/ms | 边缘控制器/ms | 运营商/ms | A3VI/ms |
|---|---|---|---|---|
| 片间切换认证 | 1.7585 | 2.029 | / | / |
| 密钥协商 | 1.5876 | / | / | 3.6951 |

为了进一步说明 FUIS 在片间切换中的优势，在同样的设置下将 FUIS 和现有的匿名认证架构 ES³A [18]、CPAL [47] 和 LCCH [48] 进行对比。首先对比了用户端和认证端（FUIS 的认证端在边缘控制器，密钥协商由 A3VI 完成，其余架构认证端在认证服务器）在认证和密钥协商阶段的计算开销。如图 4.10（a）所示，计算开销随着用户数量增加呈线性增长的趋势，容易观察到，FUIS 在对比中展示出了非常明显的优势，FUIS 在用户端的整个计算开销在用户数量达到 100 时仍然保持较低水平。图 4.10（b）展示了认证端在认证和密钥协商阶段的计算开销，同用户端类似，相比于其他架构，FUIS 在认证端也展示出了比较低的计算开销，这和将计算能力中等的边缘控制器作为认证端的初衷是契合的。

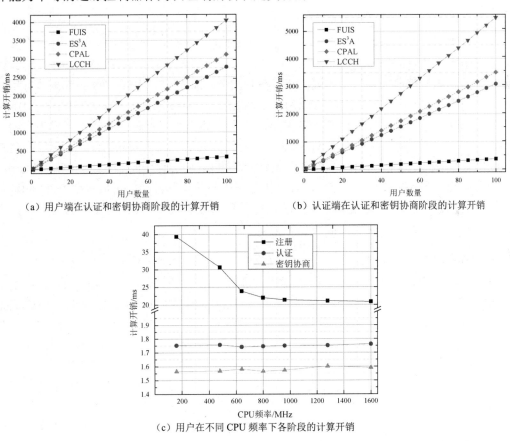

（a）用户端在认证和密钥协商阶段的计算开销　　　（b）认证端在认证和密钥协商阶段的计算开销

（c）用户在不同 CPU 频率下各阶段的计算开销

图 4.10　FUIS 与现有架构的计算开销对比

从图 4.10（a）和图 4.10（b）中可以发现，FUIS 在用户端和认证端的计算开销几乎相同，这是因为在认证阶段使用了一次基于椭圆曲线的变色龙哈希函数，在密钥协商阶段使用了两次基于椭圆曲线的标量乘运算，变色龙哈希函数运算相当于一个多重标量乘。因此，用户端和认证端的计算开销几乎相同。

为了进一步分析 FUIS 比现有架构性能优异的原因，从密码学原语统计入手，绘制了表 4.4。在分析之前需要强调，配对操作是一种非常耗时的操作。如表 4.4 所示，FUIS 没有任何配对操作，而 ES$^3$A、CPAL 和 LCCH 在用户端和认证端都有好几个配对操作。因此，从密码学原语统计的结果可知，FUIS 的确在计算开销方面有比较明显的优势。

表 4.4　认证阶段和密钥协商阶段的密码学原语统计

| 架　　构 | 用　户　端 | 认　证　端 |
|---|---|---|
| FUIS | 3SM | 1SM + 1MSM |
| ES$^3$A | $6\mathrm{Exp}_1 + 3\mathrm{Exp}_2 + 2\mathrm{Exp}_T + 7\mathrm{BP}$ | $10\mathrm{Exp}_1 + 5\mathrm{Exp}_2 + 4\mathrm{Exp}_T + 8\mathrm{BP}$ |
| CPAL | $18\mathrm{Exp}_1 + 7\mathrm{Exp}_T + 7\mathrm{BP}$ | $17\mathrm{Exp}_1 + 4\mathrm{Exp}_T + 7\mathrm{BP}$ |
| LCCH | $27\mathrm{Exp}_1 + 1\mathrm{Exp}_2 + 9\mathrm{Exp}_T + 9\mathrm{BP}$ | $23\mathrm{Exp}_1 + 11\mathrm{Exp}_T + 13\mathrm{BP}$ |

注：ES$^3$A、CPAL 和 LCCH 中的实验设置为椭圆曲线 $F_p - 256\mathrm{BN}$，$\mathrm{Exp}_1$、$\mathrm{Exp}_2$、$\mathrm{Exp}_T$ 代表在循环群 $G_1$、$G_2$、$G_T$ 下的模幂操作，BP 代表双线性映射。

另外，为了证明 FUIS 在一些计算能力较低的物联网设备上的适用性，通过改变 CPU 的频率来模仿不同的物联网设备进行测试。尽管计算能力不完全由 CPU 的频率决定，但是 CPU 频率的确是影响计算能力的一个重要因素。在测试中，选取以下几个 CPU 频率来执行用户的操作，分别为 160MHz、480MHz、640MHz、800MHz、960MHz、1280MHz 和 1600MHz。选取这几个频率的原因是这几个频率涵盖了市面上大多数物联网设备。例如，苹果手表的处理器为 520MHz、住宅网关的处理器 MPC8272 PowerQUICC® II™为 400MHz、英特尔凌动 E 系列的处理器为 1.1～1.6GHz，可在车机系统、智能家居和工业控制方面实现实时计算。图 4.10（c）为用户在不同 CPU 频率下进行注册、认证和密钥协商的计算开销，可以看出 CPU 的频率变化对用户的认证和密钥协商过程几乎没有影响，仍然保持了比较低的开销。只有计算能力非常低的设备会在注册阶段有较大的计算开销。

### 2．通信开销

下面详细地计算 FUIS 的通信开销。在切片服务注册阶段，用户发送消息 $< \mathrm{UText}, E_1, \sigma >$ 给 AMF 需要 463 字节，AUSF 发送消息 $< \mathrm{CText}, E_2, \beta >$ 给 A3VI 需要 945 字节，A3VI 将消息 $< \mathrm{TXID}_{\mathrm{Tx}}, T_{\mathrm{Exp}} >$ 分别发送给 AUSF 和用户，总共需要 138 字节。在片间切换认证阶段，用户把消息 $< \mathrm{Hidden\ Allowed\ S\text{-}NSSAI}, \mathrm{PID}_{\mathrm{UE}}, A_{\mathrm{UE}}, B_{\mathrm{UE}}, m_{\mathrm{UE}}, T_{\mathrm{Curr}}, \mathrm{TXID}_{\mathrm{ST}_i} >$ 发送给边缘控制器需要 308 字节，边缘控制器把消息 $< \mathrm{ACK}, \mathrm{PID}_{\mathrm{UE}}, m_{\mathrm{UE}}, A_{\mathrm{UE}}, B_{\mathrm{UE}} >$ 发送给切片服务提供商的 A3VI，需要 180 字节。在密钥协商阶段，A3VI 把消息 $< A_{\mathrm{A3VI}}, B_{\mathrm{A3VI}} >$ 发送给用户需要 128 字节，用户把消息 $\mathrm{ACK}_{\mathrm{UE}}$ 发送给 A3VI 需要 8 字节。FUIS 的通信开销总共需要 2170 字节。

同样，将 FUIS 和现有架构 ES$^3$A、CPAL 和 LCCH 进行对比，如图 4.10（a）所示。整体来看，在全流程中，相比于 ES$^3$A 的 1336 字节、CPAL 的 1232 字节和 LCCH 的 2016 字节，FUIS 的通信开销是最大的。但是，FUIS 的通信开销主要集中在注册阶段，这是因为 FUIS 在注册阶段引入了环签名，注册阶段的通信开销会随着环成员个数的增加而增大，如图 4.11（b）所示。尽管如此，FUIS 在认证与密钥协商阶段的通信开销还是优于 ES$^3$A 和 LCCH 的。

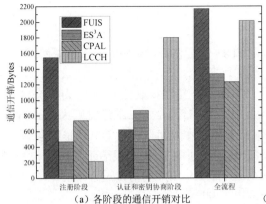
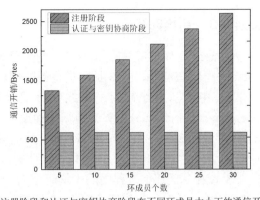

（a）各阶段的通信开销对比　　　　（b）注册阶段和认证与密钥协商阶段在不同环成员大小下的通信开销

图 4.11　通信开销

### 4.5.2　存储开销

边缘控制器会缓存区块链数据，AUSF 会备份票据、切片服务提供商和用户真实身份的映射关系。具体来说，边缘控制器会缓存 A3VI 生成后的上链交易数据 OP_RETURN。下面计算边缘控制器和 AUSF 的存储开销。以 2020 年 5 月 12 日产量第三次减半的比特币为例，目前总共有 $N_b = 630000$ 个区块，每个区块头 $b_{\text{header}} = 80\,\text{bytes}$。在比特币自动控制的挖矿难度下，大约每 10 分钟可以出一个块，那么每年会新增 $R_b = 52560$ 个块。

根据测试，需要上链的消息 $<\text{TXID}_{\text{ST}_i}, T_{\text{Exp}}>: d_{\text{EC}} = 69\,\text{bytes}$。AUSF 需要备份存储的数据 $<\text{ID}_{\text{UE}}, \text{ID}_{\text{A3VI}}, \text{TXID}_{\text{ST}_i}>: d_{\text{AUSF}} = 95\,\text{bytes}$。

根据 2020 年发布的一项报告[49]，截至 2019 年年底，全球已被激活的物联网设备（用户）数量 $N_{\text{IoT}} = 76$ 亿台，并且以年复合增长率 $R_{\text{IoT}} = 11\%$ 的趋势增长。那么可以计算出，$i$ 年后边缘控制器和 AUSF 需要存储的数据量大约为

$$D_{i,\text{EC}} = b_{\text{header}}(N_b + R_b \times i) + d_{\text{EC}} \times N_{\text{IoT}}(1 + R_{\text{IoT}})^i$$
$$D_{i,\text{AUSF}} = b_{\text{header}}(N_b + R_b \times i) + d_{\text{AUSF}} \times N_{\text{IoT}}(1 + R_{\text{IoT}})^i$$

10 年后用户数量将达到 241 亿，边缘控制器端的存储开销（$D_{i,\text{EC}}$）将达到 1539.363GB，如图 4.12 所示，我们认为设置在机房中的边缘控制器是可以接受这样的存储开销的。而 AUSF 的存储是集中式的，因此不需要担心 AUSF 的存储能力。另外，AUSF 还可以根据 $T_{\text{Exp}}$ 清理到期的存储数据，从而优化自己的存储开销。

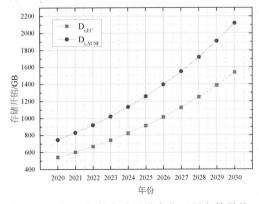

图 4.12　边缘控制器和 AUSF 在 10 年的存储开销变化（用户数量从 76 亿增长到 241 亿）

### 4.5.3 切换时延

为了进一步对 FUIS 进行测试，下面基于 NS3 对 FUIS 进行仿真，架构的系统模型如图 4.2 所示。考虑到 ES³A 和 FUIS 是同类型的架构，因此在本节仅对这两个架构进行测试对比。

NS3 中的基本配置为：无线部分配置的信道频率为 28GHz，信道带宽为 100M，numerology=4。有线部分配置的数据传输速率为 100GB/s，MTU 为 2500，信道时延为 0.0005s。

分别运行 ES³A 和 FUIS 各 50 次，并记录下每个架构在片间切换过程中（认证阶段和密钥协商阶段）的切换时延（这里不记录终端扫描附近基站的时间），将结果展示在图 4.13（a）中。ES³A 在片间切换过程中的平均时延为 1115.461ms，FUIS 在片间切换过程中的平均时延为 23.021ms，实验结果表明，FUIS 在切换时延上减少了 97.94%。

另外对比了 ES³A 和 FUIS 在三种场景下有多用户接入时的切换时延，三种场景分别为无背景流量、批量传输背景流量（如网页浏览）和 CBR 传输背景流量（如视频业务）。首先，不设置任何背景流量，将切片中并发认证的用户数量从 1 变化到 100，得到图 4.13（b）（为了更直观地对比，纵向坐标轴采用对数刻度）。然后，分别设置批量传输和 CBR 传输作为背景流量，在有背景流量的情况下对 ES³A 和 FUIS 重新进行测试。在批量传输背景流量下，把 bulk 的数量设置为 1、3 和 5，同样，将切片中并发认证的用户数量从 1 变化到 100，得到图 4.13（c）。最后，将 CBR 传输作为背景流量，对 ES³A 和 FUIS 重新进行测试，得到图 4.12（d）。

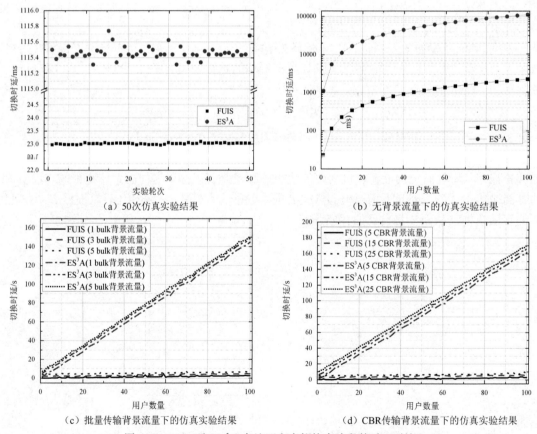

（a）50次仿真实验结果        （b）无背景流量下的仿真实验结果

（c）批量传输背景流量下的仿真实验结果        （d）CBR传输背景流量下的仿真实验结果

图 4.13　FUIS 和 ES³A 在认证和密钥协商阶段的时延对比

从图 4.13（b）、图 4.13（c）、图 4.13（d）中可以看出，在切换时延方面，FUIS 相比于 ES³A 有着明显的优势，此结论和 4.5.1 节中的结论一致。这样的优势在用户数量变多时更加明显，从我们得到的实验数据可以看出，当用户数量为 50 时，在无背景流量的情况下，ES³A 的切换时延为 55.77s；在 1bulk 背景流量下，ES³A 的切换时延为 72.42s；在 5CBR 背景流量下，ES³A 的切换时延为 80.76s。而同样的情况下，FUIS 的切换时延仅为 1.15s、1.33s 和 1.43s。假设一辆汽车以 45km/h 的速度跨越了一个切片，切片间重叠的缓冲间隔为 100m，那么，留给系统完成片间切换的时间仅有 8s。因此，在两种架构的对比中，只有 FUIS 可以满足快速切换的需求。

在图 4.13（b）、图 4.13（c）和图 4.13（d）中，切换时延随用户数量的增加而呈现线性增长的趋势。为了深入理解这一现象，需要分析切换时延的具体组成部分及其影响因素。切换时延主要由两部分组成：通信时延和计算时延。

通信时延进一步分为传播时延和传输时延。传播时延指的是信号在网络中的传输所消耗的时间，而传输时延指的是数据从本地上传到传播介质所消耗的时间。FUIS 的拓扑结构既包含有线网络也包含无线网络。值得注意的是，有线网络由于其高带宽和低时延特性，传输时延几乎可以忽略不计。然而，在无线网络中，信道竞争是不可避免的，这会导致额外的传输时延。具体而言，信道竞争是指多个设备同时争夺无线信道资源的过程，用户数量的增加会增加数据传输的等待时间，从而使整体通信时延上升。因此，切换时延随用户数量的增加而呈现线性增长的趋势可以部分归因于网络中的通信时延。

计算时延指的是片间切换过程中的计算时间，如路径选择、数据封装与解封的时间。随着用户数量的增加，计算复杂度也随之增加，这部分时延同样会对整体切换时延产生影响。综上所述，切换时延随用户数量增加而呈现的线性增长趋势可以归因于通信时延和计算时延的共同作用。

# 4.6　本章小结

在本章针对 5G 网络片间切换的场景，提出了一种片间切换认证架构 FUIS。具体来说，在注册阶段，用户把自己计算出的变色龙哈希函数值发送给运营商，运营商和切片服务提供商利用环签名在用户发送的变色龙哈希函数值的基础上生成票据，最后票据会被保存在区块链上。通过认证模型的转换，将注册阶段产生的票据的合法性验证转移给矿工，在共识阶段提前完成。同时，把认证服务器的认证任务转移给边缘控制器，使用户在片间切换时，只需要和最近的边缘控制器进行交互，利用自己手上的陷门值计算出哈希碰撞值，从而证明自己是链上票据的合法拥有者，最后完成认证。实验表明，本章提出的架构 FUIS 在计算开销上有出色的表现，能在用户进行片间切换时实现快速认证，但是通信开销中等，这是因为 FUIS 使用了环签名，这是一个密码学原语工具。

## 4.7 思考题目

1. 简述片间切换认证架构的流程。
2. 简述变色龙哈希函数的基本性质。
3. 除了椭圆曲线，变色龙哈希函数还能用其他的密码学工具实现吗？
4. 为什么环签名可以保护签名者的身份隐私不被泄露？

# 第5章 6G网络中适用于无人
# 值守终端的切片接入认证架构

⬛内 容 提 要⬛

相较于现有的 5G 网络，未来 6G 网络是包含更多无人值守终端、面向更多场景应用的技术。6G 网络拥有继承自 5G 网络的切片技术，能够让更多服务质量和成本存在差异的切片服务提供商为 6G 网络中的用户提供相同的服务，如无人工厂、无人医疗、无人救援等。然而，无人值守终端的网络切片接入面临着挑战。具体来说，物理攻击是开放环境中无人值守终端的重大威胁。同时，无人值守终端资源有限和无缝服务的特点也必须予以考虑。然而，目前还缺乏能够解决上述问题的认证架构。物理不可克隆功能（Physical Unclonable Function, PUF）作为一种新的轻量级硬件安全原语，是提高无人值守终端安全性的理想架构。本章为 6G 网络中的无人值守终端提供了一个特定的切片接入认证架构。具体地说，在 PUF 的基础上，本章首先提出了一个物理安全的切片接入认证架构。然后对其进行了扩展，以支持片间快速切换认证，保证了业务的连续性。此外，证明了本章所提架构的安全性，并得出它满足 6G 网络更高的安全性要求的结论。最后，通过和其他三个最新架构的对比，证明了本章架构的优越效率。

⬛本 章 重 点⬛

◆ 6G 网络切片技术及安全需求
◆ 6G 网络切片中面向无人值守终端的切片接入认证架构
◆ 架构安全性分析和性能评估
◆ 未来发展方向

## 5.1 引言

5G 网络商业部署之后，行业和学术界已经开始研究 6G 网络的架构、性能和需求。与 5G 网络相比，6G 网络将提供可广泛接入的、更加灵活的网络，覆盖开放环境中更多无人值守终端，如无人机、机器人和机械臂等。为了服务这些终端，继承自 5G 网络的切片技术能够使更多切片服务提供商以差异化的服务质量（Quality of Services, QoS）和成本提供相同的服务。在这一场景下，与无人值守终端相关的任务将更加复杂，如无人工厂、无人医疗、无人救援等。

如图 5.1 所示，运营商将网络切片分配给不同切片服务提供商以供服务使用，机器人通过片间切换将同类型增强移动宽带（Enhanced Mobile Broadband，eMBB）由切片 1 切换至切片 2。一个网络切片由单网络切片选取辅助信息（Single Network Slice Selection Assistance Information，S-NSSAI）标识，该信息由一个切片/服务类型（Slice/Service Type，SST）和称为切片鉴别器（Slice Differentiator，SD）的最佳信息组成，SD 对 SST 进行了补充，可以区分同一 SST[50]的多个网络切片。各终端订阅需要的服务，然后运营商保留订阅的 S-NSSAIs 并发送允许的 S-NSSAIs 至终端，一般来说，当终端需要使用某种服务时，它会向运营商提供请求的 S-NSSAIs。运营商检索终端的订阅信息，检查允许的 S-NSSAIs，并选择合适的、支持所需网络切片的接入和移动管理功能（Access and Mobility Management Function，AMF）。选择的标准主要考虑切片 SD 中包含的特性是否能够最好地满足终端的请求[17]。若运营商不能基于 S-NSSAIs 选择 AMF，则将该请求包路由至一个默认的 AMF。

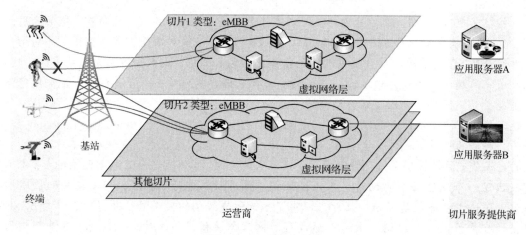

图 5.1　6G 网络切片

　　由于网络切片服务是面向用户的，所以选择一个切片后需要进行认证，应用服务器负责验证终端的合法性。同时，由于某些原因，终端可能希望更改切片。例如，不同的切片在提供相同服务的情况下具有不同的 QoS 和成本。一些终端可能根据它们的偏好在不同的切片之间切换。运营商也可能希望将终端移动到另一个切片进行负载平衡。因此，6G 网络中存在片间切换。一般原则是，终端只对属于同一服务类型的切片进行片间切换。为了保证业务的连续性，6G 网络中需要进行快速的片间切换认证。

　　3GPP TS 33.501 推荐使用扩展认证协议（Extensible Authentication Protocol，EAP）或切片服务提供商提出的自定义认证架构来实现切片接入认证。具体来说，Ni[17]提出了一种面向服务的匿名身份认证架构，并声明了终端的匿名性和切片选择的隐私性。然而，Zhang[51]指出，在 Ni 的架构中，使用传统的公钥会危及终端的身份匿名性和切片选择的隐私性。Zhang[51]采用了盲公钥来保证终端的匿名性和切片选择的隐私性。然而，该工作没有考虑片间切换认证。Fan[52]首先提出了一种利用边缘节点的片间切换架构，但是在切换到新的切片时，不能实现片间切换认证，原因是该模式只保存以前连接的切片的身份认证令牌。虽然上面的工作在切片接入方面做了一些探索，但相关工作[17,51,52]和现有的 EAP 架构均基于共享密钥或公钥，需要在终端本地存储密钥。

　　在 6G 网络中，无人值守的终端总是暴露在开放的环境中。它们很容易受到物理攻击（如克隆和篡改），从而导致密钥泄露，并且攻击者还可以进一步进行假冒攻击（Impersonation

Attack）。因此，现有的标准化扩展认证协议和依赖第三方的架构[17,51,52]对于开放环境中的无人值守终端来说是不安全的，并且由于终端发起或网络触发等需要进行切片切换时，不支持片间切换认证。一种直接的方法是重新进行认证。然而，考虑到无人值守终端的资源约束和无缝服务的需求，需要避免花费大量的成本和时间重复进行认证。

幸运的是，PUF 是一种可以抵抗物理攻击的新兴技术。该技术利用集成电路制造过程中物理随机性的差异，使每个 PUF 具有独特性和不可克隆性。因此，一些相关工作[53,54]使用 PUF 的唯一性对终端进行身份认证。PUF 的使用不可避免地要求认证服务器预先存储挑战应答对[54]。然而，在 6G 网络中，终端数量的爆炸性增长将给预存储的挑战应答对带来巨大的存储开销，这将是认证服务器无法接受的。同时，存储和传输期间的泄露可能导致假冒或克隆攻击。现有的工作[53]试图解决上述问题，但为了避免直接使用 PUF 的挑战应答对，需要引入额外的实体（6G 网络中不存在）或双线性配对操作。因此，它不适用于资源受限终端的轻量级接入。

为了解决上述问题，本章为 6G 网络中的无人值守终端提供了一个特定的切片接入认证架构。首先提出了一种网络切片的物理安全接入认证架构。与现有基于 PUF 的认证[54]相比，该架构不需要在认证之前预先存储挑战应答对。首次将 PUF 与变色龙哈希函数结合起来，并使用一个秘密来生成身份认证消息。使用 PUF 的一个挑战应答对设计用于身份认证的秘密即时恢复，而不是基于预先存储的挑战应答对进行身份认证。与现有的切片接入认证架构[17,51,52]相比，本章架构通过让运营商将当前切片的安全上下文转发到新的切片，提供高效的片间切换认证。最后，安全性分析表明，本章架构可以提供更多的安全属性，以满足 6G 网络对安全性的更高要求。使用其他三种切片接入认证架构[17,51,52]进行其他性能评估，对比实验表明，本章架构在计算开销和认证时延方面均具有明显的优势，本章架构的片间切换认证时延为12.47ms，远小于无缝切换标准时延 50ms。

## 5.2 预备知识

### 5.2.1 网络切片

6G 网络的物理架构由无人值守终端、接入点（基站/卫星）、核心网和应用服务器四部分组成。核心网和应用服务器背后的利益相关者分别是运营商和切片服务提供商。通过网络功能虚拟化（Network Function Virtualization，NFV）和软件定义网络（Software Defined Networking，SDN）技术，可以将 6G 网络划分为独立的虚拟网络切片，每个切片都可以配置为用于提供网络功能，这有助于部署各种基于 6G 网络的服务。这些服务起源于不同的切片服务提供商，不同的终端可以按需订阅不同的切片服务。终端订阅服务后，会收到包含一些网络切片标识符（允许的 S-NSSAIs）的订阅信息。当终端需要接入网络切片时，它会完成与核心网的主认证，并提供网络切片标识符以选择合适的网络切片。

### 5.2.2 安全要求

与 5G 网络相比，6G 网络具有更多的移动终端，并且在开放环境中，无人值守终端可能会执行更复杂的任务。在这种情况下，攻击者可以在开放环境中从这些无人值守的终端提取密钥，并发起假冒或克隆攻击。这些复杂的任务可能需要保护隐私，并且可能需要更高的安全保障。同时，有更多的切片服务提供商通过网络切片提供相同的服务，终端可以根据自己的偏好在不同的切片之间进行切换。最后，假设攻击者具备窃听、拦截、篡改、重放、加密和解密的基本能力。由于运营商负责管理切片，我们假设信息可以在运营商和应用服务器之间安全传输。因此，我们确定了架构的以下关键要求，以支持 6G 网络的网络切片。

（1）身份匿名性：为了实现终端身份的隐私保护，攻击者在网络切片服务中不能猜测终端的真实身份。终端对其他终端、应用服务器和攻击者来说应是匿名的。

（2）能够追踪恶意用户的条件匿名性：尽管终端的真实身份对其他终端是不可见的，但当终端违反规定时，6G 网络的运营商应具有从对应伪身份中恢复出真实身份的能力。

（3）抗物理攻击：架构应能够抵抗如篡改攻击和克隆攻击等物理攻击。

（4）完美的前向安全性：为了实现前一次通信的保密性，应确保当前会话密钥的泄露不会影响前一次通信的安全性。

（5）支持快速片间切换认证：当发生片间切换时，允许的 S-NSSAIs 中的每个应用服务器都会验证该终端的合法性，而无须重新认证或漫长的等待。

（6）无第三方密钥管理：由于存在多个不同的应用服务器，因此系统中不存在通用的私钥生成器，终端的长期密钥应由自身决定，而不是由切片服务提供商的应用服务器决定。

## 5.3 架构设计

### 5.3.1 架构概述

本章提供了一个切片接入认证架构来克服以前工作中的缺点。本章架构实现了切片接入认证，并支持快速片间切换认证。本章架构的两种认证场景如图 5.2 所示。切片接入认证用一个无人机来演示，若无人机想要接入网络切片，它会立即从 PUF 中恢复长期密钥。然后，无人机完成 6G 网络中的主认证，并给出允许的 S-NSSAIs 来选择合适的切片。选择一个切片后，无人机将用户的证明通过运营商的网络发送到应用服务器。当应用服务器端完成验证时，它们将协商一个会话密钥用于后续网络切片中的服务通信。片间切换认证用一个机器人展示，机器人进行片间切换时，运营商会选择新的切片，机器人只需要对新的应用服务器执行快速认证，而不需要执行完整的切片接入认证，并且为服务通信更有效地协商一个新的会话密钥。

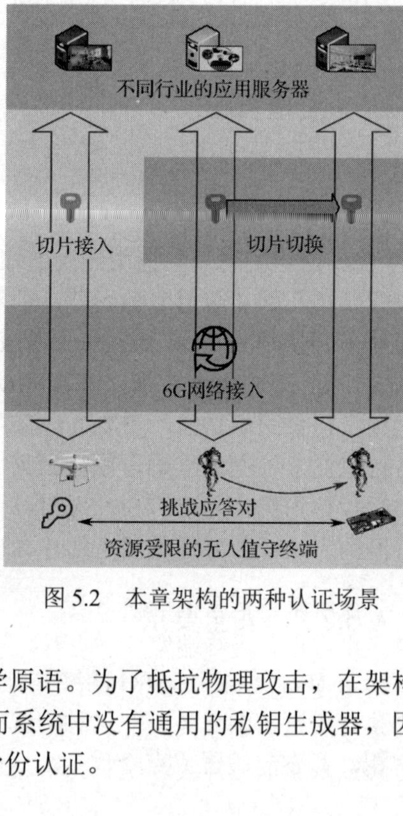

图 5.2 本章架构的两种认证场景

### 5.3.2 切片接入认证

在详细介绍本架构之前，先简要回顾一下两个密码学原语。为了抵抗物理攻击，在架构中使用 PUF。由于实际应用时存在不同的应用服务器，而系统中没有通用的私钥生成器，因此选择变色龙哈希函数来实现具有密钥自由托管特性的身份认证。

作为一种特殊的哈希函数,变色龙哈希函数有两个特性:碰撞抵抗性和陷门碰撞。除了陷门的持有者,要找到哈希函数的一个正确碰撞是不可行的。相反,陷门的持有者可以很容易地找到哈希函数的一个正确碰撞。由于硬件制造工艺存在微小差异,PUF 已经成为机器集成电路的指纹信息,在 PUF 中输入挑战将产生不可预测的响应。由于它具有不可克隆和轻量级的特性,PUF 有望用于设计针对物理攻击的身份认证架构。

本章架构在切片接入认证阶段分为四部分:系统初始化、6G 网络接入、服务注册和切片接入认证。

1)系统初始化

运营商生成公开系统接入参数(如有限域、椭圆曲线生成器和安全哈希函数),然后将变色龙哈希函数分配给终端。

2)6G 网络接入

在接入应用服务器访问的服务之前,终端需要完成 3GPP TS 33.501 中定义的注册和主认证,然后与运营商建立 NAS 安全上下文。终端首先完成 6G 网络接入,之后可以选择网络切片服务。上述描述对应于图 5.3 中的步骤 $N_1$ 和 $N_2$。

3)服务注册

终端要接入应用服务器提供的专用网络切片服务,需要完成相应的服务注册。首先,终端计算一个具体的变色龙哈希函数值,将陷门映射到 PUF 的挑战应答对中,并从本地删除陷门信息。然后,终端将请求的 S-NSSAIs、变色龙哈希函数值及真实身份提交给运营商。运营商收到注册请求后,将变色龙哈希函数值与身份信息一起保存到核心网中的本地数据库。运营商根据其管理列表中当前网络的切片决定终端允许的 S-NSSAIs。运营商为每类 S-NSSAIs 构造一个凭证,该凭证中包含了变色龙哈希函数值和相关的 S-NSSAIs。最终,运营商将凭证发送到相关的应用服务器,并将允许的 S-NSSAIs 返回给终端。上述步骤对应图 5.3 的步骤 $R_1 \sim R_3$。

4)切片接入认证

当终端接入一个网络切片时,终端将初始化一个接入认证,接入专用网络切片。我们使用如下过程说明切片接入认证。终端进行服务请求,首先生成挑战信息的 PUF 响应并使用挑战应答对进一步恢复相应陷门。其次,终端将生成一个匿名、一个随机数和一个当前时间戳。终端使用陷门和当前时间戳在注册阶段找到一个新的变色龙哈希函数值的碰撞实例。时间戳的存在使碰撞实例成为身份认证的一次性证明。同时,终端通过将随机数和公共椭圆曲线点相乘来生成会话密钥材料。最后,终端将允许的 S-NSSAIs、凭证 ID、新的碰撞实例、时间戳和会话密钥材料发送给运营商。以上描述对应于步骤 $S_1$。

运营商在接收到来自终端的消息后,根据允许的 S-NSSAIs 选择合适的切片(包含当前应用服务器),并将凭证 ID、新的碰撞实例、时间戳和会话密钥材料转发给当前应用服务器。在接收到来自运营商的消息后,应用服务器首先检查时间戳,如果时间戳过期,应用服务器将终止进程。当终端发现请求终止时,它将继续尝试,最多 $t$ 次。否则,操作符将把请求重新路由到另一个合适的切片中。如果时间戳是最新的,当前应用服务器将使用凭证 ID 从本地数据库中查找终端的凭证。然后,当前应用程序服务器获取变色龙哈希函数值,并使用当前时间戳来验证碰撞实例是否满足变色龙哈希函数值,即是否有效,若有效,则当前应用服务器对终端进行身份认证。现在，终端和应用服务器需要协商用于服务通信的会话密钥。当前应用服务器生成一个随机数和当前时间戳，并将该随机数与公共椭圆曲线点相乘，以生成会话密钥材料。然后，当前应用服务器通过计算两个时间戳的哈希函数值和规模乘法结果来计算会话密钥，将会话密钥材料和时间戳发送给终端。终端收到消息后，按照相同的方法使用收到的会话密钥材料计算会话密钥。最后，在终端与当前应用服务器之间建立用于网络切片服务通信的会话密钥。上述描述对应于图 5.3 的步骤 $S_2$~$S_4$。

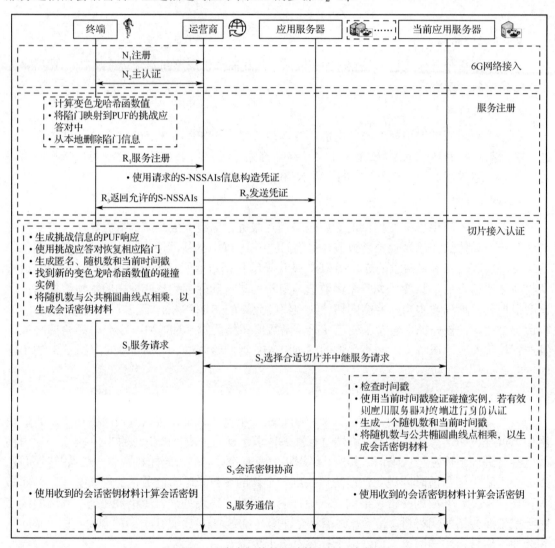

图 5.3　本章架构的切片接入认证阶段

### 5.3.3　片间切换认证

如上所述，当终端发起或网络触发时，终端将进行片间切换，如图 5.4 所示。当发生片间切换时，作为切片管理者，运营商首先通知当前的应用服务器。当前应用服务器收到该切片切换通知后，将生成一个随机数 $A$ 并计算当前会话密钥和 $A$ 的哈希函数值，当前应用服务器将这二者发送至运营商作为快速认证材料。运营商将随机数 $A$ 通过主认证建立的安全信道发送至终端。当发生切片切换时，运营商选择另一个合适的切片并将快速认证材料中继至目标应用服务器。上述过程对应图 5.4 的步骤 $H_1 \sim H_5$。

运营商还通知终端正在发生片间切换，并且终端计算当前会话密钥和随机数 $A$ 的哈希函数值。然后，终端将哈希函数值与当前时间戳连接起来，并计算连接结果和随机数 $A$ 的异或门（XOR）值。此外，终端通过随机数 $A$ 的哈希函数值来计算新的会话密钥。终端将 XOR 结果作为快速认证请求发送给目标应用服务器。应用服务器接收到消息后，从本地快速认证材料中检索随机数 $A$，并用随机数 $A$ 计算请求消息的异或门值。目标应用服务器从上述计算中获取哈希函数值和时间戳，并检查时间戳是否有效，若已过期则结束进程，当终端发现请求终止时，它可以尝试最多 $t$ 次，否则，运营商将把请求重新路由到另一个合适的切片；若时间戳有效，目标应用服务器将比较计算出的哈希函数值是否与本地快速认证材料中的哈希函数值一致，如果验证通过，目标应用服务器将对终端进行身份认证。以同样的方式，当前应用服务器使用随机数 $A$ 的哈希函数值作为一个新的会话密钥，在终端和目标应用服务器之间建立切片后用于网络切片的服务通信。以上描述对应于步骤 $H_6$ 和 $H_7$。

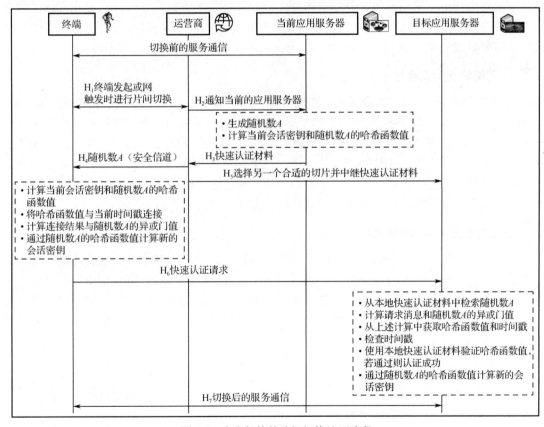

图 5.4　本章架构的片间切换认证阶段

## 5.4　架构分析

本节将对本章架构进行安全性分析和性能分析。

### 5.4.1 安全性分析

#### 1. 身份匿名性

在本章架构的切片接入认证阶段，终端将使用匿名身份而不是真实身份。运营商仅在注册阶段存储应用服务器凭证的变色龙哈希函数值，不会泄露真实身份。因此，该架构可以实现终端的身份匿名性。

#### 2. 能够追踪恶意用户的条件匿名性

在注册阶段，终端的真实身份将绑定到变色龙哈希函数值上。真实身份和变色龙哈希函数值的关系保存在运营商的统一数据管理（UDM）中。假设终端被检测到有恶意行为，在指定恶意认证消息后，运营商可以跟踪终端并显示真实身份。

#### 3. 抗物理攻击

在本章架构中，终端不会存储任何密钥，因此即使攻击者捕获了终端，它也无法从终端的内存中获取任何秘密。假设一个攻击者想要执行物理篡改攻击以获取利润，但任何篡改 PUF 的尝试都会导致 PUF 无法使用。此外，也无法克隆终端，因为 PUF 本身不可克隆。

#### 4. 完美的前向安全性

在切片接入认证中，本章架构通过计算两个时间戳的哈希函数值和 Diffie-Hellman（CDHP）会话密钥材料来生成终端和应用服务器之间的会话密钥。会话密钥材料包含终端和应用服务器生成的随机值。由于攻击者无法知道最后一个会话的随机值，因此切片接入认证具有完美的前向安全性。在片间切换认证中，该架构通过在终端和目标应用服务器之间共享一个秘密随机值来生成会话密钥。由于会话密钥是根据秘密随机值计算得到的，而攻击者不知道最后一个会话密钥材料，因此片间切换认证也具有完美的前向安全性。

#### 5. 支持快速片间切换认证

几乎的 S-NSSAIs 中的每台应用服务器都拥有证书，用于在本章架构中进行终端的切片接入认证。根据凭证，当前应用服务器可以通过验证碰撞来验证终端，可以证明终端确实拥有变色龙哈希函数的陷门，并且是合法订阅用户。若发生片间切换，运营商将从当前应用服务器向终端和目标应用服务器转发一些快速认证材料。因此，在运营商的帮助下，终端可以完成与目标应用服务器的快速认证，而不是完整的切片接入认证。

#### 6. 无第三方密钥管理

从本章架构的注册阶段可以看出，终端的密钥（陷门）完全由它们自己选择。因此，所提架构是一种无第三方密钥管理的片间切换认证。

### 5.4.2 性能分析

本节将对本章架构和现有架构进行分析和对比。

首先从理论角度分析本章架构和现有架构。结果如表 5.1 所示，其中包括了密码学原语计算开销和特性。AS 代表应用服务器，$F_1$ 代表身份匿名性，$F_2$ 代表能够追踪恶意用户的条件匿名性，$F_3$ 代表抗物理攻击，$F_4$ 代表完美的前向安全性，$F_5$ 代表支持快速片间切换认证，$F_6$ 代表无第三方密钥管理，密码学原语计算开销包括 $T_{bp}$、$T_{bmp}$、$T_{ecm}$、$T_{eca}$、$T_e$、$T_{puf}$、$T_h$ 和 $T_s$，分别代表双线性配对、双线性配对乘法运算、ECC 乘法运算、ECC 点加运算、模指数运算、PUF 响应恢复操作、哈希运算、对称加密和解密操作的计算开销。以本章架构为例，该架构中的每个操作主要基于 ECC。计算基于 ECC 的变色龙哈希函数值需要 $2T_{ecm}+T_{eca}$，计算会话密钥需要 $2T_{ecm}$，将挑战放入 PUF 以生成响应需要 $T_{puf}$。在切片接入认证阶段，终端需要生成一次 PUF 响应、三次哈希函数值、一次会话密钥，因此终端的密码学原语计算开销为 $2T_{ecm}+T_{puf}+3T_h$。为了验证碰撞，应用服务器需要计算一次变色龙哈希函数值、一次会话密钥、两次哈希函数值，因此应用服务器的密码学原语计算开销为 $4T_{ecm}+T_{eca}+2T_h$。此外，在该架构中，边缘控制器不参与认证和密钥协商阶段，因此边缘控制器不承担任何开销。在片间切换认证阶段，在运营商的帮助下，终端只需计算两次哈希函数值，因此终端的密码学原语计算开销为 $2T_h$。当前应用服务器和目标应用服务器只需要分别计算一次哈希函数值。其他架构的分析与上述类似，相关结果总结在表 5.1 中。

表 5.1  不同架构的密码学原语计算开销以及支持特性

| 类型 | 架构 | 密码学原语计算开销 | | | 特性 | | | | | |
|---|---|---|---|---|---|---|---|---|---|---|
| | | 终端 | 边缘控制器 | 应用服务器 | $F_1$ | $F_2$ | $F_3$ | $F_4$ | $F_5$ | $F_6$ |
| SAA | ES³A | $8T_{bpm}+T_e+5T_{bp}+2T_s+8T_h$ | $5T_{bpm}+6T_{bp}+6T_h$ | $7T_{bpm}+4T_e+8T_{bp}+5T_s+17T_h$ | × | √ | × | √ | × | × |
| | FANS | $6T_{bpm}+T_e+4T_{bp}+2T_s+6T_h$ | $5T_{bpm}+5T_{bp}+2T_h$ | $6T_{bpm}+4T_e+6T_{bp}+4T_s+15T_h$ | √ | √ | × | √ | × | × |
| | CNSA | $T_{ecm}+3T_s+3T_h$ | $T_{ecm}+9T_s+3T_h$ | / | × | × | × | √ | √ | × |
| | 本章架构 | $2T_{ecm}+T_{puf}+3T_h$ | NULL | $4T_{ecm}+T_{eca}+2T_h$ | √ | √ | √ | √ | √ | √ |
| ISHA | CNSA | $2T_s+3T_h$ | $3T_s+3T_h$ | / | × | × | × | √ | √ | × |
| | 本章架构 | $2T_h$ | / | $T_h$（target AS）$+T_h$（current AS） | √ | √ | √ | √ | √ | √ |

## 1. 理论分析

ES³A[17]和 FANS[51]主要采用了双线性配对的重量级密码学原语。CNSA[52]和本章架构主要采用了基于椭圆曲线密码学的标量乘法运算（ECC 乘法运算）。ES³A 和 FANS 均为通用型移动终端设计。双线性对用于构造 Diffie-Hellman（CDHP），可以在应用服务器端实现高效的聚合验证签名。虽然终端的计算开销增加，但通过对应用服务器的有效验证，可以加快整个接入过程。然而，考虑到终端容量有限，直接采用双线性配对架构会增加终端的资源消耗。因此，采用椭圆曲线标量乘法运算来构造对资源受限终端更友好的 CDHP。从切片接入认证的角度比较，本章架构计算开销好于 ES³A 和 FANS[51]，与 CNSA[52]相近；从片间切换认证的角度比较，本章架构好于 CNSA。表 5.1 中也包含了本章架构与现有架构的特性，其中"√"代表支持，"×"代表不支持。根据表 5.1，本章架构提供了比现有架构更好的特性。值得注意的是，只有本章架构同时拥有支持快速片间切换认证和抗物理攻击的特性。

## 2. 实验环境

实验硬件为计算机（DELL i7-8700@3.2GHz，16G 内存，windows10）。实验分为两部分：

计算开销实验和通信开销实验。计算开销实验部分，使用 python3 对密码学原语进行模拟（Ate pairing、SECP256R1、XORArbiterPUF、SHA256 和 AES-CBC）。具体使用的密码学库为 Py-Cryptodome 3.9.8、python-ate-bilinear-pairing 0.6 和 PyPUF 2.3.0。通信开销部分，在同一台计算机中搭建 Ubuntu 16.04 虚拟机，并使用 NS3.25 仿真，NS3.25 基本配置如下：无线通信部分频率为 20GHz，信道带宽为 50Mbps，子载波间隔为 4。有线部分数据传输速率为 50GB/s，MTU 为 1500Byte。

### 3. 实验

将每个过程执行 1000 次，以获得基于上述实验环境的平均计算开销。$ES^3A$ 和 FANS 采用了多个双线性配对相关操作，双线性配对耗时较长，导致整体计算开销较大。图 5.5（a）显示了切片接入认证的计算开销。与 $ES^3A$ 和 FANS 相比，本章架构分别减少了 97.5% 和 97.1% 的计算开销。CNSA 和本章架构的计算开销大致相同。图 5.5（b）显示了片间切换认证的计算开销。与 CNSA 相比，本章架构可减少 82.4% 的计算开销。

通信开销的对比如图 5.5（c）所示。实验中，设置双线性对中一个元素的大小为 384Bytes。ECC 中一个元素的大小为 64Bytes，身份信息的大小为 16Bytes，随机数的大小为 32Bytes，哈希函数值的大小为 32Bytes，幂运算的输出大小为 128Bytes，时间戳的大小为 4Bytes。从切片接入认证（SAA）消息的角度来看，本章架构是最优的。从片间切换认证（ISHA）消息的角度来看，由于运营商包含在本章架构中，一些额外的通信开销导致片间切换认证的总通信开销大于 CNSA。

为了进一步测试本章架构，使用 NS3 进行了仿真实验。每个切片中设置了 100 个终端。在实验中，接入节点数量从 1 到 50 不等。认证时延的实验结果如图 5.5（d）所示。针对现有架构和本章架构分别测试了 SAA 和 ISHA 的认证时延。从 SAA 的认证时延上看，本章架构明显优于 $ES^3A$ 和 FANS，与 CNSA 相近，这一结果与计算开销和通信开销基本相同。考虑到 CNSA 和本章架构可以支持片间切换，在 ISHA 中只对这两种架构进行了测试，CNSA 和本章架构的平均认证时延分别为 35.55ms 和 12.47ms。实验结果表明，本章架构将认证时延降低了 64.9%。进一步分析上述结果，与 CNSA 相比，本章架构节省了 82.4% 的计算开销，但因为通信开销高于 CNSA，因此，与 CNSA 相比，额外通信开销导致的时延最终节省了 64.9%。此外，本章架构的整体认证时延小于 50ms 的上限值，参考无缝切换标准是可以接受的。

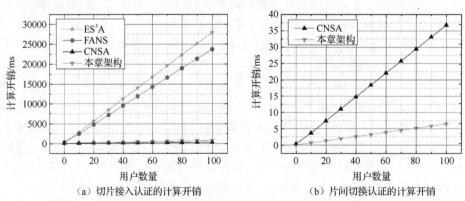

（a）切片接入认证的计算开销　　　　（b）片间切换认证的计算开销

图 5.5　性能评估比较（Reg 为注册阶段，AKA 为认证和密钥协商阶段）

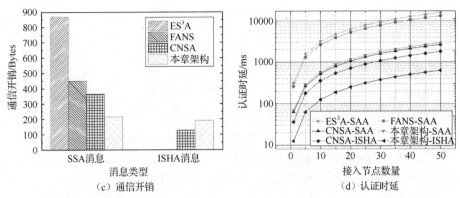

图 5.5　性能评估比较（Reg 为注册阶段，AKA 为认证和密钥协商阶段）（续）

## 5.5　本章小结

为了解决无人值守终端在 6G 网络中应用的问题，本章提出了一个基于 PUF 和变色龙哈希函数的切片接入认证架构，主要关注了 6G 网络的三个特性：更多的无人值守终端、更多的切片服务提供商和更多复杂的任务。首先，提出了一个切片接入认证架构，在 PUF 的支持下，该架构可以抵抗物理攻击。然后，将架构扩展至支持快速片间切换认证。在架构的设计部分，为架构提供了更多的安全属性，如身份匿名性、完美的前向安全性以及无第三方密钥管理等。仿真结果和对比实验表明，所提架构可以满足高性能 6G 网络更高的安全性需求。本章架构的未来发展方向如下。

### 1.　设备对设备认证

设备对设备（Device-to-Device，D2D）通信技术或直连通信技术有许多的应用场景，如智能工厂中的协作，在 6G 网络时代起着至关重要的作用。D2D 通信技术可以减缓基站和核心网络的网络流量负载。此外，5G 网络中的公钥基础设施在 5G 场景下对 D2D 认证也有一定的帮助，但目前证书仅应用于核心网的认证，因此为 6G 网络开发定制的 D2D 认证架构是有意义的。

### 2.　批量认证

一些具体的应用场景对批量认证功能有特殊需求。例如，一场音乐会中，由于用户终端过于集中，切片不能提供较高质量的服务。为了实现负载均衡，需要有将一定数量的终端以批量的方式切换到新的网络切片中的认证架构。本章架构并不能满足上述的认证需求。聚合签名和一对多密钥协商已经被应用到了车联网等领域，但是在 5G 或 6G 网络中尚未采用。因此，一个定制的批量认证架构将是本章架构的一个重要补充。

### 3.　基于区块链的高效认证

尽管基于区块链的无线通信是向 6G 网络发展的一种新模式，但与终端认证消息相关的额外查询所带来的时延尚未解决。当前，基于区块链的认证架构的缺陷是牺牲了无人值守终端在一些领域的高效性。为了解决上述查询效率较低的问题，可以通过使用中间件层，在查询之前存储索引，以重新组织链上数据。查询效率在基于区块链的认证中非常重要。

## 5.6　思考题目

1. 请简述 6G 网络中片间切换的流程。
2. 请简述本章架构中物理安全认证架构的关键要求（6 条）。
3. 什么是 PUF？简述本章架构采用 PUF 抵抗物理攻击的原因。
4. 请以信息流的方式描述本章架构片间切换认证过程。

# 第6章　移动通信中一种基于 USIM 的统一接入认证框架

内 容 提 要

随着移动通信和无线接入技术的飞速发展，异构网络的互通成为一种趋势，各种无线接入网正在通过不同的方式与移动核心网连接。目前，在移动通信中，虽然各种无线接入网的接入认证框架各不相同，但都基于 USIM 中的认证算法，这存在诸多弊端，无法满足未来移动通信的需求。其根本原因在于认证算法不可扩展，认证框架不独立于移动通信技术。为了解决这个问题，本章提出了一个统一的接入认证框架。本章利用扩展认证框架 EAP，在 USIM 中增加了一个媒体独立认证层，认证后输出统一的密钥，并在终端设计了密钥适配层，对输出的密钥进行相应的转换，以满足各种通信模块的需求。通过这种框架，USIM 在认证算法上拥有了可扩展性，且认证框架独立于移动通信技术。分析表明，本章框架与现有框架相比具有很大的优势。

本 章 重 点

◆ 移动通信接入认证技术体系
◆ 移动通信接入认证技术缺点
◆ 基于 USIM 的统一接入认证框架

## 6.1　引言

各种无线接入网正在通过不同的方式与移动核心网连接。可以想象，未来的移动通信不会是一种技术独占鳌头，而是不同的无线接入技术共存、相辅相成。它们将提供多样化的服务，同时具有无缝的移动性，可以有效满足个人通信和信息获取的需求。

2004 年，3GPP 推出了面向全 IP 分组核心网的无线接入网的系统框架演进（System Architecture Evolution，SAE）和长期演进（Long-Term Evolution，LTE）。3GPP 希望通过从无线接口到核心网的持续演进和增强，保持其在移动通信领域的领先地位和竞争优势。SAE 和 LTE 的目标是降低网络时延，获得更高的数据速率、更大的系统容量和更全面的覆盖，同时降低运营商和用户的成本。核心网的 SAE 集成了 2G 网络的 GERAN、3G 网络的 UTRAN、LTE 网络的 E-UTRAN、WLAN、WiMAX 等各种无线接入网。可以预见，随着移动通信的发展，越来越多的无线接入网将与移动核心网实现互联。同时，移动终端将实现多模化，支持多种无线接入技术，为用户获取信息提供更多手段。不同的无线接入网采用不同的认证框架来接入核心网，例如，GERAN 通过 GSM 认证[55]、UMTS 通过 UMTS AKA 认证[56]、LTE 通过 EPS AKA 认证[57]、WLAN 和 WiMAX 通过 EAP AKA[58]认证。在上述认证框架中，均需要在移动终端的用户识别卡（Subscriber Identity Module，SIM）或全球用户识别卡（Universal Subscriber Identity Module，USIM）中实现特定的认证算法。对于 GERAN，SIM 运行 GSM 认证算法，而对于 UTRAN、LTE、WLAN 和 WiMAX，USIM 运行 AKA 认证算法。也就是说，目前的 SIM 或 USIM 只支持一种认证算法。在移动通信的长期发展中，这种认证框架存在以下问题。

（1）如果用户更新了他的通信设备，如从 GSM 手机升级到 3G 手机，即使用户使用同一个运营商的网络，他也必须将他的 SIM 卡更换为 USIM 卡。当今移动通信技术发展迅速，更新移动通信技术的同时也需要采用新的认证框架。因此，为了支持新兴的移动通信技术，USIM 也必须不断进行更新。

（2）从长远来看，未来的移动通信技术应该支持基于对称密钥或非对称密钥的各种认证算法。这个领域已经进行了大量的研究并提出了许多认证框架，但目前的 USIM 只支持 AKA 认证算法，显然不能满足未来移动通信的需求。

（3）未来 USIM 不仅需要支持多种认证算法，而且需要具备根据特定用户或场景为终端提供与网络协商合适的认证框架的功能。但目前运营商在任何情况下对任何用户都实施相同的认证框架，不能提供个性化的认证服务，也不能根据不同的场景（如漫游或非漫游）采用不同的认证框架，这限制了运营商提供更好的服务，不能满足未来移动通信的需求。

（4）在功能上，USIM 最好独立于终端设备，USIM 用于识别用户并进行接入认证，而终端设备用于与网络进行通信。目前，为了在 USIM 中使用 AKA 认证算法，多模终端中的 WLAN 或 WiMAX 必须参与认证框架 EAP AKA 的实现，这导致 USIM 制造商和终端设备制造商之间的"紧耦合"，影响了他们各自的开发和维护。

目前的 USIM 在认证算法上不可扩展，且认证框架不独立于移动通信技术。3GPP TR 23.882 也规定了独立性这一要求。为了解决上述问题，满足移动通信的发展需求，本章提出了一个统一的接入认证框架。首先，利用扩展认证框架 EAP，在 USIM 中实现了媒体独立认证层，认证成功后输出统一的密钥。然后，在终端设计了一个密钥适配层，对输出的密钥进行相应的转换，以满足终端各种通信模块的具体要求。这种框架使 USIM 在认证算法上是可扩展的，认证框架独立于底层移动通信技术。另外，USIM 和终端的功能可以相互分离，方便各自的开发和维护。

## 6.2　预备知识

### 6.2.1　SAE 框架

SAE 框架如图 6.1 所示。

核心网由 UMTS 核心网和 EPC（Evolved Packet Core，EPC）核心网两部分组成，它们通过 S3 接口连接。

接入网由 2G 网络的 GERAN、3G 网络的 UTRAN、LTE 网络的 E-UTRAN、受信任的非 3GPP 接入网（通常是 WiMAX）和不受信任的非 3GPP 接入网（通常是 WLAN）组成。

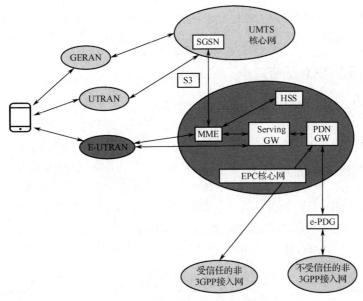

图 6.1　SAE 框架

不同的接入网或接入技术采用不同的认证框架来访问 SAE。

（1）GERAN 采用 GSM 认证。

（2）UTRAN 采用 UMTS AKA 认证。

（3）LTE 采用 EPS AKA 认证。

（4）WLAN 和 WiMAX 采用 EAP AKA 认证。

### 6.2.2　GSM 认证

GSM 的认证过程如图 6.2 所示。用户设备 UE 将国际移动用户身份（IMSI）发送到其归属网络中的认证中心 HLR/AuC 请求认证向量，HLR/AuC 使用与 SIM 共享的密钥 $K$ 生成 $n$ 个认证向量，并且将它们发送到 MSC/VLR。每个认证向量都是一个三元组(RAND，XRES，$K_c$)，其中 RAND 是一个随机值，XRES 是用户认证请求 RAND 的预期响应，$K_c$ 是派生的加密密钥。MSC/VLR 收到认证向量后，选择其中一个向量，并将该向量的 RAND 发送给 UE。SIM 基于共享密钥 $K$ 和用户认证请求 RAND 计算 RES 和 $K_c$，并将 RES 发送给 MSC/VLR，MSC/VLR 将 XRES 与 RES 进行比较。如果两者相等，则 UE 认证成功，之后 UE 和基站使用 $K_c$ 来保护他们之间传递的消息。

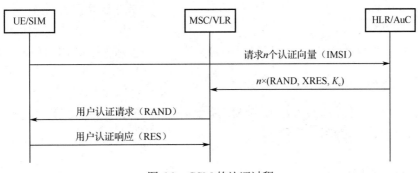

图 6.2　GSM 的认证过程

在上述过程中，只有网络对 UE 进行了认证，而 UE 没有对网络进行认证。此外，该框架已经被发现了许多漏洞，并不安全。因此，3G 使用 AKA 认证算法改进了这种认证过程。

### 6.2.3　UMTS AKA 认证

在 3G 网络中，SIM 与归属网络中的认证中心 HE/AuC 共享密钥 $K$。基于该密钥，UE 和网络通过 UMTS AKA 相互认证，该过程如图 6.3 所示。通过前两个消息，VLR/SGSN 获取 UE 的身份并向 HE/AuC 请求认证向量，HE/AuC 生成并发送 $n$ 个认证向量。每个向量是一个五元组 (RAND, XRES, CK, IK, AUTN)，其中，RAND 是随机值，XRES 是 RAND 的预期响应，CK 是加密密钥，IK 是完整性密钥，AUTN 是网络认证令牌。在接收到这些认证向量后，VLR/SGSN 选择其中一个向量并向 UE 发送该向量的 RAND 和 AUTN。SIM 通过验证 AUTN 对网络进行认证。然后，UE 使用共享密钥 $K$ 计算 RES，并导出 CK 和 IK。最后，将 RES 发送给 VLR/SGSN，VLR/SGSN 将 XRES 与 RES 进行比较。如果相等，则 UE 认证成功。

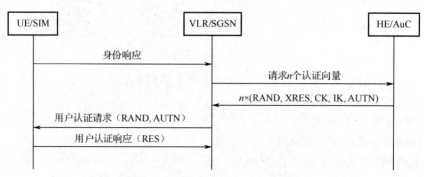

图 6.3　UMTS AKA 的认证过程

### 6.2.4　EPS AKA 认证

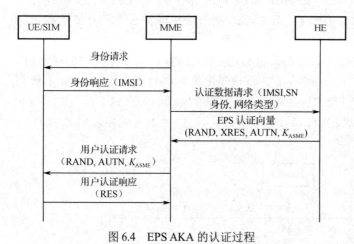

图 6.4　EPS AKA 的认证过程

EPS AKA 的认证过程如图 6.4 所示。移动管理实体 MME 收到 UE 的身份响应 IMSI 后，向归属网络 HE 发送认证数据请求，包括 IMSI、SN 身份和网络类型。HE 收到请求后，生成 EPS 认证向量 (RAND, XRES, AUTN, $K_{\mathrm{ASME}}$)，其中前三个参数与 EAP AKA 中的相同，$K_{\mathrm{ASME}}$ 为接入安全管理实体 ASME 的密钥集标识。MME 将 RAND、AUTN 和 $K_{\mathrm{ASME}}$ 发送给 UE，UE 验证 AUTN 并认证网络。如果认证成功，UE 生成响应 RES，并将其发送给 MME，MME 将 XRES 与 RES，进行比较，验证 UE。此过程中建立的密钥层次结构如图 6.5 所示。

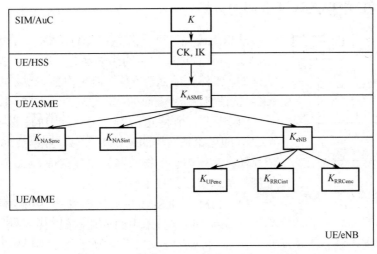

图 6.5　EPS AKA 中建立的密钥层次结构

## 6.2.5　EAP AKA 认证

UE 使用 USIM 和核心网之间的共享密钥 $K$，采用 EAP AKA 通过 WLAN 或 WiMAX 接入 SAE。此过程类似于 UMTS AKA，主要区别在于它是在 EAP 框架中实现的。该过程如图 6.6 所示，其中前三个消息 EAPOL-Start、EAP-Request/Identity 和 EAP-Response/Identity 是 EAP 框架中固有的。通过这三个消息，HAAA 获得 UE 的身份，然后与 UE 进行认证。与 UMTS AKA 相比，EAP AKA 在 EAP-Request/AKA-Challenge 和 EAP-Response/AKA-Challenge 中增加了消息认证码 MAC，为 EAP 消息提供了完整性保护。需要注意的是，在这个过程中，RES 的计算和 AUTN 的验证是通过 USIM 上的 AKA 认证算法完成的。而 MAC 的生成和验证由 WLAN 和 WiMAX 的无线接口卡执行。因此，在 EAP AKA 中，WLAN 和 WiMAX 的无线接口卡参与了认证框架的实现，即通信模块参与了认证框架的实现。

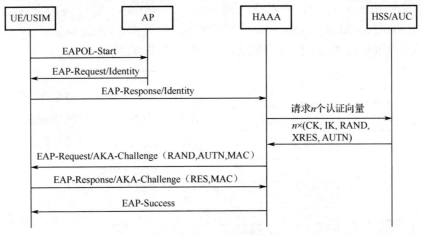

图 6.6　EAP AKA 的认证过程

### 6.2.6 SAE 中接入认证框架的分析

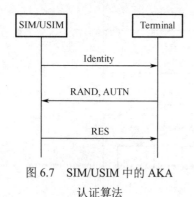

图 6.7 SIM/USIM 中的 AKA
认证算法

从以上流程可以看出，在 UMTS AKA、EPS AKA 和 EAP AKA 这三种认证框架中的终端都是利用 SIM 或 USIM 来实现认证的。虽然认证框架不同，但它们都实现了如图 6.7 所示的 AKA 认证算法。从上面的认证过程中可以看出，SIM 或 USIM 只是实现了一个特定的独立于移动通信技术的认证算法 AKA。即无论什么样的无线接入网，SIM 或 USIM 总是采用该算法来实现与移动核心网的相互认证。6.1 节介绍了这种认证框架的缺点，其根本原因如下。

（1）SIM 或 USIM 中的认证算法是不可扩展的。因此，为了支持新兴网络技术中的认证框架，必须更新 USIM。

（2）认证框架不独立于移动通信技术。目前的 USIM 只实现了 AKA 认证算法与移动通信技术的独立，而无法整合其他认证框架来实现认证框架与移动通信技术的独立。因此，USIM 和终端的功能无法完全分离。此外，UE 无法根据特定的用户或场景与网络协商和实施合适的认证算法。

## 6.3 框架设计

为了解决上述问题，本章提出了一种基于 USIM 的统一接入认证框架，使认证框架独立于移动通信技术，并实现了认证算法的可扩展性。此外，该框架可以在 USIM 上集成现有的框架，支持多种认证算法，能够满足未来通信技术的移动认证需求。

### 6.3.1 UE 上的统一接入认证框架

本章框架如图 6.8 所示，它包含了两个部分：USIM 中的媒体独立认证层（Media Independence Authentication Layer）和终端中的密钥适配层（Key Adaptation Layer）。终端为多模设备，支持 UTRAN、E-UTRAN、WLAN、WiMAX 和 4G 网络等。

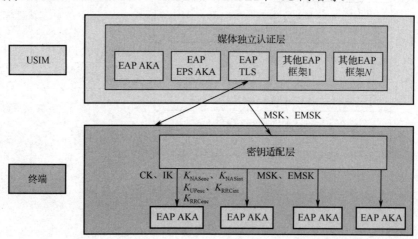

图 6.8 UE 上的统一接入认证框架

（1）媒体独立认证层。该层使 USIM 能够支持 EAP。该层将 UMTS AKA 和 EPS AKA 集成到 EAP 中，形成 EAP AKA 和 EAP EPS AKA。此外，EAP 是开放的，可以根据具体应用集成新的框架。例如，为了满足 4G 的接入认证要求，可以引入新的 EAP 框架（如图 6.8 中的"其他 EAP 框架 1""其他 EAP 框架 $N$"）。当终端访问网络时，媒体独立认证层与网络协商并实现合适的认证框架。认证成功后，输出统一密钥 MSK、EMSK。

（2）密钥适配层。该层为不同的通信模块提供需要的密钥。不同的通信模块使用不同形式的密钥，3G 网络使用 CK、IK，LTE 网络使用 $K_{NASenc}$、$K_{NASint}$、$K_{UPenc}$、$K_{RRCint}$、$K_{RRCenc}$，WLAN 使用 MSK、EMSK。媒体独立认证层输出的统一密钥是 MSK 和 EMSK，不能满足各种通信模块的要求。为了向不同的通信模块提供需要的密钥，在媒体独立认证层和通信模块之间需要添加一个密钥适配层，该层将 MSK 和 EMSK 适配为每个通信模块所需的密钥形式。

在统一接入认证过程中，USIM、终端和网络之间的消息交互如图 6.9 所示。首先，终端通过向 USIM 发送"AUTHENTICATE"来激活 USIM 中的 EAP 模块，然后 USIM 通过终端向网络回复 EAP-Start。收到该消息后，网络通过发送 EAP-Request/Identity 来请求 UE 的身份。UE 将自己的身份记录在 EAP-Response/Identity 中发送给网络。此后，USIM 和网络协商一个合适的认证框架。认证成功后，USIM 向终端输出 MSK 和 EMSK。

同时，为了支持统一的接入认证，认证方（如 3G 网络中的 NodeB、LTE 网络中的 eNodeB、WLAN 中的 AP）应支持基于端口的接入控制。也就是说，在成功认证之前，只允许 EAP 消息通过。认证成功之后，数据通信端口解锁。此外，认证服务器还必须支持 EAP 认证，通常 RADIUS 服务器是适用的。

为了实现统一的接入认证，需要完成三个步骤。①在 USIM 中引入 EAP。②在 EAP 中引入其他认证框架。③对 MSK、EMSK 进行自适应。下面将详细描述这三个步骤。

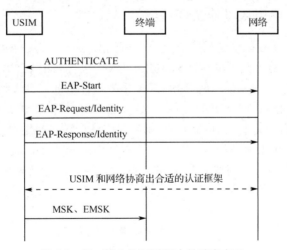

图 6.9　统一接入认证过程中的消息交互

## 6.3.2　在 USIM 中引入 EAP

为了在 USIM 中引入 EAP，首先需要在 USIM 中实现 EAP 客户端。目前有 WPA-supplicant 和 X-supplicant 两种 EAP 客户端。EAP 客户端由三层组成，自上而下分别为认证层、EAP 层和数据链路层。为了在 USIM 中实现 EAP 客户端，需要相应地修改 WPA-supplicant 和

X-supplicant。因为这两个客户端主要用于局域网，其底层链路主要是 802.2 Ethernet、802.5 Token Ring 和 802.11 WLAN。但在移动通信中，其底层链路是 3G 网络、LTE 网络、WLAN 和 4G 网络的数据链路层。因此，这两个客户端不适用于移动通信环境。为了适应移动通信环境，将 WPA-supplicant 和 X-supplicant 中的数据链路层替换为移动通信的数据链路层。

UE 中 EAP 的实现如图 6.10 所示，其中认证层和 EAP 层是在 USIM 中实现的，数据链路层是在终端实现的。认证层支持各种认证算法，如 UMTS AKA、TLS 和 EPS AKA 等。EAP 层负责与网络协商认证框架，发送和接收 EAP 帧。认证层还负责封装和解封框架数据。数据链路层负责封装和解封 EAP 消息。

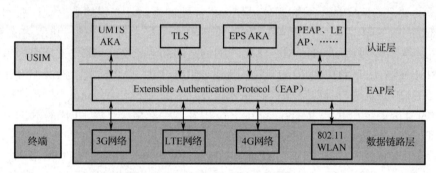

图 6.10　UE 中 EAP 的实现

此外，为了使 USIM 支持 EAP，需要在 USIM 和终端之间扩展现有命令"AUTHENTICATE"。通过扩展该命令，UE 激活 EAP 模块。WPA-supplicant 或 X-supplicant 与认证服务器协商并实现合适的认证算法。

### 6.3.3　在 EAP 中引入其他认证框架

如图 6.8 所示，媒体独立认证层应该支持现有的 EAP（如 EAP AKA、EAP TLS）或一些新的框架。因此，应该将这些新的认证框架引入 EAP 中。下面以 EPS AKA 为例，介绍如何在 EAP 中引入新的认证框架。为了将 EPS AKA 作为一种新框架集成到 EAP 中，EPS AKA 应作为一个独立文件添加到 EAP 客户端（如 WPA-supplicant）和 RADIUS 服务器中。然后，需要为该框架分配唯一的"类型"，并在 EAP 状态机中注册该"类型"。例如，EAP-MD5 分配的类型为 4。具体添加框架可参考 RFC 4137[59] 和 WPA-supplicant 或 X-supplicant。此外，为了满足统一密钥输出的要求，需要对源自 EPS AKA 的密钥进行转换。在 USIM 和 AAA 服务器完成 EPS AKA 后，都将获得 $K_{ASME}$。基于该密钥，UE 和服务器分别计算出 MK、MSK 和 EMSK。

$$MK = SHA1(Identity|K_{ASME})$$
$$MSK|EMSK = PRF(MK)$$

其中，PRF 是一个伪随机函数。此后，USIM 将密钥 MSK、EMSK 返回给终端。

### 6.3.4　对 MSK、EMSK 进行自适应

密钥适配层的目标是将密钥 MSK、EMSK 适配为每个通信模块都可以接受的形式。下面给出各通信模块的密钥适配框架。

### 1．3G 网络通信模块中的密钥适配框架

3G 网络需要的密钥是 CK 和 IK。为了满足 3G 网络的需求，3G 网络通信模块中的密钥适配层使用 SHA-256 处理 MSK 和 EMSK。过程如下。

$$CK|IK = SHA\text{-}256(MSK)$$

其中，SHA-256 是一个安全的哈希函数，其输出为 256 位。前 128 位分配给 CK，后 128 位分配给 IK。然后将 CK 和 IK 导出到 3G 网络通信模块。

认证服务器通过 EAP-Success 将 MSK 发送给认证者 NodeB，NodeB 使用上述相同的框架导出 CK 和 IK。这两个密钥为 UE 和 NodeB 之间的消息传输提供安全保护。

### 2．LTE 网络通信模块中的密钥适配框架

LTE 网络通信模块需要的密钥是 $K_{NASenc}$、$K_{NASint}$、$K_{upens}$、$K_{RRCint}$、$K_{RRCenc}$。USIM 接收到 MSK 和 EMSK 后，LTE 通信模块中的密钥适配层计算以下密钥。

$$K_{eNodeB} = PRF(MSK),\ K_{NASenc}|K_{NASint} = PRF(EMSK)$$

然后，LTE 网络通信模块按照图 6.5，根据 $K_{eNodeB}$ 计算 $K_{upens}$、$K_{RRCint}$、$K_{RRCenc}$。

MME 通过 EAP-Success 将 MSK 转发给 eNodeB，然后使用上述框架计算 $K_{NASenc}$ 和 $K_{NASint}$。收到 MSK 后，eNodeB 使用如图 6.5 所示的结构推导出 $K_{upens}$、$K_{RRCint}$、$K_{RRCenc}$。

$K_{upens}$、$K_{rcint}$ 和 $K_{RRCenc}$ 为 UE 和 eNodeB 之间的数据交换提供安全保护，而 $K_{NASenc}$ 和 $K_{NASint}$ 为 UE 和 MME 之间的消息传输提供安全保护。

### 3．WLAN 通信模块中的密钥适配框架

WLAN 通信模块需要的密钥是 MSK 和 EMSK，EAP 的输出是 MSK 和 EMSK。因此，WLAN 通信模块中的密钥适配层不需要进行任何操作，它只需要将这两个密钥输出给 WLAN 通信模块。

### 4．4G 网络通信模块中的密钥适配框架

目前还不明确 4G 网络需要什么样的密钥，可以在具体保护框架确定后基于 MSK 和 EMSK 设计自适应框架。

## 6.4  框架分析

### 6.4.1  安全性分析

相比原始的 EAP，本章框架的不同之处在于，该框架的三层并不都在一个实体中，即认证层和 EAP 层在 USIM 中实现，而数据链路层在终端实现。数据链路层的功能是封装和解密不涉及安全敏感操作（如加密或解密）的 EAP 消息，因此，这种差异并不会导致 EAP 的安全性受损。

与 802.11i 相同，本章只是提供了一个认证框架。在该框架中，已有的认证框架不需要进行任何更改，其安全性得到了保证。因此，该框架的安全性主要体现在能否防御针对 USIM 的攻击，因为 USIM 中包含安全敏感信息和操作，如共享密钥以及加密和解密。攻击分为两类，即入侵攻击和非入侵攻击。入侵攻击主要包括从 USIM 中取出芯片、芯片逆向工程和微

探测。为了抵御芯片逆向工程攻击，可以在芯片设计中结合复制陷阱功能，并设计复杂的芯片布局，使用非标准单元库。为了抵御微探测攻击，可以在 USIM 上添加一个简单的自检程序，该程序接受任意输入，可以在任意密钥下加密和解密，并将结果与原始块进行比较；另一个解决方案是，断开几乎所有 CPU 与总线的连接，只留下 EEPROM 和一个可以生成读取访问的 CPU 组件。

非入侵攻击可以分为四大类。

（1）定时攻击或选择明文攻击。为了抵抗这种攻击，应该使用抗选择明文攻击的密码算法，或者限制 PIN 的最大重试次数。

（2）软件攻击。例如，特洛伊木马程序可用于发起该攻击。防御该攻击的方法之一是使用一种独特的访问设备驱动程序框架。防御该攻击的另一种方法之一是，要求 USIM 强制执行"每个 PIN 使用一个私钥"的策略模型。

（3）功率和电磁分析攻击。简单功率分析、差分功率分析和电磁分析都属于这种攻击。抵御这些攻击的技术大致分为三类。一是可以减小信号的大小，二是可以将噪声引入功率测量中，三是使用非线性密钥更新程序。

（4）故障生成攻击。这种攻击依赖于对 USIM 施加压力使其执行非法的操作或生成错误的结果。电源和时钟瞬变可用于影响单个指令的解码和执行。一种可能的对策是完全移除时钟，将 USIM 处理器转换为自定时异步电路。

### 6.4.2　性能分析

本节主要关注本章框架在时延方面对现有框架的影响。认证时延由三部分组成，即传播时延、传输时延和计算时延。接下来将从这三部分分析本章框架带来的影响。

#### 1．传播时延

与 802.11i 相比，在本章框架中四次握手是不必要的，为了与无线接口的现有框架兼容，使用了原始认证框架的密钥（如 UMTS-AKA 的 CK 和 IK），而不是来自四次握手的密钥。除此之外，最初的认证在本章框架中保持不变，只添加了三条 EAP 消息，即 EAPOL Start、EAP-Request/Identity 和 EAP-Success，可以通过 UMTS AKA（如图 6.3 所示）和 EAP AKA（如图 6.4 所示）的对比来显示。

#### 2．传输时延

在本章框架中，由于引入了 EAP 封装，消息的长度将变长。EAP 报头包括代码、标识符、长度和类型字段，长度为 40 位。UMTS 的带宽低于 2Mbps，可以为 56kbps、64kbps 等，因此，为每条消息引入的新传输时延将超过 0.02ms。但对于 LTE 网络和 4G 网络，其带宽超过 20Mbps，因此产生的传输时延可以忽略。

#### 3．计算时延

在本章框架中，框架的计算保持不变，例如，EAP AKA 中的计算与 UMTS AKA 中的计算相同。因此，本章框架不会引入额外的计算时延。

总体而言，对于 LTE 网络和 4G 网络，新框架产生的额外认证时延主要是三条 EAP 消息（EAPOL-Start、EAP-Request/Identity 和 EAP-Success）的传播时延。而对于 UMTS，额外认证时延应该加上 EAP 报头导致的传输时延，每个 EAP 报头的传输时延超过 0.02ms。

下面以 UMTS AKA 为例来说明这种影响。如果没有本章框架，在 UMTS 中，UE 必须运行 UMTS AKA 来与核心网进行认证。而在本章框架中，UE 将使用 EAP AKA 来进行认证。下面计算和比较 EAP AKA 和 UMTS AKA 在 UMTS 环境中的时延。

从文献[60]中可以看出，在 3G-WLAN 交互工作中，EAP AKA 在非漫游情况下的认证时延为 1540.999 −1038.016=502.983ms，其中 USIM 上 AKA 认证算法的计算时延为 78.46ms，USIM CPU 为 3.25MHz[61]。根据这个值，可以得出 UMTS 中 EAP AKA 的认证时延。通信环境产生的差异只会影响传播时延和传输时延。我们认为传播时延之间的差异可以忽略不计，因为在有线部分（核心网）它们是相同的，而在无线部分，电磁波的速度非常快（几乎为 $3×10^8$ m/s）。因此，它们唯一的区别在于当 EAP AKA 中总消息量为 2984 位时无线部分的传输时延。在 3G-WLAN 交互工作中，WLAN 的带宽为 11Mbps，传输时延为 0.271ms。而在 UMTS 中，其带宽设置为 2Mbps，传输时延为 1.492ms。因此，UMTS 中 EAP AKA 的认证时延为 502.983+（1.492−0.271）=504.204ms。也就是说，在本章框架中，UMTS 中 EAP AKA 的认证时延为 504.204ms。

因为 EAP AKA 中有 6 条 EAP 消息，结合以上分析，可以得出 UMTS AKA 的认证时延应该是 504.204 −0.02×6=504.084ms。

从以上结果可以看出，对于 UMTS AKA，使用本章框架，其认证时延几乎与原始框架相同。这些结果在表 6.1 中给出。对于其他认证框架（如 EPS AKA），它们的认证时延更大，因此本章框架的影响可以忽略。

表 6.1　认证时延对比（以 UMTS AKA 为例）

| UMTS AKA 的认证时延/ms | 504.084 |
| --- | --- |
| 本章框架的认证时延/ms | 504.204 |

### 6.4.3　优势分析

分析表明，本章提出的统一接入认证框架与现有框架相比具有以下优点。

（1）在 USIM 中集成了多种认证算法，可以支持不同移动通信技术中的接入认证。本章框架不仅考虑了当前的 3G 网络、LTE 网络和 WLAN，还考虑了未来的 4G 网络。因此，即使终端被更新（如从 LTE 网络到 4G 网络），也不需要更改 USIM。

（2）各种认证框架由媒体独立认证层共同管理，终端中的任何通信模块都可以统一调用该层来与网络进行认证。实现了认证框架和通信模块之间的独立性。运营商可以根据不同的用户或场景（如漫游或非漫游场景）选择不同的框架。通过这种方式，可以提供个性化和细粒度的服务。

（3）本章框架与移动通信技术之间的独立性使现有框架（如 EAP-TLS[62]）得以重复使用，这降低了为新兴的移动通信技术开发新认证框架的可能性。

（4）USIM 的密钥输出是统一形式的，这使得通信设备制造商能够根据机密性和完整性的要求导出需要的密钥。通过这种方式，USIM 和终端的功能可以相互分离，这便于 USIM 制造商和终端设备制造商分别维护和开发自己的产品。

（5）对认证框架的统一管理使其具有高度的可扩展性，可以根据具体应用添加新的认证框架。

（6）便于更新和维护。当需要添加新的认证框架时，只需要更新媒体独立认证层即可。这可以通过操作员向终端发送消息更新 USIM 来实现。此外，与现有框架相比，本章框架的优势在于，现有框架只能用一个新的认证框架替换旧的认证框架，而本章框架可以在保留现有框架的同时添加一个新的认证框架，这可以实现前向兼容性，并使终端和运营商能够协商选择合适的框架。

（7）本章框架不仅适用于终端接入移动核心网，还可以为终端提供 WLAN 或 WiMAX 接入。在这种情况下，WLAN 或 WiMAX 网卡需要与 USIM 交互，并通过 "AUTHENTICATE" 命令激活 USIM 中的 EAP 模块。然后，WPA-supplicant 或 X-supplicant 同意并与 WLAN 或 WiMAX 中的认证服务器实施认证框架，该过程与图 6.9 中的过程相同。也就是说，使用本章框架，USIM 能够使 UE 以统一的认证框架访问移动核心网、WLAN 和 WiMAX。

从上面的分析可以看出，本章框架解决了 6.1 节中提到的问题。

## 6.5　本章小结

首先，本章介绍了当前移动通信中基于 USIM 的认证框架的缺点，指出其根本原因是 USIM 只支持一种认证算法 AKA，该算法不可扩展，而且它不能提供认证框架和移动通信技术之间的独立性。因此，现有的认证框架不能满足未来移动通信的需求。为了解决这些问题，本章提出了一种统一的接入认证框架。该架构利用 EAP，在 USIM 中引入了一个媒体独立认证层，该层负责管理各种认证框架。该框架是可扩展的，并且实现了认证框架和移动通信技术之间的独立性，这使得 USIM 和网络能够根据特定场景协商并运行合适的认证框架，并以统一格式输出密钥。本章框架为终端引入了密钥适配层，将输出密钥转换为相应通信模块可以接受的格式。分析表明，与现有框架相比，本章框架具有明显的优势。

## 6.6　思考题目

1. 请简要介绍 GSM 认证、UMTS AKA 认证、EPS AKA 认证和 EAP AKA 认证的流程。
2. 请简要介绍上述认证流程存在的问题。
3. 为什么要引入密钥适配层？
4. 相比原始的 EAP，本章框架的不同之处在于哪里？

# 第7章　空间信息网中可跨域的端到端安全关联协议

内 容 提 要

　　随着空间信息技术的快速发展，网络通信的安全性问题日益得到重视。其中，空间信息网（Space Information Networks，SIN）作为国家重点建设的大型网络基础设施，在促进经济社会快速发展、保障国家安全稳定等方面具有重要的意义。空间信息网主要由卫星网络通信系统组成，包含执行不同任务的空间飞行器以及相关的地面信息系统。在整个网络的体系结构中，存在着多个不同的安全域。基于不同的安全需求，不同安全域内的网络端点之间可能采用不同的安全机制，因此，彼此之间无法直接进行跨域通信。在信息传输过程中，为了保证网络端点之间可以进行跨域的安全通信，相关协议需要能够屏蔽不同安全域之间的差异性。除此之外，由于空间信息网还具有拓扑结构的高动态性、网络环境的复杂性以及通信信道的开放性等特点，整个网络环境面临着巨大的安全威胁。在空间信息网的网络环境下，实现不同网络端点之间的安全通信已经成为当今信息安全领域研究的热点之一。本章针对空间信息网面临的安全威胁，在满足空间信息网特点的基础上，设计和实现了一种可跨域的端到端安全关联协议（简称安全关联协议）。

本 章 重 点

◆ 空间信息网的体系结构
◆ 空间信息网的特点
◆ 空间信息网的安全威胁
◆ 空间信息网安全关联协议
◆ 安全关联协议的实验设计与性能分析
◆ 安全关联协议的安全性分析

## 7.1　引言

　　与传统网络系统不同，空间信息网是一种特殊的网络信息系统。它建立在空间平台之上，一般由两部分组成，包括具有数据传输能力的空间飞行器和地面信息系统，其中，空间飞行器一般是指卫星系统、航天飞机以及空间站等。

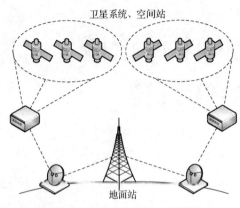

卫星系统、空间站

地面站

图 7.1　空间信息网的一般模型

如图 7.1 所示，在空间信息网的网络环境下，地面站、卫星系统、空间站之间均可以实现互联互通，同时，空间信息网还可以将工作在不同轨道、执行不同任务的各类卫星等空间飞行器联系起来。

20 世纪 50 年代，美国和苏联先后发射了以军事应用为目的的首颗地球人造卫星。以此为开端，在军事需求不断增强的前提下，空间信息技术迅速发展。20 世纪 70 年代，美国首先提出了天基网的概念，之后美国迅速展开了对中继卫星系统的研究。20 世纪 80 年代以后，美国和俄罗斯两国先后建成 GPS（Global Positioning System）和 GLONASS（Global Navigation Satellite System）等全球定位系统。到了 20 世纪末，广大用户对于通信业务的需求渐渐由基于地面网络的通信技术转向空间通信技术。

随着航天技术的飞速发展，我国空间信息网的建设备受关注。

我国于 20 世纪 60 年代着手开展卫星导航系统的研究。20 世纪 70 年代以后，基于发展状况，我国的科研机构从体制研究入手，并先后提出了单星、双星以及三星等区域性网络系统解决方案。2011 年 12 月，北斗卫星导航系统开始试运营，该系统可以兼容市面上其他卫星导航系统，并可为用户在全球范围内提供全天候、全天时、高精度、高可靠性的导航、定位以及授时等服务，与其他全球定位系统相比，该系统具有独创的短报文发送功能。

目前，北斗导航定位系统（二代）正在建设当中，它由三颗倾斜地球同步轨道卫星、五颗地球静止轨道卫星以及 27 颗中地球轨道卫星组成，全球范围内的用户将享受到该系统提供的导航和短报文通信服务。其中，该系统在免费的民用地图服务定位精度、时钟同步精度、测速精度以及授权服务精度等方面将迎来重大的突破，届时将超过 GPS 和 GLONASS。北斗卫星导航系统的成功建设标志着我国成为继美国和俄罗斯之后的第三个在全球范围内建立起完善的卫星导航系统的国家。此外，我国同步实施的神舟飞船、嫦娥系列月球探测器以及天宫系列空间站也对我国空间信息网的建设具有重大的意义。

经过大半个世纪的发展，空间信息网由早期的孤立封闭到如今的互联互通，由地面站测控到天基网建设，最终将成为开放互联的空间信息网。

近几十年来，人类对于空间领域的探索需求不断增强，在相关技术的不断发展和推动下，空间信息网已经从传统的军事领域加速渗透到国民经济和社会服务等民生领域。在全球定位、紧急救助、环境和灾难监测、城市治理等方面，空间信息网的应用越来越广泛。

同时，作为国家重要的空间信息基础设施，空间信息网在提高我国的国际地位、促进经济社会发展、保障国家安全等方面，具有十分重大的战略意义。

然而，在空间信息网的网络环境下，由于卫星系统等空间飞行器具有天然的暴露性，并且网络端点之间需要采用无线的通信方式，基于这种开放式的网络环境，网络端点之间很容易受到外部网络的物理攻击。

受限于空间信息网的特点，在外部网络的物理攻击下，网络端点之间的通信信息易受到干扰、窃取、删除以及篡改等安全威胁，甚至会被摧毁，从而导致信息失效。在空间信息网的网络环境下，各网络端点的信息处理能力有限，较易受到拒绝服务的攻击。同时，合法的网络端点容易受到非法网络端点的伪装攻击。此外，在现实条件下，基于空间信息网的应用已呈现多样性的特点，具有不同功能的应用对于安全性的需求也不同。

在空间信息网的网络环境下，按照类型划分，安全威胁可分为来自通信信息和来自通信系统两部分。其中，通信系统的安全威胁主要发生在空间信息网的各网络端点之上，与物理器件相关；而通信信息的安全威胁与信息的传递方式有关，主要是指网内的通信服务受到的安全威胁。

### 1．通信系统的安全威胁

在空间信息网的网络环境下，对各轨道卫星系统等网络端点的物理攻击和对地面信息系统的物理攻击是通信系统的主要安全威胁。在空间信息网中，各种航空航天器材对于敏感的光学系统和电子系统高度依赖，攻击者利用电子战手段可以有效地攻击这些网络端点的敏感部位，使空间信息网无法正常工作。

此外，各种卫星系统的轨道具有很强的规律性，攻击者通过陆地和空间的定向武器可以对空间信息网进行有效打击。同时，攻击者通过海陆空等方位信息可以对地面信息系统发起攻击，造成地面信息系统的故障和失效，进而极大地影响空间信息网的可用性。

### 2．通信信息的安全威胁

在空间信息网的网络环境下，通信信息的安全威胁主要来自攻击者对网络端点间通信信息的攻击。其攻击手段主要有对信息的窃取、干扰、删除、篡改、伪造以及对网络应用的攻击。由空间信息网的特点可知，空间信息网具有开放性，内部的拓扑结构动态多变，并且其内部的网络端点接入、断开动作频繁，不可预测，节点之间的暴露性使得网络端点很容易受到攻击者的攻击。

除了上文介绍的安全威胁，空间信息网还具有异构多安全域的特点（安全域是指具有相同用途、面向相同环境的地面信息系统和空间飞行器共同组成的网络结构）。位于不同安全域的网络端点，由于采用不同的安全机制，无法直接进行安全通信。为了完成信息的跨域安全传输，网络端点之间需要考虑不同安全域的差异性，在空间信息网的建设过程中，这是需要重点考虑的问题之一。然而，现阶段国内外对于空间信息网的研究大部分都集中于网络拓扑结构和路由协议设计等方向，对于跨域安全通信问题的研究尚处于探索阶段。

在空间信息网的信息认证和密钥交换方面，文献[63]在 Diffie-Hellman 困难假设的基础上，提出了一种在无线网络下的端到端之间密钥交换和认证协议，但是未给出该协议的安全证明。文献[64]在 CDH（Computational Diffie-Hellman）困难假设的基础上，提出了一种适用于卫星通信系统的密钥交换和认证协议。文献[65]在 CDH 困难假设的基础上，提出了一种基于身份的卫星通信认证和密钥交换协议。

在空间信息网的群组密钥管理协议方面，文献[66]在空间信息网的网络环境下，提出了一种群组密钥交换协议，该协议基于公钥基础设施，能够在保证密钥传输效率的同时，增加密钥管理系统的可靠性。但是，文献中并未给出公钥基础设施的配置方法，同时也未保证该协议的安全性。

与上述文献相比，文献[67][68]在移动通信的环境下，提出了一种基于群组的认证和密钥协商协议，但是由于没有考虑到空间信息网的特殊情况，对于网络端点之间的计算能力要求较高，因此难以实现。

上述文献面向空间信息网和移动通信领域，提出了一系列的密钥管理和信息认证协议，均有可取之处，但是与空间信息网的特点和面临的安全威胁相比较，文献[63][64][65]未能考虑到空间信息网异构多安全域的特点，文献[67][68]未能考虑到网络端点计算能力有限的特点，因此，现有的协议均在一定程度上存在条件限制。本章的目的在于解决现有协议的问题，在空间信息网的网络环境下，提出一种可跨域的端到端安全关联协议，保证各安全域之间通信信息的安全性。

通过上述对空间信息网的分析可知，在网络信息系统的设计过程中，空间信息网的特点和面临的安全威胁是导致整个网络存在诸多局限性的主要原因。为打破这些局限性，本章在满足空间信息网特点的前提下，设计了一种安全关联协议。在该协议中，不同安全域内的网络端点之间能够进行跨域的安全通信。该协议需要采用公钥密码体制，在已有的安全基础上，仅涉及安全域代理和网络端点之间的密钥信息，不涉及安全域内的安全体制，可以适应空间信息网异构多安全域并存的特点。仅需要会话双方进行一次交互式的访问控制过程，并且在该过程中，无须安全域代理参与，可以解决空间信息网拓扑结构高动态性变化以及网络端点计算能力有限的问题。该协议需要支持多个周期的非交互式访问控制过程，以适应网络端点之间传输距离较远的特点以及空间信息网拓扑结构的周期性特点。

综上，在后续的协议设计过程中，为满足上述研究目标，需要根据给定的系统模型和应用场景，分析空间信息网的体系结构，设计一种可跨域的端到端安全关联协议。随后，利用常见的攻击方式分析协议的安全性，针对协议可能遭受安全威胁选择攻击者的攻击类型，针对选择的攻击类型分析协议的应对策略。最后，进行实验设计和性能分析等，验证协议设计的可行性。

## 7.2 预备知识

### 7.2.1 空间信息网概述

空间信息网是安全关联协议运行的网络环境，本节将从网络结构、网络特点两个方面入手，系统地介绍空间信息网。

#### 1. 空间信息网的网络结构

空间信息网是一种空间网络信息系统，与一般的系统不同，它主要由卫星网络通信系统组成，能够把卫星系统等具有空间通信能力的空间飞行器和地面信息系统联系起来，实现空间飞行器与地面信息系统之间互联互通的功能。同时，域外的空间飞行器（如其他卫星、空间站等）也可以接入空间信息网。

与传统的网络信息系统相比，空间信息网受地面信息系统的控制，可以与相应的民用网络相融合，并且组网方便灵活，具有覆盖范围广、地理环境影响小等优点，在通信、定位、导航、遥感、气象等军事和民用领域扮演着越来越重要的角色。

空间信息网的主干结构是由在轨卫星和卫星星座组成的星基网。按照轨道情况，在星基网中，卫星可分为地球静止轨道（Geostationary Orbit，GEO）卫星和非地球静止轨道（Non-Geostationary Orbit，NGEO）卫星两种类型，其中，按照卫星所在的轨道高度，NGEO卫星又可分为低地球轨道（Low Earth Orbit，LEO）卫星、中地球轨道（Middle Earth Orbit，MEO）卫星和高椭圆轨道（Highly Elliptial Orbit，HEO）卫星。图7.2为空间信息网的一般结构，其中包括 GEO 卫星、LEO 卫星、MEO 卫星。

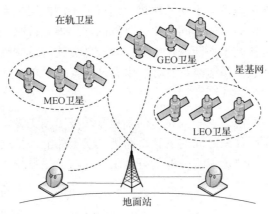

图 7.2  空间信息网的一般结构

如表 7.1 所示，三种卫星的比较如下。

表 7.1  三种卫星的比较

| 轨道类型 | GEO | MEO | LEO |
|---|---|---|---|
| 轨道高度/km | 35786 | 5000～20000 | 500～2000 |
| 波束 | 58～200 | 19～150 | 6～48 |
| 卫星信道 | 3000～8000 | 1000～4000 | 500～1500 |
| 功率/W | 600～900 | 200～600 | 50～200 |
| 上下行链路传输时延/ms | 240 | 60～200 | 一般低于 30 |
| 地面站仰角/° | 大于 30 | 20～30 | 5～10 |
| 全球覆盖卫星数目 | 几颗 | 几颗～几十颗 | 几十颗～上百颗 |
| 单颗卫星覆盖时间 | 持续覆盖 | 1～2 小时 | 最多 20 分钟 |
| 卫星切换 | 无 | 较少 | 频繁 |
| 卫星寿命/年 | 12～15 | 12～15 | 3～7 |

一般情况下，相较于 GEO 卫星，由 LEO 卫星和 MEO 卫星组成的中低轨道卫星系统，由于其具有轨道高度相对较低、信号的传播时延相对较短以及传播损耗相对较小等特点，可以更好地传播实时性业务，并且可以有效地降低卫星及地面信息系统的尺寸和功率，因此，比较适合开展个人通信业务。但是，单颗卫星的覆盖范围有限，需要一定数量的卫星构成星座扩大覆盖范围，但这会导致整个空间信息系统的复杂度呈指数型增加。

在空间信息网的网络环境下，网络端点之间的安全通信面临着严重的威胁，需要密钥加密技术来加强空间信息网中通信的安全性。在空间信息网现有的体系结构中，网络端点之间一般采用身份认证技术进行相互认证，并采用公钥或共享的对称密钥对网络端点之间的通信信息进行加密，采用安全的路由协议也能够有效地保证空间信息网的通信安全。

## 2．空间信息网的网络特点

由上文可知，空间信息网是一个由多个安全域组成的超大型网络体系架构，与传统的网络信息系统相比，空间信息网在运行环境、节点构成以及拓扑结构等方面有着巨大的差异性，其特点可以概括如下。

1）拓扑结构的高动态性变化

在空间信息网的网络环境下，不同的轨道上运行着不同的卫星系统及其他空间飞行器，它们共同组成了具有层次化的立体空间网络。不同的网络端点按照预先设定的轨道持续运行着，各网络端点的相对位置处于不断变化中。同时，邻近的网络端点也可能处于高速动态变化中，这导致空间信息网的拓扑结构是实时变化的，具有高动态性变化的特点。

2）拓扑结构的周期性

在空间信息网的网络环境下，不同轨道的卫星系统按照预先设定的轨道进行运动，其相对位置不断发生变化，不同体系之间的卫星链路需要切换才能保持通信。此外，由于卫星系统及其他空间飞行器之间的轨道已事先规划好，因此，与卫星系统一样，由不同的卫星系统组成的网络拓扑结构也具有周期性。

3）物理环路问题

在空间信息网的网络环境下，网络端点之间的结构比较复杂，各端点在接入过程中的随机性比较大。尤其在网络端点密集的环境下，存在着天然的物理环路问题。网络端点在进行通信的过程中，物理环路可能会引起区域性的数据信息中断。

4）网络端点的信息处理能力受限

在空间信息网的网络环境下，网络端点上使用的电子元器件在计算能力、通信能力以及数据存储能力上有很大的限制。因此，在协议设计的过程中，需要充分考虑计算代价。尤其对于远距离的深空探测，其数据传输消耗的能量十分大，这给协议的计算量和交互次数提出了明确的限制。此外，在空间信息网的网络环境下，网络设备难以维修，这就要求网络设备具有一定的可靠性和抗毁性。

5）网络端点之间距离较远，信号易受到干扰

在空间信息网的网络环境中，地面站、卫星系统以及其他空间飞行器之间距离较远，因此，空间链路传输时延较大。同时，空间信息网的网络环境复杂，各空间链路之间易受到外界的干扰，如大气层电磁信号、粒子流、宇宙射线等，这大大增加了信号传输的误码率。

6）异构多安全域并存

空间信息网由地面站、卫星系统以及其他空间飞行器组成，并且与地面信息系统相融合，形成了一个遍布整个空间范围的网络信息系统。由于具备不同功能特性的网络可能使用不同的通信协议，因此需要不同的转换协议实现互相操作。此外，不同的安全域之间存在不同的安全机制，这也给网络之间的互联互通带来了巨大的挑战。

7）多元信息的传输共享性

在空间信息网的网络环境下，各种网络之间结构复杂，传输的信息呈现多元化以及多样性，并且信息数量庞大，这给信息处理的准确性、实时性以及可靠性带来了巨大的挑战。针对信息多元化这一特点，需要制定相应的信息传输标准，以达到对不同信息按照事先设定的权限进行信息共享的目的。

在空间信息网的网络环境下，上述特点对协议的稳定性、复杂性以及容错性提出了较高的要求。在相关协议的设计过程中，必须做到统筹兼顾空间信息网的这些特点，并采取各种措施应对挑战。其中，相应的措施及分析过程见 7.3.4 节。

### 7.2.2 字典序排列算法

前向安全性是空间信息网中安全关联协议的一个重要特点，字典序排列算法是保证协议具有前向安全性的关键。

在实际应用中，单个字母或序号之间是离散无序的，字典或词典定义了一种规律和方式，能够保证所要查询的字或词可以通过索引快速查到。在后续的协议设计过程中，也给出一种字典序排列算法，该算法可以通过一定的规则，将表示周期序列的整数集合映射为字符串集合。

会话双方将密钥信息的整个生命期划分为 $T$ 个周期，通过字典序排列算法，可以将这个周期打散，并通过一定的规则，将不同的周期序列映射到对应的周期上，因此，无论是主动攻击还是被动攻击，攻击者均无法从当前周期的密钥信息中判断出上一个周期的情况，从而保证协议的前向安全性。

如图 7.3 所示，协议设计使用字符串对应不同的周期序列。

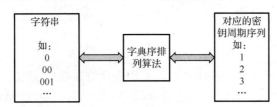

图 7.3　字符串与周期序列的对应关系

**定义 7.1（字符串与周期序列的对应关系）**　对于任意一个字符串 $s \in \mathbb{S}_n$，其中，$n$ 代表最长字符串的长度，$\mathbb{S}_n$ 是字符串的集合，该集合包含所有以 $n$ 为最大长度，按照字典序排列算法组成的字符串，每一个字符串 $s$ 均代表密钥更新过程中的一个周期序列。字典序排列算法如算法 7.1 所示。

| 算法 7.1　字典序排列算法 |
| --- |
| 输入：字符串集合 $\mathbb{S}_n$ 中最长字符串的长度 $n$ 和第一个字符串 $s_1 = 0$<br>输出：字符串集合 $\mathbb{S}_n$ |
| 1．将当前字符串 $s$ 的长度 $l$ 与 $n$ 进行比较；<br>2．如果 $l < n$，则代表下一周期的字符串 $s^* = s \| 0$；<br>3．否则，$s^* = b_1 b_2 \cdots b_{j-1} 1$，其中，$j$ 表示 $b_j = 0$ 时最大的下标；<br>4．重复以上过程，直到字符串 $s$ 中的每一位都变成 1，此时，$s$ 表示最后一个周期的字符串；<br>5．返回所有字符串的集合。 |

以 $n=3$ 为例，通过字典序排列算法，字符串与周期序列的对应关系如表 7.2 所示。

字符串集合 $\mathbb{S}_n$ 包含 $0, 00, 000, \cdots\cdots, 111$ 等字符串。由表 7.2 可知，在 $n$ 一定的情况下，字符串的排列顺序与周期序列之间存在着一种对应关系。基于这种对应关系，假设攻击者已获得当前周期的密钥信息，但是在 $n$ 未知的情况下，攻击者无法判断周期序列在字符串集合 $\mathbb{S}_n$ 内的排列顺序，因此，无法计算前一周期的密钥信息，从而保证了协议的前向安全性。

表 7.2　字符串与周期序列的对应关系

| 周期序列 | 字符串编码 | 周期序列 | 字符串编码 |
|---|---|---|---|
| 1 | 0 | 8 | 1 |
| 2 | 00 | 9 | 10 |
| 3 | 000 | 10 | 100 |
| 4 | 001 | 11 | 101 |
| 5 | 01 | 12 | 11 |
| 6 | 010 | 13 | 110 |
| 7 | 011 | 14 | 111 |

此外，由表 7.2 可以看出，当 $n=3$ 时，字符串集合 $\mathbb{S}_n$ 一共包含 14 个字符串，相应可以对应 14 个密钥周期，其中，周期总数 $T$ 与 $n$ 的计算关系为 $T=2^{n+1}-2(n>0)$ 。

在协议设计过程中，为了方便实验设计，周期序列 $1,2,\cdots,T$ 均由对应的字符串 $0,00,\cdots,111$ 替代。

### 7.2.3　密钥交换理论

在两个或者多个互不认识的主体之间，密钥交换协议是保证信息安全性的关键。各实体之间通过密钥交换协议可以建立一条安全的通信信道，该信道由会话双方在密钥交换完成之后建立，可保证信息传输的认证性和安全性。一般情况下，把该信道称为会话信道，会话双方之间交换的密钥称为会话密钥。

密钥建立体制一般分为密钥协商体制和密钥分发体制，其划分的依据是会话密钥的特点。在密钥协商体制中，会话密钥由会话双方或者会话多方共同产生。在密钥分发体制中，只有一方产生会话密钥。

Diffie-Hellman（D-H）密钥交换协议、RSA 算法以及基于椭圆曲线的双线性映射是目前密钥交换协议的主要设计基础。其中，Diffie-Hellman 密钥交换协议因其出色的计算效率和安全性得到广泛应用。

在密码学发展过程中，Diffie-Hellman 密钥交换协议的提出具有重大的意义，首次定义了公钥密码学。其有效性是建立在离散对数困难问题之上的，能够保证会话双方之间安全地进行密钥交换，并通过会话密钥对信息进行加密。

如图 7.4 所示为 Diffie-Hellman 密钥交换协议的过程。

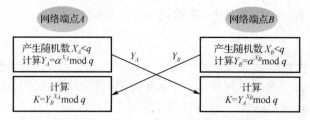

图 7.4　Diffie-Hellman 密钥交换协议的过程

由图 7.4 可知，在 Diffie-Hellman 密钥交换协议中，$q$ 是素数，$\alpha$ 是本原根。在一次密钥交换过程中，网络端点 $A$ 和网络端点 $B$ 作为密钥会话双方，在进行安全通信之前，需要计算自身的公私钥对。

首先，网络端点 $A$ 选择一个随机整数 $X_A$ 作为自身的私钥，其中，$X_A < q$，并计算公钥，$Y_A = \alpha^{X_A} \bmod q$。同理，当网络端点 $B$ 接收到网络端点 $A$ 的公钥 $Y_A$ 之后，网络端点 $B$ 选择一个随机整数 $X_B$ 作为自身的私钥，其中，$X_B < q$，然后计算自身公钥 $Y_B = \alpha^{X_B} \bmod q$，并将公钥 $Y_B$ 发送给网络端点 $A$。网络端点 $A$ 和网络端点 $B$ 分别利用对方发送的公钥 $Y_A$ 和 $Y_B$ 计算密钥 $K_A = Y_B^{X_A} \bmod q$ 和 $K_B = Y_A^{X_B} \bmod q$。根据模值运算的规律，会话双方的密钥 $K_A = K_B$，因此密钥交换具有正确性。

在密钥交换过程中，攻击者需要计算出离散对数才能确定会话双方的密钥，然而，计算离散对数的困难性较大，这种方式显然是不可行的。因此，可以认为 Diffie-Hellman 密钥交换协议是安全有效的。当然，对于中间人攻击，可以通过数字签名和公钥证书的方式进行抵抗。

在本章设计的安全关联协议中，网络端点之间的密钥协商和身份认证工作需要以密钥交换为理论基础，并在此基础上，改进了 Diffie-Hellman 密钥交换协议。整体的设计过程需要遵循以下安全属性。

（1）已知密钥的安全性。在一次会话过程中，会话双方只能使用独一无二的密钥，该密钥不能在其他会话过程中出现。

（2）前向安全性。如果会话双方需要进行多个周期的密钥协商，那么，每个周期内的密钥信息应该互不影响。

（3）密钥协商扮演。在密钥协商过程中，攻击者可能会利用会话信息扮演网络端点，但是不允许攻击者扮演其他网络端点攻击该网络端点。

（4）未知密钥的可恢复性。在密钥协商过程中，如果网络端点 $A$ 试图与网络端点 $B$ 进行密钥协商，那么网络端点 $A$ 的密钥交换对象不会被改成其他网络端点。

（5）密钥的可控制性。在密钥协商过程中，会话双方之间的密钥不能够被预先选择。

在协议的设计过程中引入密钥交换协议，不仅可以完成网络端点之间的密钥协商工作，还可以通过数字签名有效地抵抗中间人攻击。

## 7.2.4 多线性映射理论

采用双线性映射的密钥交换协议是近年来信息安全领域研究的热点之一，它主要基于椭圆曲线密码体制，可实现基于属性的加密（ABE）、断言加密（PE）以及函数加密（FE）等。双线性映射可以推广到多线性映射，一般情况下，双线性映射能够实现的密码体制多线性映射也能够实现。本节将分析多线性映射的定义、研究情况，以及多线性映射在安全关联协议中的应用。

2003 年，Boneh 和 Silverberg 首先提出了多线性映射的概念[69]，它是双线性映射的推广概念，与双线性映射相比，多线性映射将更多的循环群关联到目标循环群。

**定义 7.2（多线性映射）** 有映射 $e$：$\mathbb{G}_1^n \to \mathbb{G}_2$，$(\mathbb{G}_1, \cdot)$ 和 $(\mathbb{G}_2, +)$ 分别是阶为 $q$ 的循环加群和循环成群，$q$ 为素数，当映射 $e$ 满足以下条件时，则称该映射为多线性映射。

（1）多线性：对于所有的 $a_1, a_2, \cdots, a_n \in \mathbb{Z}_q$，$P_1, P_2, \cdots, P_n \in \mathbb{G}_1$，有 $e(a_1 P_1, a_2 P_2, \cdots, a_n P_n) = e(P_1, P_2, \cdots, P_n)^{a_1 a_2 \cdots a_n}$。

（2）非退化性：如果 $P$ 是 $\mathbb{G}_1$ 的一个生成元，则 $e(P_1, P_2, \cdots, P_n)$ 是 $\mathbb{G}_2$ 的生成元。

（3）可计算性：对于所有的 $P_1, P_2, \cdots, P_n \in \mathbb{G}_1$，存在一个有效的算法 $e(P_1, P_2, \cdots, P_n)$。

近年来，信息安全领域对多线性映射的研究主要集中于两个方向，即如何构造一个安全可用的多线性映射实例，以及基于多线性映射的新的密码学原语。其中，如何构造一个安全可用的多线性映射实例一直是信息安全领域的主要问题。

目前，多线性映射实例的研究主要有以下进展。

（1）理想上的近似多线性映射。主要指 GGH 分级编码的构造，其安全性依据 GGH 分级编码系统上的困难问题。

（2）整数上的多线性映射构造[70]。基于整数构造了类似的多线性映射实例，其安全性依赖于新困难问题假设的提出，目前无法抵抗"0"化攻击。

（3）利用近似特征向量的方法构造基于图导出的格上多线性映射实例，LWE 问题的难度决定了该构造的安全性。

在协议的设计过程中，利用多线性映射构造不同的密钥信息，可以大大降低密钥结构的复杂度，同时，攻击者很难通过密钥结构判断出密钥的计算方式，能够有效地提高协议的安全性。更重要的是，利用多线性映射的非退化性和多线性等特点，可以保证会话双方之间的共享密钥具有一致性，这极大地降低了会话双方之间的交互次数，满足空间信息网的特点。

### 7.2.5 困难问题

在协议的设计过程中，其安全性主要依据以下三个困难问题。

（1）离散对数问题（Discrete Logarithm Problem，DLP）：给定三个元素 $y,g,p$，其中，$x \in \mathbb{Z}_p^*$，$g \in \mathbb{G}_1$，$p$ 是素数，根据 $y = g^x \bmod p$，计算出 $x$ 是不可行的。

（2）多线性计算 Diffie-Hellman（Multilinear Compntational Diffie-Hellman，MCDH）问题：给定 $g, g^{x_i} (i=1,2,\cdots,n+1)$，计算 $e(g,\cdots,g)^{x_1 x_2 \cdots x_{n+1}}$。

（3）$k$ 级多线性计算 Diffie-Hellman（$k$-Multilinear Compntational Diffie-Hellman，$k$-MDDH）问题：给定系统的安全参数 $\lambda$ 和等级数 $k$，首先执行 $\mathrm{MG}_k(1^\lambda)$ 生成一个 $k$ 级多线性映射系统：$\mathrm{MPG}_k = \{\{\mathbb{G}_i\}_{i \in [k]}, p, \{e_{i,j}\}_{i,j \geqslant 1, i+j \leqslant k}\}$，给出 $g = g^1, g^{c_1}, \cdots, g^{c_{k+1}} \in \mathbb{G}_1$ 和元素 $u \in \mathbb{G}_k$，很难区分元素 $e(g^{c_1}, g^{c_2}, \cdots, g^{c_k})^{c_{k+1}} \in \mathbb{G}_k$ 和随机元素 $u$。

（4）$k$-MDDH 安全假设：任意概率的事件，算法 A 在求解 $k$-MDDH 问题中的优势是可以忽略的，其优势可以定义为

$$\mathrm{Adv}_A^{k\text{-MDDH}}(\lambda) = \left| \Pr[A(g^1, g^{c_1}, g^{c_2}, \cdots, g^{\prod_{k \in [k+1]} c_i}) = 1] - \Pr[A(g^1, g^{c_1}, g^{c_2}, \cdots, g^{c_{k+1}}, u) = 1] \right| \quad (7.1)$$

因此，$k$-MDDH 问题是可信的，通过 $k$ 级多线性映射无法在指数上完成 $k+1$ 个元素的相乘。

## 7.3　协议设计

由于空间信息网具有异构多安全域并存的特点，在不同的安全域内，网络端点之间无法进行直接通信。本节设计了一种可跨域的端到端安全关联协议，该协议可以帮助会话双方建立一条安全的通信信道，从而保证信息传输的安全性。

本节主要结合空间信息网的特点，给出安全关联协议的设计流程，并在此基础上，根据协议的功能性，将其分成四个阶段并逐一分析。

### 7.3.1　系统模型

首先给出空间信息网的系统模型，如图 7.5 所示。

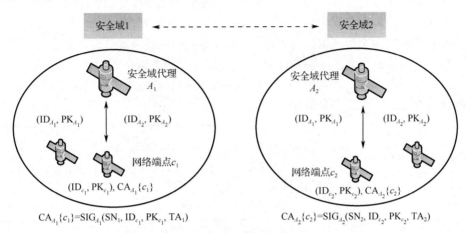

图 7.5　空间信息网的系统模型

在空间信息网中，当需要发起一条通信信息时，主要有三类参与者：安全域、安全域代理、网络端点。

#### 1. 安全域（Security Domain）

在空间信息网中，同一安全域内的网络设备具有相同的安全需求，并且它们之间具有相同的安全访问控制策略和边界控制策略，此外，它们之间还能做到彼此信任，因此无须建立安全关联。这些具有相同的业务要求和安全需求的网络设备共同组成的网络结构便是安全域。

#### 2. 安全域代理（Security Domain Agent）

安全域代理是域内的一个网络设备，其身份类似于不同安全域的中间人，可以为域内的网络端点传递密钥信息，帮助它们建立安全关联。

#### 3. 网络端点（Network Endpoint）

在空间信息网中，网络端点是各个安全域内的主要设备，网络端点可能是卫星系统、空间站等空间飞行器，也有可能是地面信息系统的网络设备。处于不同安全域内的网络端点无法直接进行通信，需要彼此之间建立安全关联。

在建立安全关联之前，网络端点之间需要进行一次会话过程，该过程可以实现双方的密钥协商。在一次会话过程中，以上三类参与者又可按照信息的传递方向细分为信息发送安全域、信息发送安全域代理、信息发送网络端点、信息接收安全域、信息接收安全域代理、信息接收网络端点 6 个角色。

### 7.3.2　协议的整体设计流程

如图 7.6 所示，根据功能性的不同，本节设计的安全关联协议一共分为四个阶段，分别是网络初始化阶段、参数初始化阶段、交互式密钥交换（Interactive Key Exchange，IKE）阶段和非交互式密钥交换（Non-Interactive Key Exchange，NIKE）阶段。在协议运行过程中，这四个阶段的功能互相承接，需要依次进行。

（1）网络初始化阶段发生在协议运行之前，它的作用是为协议配置必要的网络环境。

（2）参数初始化阶段主要为会话双方之间的安全关联生成必要的参数。

（3）交互式的密钥交换（IKE）阶段，会话双方之间通过双向认证过程协商密钥信息。

（4）非交互式的密钥交换（NIKE）阶段是协议运行的关键步骤，它的运行过程需要包含多个周期，在每个周期内，均可以利用上一周期的密钥信息完成自身共享密钥的更新工作，从而帮助会话双方之间建立安全关联。

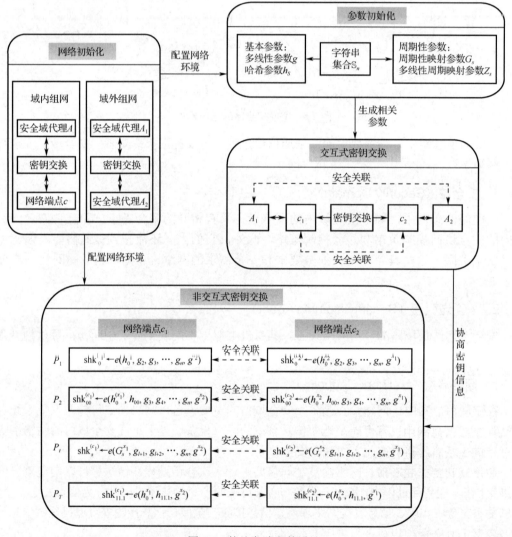

图 7.6　协议各阶段的设计

### 7.3.3　协议各阶段的设计分析

**1. 网络初始化阶段**

网络初始化阶段主要发生在各个安全域的组网过程中，它的功能是为域内网络端点和域外网络端点之间的安全通信提供前提条件，即为协议配置必要的网络环境。

以图 7.5 为例，图中存在安全域 1 和安全域 2 两个安全域，在每个安全域内，均存在一个安全域代理和多个网络端点。根据空间信息网的系统模型给出的应用场景，网络初始化阶段可以分为域内组网和域外组网。

1）域内组网阶段

以安全域 1 为例，在安全域 1 内，存在安全域代理 $A_1$ 和与网络端点 $c_1$ 类似的多个网络端点。域内的安全域代理与网络端点之间只有在进行安全认证之后，才能维持域内网络环境的正常运转。如图 7.7 所示，安全域 1 内组网的安全认证过程如下。

（1）网络端点 $c_1$ 将自己的身份标识和公钥信息传递给安全域代理 $A_1$。

（2）$A_1$ 接收到该信息后，认证网络端点 $c_1$ 的身份，并将自己的身份标识和公钥信息传递给 $c_1$。

（3）$c_1$ 接收到该信息后，认证 $A_1$ 的身份。

至此，安全域代理 $A_1$ 与网络端点 $c_1$ 成功地建立了安全认证，并且它们之间存在一条安全信道，从而保证信息的安全传输。

同理，与 $c_1$ 类似，在域内组网过程中，其他网络端点与安全域代理 $A_1$ 也需要进行安全认证，它们共同组成了安全域 1。

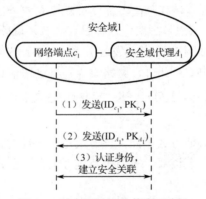

图 7.7　域内组网的安全认证过程

2）域外组网阶段

在空间信息网中，不同安全域之间可能存在不同的安全机制，因此，不同安全域的网络端点之间无法直接进行通信。为了屏蔽不同安全域之间的差异性，需要在每个安全域内设置一个安全域代理。安全域代理起到类似中间人的作用，也就是说，当不同安全域内的安全域代理之间建立了安全认证，同时，安全域代理与域内网络端点之间也建立了安全认证，那么，不同安全域内的网络端点之间也能够建立安全认证，这样就屏蔽了不同安全域之间的差异性，为可跨域的安全通信提供了前提条件。

如图 7.8 所示，图中存在安全域 1 和安全域 2 两个安全域，在每个安全域内，均存在一个安全域代理。当安全域 1 和安全域 2 内的网络端点之间试图发生跨域通信时，两个安全域内的安全域代理 $A_1$ 和 $A_2$ 之间需要先建立安全认证，其步骤如下。

（1）$A_1$ 首先将自己的身份标识和公钥传递给安全域 2 的 $A_2$。

（2）$A_2$接收到$A_1$发送的信息后，认证$A_1$的身份，并将自己的身份标识和公钥发送给$A_1$。

（3）$A_1$接收到$A_2$发送的信息后，认证$A_2$的身份。

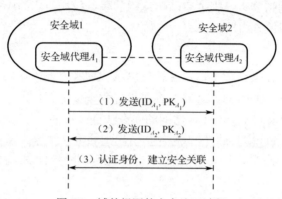

图7.8　域外组网的安全认证过程

至此，安全域代理$A_1$和$A_2$之间已经建立了安全认证，并且它们之间存在一条安全信道，用于端到端之间跨域的信息传输。

同理，在空间信息网的网络环境下，其他安全域之间也需要通过该方式进行安全认证。

在域外组网阶段，安全域代理间的安全认证一旦建立就永久有效，除非相关的安全域代理需要变动，其他情况下，安全域代理间不需要重新建立安全认证。

如图7.5所示，假设网络端点$c_1$想要作为信息发起者，试图与网络端点$c_2$进行安全通信。首先，安全域代理$A_1$需要给网络端点$c_1$发送$c_2$所在安全域的安全域代理$A_2$的公钥信息（$ID_{A_2}$,$PK_{A_2}$）以及$c_1$的数字证书$CA_{A_1}\{c_1\}$，网络端点$c_1$将这些信息发送给$c_2$后，$c_2$通过数字证书$CA_{A_1}\{c_1\}$以及$A_2$提供的公钥信息（$ID_{A_2}$,$PK_{A_2}$）判断信息发起者$c_1$的有效性，进而与$c_1$进行密钥协商，并建立安全认证。

与安全域代理间的安全认证方式不同，该方式是一次性的，通信过程结束后，该安全认证失效。下一轮通信发起时，会话双方需要重新进行安全认证，因此，该协议对空间信息网的时延有一定的要求。

无论是域内组网阶段还是域外组网阶段，均在为端到端之间信息的跨域传输进行准备工作。在空间信息网的网络环境下，对于任意的安全域，至少存在一个安全域代理和多个网络端点。以图7.5为例，在网络初始化阶段，它们之间的准备工作可以总结为以下两个安全前提。

（1）在安全域1和安全域2内，分别设置安全域代理$A_1$和$A_2$，假定$A_1$和$A_2$已经建立了安全认证，并且它们之间存在一条安全信道。

（2）在安全域1内，假定$A_1$已经与域内所有网络端点之间建立了安全认证，并且它们之间存在一条安全信道。

安全关联协议的后续阶段均建立在这两个安全前提之上。

**2．参数初始化阶段**

参数初始化阶段发生在跨域的安全通信之前，它的主要作用是为后续阶段提供必要的参数。

在参数初始化阶段，主要完成 5 类参数的初始化工作，包括字符串集合 $\mathbb{S}_n$、多线性参数 $g$、哈希参数 $h_s$、周期性映射参数 $G_s$ 以及多线性周期映射参数 $Z_s$。

在本章设计的安全关联协议中，网络端点之间的安全通信主要发生在 IKE 和 NIKE 这两个阶段。其中，NIKE 阶段由多个周期组成，其周期总数 $T$ 由会话双方之间协商确定，并且与 $n$（最长字符串的位数）密切相关，同时，$n$ 也是影响参数生成的重要因素。

1）字符串集合 $\mathbb{S}_n$

该阶段主要完成字符串集合 $\mathbb{S}_n$ 的初始化工作，其中，$\mathbb{S}_n$ 由多个字符串 $s$ 组成，其顺序按照字典序排列算法进行排列。

由本章预备知识可知，字典序排列算法是保证协议前向安全性的关键，本节使用字符串 $s$ 表示字典序排列算法中的元素。

由定义 7.1 可知，对于任意一个字符串 $s \in \mathbb{S}_n$，$n$ 是最长字符串的位数，$\mathbb{S}_n$ 是字符串集合，包含所有以 $n$ 为最大长度，按照字典序排列算法排列的字符串。由字符串与周期序列之间的对应关系可知，每个字符串 $s$ 均代表 NIKE 阶段的一个周期。

按照以上关系，以 $n=3$ 为例，字典序排列算法的流程如图 7.9 所示。

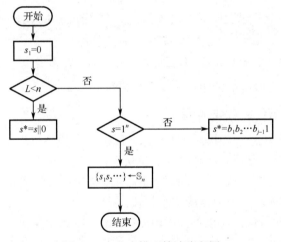

图 7.9　字典序排列算法流程图

由表 7.3 可知，当 $n=3$ 时，字符串集合 $\mathbb{S}_n$ 中包含 14 个字符串，对应着 14 个 NIKE 阶段的周期。也就是说，按照字典序排列算法，字符串集合 $\mathbb{S}_n$ 中包含的字符串数量与 NIKE 阶段的周期总数相等。

按照一般规律可得，周期总数 $T$ 与 $n$ 之间的对应关系为

$$T = 2^{n+1} - 2, n > 0 \tag{7.2}$$

其中，$n$ 由会话双方之间协商确定。通过字典序排列算法，字符串集合 $\mathbb{S}_n$ 完成初始化工作，并将集合内的字符串与对应的周期序列一一映射，为后续阶段的安全通信提供参数。

2）多线性参数 $g$ 和哈希参数 $h_s$

在安全关联协议中，多线性参数 $g$ 和哈希参数 $h_s$ 是其他参数（如周期性映射参数 $G_s$ 和多线性周期映射参数 $Z_s$）的基本组成部分。

首先，系统需要构造 $n+1$ 级的多线性群组 $(\mathbb{G}_1, \mathbb{G}_2, \cdots, \mathbb{G}_{n+1})$，该线性群组内的线性群以 $p$

为阶，它们是多线性参数 $g$ 和哈希参数 $h_s$ 的生成源。其中，多线性参数 $g_0, g_1, \cdots, g_n$ 均由有限域内的线性群 $\mathbb{G}_1^{n+1}$ 随机生成，它们之间组成集合，一共包含 $n+1$ 个参数，其表示方法为

$$(g_0, g_1, \cdots, g_n) \leftarrow \mathbb{G}_1^{n+1} \tag{7.3}$$

哈希参数 $h_s$ 均由有限域内的线性群 $\mathbb{G}_1$ 随机生成，其中，$s \in \mathbb{S}_n$，由式（7.2）可知，一共需要生成 $T$ 个参数，它们按照顺序组成集合 $(h_0, h_{00}, \cdots, h_{111\cdots1})$，其中，单个参数的表示方法为

$$h_s \leftarrow \mathbb{G}_1 \tag{7.4}$$

多线性参数 $g$ 和哈希参数 $h_s$ 均是协议中其他参数的基本组成部分，它们是多线性群随机生成的参数，具备多线性映射的相关性质，这对协议设计的正确性和安全性非常重要。

3）周期性映射参数 $G_s$ 和多线性周期映射参数 $Z_s$

在安全关联协议中，周期性映射参数 $G_s$ 和多线性周期映射参数 $Z_s$ 是会话双方之间的私钥 $sk_s$ 以及共享密钥 $shk_s$ 的基本组成部分，主要由多线性参数 $g$ 和哈希参数 $h_s$ 构成。

在 NIKE 阶段，会话双方在生成各自的私钥 $shk_s$ 和共享密钥 $sk_s$ 的过程中，一共会使用到 $T$ 个周期性映射参数 $G_s$，其表示方法为

$$G_s = e(h_{b_1}, h_{b_1b_2}, \cdots, h_{b_1b_2\cdots b_l}) \in \mathbb{G}_l \tag{7.5}$$

同样，一共存在 $T$ 个多线性周期映射参数 $Z_s$，其表示方法为

$$Z_s^{\mathrm{ID}} = G_s^x \in \mathbb{G}_l \tag{7.6}$$

与多线性参数 $g$ 和哈希参数 $h_s$ 类似，周期性映射参数 $G_s$ 和多线性周期映射参数 $Z_s$ 也需要借助多线性映射的基本性质，能够保证协议的正确性和安全性。

### 3. 交互式密钥交换阶段（IKE 阶段）

在本章设计的安全关联协议中，会话双方之间的安全通信过程主要发生在 IKE 阶段和 NIKE 阶段。前者的作用主要是为后者提供身份认证，并通过密钥协商和信息交换等手段，帮助会话双方在不需要进行交互式访问控制的情况下，完成自身私钥和共享密钥的自动更新工作，同时，在多个周期内，实现数据的安全传输。

由 7.2 节可知，IKE 阶段的协议参照 Diffie-Hellman 密钥交换协议，并在该协议的基础上进行了修改。如图 7.10 所示，在 IKE 阶段，网络端点 $c_1$ 作为信息发起者，试图与处于其他安全域的网络端点 $c_2$ 建立安全关联，其步骤如下。

（1）网络端点 $c_1$ 作为信息发起者，向安全域代理 $A_1$ 请求安全域代理 $A_2$ 的相关信息。

（2）安全域代理 $A_1$ 接收到 $c_1$ 的请求后，向 $c_1$ 发送安全域代理 $A_2$ 的公钥信息（$\mathrm{PK}_{A_2}, \mathrm{ID}_{A_2}$）和网络端点 $c_1$ 的数字证书 $\mathrm{CA}_{A_1}\{c_1\}$。其中，公钥信息包括安全域代理 $A_2$ 的公钥 $\mathrm{PK}_{A_2}$ 和身份标识 $\mathrm{ID}_{A_2}$（根据上文给出的安全前提，安全域代理 $A_1$ 和 $A_2$ 已建立安全关联，因此可以为各自域内的网络端点提供彼此的公钥信息）。

（3）网络端点 $c_1$ 接收到 $A_1$ 返回的信息后，向目标网络端点 $c_2$ 发送密钥交换信息。其中，密钥交换信息包括临时公钥 $\mathrm{PK}_{c_1}$、自身的身份标识 $\mathrm{ID}_{c_1}$、自身安全域代理的身份标识 $\mathrm{ID}_{A_1}$、接收方安全域代理 $A_2$ 的身份标识 $\mathrm{ID}_{A_2}$、目标网络端点 $c_2$ 的身份标识 $\mathrm{ID}_{c_2}$、协商认证的周期集合 $\{P\}$、自身的签名 $\mathrm{SIG}_{c_1}\{\mathrm{SN}_1, \mathrm{ID}_{c_1}, \mathrm{PK}_{c_1}, \mathrm{TA}_1\}$ 以及数字证书 $\mathrm{CA}_{A_1}\{c_1\}$。

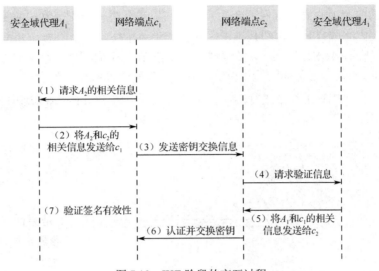

图 7.10　IKE 阶段的交互过程

（4）目标网络端点 $c_2$ 接收到 $c_1$ 的密钥交换信息后，向 $A_2$ 请求 $c_1$ 的认证信息。

（5）$A_2$ 接收到 $c_2$ 的请求后，向网络端点 $c_2$ 发送安全域代理 $A_1$ 的公钥信息 $(\mathrm{PK}_{A_1}, \mathrm{ID}_{A_1})$ 和 $c_2$ 的数字证书 $\mathrm{CA}_{A_2}\{c_2\}$。其中，公钥信息包括安全域代理 $A_1$ 的公钥 $\mathrm{PK}_{A_1}$ 和身份标识 $\mathrm{ID}_{A_1}$。

（6）网络端点 $c_2$ 接收到 $A_2$ 发送的信息后，通过网络端点 $c_1$ 的数字证书以及认证信息，比较 $c_1$ 的签名 $\mathrm{SIG}_{c_1}\{\mathrm{SN}_1, \mathrm{ID}_{c_1}, \mathrm{PK}_{c_1}, \mathrm{TA}_1\}$，如果认证失败，则不作处理，否则，网络端点 $c_2$ 保存 $c_1$ 的临时公钥 $\mathrm{PK}_{c_1}$，并将自身的密钥交换信息发送给 $c_1$，该信息包括临时公钥 $\mathrm{PK}_{c_2}$、$c_2$ 的身份标识 $\mathrm{ID}_{c_2}$、安全域代理 $A_2$ 的身份标识 $\mathrm{ID}_{A_2}$、安全域代理 $A_1$ 的身份标识 $\mathrm{ID}_{A_1}$、信息发送方的身份标识 $\mathrm{ID}_{c_1}$、$n$（与后续阶段的周期总数相关）、自身的签名 $\mathrm{SIG}_{c_2}\{\mathrm{SN}_2, \mathrm{ID}_{c_2}, \mathrm{PK}_{c_2}, \mathrm{TA}_2\}$ 以及数字证书 $\mathrm{CA}_{A_2}\{c_2\}$。

（7）网络端点 $c_1$ 接收到 $c_2$ 的密钥交换信息后，验证其签名的有效性，并保存 $c_2$ 的临时公钥 $\mathrm{PK}_{c_2}$。

至此，网络端点 $c_1$ 和 $c_2$ 已经成功地建立了安全关联，它们之间存在一条安全信道，在协议的后续阶段，通过该安全信道，会话双方之间可以进行通信信息的安全传输。

在 IKE 阶段，网络端点 $c_1$ 和 $c_2$ 都需要发送各自的临时公钥 $\mathrm{PK}_{c_2}$ 和 $\mathrm{PK}_{c_1}$，该临时公钥是保证会话双方密钥一致性的关键，以网络端点 $c_1$ 为例，其构造方法如下。

（1）网络端点 $c_1$ 从以 $p$ 为阶的有限域 $\mathbb{Z}_p$ 中随机选择 $x_1$ 作为自身私钥，即 $x_1 \leftarrow \mathbb{Z}_p$。

（2）从参数初始化阶段生成的多线性参数中选取一个 $g$，其中 $g \leftarrow \mathbb{G}_1^{n+1}$。

（3）计算网络端点 $c_1$ 的临时公钥 $\mathrm{PK}_{c_1} \leftarrow g^{x_1}$。

与网络端点 $c_1$ 类似，$c_2$ 的临时公钥 $\mathrm{PK}_{c_2}$ 为 $g^{x_2}$。

由以上过程可知，在 IKE 阶段，会话双方之间不仅建立了可跨域的端到端安全关联，还进行了部分信息的协商工作，在 NIKE 阶段，这是保证会话双方之间密钥一致性的关键。

### 4．非交互式密钥交换阶段（NIKE 阶段）

在空间信息网的网络环境下，各网络端点之间的距离较远，计算能力有限，并且信号易受到干扰，基于这些特点，在设计安全关联协议的过程中，需要充分考虑到会话双方之间的交互频率。

本章设计的安全关联协议可保证会话双方之间仅需要进行一次交互式的密钥交换，即可在后续多个周期内完成自身私钥和共享密钥的自动更新工作。

如图 7.11 所示，NIKE 阶段一共分为 $T$ 个周期，在每个周期内，会话双方之间均需要生成自身的私钥 $sk_s$ 和共享密钥 $shk_s$，并利用自身的共享密钥 $shk_s$ 建立安全关联，当然，该过程是在非交互式的访问控制条件下进行的，会话双方之间通过 IKE 阶段的密钥协商，只需要完成自身密钥的更新工作，即可在多个周期内建立安全关联。

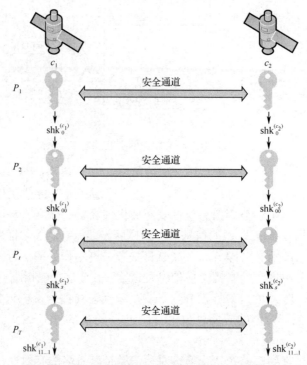

图 7.11　NIKE 阶段会话双方各周期共享密钥的表示

在本章设计的安全关联协议中，参数初始化过程为 NIKE 阶段的密钥更新工作提供了必要的参数。

如图 7.12 所示为 NIKE 阶段各周期的密钥更新算法流程图。

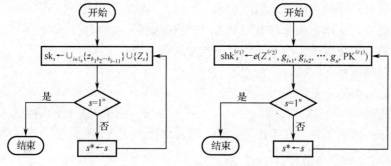

图 7.12　NIKE 阶段各周期的密钥更新算法流程图

在 NIKE 阶段，以网络端点 $c_1$ 为例，在第 $t$ 个周期内，其私钥 $sk_s$ 和共享密钥 $shk_s$ 的计算方式为

$$\text{sk}_s \leftarrow \bigcup_{i \in \mathbb{I}_s} \{Z_{b_1 b_2 \cdots b_{i-1} 1}\} \bigcup \{Z_s\} \tag{7.7}$$

$$\text{shk}_s^{(1)} \leftarrow e(Z_s^2, g_{l+1}, g_{l+2}, \cdots, g_n, \text{PK}^{(1)}) \tag{7.8}$$

由表 7.2 可知，$s$ 是由 0 和 1 组成的字符串，它与协议的各周期序列一一对应，$s^*$ 表示当前周期的下一周期，$l$ 为当前周期的字符串的长度，$\mathbb{I}_s = \{1 \le i \le l : b_i = 0\}$。

如表 7.3 所示为以 $n=3$ 为例，网络端点 $c_1$ 按照顺序列出所有周期内的私钥 $\text{sk}_s$ 和共享密钥 $\text{shk}_s$ 的更新情况。

表 7.3　以 $n=3$ 为例，$c_1$ 的私钥和共享密钥的更新情况

| 周期数 | 字符串编码 | 私钥 $\text{sk}_s$ | 共享密钥 $\text{shk}_s$ |
|---|---|---|---|
| 1 | 0 | $\{Z_1, Z_0\}$ | $e(h_0^{x_1}, g_2, g_3, g^{x_2})$ |
| 2 | 00 | $\{Z_1, Z_{01}, Z_{00}\}$ | $e(h_0^{x_1}, h_{00}, g_3, g^{x_2})$ |
| 3 | 000 | $\{Z_1, Z_{01}, Z_{001}, Z_{000}\}$ | $e(h_0^{x_1}, h_{00}, h_{000}, g^{x_2})$ |
| 4 | 001 | $\{Z_1, Z_{01}, Z_{001}\}$ | $e(h_0^{x_1}, h_{00}, h_{001}, g^{x_2})$ |
| 5 | 01 | $\{Z_1, Z_{01}\}$ | $e(h_0^{x_1}, h_{01}, g_3, g^{x_2})$ |
| 6 | 010 | $\{Z_1, Z_{011}, Z_{010}\}$ | $e(h_0^{x_1}, h_{01}, h_{010}, g^{x_2})$ |
| 7 | 011 | $\{Z_1, Z_{011}\}$ | $e(h_0^{x_1}, h_{01}, h_{011}, g^{x_2})$ |
| 8 | 1 | $\{Z_1\}$ | $e(h_1^{x_1}, g_2, g_3, g^{x_2})$ |
| 9 | 10 | $\{Z_{11}, Z_{10}\}$ | $e(h_1^{x_1}, h_{10}, g_3, g^{x_2})$ |
| 10 | 100 | $\{Z_{11}, Z_{101}, Z_{100}\}$ | $e(h_1^{x_1}, h_{10}, h_{100}, g^{x_2})$ |
| 11 | 101 | $\{Z_{11}, Z_{101}\}$ | $e(h_1^{x_1}, h_{10}, h_{101}, g^{x_2})$ |
| 12 | 11 | $\{Z_{11}\}$ | $e(h_1^{x_1}, h_{11}, g_3, g^{x_2})$ |
| 13 | 110 | $\{Z_{111}, Z_{110}\}$ | $e(h_1^{x_1}, h_{11}, h_{110}, g^{x_2})$ |
| 14 | 111 | $\{Z_{111}\}$ | $e(h_1^{x_1}, h_{11}, h_{111}, g^{x_2})$ |

由表 7.3 可以看出，多线性周期映射参数 $Z_s$ 是网络端点 $c_1$ 的私钥 $\text{sk}_s$ 的重要组成部分，在每个周期内，私钥 $\text{sk}_s$ 均包含不同种类和数量的 $Z_s$，根据式（7.7），会话双方可以按照字典序排列算法依次计算出不同周期的私钥，但是，根据当前周期的私钥无法推导出前一周期的私钥，$Z_s$ 是保证协议具有前向安全性的关键参数。

由表 7.3 还可以看出，网络端点 $c_1$ 的共享密钥 $\text{shk}_s$ 是一个采用多线性映射计算的数值，主要由哈希参数 $h_s$、多线性参数 $g$ 以及临时公钥 $g^x$ 组成。在每个周期内，组成共享密钥 $\text{shk}_s$ 的参数的数量是恒定的，均为 $n+1$ 个。

在安全关联协议中，每个周期内的私钥 $\text{sk}_s$ 和共享密钥 $\text{shk}_s$ 是保证会话双方之间建立安全关联的关键，其密钥信息具有以下性质。

（1）共享密钥一致性。根据式（7.8），网络端点 $c_1$ 和网络端点 $c_2$ 的共享密钥的计算方法为

$$\text{shk}_s^{(c_1)} \leftarrow e(Z_s^{(c_1)}, g_{l+1}, g_{l+2}, \cdots, g_n, \text{PK}^{(c_2)}) = e(h_{b_1}^{x_1}, h_{b_1 b_2}, \cdots, h_{b_1 b_2 \cdots b_l}, g_{l+1}, g_{l+2}, \cdots, g_n, g^{x_2}) \tag{7.9}$$

$$\text{shk}_s^{(c_2)} \leftarrow e(Z_s^{(c_2)}, g_{l+1}, g_{l+2}, \cdots, g_n, \text{PK}^{(c_1)}) = e(h_{b_1}^{x_2}, h_{b_1 b_2}, \cdots, h_{b_1 b_2 \cdots b_l}, g_{l+1}, g_{l+2}, \cdots, g_n, g^{x_1}) \tag{7.10}$$

显然，根据多线性映射的性质，可得

$$\begin{aligned}
\mathrm{shk}_s^{(c_1)} &\leftarrow e(h_{b_1}^{x_1}, h_{b_1 b_2}, \cdots, h_{b_1 b_2 \cdots b_l}, g_{l+1}, g_{l+2}, \cdots, g_n, g^{x_2}) \\
&= e(h_{b_1}, h_{b_1 b_2}, \cdots, h_{b_1 b_2 \cdots b_l}, g_{l+1}, g_{l+2}, \cdots, g_n, g)^{x_1 x_2} \\
&= e(h_{b_1}^{x_2}, h_{b_1 b_2}, \cdots, h_{b_1 b_2 \cdots b_l}, g_{l+1}, g_{l+2}, \cdots, g_n, g^{x_1}) \\
&= \mathrm{shk}_s^{(c_2)}
\end{aligned} \tag{7.11}$$

因为 $\mathrm{shk}_s^{(c_1)} = \mathrm{shk}_s^{(c_2)}$，所以在每个周期内，会话双方之间的共享密钥具有一致性，两者之间可以建立安全关联。

（2）前向安全性。由私钥 $\mathrm{sk}_s$ 的表达式（7.7）可知，私钥 $\mathrm{sk}_s$ 是由多线性周期映射参数 $Z_s$ 组成的集合，按照性质划分，该集合可以归为两类。

① $\{Z_s\}$。该部分与当前运行的周期相关，具有密钥周期属性。

② $\bigcup_{i \in \mathbb{I}_s} \{Z_{b_1 b_2 \cdots b_{i-1}}\}$。该部分可以反映私钥周期变化的规律，具有密钥更新属性。

由字典序排列算法可知，在当前周期下，$\forall i \in \mathbb{I}_s$，字符串 $s = b_1 b_2 \cdots b_{i-1} 1$ 均不是字符串 $s^*$ 的前缀。其中，$s^*$ 是代表前一周期的字符串。因此，攻击者无法通过当前周期的私钥 $\mathrm{sk}_s$ 推导出前一周期的私钥 $\mathrm{sk}_s$，协议可认为具有前向安全性。

### 7.3.4　协议在空间信息网下的适用性分析

由前文分析可知，空间信息网主要具有以下网络特点。

（1）异构多安全域并存。

（2）网络拓扑结构具有周期性和高动态性。

（3）网络端点的信息处理能力有限。

（4）网络端点之间的距离较远，易受外界干扰。

针对以上网络特点，本章设计的安全关联协议均具有良好的适用性，具体分析如下。

在空间信息网的网络环境下，异构多安全域并存的特点导致不同的安全域之间存在不同的安全机制，会话双方需要采用不同的转换协议实现互相操作，这给协议设计带来了巨大的挑战。在本章设计的安全关联协议中，会话双方之间可以通过各自的安全域代理进行身份认证和密钥交换，从而建立安全关联，屏蔽了不同安全机制的差异性。在网络初始化阶段，安全关联协议通过域内组网和域外组网两个阶段，使得域内的安全域代理和网络端点之间能够进行安全关联，同时，域内的安全域代理也能够与其他安全域的代理之间进行安全关联。在通信过程中，该方式保证了不同安全域的网络端点之间可以进行安全关联。因此，安全关联协议可以适应空间信息网异构多安全域并存的特点。

网络拓扑结构的周期性和高动态性的特点导致会话双方之间的相对位置不断发生变化，不同体系之间的卫星链路需要切换才能保持通信，这增加了协议设计的复杂性。在本章设计的安全关联协议中，会话双方只需要在前期部署阶段进行一次交互式的密钥交换过程，即可在后续阶段的多个周期内进行非交互式的密钥交换，符合空间信息网多周期性的特点。同时，在后续阶段的密钥交换过程中，会话双方之间不需要进行互相协商，因此，不受网络拓扑结构高动态性的特点的影响。在安全关联协议中，参数初始化阶段和 IKE 阶段为会话双方之间的共享密钥 $\mathrm{sk}_s$ 的更新工作提供了必要的参数。在 NIKE 阶段的每个子周期内，会话双方在无须进行交互的情况下，可以分别通过计算式（7.9）和（7.10）得到自身的共享密钥 $\mathrm{sk}_s^{c_1}$ 和 $\mathrm{sk}_s^{c_2}$，从而保证共享密钥的一致性。安全关联协议可以适应空间信息网周期性和高动态性的特点。

在空间信息网中，大部分网络端点采用宇航级芯片，因此，信息处理能力和计算能力较差，这导致协议运行过程中不能使用太多复杂的计算。在本章设计的安全关联协议中，网络初始化阶段和参数初始化阶段均在线下完成。在安全关联过程中，网络端点之间的通信过程主要集在 NIKE 阶段，会话双方仅需要利用自身已保存的参数，分别完成式（7.9）和（7.10）的计算工作即可，对芯片的计算能力要求较小。因此，安全关联协议可以适应空间信息网中网络端点的信息处理能力有限的特点。

空间信息网的网络端点之间一般距离较远，因此，空间链路的传输时延较大。同时，由于空间环境复杂，网络端点之间的通信信息容易受到外界干扰，导致误码率较大，这就要求协议具有一定的稳定性和容错机制。在本章设计的安全关联协议中，会话双方之间的密钥更新工作主要由网络端点自身计算完成，不需要会话双方进行交互式的访问控制工作，因此，协议几乎不受外部环境的干扰。同时，会话双方之间的密钥更新工作在周期变换时完成，不受传输时延的影响。因此，安全关联协议可以适应网络端点之间距离较远，易受外界干扰的特点。

由以上分析可知，本章设计的安全关联协议适用于空间信息网。

## 7.4 协议分析

如图 7.13 所示，在一次密钥会话过程中，可以把空间信息网内的各种网络设备划分为四个角色：信息发送安全域代理 $A_1$、信息发送网络端点 $c_1$、信息接收安全域代理 $A_2$ 和信息接收网络端点 $c_2$。空间信息网是一个复杂的网络环境，各类角色均有可能被攻击者利用，从而产生各种各样的攻击方式。

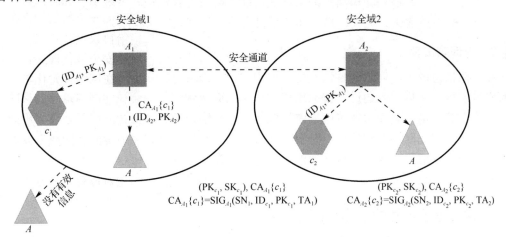

图 7.13　不同位置的攻击者攻击

### 7.4.1　攻击者类型

针对空间信息网的特点及安全威胁，这里给出几种需要考虑的攻击者类型，如图 7.14 所示。

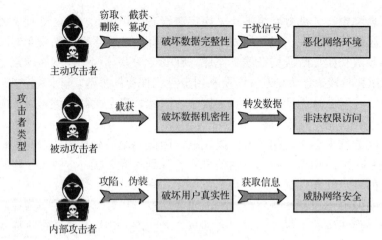

图 7.14　攻击者类型

### 1. 主动攻击者

攻击者可以窃取和截获各类网络端点之间的数据流，并有针对性地对数据进行恶意的删除和篡改，破坏数据的完整性，造成极其严重的后果。此类攻击者还可以对空间信息网中正常的无线信号进行干扰，恶化网络环境，导致网络端点之间的接收机制趋于饱和或阻塞，进而无法正常工作。同时，此类攻击者还可以利用截获的信息伪造合法用户的身份，入侵系统并发送伪造信息。

### 2. 被动攻击者

在空间信息网中，不同的网络端点使用无线通信的方式进行信息交换。被动攻击者利用这一特点可以任意地截获通信信息的数据流，随意或有选择性地转发数据。同时，也可以对通信信息进行重放攻击，这会严重破坏数据机密性并且带来非法权限访问。

### 3. 内部攻击者

在空间信息网中，以下两种情况均会出现内部攻击者：①攻击者攻陷某个合法的网络端点而不被发现；②攻击者通过欺骗网络控制系统从而达到伪装成合法的网络端点的目的，成为内部攻击者。第二类攻击者可以合法地取得访问网络内部各种资源的权限，破坏用户真实性，同时可以监控网络控制信道、分析网络管理信息类型、格式及内容，从而可以获取网络内部大量的机密信息，容易造成严重的后果，并且在一定程度上可以威胁到局部甚至整个网络的安全。

## 7.4.2　基于位置的攻击者判定

如图 7.13 所示，由于空间信息网具有异构多安全域的特点，攻击者可能与网络端点 $c_1$ 处于同一安全域内，也有可能来自其他安全域。

当攻击者和网络端点 $c_1$ 处于同一安全域时，它可以接收到 $A_1$ 发送给网络端点 $c_1$ 的数字证书 $CA_{A_1}\{c_1\}$ 以及信息接收域安全域代理 $A_2$ 的身份标识 $ID_{A_2}$ 和公钥 $PK_{A_2}$。当攻击者试图伪造网络端点 $c_1$ 的密钥信息时，由于无法伪造 $c_1$ 的私钥 $x_1$，因此签名无效，攻击者无法被信息接收端点 $c_2$ 验证。此外，由于攻击者与网络端点 $c_1$ 处于同一安全域内，根据协议设计的安全前提，

$A_1$ 已与域内的网络端点之间建立了安全关联，因此，$A_1$ 可以对攻击者进行身份识别，攻击者在本域内容易暴露。

当攻击者与网络端点 $c_1$ 处于不同的安全域时，可以分为两种情况。

（1）如果攻击者扮演的角色也是网络端点，则攻击者可以从它所在的安全域内的安全域代理 $A_2$ 处获取 $A_1$ 的身份标识 $ID_{A_1}$ 和公钥 $PK_{A_1}$，但是由于攻击者处于安全域 1 的外部，因此无法从 $A_1$ 处获得网络端点 $c_1$ 的数字证书 $CA_{A_1}\{c_1\}$，攻击者发送的消息无法被网络端点 $c_2$ 认证，攻击失败。此外，由协议设计的安全前提可知，不同安全域内的安全域代理之间已经完成了安全关联，如果攻击者处于其他安全域内，则 $A_1$ 可以通过安全域代理间的安全信道识别攻击者的身份信息。

（2）如果攻击者独立参与攻击，并且不属于任何安全域，那么在空间信息网的网络环境下，攻击者无法获取任何有效的身份信息，这将给攻击带来更大的困难。

综上所述，在密钥交换过程中，由于攻击者无法完全掌握所有的认证信息，因此，无论在域内还是在域外，攻击者均不能对网络端点 $c_1$ 实施有效的攻击。

### 7.4.3　基于密钥协商的双向认证

由前文已知，在本章设计的安全关联协议中，处于不同安全域内的网络端点之间无法直接进行安全通信，安全域内的安全域代理为域内网络端点提供认证信息，利用认证信息，域内网络端点可以与域外网络端点之间进行密钥交换，从而建立安全关联。会话双方之间建立安全关联的过程是一个需要双向认证的过程，如图 7.15 所示。

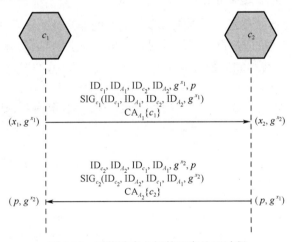

图 7.15　网络端点之间的双向认证过程

网络端点 $c_1$ 作为通信过程的发起者，需要从安全域代理 $A_1$ 处获得 $ID_{A_1}, ID_{A_2}, ID_{c_2}, PK_{A_2}, CA_{A_1}\{c_1\}$，其中，$ID_{A_2}$ 和 $PK_{A_2}$ 分别是接收方安全域代理 $A_2$ 的身份标识和公钥，$ID_{c_2}$ 是信息接收方（网络端点 $c_2$）的身份标识。网络端点 $c_1$ 使用自身的私钥 $x_1$ 计算临时公钥 $g^{x_1}$ 和签名 $SIG_{c_1}(ID_{c_1}, ID_{A_1}, ID_{c_2}, ID_{A_2}, g^{x_1})$。

网络端点 $c_2$ 接收到认证信息后，根据数字证书 $CA_{A_1}\{c_1\}$ 验证签名的有效性。如果验证成功，网络端点 $c_2$ 将保存发送方的临时公钥 $g^{x_1}$，并按照网络端点 $c_1$ 的方式发送自身的认证信息及签名 $SIG_{c_2}(ID_{c_1}, ID_{A_1}, ID_{c_2}, ID_{A_2}, g^{x_1})$。网络端点 $c_1$ 接收到 $c_2$ 的认证信息后，验证 $c_2$ 签名的有效性，如果验证成功，网络端点 $c_1$ 将保存 $c_2$ 的临时公钥 $g^{x_2}$，至此，安全通信的双向认证过程结束，会话双方之间已经建立安全关联。

### 7.4.4 会话双方之间密钥信息的安全性

由前文可知，在安全关联协议中，会话双方之间的密钥信息主要出现在 IKE 和 NIKE 两个阶段。其中，IKE 阶段产生的密钥信息是会话双方之间的私钥 $x_1$ 和 $x_2$，以及临时公钥 $PK_{c_1}$ 和 $PK_{c_2}$；NIKE 阶段产生的密钥信息是会话双方之间各周期内的私钥 $sk_{c_1}$ 和 $sk_{c_2}$ 以及共享密钥 $shk_s^{c_1}$ 和 $shk_s^{c_2}$。

#### 1. IKE 阶段密钥信息的安全性

以网络端点 $c_1$ 为例，在 IKE 阶段，私钥 $x_1$ 由网络端点 $c_1$ 从有限域 $\mathbb{Z}_p$ 中随机选择并保存在自身中，与 $A_1$ 无关，并且不需要交由 $A_1$ 管理。因此，攻击者无法从 $A_1$ 处获得 $c_1$ 的私钥 $x_1$。

在信息传输过程中，假设攻击者截获了网络端点 $c_1$ 的临时公钥 $PK_{c_1}$。根据安全关联协议的设计方法可知，临时公钥 $PK_{c_1}$ 的表达式为 $PK_{c_1} \leftarrow g^{x_1} \bmod p$，类似 Diffie-Hellman 密钥交换协议，由有限域内的离散对数困难问题可知，即使在给定 $g$ 和 $p$ 的情况下，计算私钥 $x_1$ 也是非常困难的，其难度为 $e^{\ln p^{1/3} \ln(\ln p^{2/3})}$。

因此，即使攻击者窃取了会话双方的临时公钥，也无法计算出私钥信息，会话双方的私钥可认为是安全的。

#### 2. NIKE 阶段密钥信息的安全性

在 NIKE 阶段，会话双方之间可以进行多个周期的非交互式密钥交换。在每个周期内，会话双方之间均通过 IKE 阶段协商的密钥信息，生成各自的共享密钥 $shk_s^{c_1}$ 和 $shk_s^{c_2}$。

根据式（7.11）和多线性映射的性质可知，会话双方之间的共享密钥是一致的，双方无须进行任何交互式的访问控制，便可完成安全关联，因此，攻击者无法截获通信信息。

假设攻击者在某个周期内截获了网络端点 $c_1$ 的共享密钥，根据 $k$-MDDH 问题和 $k$-MDDH 安全假设可知，攻击者很难判断多线性映射中的元素，因此，攻击者无法从共享密钥中计算出双方会话的私钥信息。

### 7.4.5 抗中间人攻击

中间人攻击意味着攻击者可以窃取网络端点 $c_1$ 的认证请求信息和 $c_2$ 的认证回复信息，并且在 $c_1$ 和 $c_2$ 未察觉的情况下，利用这些信息，分别完成自身与会话双方之间的身份认证工作。

如图 7.16 所示，当网络端点 $c_1$ 发送的认证请求信息被攻击者截获后，攻击者可以直接扮演 $c_1$ 的角色，向 $c_2$ 发送认证请求信息。其中，认证请求信息主要包含会话双方的身份标识、$c_1$ 的签名以及数字证书。由前文可知，即使攻击者掌握了这些信息，也无法从签名 $SIG_{c_1}(ID_{c_1}, ID_{A_1}, ID_{c_2}, ID_{A_2}, g^{x_1}, TA_1)$ 中获得 $c_1$ 的私钥 $x_1$。由于没有私钥，攻击者无法伪造出有效的签名，从而无法获得网络端点 $c_2$ 的身份认证。同理，即使攻击者获得了网络端点 $c_2$ 对 $c_1$ 的认证回复信息，如果攻击者试图伪造 $c_2$ 的签名，$c_1$ 也无法对伪造的签名进行身份认证。

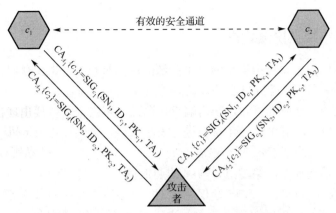

图 7.16　双向认证条件下的中间人攻击模型

在安全关联协议中，IKE 阶段是一个双向认证的过程，如果双方有一方认证不成功，整个过程就需要重新开始。此外，在密钥会话过程中，没有出现可以被伪造的敏感信息，因此，攻击者即使篡改部分认证信息，也无法达到攻击的目的。

在攻击者发起中间人攻击的情况下，本协议可以保证会话双方之间的安全通信。

## 7.4.6　抗重放攻击

在 IKE 阶段，假定攻击者可以窃取网络端点 $c_1$ 的认证请求信息和网络端点 $c_2$ 的认证回复信息，那么攻击者可以利用该信息对网络端点 $c_1$ 和 $c_2$ 发起重放攻击。

在网络端点 $c_1$ 的认证请求信息中，$c_1$ 的签名 $SIG_{c_1}(ID_{c_1}, ID_{A_1}, ID_{c_2}, ID_{A_2}, g^{x_1}, TA_1)$ 包含时间戳 $TA_1$，网络端点 $c_2$ 可以简单地通过比较时间戳 $TA_1$ 侦测到重放攻击。同理，针对网络端点 $c_2$ 的认证回复信息，网络端点 $c_1$ 可以通过比较时间戳 $TA_2$ 侦测到重放攻击。

在安全关联协议中，中间人攻击作为重放攻击的一种特例，也可以通过时间戳被侦测到。在整个双向认证阶段，攻击者都无法绕过时间戳侦测，从而达到伪造身份认证的目的。

## 7.4.7　抗安全域代理扮演攻击

以安全域 1 为例，假设攻击者扮演一个合法的安全域代理 $A_1$，试图与网络端点 $c_1$ 进行安全关联，并且为 $c_1$ 的密钥交换与身份认证过程提供伪造的信息。

首先，由协议的安全前提可知，在网络初始化过程中，安全域代理和网络端点之间已经建立了安全关联，并且它们之间存在一条安全信道，保证信息的安全传输。如果攻击者扮演安全域代理 $A_1$ 的身份，则攻击者需要与网络端点 $c_1$ 重新建立安全关联，显然这一过程容易被 $A_1$ 和 $c_1$ 侦测到，因此攻击者很难冒充代理进行攻击。

假设攻击者成功地与网络端点 $c_1$ 建立了安全关联，当 $c_1$ 与域外的网络端点 $c_2$ 进行密钥交换和身份认证时，攻击者作为域内安全域代理，需要为 $c_1$ 提供安全域代理 $A_2$ 的身份标识 $ID_{A_2}$ 和公钥 $PK_{A_2}$ 以及数字证书 $CA_{A_2}\{c_1\}$。显然，攻击者无法获得这些信息。如果攻击者试图伪造相关信息，则无法通过网络端点 $c_2$ 的身份认证，攻击失败。

此外，由前文分析可知，网络端点 $c_1$ 的私钥 $x_1$ 是从有限域 $\mathbb{Z}_p$ 中随机选择生成的，并且保存在自身中，不交由安全域代理 $A_1$ 管理。因此，即使攻击者假扮安全域代理 $A_1$ 也无法得到有效的攻击信息。

### 7.4.8 抗网络端点扮演攻击

以安全域 1 为例，假设攻击者扮演一个合法的网络端点 $c_1$，试图获取安全域代理 $A_1$ 提供的信息，并且和网络端点 $c_2$ 建立安全关联。

首先，由协议的安全前提可知，网络端点 $c_1$ 已经与域内安全域代理 $A_1$ 之间建立了安全关联，如果攻击者假扮 $c_1$，则需要与 $A_1$ 重新进行安全关联，显然，这一过程容易被 $A_1$ 识别。因此，攻击者很难冒充网络端点 $c_1$ 进行攻击。

假设攻击者成功地窃取网络端点 $c_1$ 与 $A_1$ 的通信信息，并且获得了认证信息 $ID_{A_2}$, $PK_{A_2}$ 以及数字证书 $CA_{A_1}\{c_1\}$，那么，攻击者仅需要伪造网络端点 $c_1$ 的签名 $SIG_{c_1}(ID_{c_1}, ID_{A_1}, ID_{c_2}, ID_{A_2}, g^{x_1}, TA_1)$。由前文分析可知，攻击者无法获得网络端点 $c_1$ 的私钥 $x_1$，因此，伪造的签名信息无法被网络端点 $c_2$ 认证。即使攻击者绕过 $c_2$ 的认证，在后续的 NIKE 阶段，攻击者也无法计算出与 $c_2$ 具有一致性的共享密钥 $shk_s$，攻击者的网络端点扮演攻击失败。

### 7.4.9 前向安全性分析

完成双向认证之后，网络端点 $c_1$ 和 $c_2$ 已完成双方的密钥交换，此时，协议进入 NIKE 阶段。在此阶段，为满足前向安全性，协议采用字典序排列算法。以网络端点 $c_1$ 为例，由上文的协议设计可知，在第 $s$ 个会话周期内，网络端点 $c_1$ 的私钥 $sk_s \leftarrow \bigcup_{i \in \mathbb{I}_s} \bigcup \{Z_{b_1 b_2 \cdots b_{i-1}}\} \bigcup \{Z_s\}$ 可分为两个部分。其中，$\{Z_s\}$ 与当前周期相关，具有一定的周期属性，而 $\bigcup_{i \in \mathbb{I}_s} \bigcup \{Z_{b_1 b_2 \cdots b_{i-1}}\}$ 部分可以反映私钥周期变化的规律，具有一定的密钥更新属性。根据字典序排列算法可知，$\forall i \in \mathbb{I}_s$，字符串 $s = b_1 b_2 \cdots b_{i-1} 1$ 不是字符串 $s^*$ 的前缀，因此，在当前周期内，攻击者无法通过网络端点 $c_1$ 的私钥 $sk_s$ 推导出前一周期的私钥 $sk_{s^*}$。此外，在协议设计中，$Z_s \leftarrow e(h_{b_1}, h_{b_1 b_2}, \cdots, h_{b_1 b_2 \cdots b_l})^{x_1} \in \mathbb{G}_1$，根据多级线性映射的特点，本协议不仅具有前向安全性，还具有正确性。

## 7.5 实验

在安全关联协议的设计过程中，可用性是首先需要考虑的因素。本节以安全关联协议为基础，设计实验的体系结构，其主要工作包括：①设计合理的测试用例；②按照功能性设计实验算法和程序；③根据测试用例，作图分析实验数据；④分析计算效率，验证协议的可用性。

### 7.5.1 实验设计

#### 1. 实验结构

在实验设计过程中，受限于安全关联协议中参数生成的逻辑顺序，与本章所设计的协议相比，实验中的部分结构存在一定的调整。

如图 7.17 所示，实验结构共分为两个阶段。

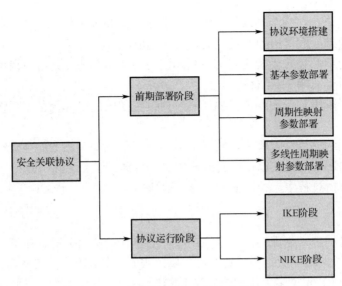

图 7.17　安全关联协议的实验结构

（1）线下的前期部署阶段。

线下的前期部署阶段主要为协议提供必要的参数，以保证协议的正常运行。其中，在参数初始化过程中，需要生成数量众多且构造复杂的参数，该部分消耗的系统资源较多，所以实验需要将前期部署阶段和协议运行阶段两个部分分开设计。

如图 7.17 所示，在协议的整个框架下，前期部署阶段又需要分为四个子阶段。

① 协议环境搭建阶段。

② 基本参数部署阶段。

③ 周期性映射参数部署阶段。

④ 多线性周期映射参数部署阶段。

其中，协议环境搭建阶段主要负责设置系统参数，保证协议的正确性和安全性；基本参数部署阶段主要利用多线性群组，初始化协议中必要的基本参数，其中包括哈希参数 $h_s$ 和多线性基本参数 $g$；周期性映射参数部署阶段主要负责利用前两个阶段生成的基本参数，在多个周期内，计算会话双方之间的周期性映射参数 $G_s$，并把它们保存在系统中；多线性周期映射参数部署阶段主要利用第三个阶段提供的参数，生成多线性周期映射参数 $Z_s$，该参数是会话双方的私钥 $\mathrm{sk}_s$ 的重要组成部分。

（2）空间信息网的网络环境下的协议运行阶段。

在空间信息网的网络环境下，协议运行阶段是保证协议正常工作的关键。

如图 7.17 所示，该阶段进一步分为 IKE 阶段和 NIKE 阶段两个子阶段。会话双方是这两个阶段的工作主体。其中，IKE 阶段主要工作在协议运行初期，负责完成会话双方之间的密钥协商工作，为 NIKE 阶段的多个周期提供身份认证和密钥协商。NIKE 阶段包含多个子周期，在每个子周期内，会话双方均可以根据前一周期的密钥信息，自动更新自身的私钥和共享密钥，从而保证会话双方之间可以在非交互的情况下完成密钥交换和信息认证工作。

**2. 实验的需求分析**

在实验设计过程中，需要满足以下需求。

（1）模块化设计。在安全关联协议中，相关的算法和各组成部分需要单独封装成函数，各部分之间可以通过参数传递的方式完成各自的功能。

（2）线下的前期部署阶段和空间信息网的网络环境下的协议运行阶段两大部分需要按照顺序运行，直到所有周期更新结束。

（3）所有的子阶段和子周期都需要在系统内设置统一的时间函数，以便得出相对全面的实验数据。

（4）在算法和程序设计过程中，要尽可能地利用信息安全相关的函数关系库，并在此基础上，优化算法的逻辑结构，以便得到最佳的实验数据。

（5）在数据分析过程中，使用图表处理实验数据。

### 3. 实验方案

在实验设计过程中，合理的测试用例是保证实验有效性的关键。在本章设计的安全关联协议中，NIKE 阶段的周期数是不固定的，主要由实验参数 $n$ 确定。在字典序排列算法中，$n$ 是最长字符串的长度。根据最大周期数 $T$ 与 $n$ 的计算公式可知，参数 $n$ 是影响实验结果的关键之一。

在实验中，以 $n$ 作为实验变量，通过设计不同的测试用例，验证协议在各阶段的计算效率。本实验根据应用场景设计的测试用例如下。

（1）以连续的多个 $n$ 为变量，当 $n$ 取不同值时，利用时间函数，计算前期部署阶段的时延，分析 $n$ 对前期部署阶段的影响，并与协议运行阶段的时延进行比较和分析。

（2）以连续的多个 $n$ 为变量，当 $n$ 取不同值时，利用时间函数，计算协议运行阶段的时延，分析 $n$ 对协议运行阶段的影响，并与前期部署阶段的时延进行比较和分析。

（3）以连续的多个 $n$ 为变量，当 $n$ 取不同值时，比较前期部署阶段和协议运行阶段的时延百分比以及该百分比与 $n$ 的关系，分析这两个阶段对整个安全关联协议的影响。

（4）以连续的多个 $n$ 为变量，当 $n$ 取不同值时，利用时间函数，分别计算前期部署阶段中四个子阶段的时延，比较各个子阶段的时延长短并分析其原因。

（5）以连续的多个 $n$ 为变量，当 $n$ 取不同值时，利用时间函数，计算 IKE 阶段的时延，在 IKE 阶段，观察 $n$ 对单次密钥交换时延的影响并分析原因。

（6）以连续的多个 $n$ 为变量，当 $n$ 取不同值时，利用时间函数，计算多个周期内 NIKE 阶段的时延，在 NIKE 阶段，观察 $n$ 对多个周期内密钥交换时延的影响并分析原因。

（7）以连续的多个 $n$ 为变量，当 $n$ 取不同值时，利用时间函数，计算单个周期内 NIKE 阶段的时延，在 NIKE 阶段，观察 $n$ 对单个周期内密钥交换时延的影响并分析原因，其中，在相同的 $n$ 的条件下，取多个周期的平均值替代单个周期内 NIKE 阶段的时延。

（8）以周期序列为变量，当 $n$ 取特定值时，利用时间函数，计算单个周期内 NIKE 阶段的时延，观察周期序列对单个周期内 NIKE 阶段时延的影响并分析原因。

（9）以连续的多个 $n$ 为变量，当 $n$ 取不同值时，利用时间函数，比较 IKE 阶段和单个周期内 NIKE 阶段的时延百分比，其中，在相同的 $n$ 的条件下，取多个周期的平均值替代单个周期内 NIKE 阶段的时延。

### 7.5.2　算法的设计和实现

在整个实验过程中，算法的设计和实现至关重要。按照实验设计，线下的前期部署阶段和空间信息网的网络环境下的协议运行阶段均需要通过不同的算法设计实现。其中，第一阶段主要由字典序排列算法、周期性映射参数生成算法以及多线性周期映射参数生成算法组成，第二阶段主要由多周期内的私钥生成算法和多周期内的共享密钥生成算法组成。

如图 7.18 所示，给出了不同算法之间的联系以及数据迁移的情况。

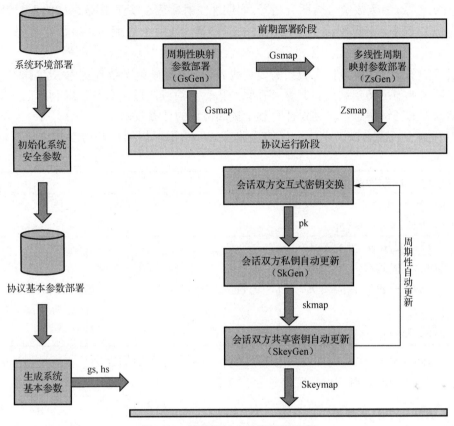

图 7.18　算法设计中的数据迁移图

### 1. 字典序排列算法

在安全关联协议中，字典序排列算法是保证协议具有前向安全性的关键。本实验使用代表不同周期的字符串表示字典序排列算法。由协议设计可知，对于任意一个字符串 $s \in \mathbb{S}_n$，在 NIKE 阶段，每个字符串 $s$ 均代表一个子周期。

以 $n=3$ 为例，可以生成 14 个字符串，相应地对应 14 个周期。周期总数 $T$ 与 $n$ 的对应关系如式（7.2）。在实验中，本节设计函数 bitStrGen()，该函数按照字典序排列算法依次生成字符串，并将其保存在字符串集合 $\mathbb{S}_n$ 中。为了方便程序设计，在后续阶段，所有字符串 $\{0,00,\cdots,111\cdots1\}$ 均由对应的周期序列 $\{1,2,\cdots,T\}$ 替代。

### 2. 周期性映射参数生成算法

在前期部署阶段，多线性映射群组 $(\mathbb{G}_1,\mathbb{G}_2,\cdots,\mathbb{G}_{n+1})$ 是所有基本参数的生成集合。其中，$p$ 是该多线性映射群组的阶。在本实验中，参照式（7.3），设置多线性参数集合 $\mathbf{gs}$，其表示方法为

$$\text{gs} \leftarrow (g, g_1, g_2, \cdots, g_n) \tag{7.12}$$

参照式（7.4），设置哈希参数集合 hs，其表示方法为

$$\text{hs} \leftarrow (h_0, h_{00}, \cdots, h_s, \cdots, h_{111\cdots1}) \tag{7.13}$$

其中，$h_0, h_{00}, \cdots, h_s, \cdots, h_{111\cdots1}$ 是协议中的哈希参数，该集合中的参数均由有限域内的多线性映射群组 $\mathbb{G}_1$ 随机生成，参数数量与周期数相同。周期性映射参数 $G_s$ 是密钥信息中的重要组成部分，在安全关联协议中，一共包含 $T$ 个周期性映射参数，在每个周期内，参数 $G_s$ 的表示方法如式（7.5）所示。

在线下的前期部署阶段，实验共需要完成 $T$ 个周期性映射参数 $G_s$ 的生成工作。在程序设计过程中，需要使用特定结构将其保存在系统内。在后续阶段，系统可以利用已保存的参数计算会话双方的密钥信息，这样设计有利于提高协议的计算效率。

在本实验中，按照协议设计给出的计算方式，给出了周期性映射参数生成算法，如算法 7.2 所示。

---

**算法 7.2　周期性映射参数生成算法**

输入：$n, \mathbb{S}_n, \text{hs}$

输出：映射集合 Gsmap

1. 循环：对所有 $s \in \mathbb{S}_n$ 执行；
2. 从 hs 里找到 $G_s$ 中的成员 $h_s$；
3. 计算 $G_s \leftarrow e(h_{b_1}, h_{b_1 b_2}, \cdots, h_{b_1 b_2 \cdots b_l})$，记 Gsmap $\leftarrow G_s$；
4. 停止循环；
5. 返回 Gsmap。

---

设计函数 GsGen() 生成周期性映射参数 $G_s$，并采用相关数据结构，实现周期性映射参数 $G_s$ 与对应周期序列的映射和保存工作。

### 3. 多线性周期映射参数生成算法

多线性周期映射参数 $Z_s$ 是密钥信息中重要的组成部分，在安全关联协议中，一共包含 $T$ 个多线性周期映射参数，每个周期内，参数 $Z_s$ 的表示方法如式（7.6）所示。在线下的前期部署阶段，协议一共需要完成 $T$ 个多线性周期映射参数 $Z_s$ 的生成工作。在程序设计过程中，需要使用特定结构将其保存在系统内。在后续阶段，系统可以利用已保存的参数计算会话双方的密钥信息，这样设计有利于提高协议的计算效率。

本实验给出了多线性周期映射参数 $Z_s$ 生成算法，如算法 7.3 所示。

---

**算法 7.3　多线性周期映射参数生成算法**

输入：$n, \mathbb{S}_n, \text{hs}, \text{Gsmap}$

输出：映射集合 Zsmap

1. 循环：对所有 $s \in \mathbb{S}_n$ 执行；
2. 从 Gsmap 里找到 $Z_s$ 中的成员 $G_s$；
3. 计算 $Z_s^{(\text{ID})} = G_s^x \in G_l$，记 Zsmap $\leftarrow Z_s^{(\text{ID})}$；
4. 停止循环；
5. 返回 Zsmap。

---

设计函数 ZsGen() 生成多线性周期映射参数 $Z_s$，并采用相关数据结构，实现多线性周期映射参数 $Z_s$ 与对应周期序列的映射和保存工作。

### 4．多周期内的私钥生成算法

在 NIKE 阶段，会话双方在每个周期内都会生成各自的私钥 $\mathrm{sk}_s$，私钥是保证协议安全性和共享密钥一致性的关键参数。在安全关联协议内，单个周期的私钥可表示为 $\mathrm{sk}_s \leftarrow \bigcup_{i \in \mathbb{I}_s} \{Z_{b_1 b_2 \cdots b_{i-1}}\} \bigcup \{Z_s\}$。其中，对于特定的周期 $s = b_1 b_2 \cdots b_l \in \mathbb{S}_n$，$l$ 为该周期的字符串长度，$\mathbb{I}_s \leftarrow \{1 \leqslant i \leqslant l : b_i = 0\}$，$\mathbb{I}_s$ 是字符串 $s$ 中字符为 0 的下标集合。

在多个周期内，会话双方之间的私钥生成算法如算法 7.4 所示。

| 算法 7.4　多周期内的私钥生成算法 |
| --- |
| 输入：$n, \mathbb{S}_n, \mathrm{Zsmap}$ |
| 输出：映射集合 skmap |
| 1．循环：对所有 $s \in \mathbb{S}_n$ 执行； |
| 2．从 Zsmap 里找到 $\mathrm{sk}_s$ 中的成员 $Z_s$； |
| 3．计算 $\mathrm{sk}_s \leftarrow \bigcup_{i \in \mathbb{I}_s} \{Z_{b_1 b_2 \cdots b_{i-1}}\} \cup \{Z_s\}$，记 $\mathrm{skmap} \leftarrow \mathrm{sk}_s$； |
| 4．停止循环； |
| 5．返回 skmap。 |

设计函数 skGen() 在多个周期内生成会话双方之间的私钥 $\mathrm{sk}_s$，并采用相关数据结构，实现私钥 $\mathrm{sk}_s$ 与对应周期序列的映射和保存工作。

### 5．多周期内的共享密钥生成算法

在 NIKE 阶段的每个周期内，会话双方都会生成各自的共享密钥 $\mathrm{shk}_s^{c_1}$ 和 $\mathrm{shk}_s^{c_2}$。其中，共享密钥综合了 $c_1$ 和 $c_2$ 的身份特征值，根据多线性映射计算的特点可知，两者的计算结果具有一致性。在非交互的条件下，计算结果的一致性是保证协议具有正确性和安全性的关键。在实验设计过程中，将共享密钥 $\mathrm{shk}_s^{c_1}$ 和 $\mathrm{shk}_s^{c_2}$ 统一记作 $\mathrm{shk}_s$。

在多个周期内，会话双方的共享密钥 $\mathrm{shk}_s$ 生成算法如算法 7.5 所示。

| 算法 7.5　多周期内的共享密钥生成算法 |
| --- |
| 输入：$n, \mathbb{S}_n, \mathrm{Zsmap}, \mathrm{gs}, \mathrm{PK}$ |
| 输出：映射集合 shkmap |
| 1．循环：对所有 $s \in \mathbb{S}_n$ 执行； |
| 2．从 Zsmap 和 gs 里找到 $\mathrm{shk}_s$ 中的成员 $Z_s$，$g_s$ 和 PK； |
| 3．计算 $\mathrm{shk}_s \leftarrow e(Z_s, g_{l+1}, \cdots, g_n, \mathrm{PK})$，记 $\mathrm{shkmap} \leftarrow \mathrm{shk}_s$； |
| 4．停止循环； |
| 5．返回 skmap。 |

设计函数 skeyGen() 在多个周期内生成会话双方的共享密钥，并采用相关数据结构，实现共享密钥 $\mathrm{shk}_s$ 与对应周期序列的映射和保存工作。

安全关联协议的实验设计部分主要由以上算法组成。

### 7.5.3  性能分析

本节主要根据程序运行得出的结果，按照测试用例分析协议的计算效率和可行性。

#### 1．测试环境

本实验的测试环境分为硬件平台和软件平台，硬件平台信息如表 7.4 所示，软件平台信息如表 7.5 所示。

表7.4　硬件平台信息

| CPU | Intel I3-4170 |
|---|---|
| 核数 | 2 |
| 内存 | 8GB |
| 硬盘 | 500GB |

表7.5　软件平台信息

| 操作系统 | Windows 7（旗舰版） |
|---|---|
| 编程语言 | Java |
| 编程环境 | Eclipse Java EE IDE for Web Developers 9.0 |
| 第三方库 | JPBC |

#### 2．实验数据分析

本实验的测试方法和测试用例均严格按照实验方案进行，每个实验数据均通过多次实验取平均值得出。在实验过程中，受限于第三方库 JPBC 给出的系统参数，字符串长度 $n$ 的取值范围限定在 $1\sim4$，理论上，$n$ 的取值范围可以尽可能大。

针对不同的 $n$，本实验重复进行 20 次，一共得出 20 组实验数据，并计算平均值，其结果如表 7.6、表 7.7、表 7.8 所示。

表7.6　前期部署阶段时延平均值

| $n$ | 协议环境搭建/ms | 基本参数部署/ms | 周期性映射参数部署/ms | 多线性周期映射参数部署/ms |
|---|---|---|---|---|
| 1 | 168 | 372 | 1 | 0 |
| 2 | 168 | 462 | 61 | 52 |
| 3 | 168 | 576 | 259 | 242 |
| 4 | 168 | 614 | 834 | 815 |

表7.7　协议运行阶段时延平均值

| $n$ | 周期数 | IKE 阶段/ms | 单个周期内 NIKE 阶段/ms | NIKE 阶段/ms |
|---|---|---|---|---|
| 1 | 2 | 135 | 17.5 | 35 |
| 2 | 6 | 58 | 12.2 | 73 |
| 3 | 14 | 72 | 12.2 | 170 |
| 4 | 30 | 50 | 12 | 362 |

表7.8  安全关联协议时延平均值

| $n$ | 前期部署阶段/ms | 协议运行阶段/ms | 总时延/ms |
|---|---|---|---|
| 1 | 541 | 170 | 711 |
| 2 | 743 | 131 | 874 |
| 3 | 1245 | 242 | 1487 |
| 4 | 2431 | 412 | 2843 |

以下各图按照测试用例依次展示实验结果。

（1）在实验设计过程中，前期部署阶段主要发生在空间设备发送信息之前。在会话双方之间进行非交互式密钥交换（NIKE）的过程中，前期部署阶段主要提供协商后的参数信息，从而保证共享密钥的一致性。

如图7.19所示，$D$表示前期部署阶段的时延，从图7.19中可以看出，随着$n$的增大，会话双方在前期部署阶段的时延几乎呈指数型增长。由协议可知，这是因为$T = 2^{n+1} - 2$，周期总数$T$与$n$之间存在着指数性关联。随着$n$的增大，协议所需要的相关参数也呈指数型增长，这增加了系统的工作时间，实验结果与协议描述一致。

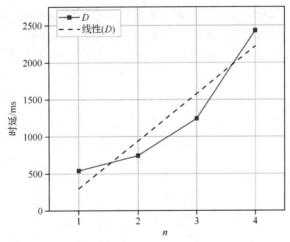

图7.19  前期部署阶段的时延及随$n$的变化过程

结论：在安全关联协议中，应该将$n$的选择限定在一个合适的范围内，这样才能够在保证协议安全性的同时，提高协议的计算效率。

（2）在实验设计过程中，协议运行阶段主要发生在会话双方进行安全通信的过程中。在该阶段，会话双方利用前期部署阶段生成的基本参数计算自身的私钥和共享密钥，从而进行非交互式的密钥交换工作。

如图7.20所示，$M$表示协议运行阶段的时延，从图7.20中可以看出，在协议运行阶段，随着$n$的增大，会话双方之间的时延几乎呈指数型增长。当$n=1$时，程序第一次运行相关计算，导致时延较长，出现了负相关的结果，随着$n$的增大，指数型增长越来越明显，这种特例将不再存在。

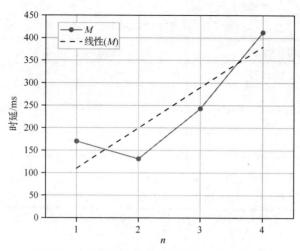

图 7.20　协议运行阶段的时延及随 $n$ 的变化过程

与上文分析相似，这种指数型增长与周期总数 $T$ 的计算方式有关。在 NIKE 阶段，随着 $n$ 的增大，会话双方需要运行的周期数量越来越多，因此时延就越来越长。实验结果与协议描述一致。

结论：在协议运行阶段，协议时延对 $n$ 的变化非常敏感，因此，在安全关联协议中，应该将 $n$ 的选择限定在一个合适的范围内，从而尽可能地提高计算效率。

（3）安全关联协议主要由前期部署阶段和协议运行阶段两部分组成。

如图 7.21 所示，$D$ 表示前期部署阶段的时延，$M$ 表示协议运行阶段的时延，从图 7.21 中可以得到以下结论。

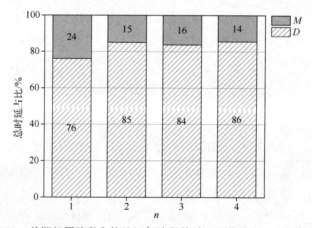

图 7.21　前期部署阶段和协议运行阶段的时延百分比与 $n$ 之间的关系

① 在整个协议工作过程中，前期部署阶段时延的占比较大，当 $n>1$ 时，平均占到 85%；而协议运行阶段时延的占比较小，平均为 15%。

② 在整个协议工作过程中，两个阶段的时延分别占总时间的百分比不随 $n$ 的改变而有明显的改变趋势。

③ 上文的分析中提到过，前期部署阶段主要在线下完成，因此对时延要求不高，而协议运行阶段主要发生在会话双方进行安全通信的过程中，因此对于时延的要求较高，需要在较短的时间内完成。从图 7.21 中显示的结果来看，实验结果大体符合预期要求。

④ 比较图 7.19 和图 7.20 可知，$n$ 的变化不仅与前期部署阶段的时延呈指数型正相关，也与协议运行阶段的时延呈指数型正相关，两者之间的正相关趋势几乎相同，因此，$n$ 的选择可以不考虑这两个阶段占整个协议时延的百分比这一因素。

（4）协议的前期部署阶段主要由协议环境搭建、基本参数部署、周期性映射参数部署以及多线性周期映射参数部署这四个阶段构成，每个阶段均生成具有特定作用的参数以保证协议后续阶段的正常运行。

如图 7.22 所示，$D_1$ 表示协议环境搭建阶段的时延，$D_2$ 表示基本参数部署阶段的时延，$D_3$ 表示周期性映射参数部署阶段的时延，$D_4$ 表示多线性周期映射参数部署阶段的时延。从图 7.22 中可以得出以下结论。

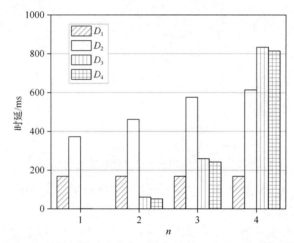

图 7.22　前期部署阶段内各子阶段的时延及随 $n$ 的变化过程

① $D_1$ 不随 $n$ 的改变而改变，$D_2$ 随 $n$ 的增大几乎呈线性增长，$D_3$ 和 $D_4$ 随 $n$ 的增大几乎呈指数型增长。

② 在 $n$ 取值较小的情况下，协议前期部署阶段的时延主要为 $D_1$ 和 $D_2$，随着 $n$ 的增大，$D_3$ 和 $D_4$ 所占的比例越来越大。

在整个前期部署阶段，协议环境搭建阶段只进行一次，因此该阶段的时延与 $n$ 无关，只与系统运行环境和实验设计方案有关。基本参数部署阶段的时延与 $n$ 和 $T$ 均有关，其中，随 $n$ 呈线性增长，随 $T$ 呈指数型增长，两者综合在一起，基本参数部署阶段的时延呈坡度较小的指数型增长，与实验结果类似。周期性映射参数 $G_s$ 和多线性周期映射参数 $Z_s$ 均由基本参数计算得到，随着 $n$ 的增大，参与计算的基本参数的数量呈指数型增长，因此两者的时延也随 $n$ 呈指数型增长。实验分析与实验结果相一致。

结论：在前期部署阶段，周期性映射参数部署阶段和多线性周期映射参数部署阶段的时延是影响 $n$ 选择的重要参考因素，相对而言，协议环境搭建阶段和基本参数部署阶段的时延对 $n$ 的选择影响不大。

（5）协议运行阶段主要分为 IKE 阶段和 NIKE 阶段，其中，IKE 阶段发生在 NIKE 阶段之前，在该阶段，会话双方要进行一次交互式的密钥交换工作，从而协商出后期需要的密钥信息。

如图 7.23 所示，$M_1$ 表示 IKE 阶段的时延。从图 7.23 中可以看出，随着 $n$ 的变化，IKE 阶段的时延略有波动，但总体较为平稳。当 $n = 1$ 时，程序第一次运行相关计算，导致时延较长，与后期的结果相比波动较大。随着 $n$ 的增大，该阶段的整体趋势将较为平缓，维持在 60ms 左右。在该阶段，会话双方之间主要完成密钥交换和信息认证工作，其中，最为重要的密钥信息便是会话双方之间的临时公钥，由协议设计可知，临时公钥的计算与 $n$ 无关。

结论：IKE 阶段的时延与系统环境相关，与 $n$ 无关。因此，在协议设计过程中，该阶段可以不考虑 $n$ 的大小。

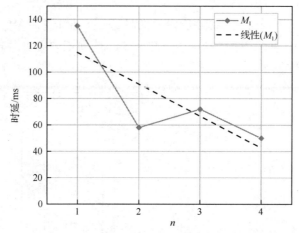

图 7.23　IKE 阶段的时延及随 $n$ 的变化过程

（6）NIKE 阶段由多个周期构成，在每个周期内，会话双方之间均可以自动更新自身的私钥和共享密钥，并且在非交互的情况下，能够保证双方共享密钥的一致性。

如图 7.24 所示，$M_2$ 表示 NIKE 阶段的时延，从图 7.24 中可以看出，随着 $n$ 的增大，NIKE 阶段的时延呈指数型增长。NIKE 阶段包含多个周期，因为周期的数量 $T$ 与 $n$ 之间呈指数型正相关，所以该阶段的时延随 $n$ 的增大呈指数型增长。当然，在一般的通信过程中，会话双方之间无法全部运行完 $T$ 个周期。

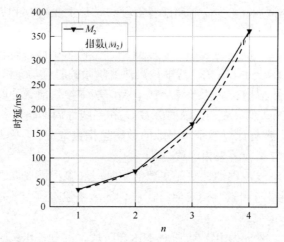

图 7.24　多个周期内 NIKE 阶段的时延及随 $n$ 的变化过程

（7）在 NIKE 阶段的每个周期内，会话双方均需要完成自身私钥和共享密钥的自动更新工作。

如图 7.25 所示，$M_4$ 表示在 NIKE 阶段，单个周期内的时延，其中，此处的时延取的是多个周期内的平均值。从图 7.25 中可以看出，在 NIKE 阶段，单个周期内的时延几乎相同，不随 $n$ 的改变而改变。与上文分析类似，在 $n=1$ 的情况下，数据的偏差属于特殊情况。

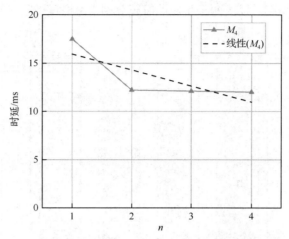

图 7.25　单个周期内 NIKE 阶段的时延及随 $n$ 的变化

在 NIKE 阶段，会话双方需要运行的周期总数 $T$ 与 $n$ 之间呈指数型正相关，因此，$n$ 越大，周期总数 $T$ 就越多，得到的实验数据就越丰富。从图 7.25 中可以看出，当 $n=1$ 时，周期数 $T=2$，实验数据只能取两组，因此所得的结果与其他部分相差较大。当将 $n$ 的选择设定在一个合理范围内时，实验数据近似一条水平的直线。

结论：在 NIKE 阶段，单个周期内的时延不随 $n$ 的变化而变化。

（8）在 NIKE 的每个周期内，会话双方均需要完成自身私钥和共享密钥的自动更新工作。在每个周期内，由于会话双方所使用的参数不同，计算效率可能也会不同。

如图 7.26 所示，$M_3$ 表示单个周期内的时延。从图 7.26 中可以看出，在不同的周期内，单个周期内的时延几乎是相同的。结合图 7.25 中的结论可以发现，在 NIKE 阶段的单个周期内，协议的计算效率不受 $n$ 和周期序列这两个因素的影响。

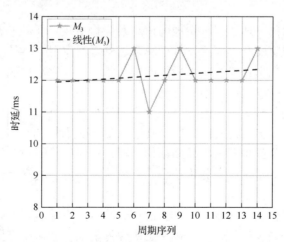

图 7.26　单个周期内的时延与周期序列之间的关系

（9）如图 7.27 所示，$M_1$ 表示 IKE 阶段的时延，$M_4$ 表示单个周期内 NIKE 阶段的时延，该时延是多个周期的平均值。从图 7.27 中得出如下结论。

① 在协议运行过程中，IKE 阶段时延的占比较大，平均约占 85%，而在 NIKE 阶段的单个周期内，时延的占比较小，平均约占 15%。

② 在协议运行过程中，以上两个阶段的时延分别占总时间的百分比是比较固定的，与 $n$ 无较明显关系。

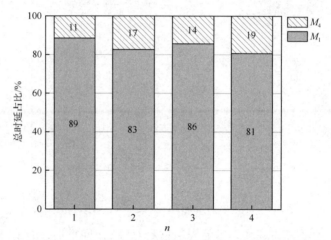

图 7.27　IKE 阶段和单个周期内 NIKE 阶段的时延百分比与 $n$ 之间的关系

结论：在 IKE 阶段，会话双方之间通过密钥交换，保证两者通信信息的一致性，具有一定的容错和抗时延能力，因此，该阶段对时延要求不高。在 NIKE 阶段，会话双方之间只能通过上一阶段协商得到的信息，进行自身密钥的更新工作，两者之间不存在交互式的访问控制过程，因此，时延对双方认证的成功率影响较大，这一阶段需要在较短的时间内完成。实验结果大体符合预期要求。

## 7.6　本章小结

随着空间信息技术的飞速发展，由地面信息系统和空间飞行器组成的空间信息网在促进经济社会发展、保障国家安全等方面发挥着越来越重要的作用。但是，由于部分客观存在的原因，空间信息网内的数据传输面临着极大的安全威胁，因此，实现空间信息网的安全通信已成为近年来信息安全领域的研究热点之一。

本章在现有技术的基础之上，充分考虑了空间信息网的特点，设计和实现了一种可跨域的端到端安全关联协议，本章的具体工作主要体现在以下几个方面。

（1）研究和分析了空间信息网的体系结构。根据空间信息网的一般模型，研究了空间信息网的各组成部分。在此基础上，分析了空间信息网可能遭受的安全威胁以及特点，提出了空间信息网的安全目标。

（2）设计了一种安全关联协议。针对空间信息网可能遭受的安全威胁，本章设计了一种可跨域的端到端安全关联协议。该协议以密钥协商为基础，会话双方只需要进行一次交互式的密钥交换，便可在多个周期内建立非交互式的安全关联，同时满足空间信息网的特点。

（3）协议的安全性分析。在安全关联协议的基础之上，本章通过常用的攻击手段对协议进行了较为全面的安全性分析，验证了协议的可用性。

（4）协议的实验设计与性能分析。在安全关联协议的基础之上，本章通过有效的测试用例对协议进行了实验设计，并根据实验数据作图分析，从而评估了协议的计算效率。

## 7.7 思考题目

1. 请简述空间信息网的网络环境下的两类主要安全威胁，分别发生在哪些位置。
2. 请简述空间信息网在建立通信的过程中共哪些参与者，分别是什么功能。
3. 本章设计的安全关联协议共分为四个阶段，请简述其中 IKE 阶段和 NIKE 阶段之间的区别与联系。
4. 安全关联协议保证会话双方安全地交换密钥信息，请简述在此过程中攻击者可能发起哪些攻击，本章所设计的协议能保证何种程度的安全性。

# 第8章 基于区块链的分布式 可信网络连接协议

〖内 容 提 要〗

随着物联网规模和复杂度的快速增长，网络访问的安全性日益成为人们关注的焦点。在终端访问网络的过程中，不仅要对用户进行身份的鉴定，还要对设备的平台进行完整性认证，从而实现终端的可信网络连接，保障分布式环境下终端的可信性。然而，现有的可信网络连接协议是通过集中化的管理模式进行网络访问控制的，无法提供分布式环境下去中心化的可信网络连接服务。为了解决这一问题，本章根据区块链分布式、去中心化、可追踪、不可篡改等特点，提出了一种基于区块链的分布式可信网络连接协议，以保证分布式环境下终端用户和平台的可信性。

本章的主要研究内容如下。首先，构造基于区块链的分布式可信网络连接协议的系统模型，并进一步提出包括非授权用户、非法平台和平台置换攻击的威胁模型，根据实际的安全需求定义协议的安全目标，包括用户鉴定、平台认证和抵抗平台置换攻击。其次，结合可信网络连接规范中的 D-H PN 协议和基于区块链的密钥交换协议，设计基于区块链的分布式可信网络连接协议，使该协议在实现分布式环境下终端之间双向用户鉴定和平台认证的同时，还可以抵抗平台置换攻击。最后，利用协议组合逻辑证明方法对基于区块链的分布式可信网络连接协议进行安全性分析，得出该协议能够满足所提出的安全目标的结论。通过实验对该协议的性能进行了分析，实验表明，基于区块链的分布式可信网络连接协议是有效可行的。

〖本 章 重 点〗

◆ 基于区块链的分布式可信网络连接协议的系统模型
◆ 基于区块链的分布式可信网络连接协议的威胁模型及安全目标
◆ 基于区块链的分布式可信网络连接协议的设计
◆ 基于区块链的分布式可信网络连接协议的安全性分析
◆ 基于区块链的分布式可信网络连接协议的性能分析

## 8.1 引言

随着物联网技术的飞速发展，物联网系统在各领域都得到了广泛应用，如智能家居、电子交通和制造业自动化等。然而，物联网系统依旧存在着一些安全问题，一些典型的攻击仍然威胁着物联网实际应用环境中的网络安全。由于物联网系统中异构设备众多，难以进行设备的管理和验证。2019 年，以"万物互联，安全为本"为主题的中国物联网安全高峰论坛上提出，近年来，工业互联网在蓬勃发展的同时，也暴露出许多安全问题。在设备、控制、网络、平台、数据等工业互联网主要节点中，仍然存在传统的安全防护技术不能适应当前的网络安全新形势的问题。由此可见，确保物联网环境下网络访问的安全性日益成为人们关注的焦点。

如今，可信计算组织（Trusted Computing Group，TCG）[71]已经将其在可信计算领域的研究成果扩展到可信网络连接（Trusted Network Connection，TNC）规范的开发和推广上。TNC的主要思想是，通过将用户鉴定和平台认证结合的方式，判断终端是否满足网络访问策略。因此，可采用可信网络连接协议来实现物联网系统下的网络访问控制。然而，传统的基于客户/服务器（C/S）结构的可信网络连接协议是集中式的设备管理模式，由于该协议的应用范围具有局限性，难以提供分布式、多层次、跨网络的网络访问控制服务，不适用于物联网的分布式环境。同时，现有的一些基于集中化模式的管理方案也无法在去中心化的分布式环境下实现终端之间的验证。

为了解决上述问题，新兴的区块链技术能够因其分布式的应用特点，成为提供验证服务的候选技术。区块链是一种基于密码学原理，利用分布式账本对信息进行识别、传播和记录的智能点对点网络。由于其具有分布式、去中心化、可追踪和不可篡改等特点，可以采用区块链来实现分布式环境下去中心化的网络访问控制。

目前，在基于区块链实现网络访问控制的协议中，文献[20]本质上采用的是集中式的管理模式，终端的安全性依赖于外部可信第三方；RSU[72]只是通过信任管理模式来保证终端的安全性，即通过评估终端的信任阈值来判断平台的可信性；TM-coin[21] 没有在可信网络连接协议下设计终端的网络访问控制流程，只是利用远程证明机制来验证分布式环境下平台的完整性。

总体来说，现有的基于区块链实现网络访问控制的协议具有以下不足。①无法提供分布式环境下去中心化的网络访问控制协议，无法在没有可信第三方帮助的情况下验证终端的安全性。②没有提供平台的完整性验证功能，因而无法保证分布式环境下各平台的可信性。③没有在分布式环境中实现终端之间的可信网络连接。

因此，结合上述问题，实现基于区块链的分布式可信网络连接协议具有以下挑战。①实现分布式的终端可信报告存储和平台认证。由于区块链去中心化的特点，在没有可信第三方帮助的情况下，系统很难对平台的完整性进行验证。因此，该协议要能够实现终端可信报告的分布式存储以及各终端之间的双向平台认证。②实现基于区块链的用户鉴定和密钥交换。由于 TNC 的密钥交换协议是基于 C/S 结构的，需要扩展和修改该密钥交换协议以适应区块链应用场景，从而实现分布式环境下终端之间的双向用户鉴定。③抵抗平台置换攻击。由于 TNC无法抵抗平台置换攻击，所以需要设计一个可信网络连接协议，使该协议在实现用户鉴定和平台认证的同时，还能够抵抗平台置换攻击。

面对上述挑战，为了保障分布式环境下终端的可信网络连接，在应用区块链技术的同时，成功实现终端之间点对点的双向用户鉴定和平台认证显得尤为重要。

## 8.2  预备知识

本节从可信计算理论、区块链概述、基于比特币的 Diffie-Hellman 密钥交换（Diffie-Hellman over Bitcoin，DHOB）协议、平台置换攻击、协议组合逻辑证明方法五方面介绍协议所需要的预备知识。

其中，在可信计算理论的内容中，主要介绍了可信平台模块（Trusted Platform Module，TPM）和可信网络连接（Trusted Network Connection，TNC）；在区块链概述中，主要介绍了区块链的数据结构和共识机制；在 DHOB 协议中，介绍了该协议的主要算法和相关参数；在平台置换攻击中，主要描述了该攻击的威胁模型；在协议组合逻辑证明方法中，讲述了协议建模、PCL 及其证明系统和组合证明方法，为后文协议的安全性分析打下基础。

### 8.2.1  可信计算理论

可信计算系统是能够提供系统的可信性、安全性（信息和行为的安全性）的计算机系统。可信计算组织（Trusted Computing Group，TCG）认为，可信计算的总目标是提高计算机系统的可信性和安全性。现阶段，可信计算平台具有确保数据完整性、保障数据存储的安全性和实现平台的远程证明等功能。可信计算的基本思想是，在计算机系统中，首先构建一个信任根，再建立一条信任链，从信任根开始到硬件平台、操作平台、软件应用，一级度量一级，一级信任一级，把这种信任从信任根扩展到整个计算机系统，从而确保了整个计算机系统的可信性和安全性。

#### 1. 可信平台模块

TCG 定义的可信平台模块是一种 SOC（System On Chip）芯片，它是可信计算平台的信任根，它由执行引擎、存储器、输入/输出、密码协处理器、随机数产生器等部件组成。密码协处理器中的密钥产生部件的主要功能是产生公钥密码的密钥，SHA-1 引擎是哈希函数 SHA-1 的硬件引擎，HMAC 是基于哈希函数 SHA-1 的消息认证码硬件引擎。

由于 TPM 拥有丰富的计算资源和密码资源，在嵌入式操作系统的管理下构成了一个以安全功能为主要功能的小型计算机系统，它有数字签名、密钥管理、加密、解密和数据安全存储等功能，因此，TPM 可以作为计算平台的信任根来启动一条完整的信任链。

可信计算平台以可信度量根核（CRTM）为起点，以信任链的方式度量整个平台资源的完整性，将完整性的度量值存储在 TPM 中的平台配置寄存器中，并通过 TPM 向询问平台可信状态的实体提供报告，供询问者判断该平台的可信性，以决定是否与其进行交互。这种工作机制被称为可信的度量、存储、报告机制，是可信计算机与普通计算机在安全机制上的最大区别。

TCG 在 TPM 规范中共定义了 7 种密钥，每种密钥都附加了一些约束条件以控制其应用，并按树形结构进行组织和管理。7 种密钥依次为背书密钥、身份证明密钥、存储密钥、签名密钥、绑定密钥、继承密钥和认证密钥。背书密钥是每个 TPM 唯一配置的，它是 TPM 的身份标识，用于创建身份证明密钥和授权数据。身份证明密钥是背书密钥的替代物，它在平台远程证明中用于向询问者提供平台状态的可信报告的签名信息。为了方便 TPM 对密钥的管理，保证 TPM 密钥系统的安全性，TCG 将密钥分为可迁移和不可迁移两种类型。这里的迁移指的是将密钥从一个可信计算平台迁移到另一个平台的过程，在 TPM 中，有三种密钥是不可迁移的：背书密钥、身份证明密钥和存储密钥。

### 2．可信网络连接

TCG 通过可信网络连接技术，实现从平台到网络的可信扩展，以确保网络访问的可信性和安全性。TNC 协议的主要思想是，通过验证访问终端的平台完整性来决定是否允许访问终端对于网络的接入，从而保证整个网络环境的可信性和安全性。

TNC 协议包括三个实体：请求者（AR）、策略决定点（PDP）、策略执行点（PEP）。其中，AR 负责发起访问连接，收集平台的完整性信息并发送给 PDP；PDP 根据本地的网络访问策略判断 AR 的平台状态是否可信，其判定结果为允许/禁止/隔离；PEP 控制对被保护网络的访问，执行 PDP 的访问控制策略。

AR 包括三个组件：网络访问请求者（NAR）、TNC 客户端（TNCC）和完整性度量收集器（IMC）。其中，NAR 负责申请建立网络连接，TNCC 负责收集 IMC 的完整性信息，IMC 用于测量 AR 中各个组件的完整性。PDP 同样也包括三个组件：网络访问授权者（NAA）、可信网络连接服务器（TNCS）和完整性度量验证器（IMV）。其中，NAA 对 AR 的网络访问请求进行决策，TNCS 通过收集 IMV 的验证情况来决定 AR 的访问请求是否被允许，IMV 验证 IMV 传输的关于 AR 各组件的完整性度量信息。

为了实现 TNC 协议中多个实体之间的互操性，需要制定实体之间的接口：IF-T、IF-TNCCS、IF-IMC、IF-IMV 和 IF-M。其中，IF-T 接口用于维护 AR 和 PDP 之间的信息传输，并为上层接口协议提供封装，针对 EAP 方法制定了规范；IF-TNCCS 定义了 TNCC 和 TNCS 之间传输信息的协议；IF-IMC 和 IF-IMV 分别定义了 TNCC 与 IMC 之间的接口和 TNCS 与 IMV 之间的接口；IF-M 规范了 IMC 与 IMV 之间信息的传输。

由于 TNC 协议在多个实体的多个组件中进行消息的传输，因此安全的消息传输技术非常关键，在 IF-T 接口中，TNC 运用可扩展认证协议（EAP）的框架，为其提供多种不同的 EAP 方法，如 EAP-TNC、Tunneled EAP 等，它不仅可以传输认证信息，还可以传输终端完整性度量信息。其中，EAP-TNC 用于封装上层 IT-TNCCS 接口中传输的信息，Tunneled EAP 用于封装加密 EAP-TNC 中传输的信息。

## 8.2.2 区块链概述

区块链本质上是一个去中心化的分布式账本数据库，其底层技术包括现代密码学、共识机制、点对点网络通信等，主要特性包括去中心化和不可篡改性。其中，去中心化表示区块链数据的存储、传输、验证等过程均基于分布式的系统结构，即整个网络中不依赖一个中心节点，公共链网络中所有参与的节点都具有同等的权利与义务；不可篡改性表示区块链技术采用非对称密码对交易进行签名，使得交易不能被伪造，同时利用哈希算法保证交易数据不能被轻易篡改，最后借助分布式系统各节点的工作量证明等共识机制形成强大的算力来抵抗攻击者的攻击，保证区块链中的区块及区块内的交易数据不被篡改。

在区块链技术中，数据以区块的方式永久储存。区块按时间顺序逐个生成并连接成链，每个区块记录了创建期间发生的所有交易信息。区块的数据结构一般分为区块头和区块体。其中，区块头用于链接到前一个区块并且通过时间戳特性保证历史数据的完整性；区块体则包含了经过验证的、区块创建过程中产生的所有交易信息。作为一个公共的分布式账本，在公钥密码技术的帮助下，用户查询特定地址相关交易的任何区块是很方便透明的。

区块链支持多种共识机制，包括 PoW、PoS、DPoS 等，其目的是保证分布式网络中每个诚实节点所记录的账本内容一致。其中，工作量证明（PoW）应用较为广泛，比特币采用的就是这个共识机制，即矿工把网络尚未记录的现有交易打包到一个区块，然后不断遍历尝试寻找一个随机数（或临时数、一次性数）Nonce，使得新区块加上随机数的哈希值满足一定的难度条件。通过找到满足条件的随机数，就确定了区块链最新的一个区块，从而获得了区块链的本轮记账权。然后，矿工把满足难度条件的区块广播至网络中，全网其他节点在验证该区块满足难度条件且区块里的交易数据符合协议规范后，把该区块链接到自己版本的区块链上，从而在全网形成对当前网络状态的共识。

区块链就像现有互联网协议栈上运行的另一个应用层，支持即时的数字货币支付和金融合同等经济交易。区块链不仅可以用于交易，还可以作为记录、跟踪和监视所有资产的库存系统。

### 8.2.3　DHOB 协议

本章基于区块链去中心化和安全可信等特点，扩展并改进了 TNC 规范中的 D-H PN 协议的内容，以满足分布式环境下的管理模式，同时为了保证密钥交换过程的完整性和隐私性，借鉴 Mclorrv 等人[73]提出的 DHOB 协议，将区块链和基于椭圆曲线的数字签名算法（Elliptic Curve Digital Signature Algorithm，ECDSA）、基于椭圆曲线的密钥交换协议（Elliptic Curve Diffie-Hellman，ECDH）结合[74]，旨在利用存储于区块链中的交易信息实现交易级别的认证。这种密钥交换协议利用区块链中发布的已确认的交易中的秘密信息，在用户之间建立了一个安全的端到端交流信道。DHOB 协议的相关参数如下。

$P$：椭圆曲线的生成器；$A,B$：Alice 和 Bob 的比特币地址；$d_A,d_B$：Alice 和 Bob 的私钥；$K_A,K_B$：Alice 和 Bob 的特定交易私钥；$Q_A,Q_B$：Alice 和 Bob 的特定交易公钥；KDF(.)：会话密钥推导函数；$T$：区块链中的交易 ID；$(r,s)$：交易中的 ECDSA 签名对。

密钥协商过程如下。

前提条件：区块链包含了 Alice 和 Bob 各自的交易记录 $T_A,T_B$。因此，通过相关查询操作能够获取 Alice 和 Bob 的 ECDSA 签名对。

（1）Alice 和 Bob 分别计算他们的特定交易私钥 $K_A$ 和 $K_B$，$K_A = (\text{Hash}(T_A) + d_A \cdot r_A)s_A^{-1}$，$K_B = (\text{Hash}(T_B) + d_B \cdot r_B)s_B^{-1}$。

（2）Alice 和 Bob 需要从区块链中提取对方的 ECDSA 签名对 $(r,s)$，并派生关于对方的特定交易公钥 $Q_A$ 和 $Q_B$。

（3）根据 ECDH 理论，会话密钥 Kss 由自身特定交易私钥和对方特定交易公钥计算生成，Kss = KDF$(K_A \cdot Q_B)$ 或者 Kss = KDF$(K_B \cdot Q_A)$。

### 8.2.4　平台置换攻击

在 TNC 规范中，IF-T 接口下的 D-H PN 协议旨在建立会话密钥，以供验证方验证请求者发送的基于 TPM 的可信报告信息。然而，D-H PN 协议中的 D-H 交换不能将用户鉴定和平台认证过程强绑定，因此 D-H PN 无法抵抗平台置换攻击，从而威胁分布式环境下各终端的安全性。图 8.1 描述了平台置换攻击的威胁模型，其中，终端 $Y$ 包括授权用户 1 和非法平台 $Y$，终端 $Z$ 包括非授权用户 2 和合法平台 $Z$。

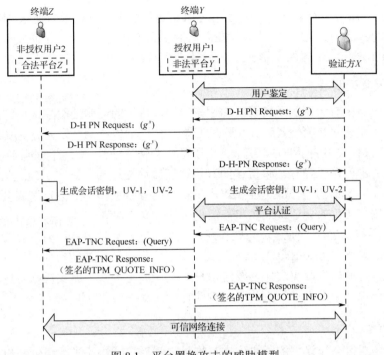

图 8.1　平台置换攻击的威胁模型

（1）在终端 $Z$ 与终端 $Y$ 建立共谋关系并形成共谋体后，授权用户 1 与验证方 $X$ 建立可信网络连接并完成身份鉴定。随后，授权用户 1 将生成的会话密钥泄露给终端 $Z$。

（2）当验证方 $X$ 向终端 $Y$ 发送 EAP-TNC Request 请求时，终端 $Y$ 将该请求信息发送给终端 $Z$，在合法平台 $Z$ 完成平台认证后，终端 $Z$ 向终端 $Y$ 发送 EAP-TNC Response 响应信息，然后终端 $Y$ 将该响应信息发送给验证方 $X$。

（3）可信网络连接阶段结束后，终端 $Y$ 被验证方 $X$ 认定为可信终端。结果，终端 $Z$ 和终端 $Y$ 形成的共谋体能够通过验证方 $X$ 的用户鉴定和平台认证。

### 8.2.5　协议组合逻辑证明方法

协议组合逻辑（Protocol Composition Logic，PCL）证明方法是一种证明网络协议安全性的方法，PCL 证明方法在 Floyd-Hoare 的基础上加入了密码学原语。作为逻辑推导模型，PCL 证明方法有其固有的语法和证明系统。

PCL 证明方法是围绕一个进程演算设计的，协议每个步骤都有相应的动作。协议动作以类似于连续命令式程序的动态逻辑的方式，用断言进行注释。除此之外，逻辑的语义是基于一系列协议的执行痕迹，遵循协议执行和攻击的标准符号模型设计的。

#### 1．协议建模

为了对网络协议进行安全性证明，需要对协议进行建模，一个协议由一组角色定义，通过相关诚实实体来执行提前规定的顺序动作，协议中参与者的执行动作由 Cords 演算实现。协议执行的动作通过模式匹配密码学操作，例如产生随机数、加密、签名、解密、通信步骤、签名验证等。也就是说，在对协议建模的过程中，需要将协议的密码学操作形式化地表示出来以符合 PCL 的语法规则。以下定义了 Cords 演算的相关术语和行为。

$K_0$：公钥；$\bar{K}_0$：私钥；$\{|t|\}_K$：使用公钥 $K$ 进行加密；$\{|t|\}_{\bar{K}}$：使用私钥 $\bar{K}$ 进行签名；$\Diamond\phi$：在过去的某一状态下 $\phi$ 成立；$^{\circ}\phi$：在之前的状态下 $\phi$ 成立；$<t>$：发送信息 $t$；$(t)$：接收信息 $t$；$(x)$：产生一个新的变量 $x$；$(t/t)$：匹配信息 $t$。

### 2．PLC 及其证明系统

协议组合逻辑中有大量的逻辑语法和逻辑谓词，协议的证明使用形式化的公式 $\theta[P]_X\phi$，即假如从某一个状态 $\theta$ 开始公式为真，那么线程 $X$ 执行动作 $P$ 后，公式的生成状态 $\phi$ 也为真。其中，$\theta$ 和 $\phi$ 在该公式中表示时序认定，$\theta$ 用于证明会话认证性，$\phi$ 用于证明密钥机密性。PCL 证明方法采用标准的逻辑推导，将协议的互相认证属性描述为各诚实实体之间行为的时间匹配关系，推理诚实实体的动作即可证明攻击下协议的安全性，然后通过逻辑公理和模块化推理方法来证明安全协议的会话认证性和密钥机密性等安全属性。

PCL 证明系统扩展了一阶逻辑公理和证明规则以适应协议流程、时序推导和相关不变量规则。其中，诚实规则（Honesty Rule）至关重要，它通过一个诚实实体的属性推导协议中其他参与者的行为，例如，诚实实体 $A$ 发送信息给某一参与者 $B$，诚实规则将俘获 $A$ 的能力，使用 $B$ 的基本属性和条件来推导 $B$ 的信息响应行为。

### 3．组合证明方法

组合证明是对复杂协议中的子协议进行推导，然后将子协议进行组合，以证明复杂协议的安全属性的一种方法。组合证明方法主要解决组合安全的两个基本问题：①组合后协议组建的安全属性是累加的，即顺序组合；②组合后各自协议的安全属性不能因为任意一方而减少，即并行组合。

协议 $Q_1$ 和 $Q_2$ 顺序组合后的协议 $Q$ 中的每个角色都顺序组合了子协议 $Q_1$ 和 $Q_2$ 的 Cords 演算。顺序组合证明成立的条件是，按照子协议 $Q_1$ 的不变量规则推导出的关于 $Q_1$ 的后置条件是子协议 $Q_2$ 的前置条件，并且两个子协议的不变量可相互推导出，即如果 $\vdash_{Q_1} \Gamma_1, \Gamma_1 \vdash \theta[P_1]_\phi$，$\Gamma_2 \vdash \phi[P_2]_\varphi$ 且 $\vdash_{Q_1} \Gamma_2, \vdash_{Q_2} \Gamma_1$，那么 $\vdash_Q \theta[P_1P_2]_\varphi$。

协议 $Q_1$ 和 $Q_2$ 的并行组合（$Q_1|Q_2$）是两个子协议 Cords 演算的并集，为了能够证明并行组合中各子协议的安全属性，需要确保协议的不变量是可以验证的。并行组合证明成立的条件是，协议 $Q_1$ 和 $Q_2$ 不变量的并集在没有影响协议各自安全属性的情况下，使得协议能够执行相关动作，即如果 $\vdash_{Q_1} \Gamma$ 且 $\Gamma \vdash \Psi, \vdash_{Q_2} \Gamma$，那么 $\vdash_{Q_1|Q_2} \Psi$。

## 8.3  协议设计

在预备知识的基础上，本章主要设计了一种基于区块链的分布式可信网络连接协议，其内容包括该协议的系统模型、威胁模型、安全目标、整体设计、详细设计。首先详细阐述了系统模型中的各个角色并描述其相应行为，其次分析了实际情况下可能存在的威胁模型，然后依据安全需求提出对应的安全目标，最后根据安全目标设计协议内容。

### 8.3.1  系统模型

本章协议是在 IF-T 接口下设计的，假设每个终端都嵌入了可信平台模块 TPM。该模块是可信计算平台的信任根，具有一定的存储和密码学操作功能。因此，分布式环境下的各终端不仅能够通过调用接口获取自身相应的平台完整性度量值信息，而且能够通过远程证明的方式向外部实体证明自身平台的可信性。在本章协议中，终端 $A$ 和终端 $B$ 分别代表分布式环境下任意会话的请求者和响应者，而对于区块链应用类型的选择，本章协议适用于公链的实际应用场景。基于区块链的分布式可信网络连接协议的系统模型如图 8.2 所示。

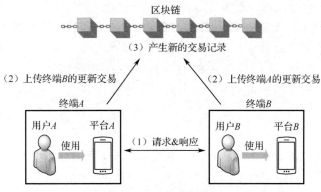

图 8.2 系统模型

本系统模型共包含三个实体：终端 $A$ （$TD_A$）、终端 $B$ （$TD_B$）和区块链（Blockchain）。在初始化阶段，终端 $A$ 和终端 $B$ 分别度量各自平台的完整性信息并将该信息广播至区块链以达到可信初始化的目的；在可信网络连接阶段，终端 $A$ 和终端 $B$ 在区块链的帮助下进行双向的用户鉴定和平台认证，识别并判断对方用户和平台的可信性，从而保证整个分布式网络环境的安全性。具体角色描述如下。

终端 $A$：包括用户 $A$ （$User_A$）和平台 $A$ （$Device_A$）。终端 $A$ 作为一个请求者，能够发起会话请求并与终端 $B$ 建立可信网络连接，然后通过消息传输的方式获取终端 $B$ 当前的平台完整性度量值，随后终端 $A$ 能够对终端 $B$ 的用户和平台进行鉴定和认证，并将其更新后的验证结果广播至区块链，即上传终端 $B$ 的更新交易。这里，$User_A$ 和 $Device_A$ 分别负责与 $User_B$ 和 $Device_B$ 执行双向的用户鉴定和平台认证过程。

终端 $B$：包括用户 $B$ （$User_B$）和平台 $B$ （$Device_B$）。终端 $B$ 作为一个响应者，能够响应终端 $A$ 的会话请求并建立可信网络连接，然后通过消息传输的方式获取终端 $A$ 当前的平台完整性度量值，随后终端 $B$ 能够对终端 $A$ 的用户和平台进行鉴定和认证，并将其更新后的验证结果广播至区块链，即上传终端 $A$ 的更新交易。这里，$User_B$ 和 $Device_B$ 分别负责与 $User_A$ 和 $Device_A$ 执行双向的用户鉴定和平台认证过程。

区块链：负责维护和更新它在整个过程中接收到的交易信息，产生新的交易记录。

## 8.3.2 威胁模型

终端作为系统模型下分布式网络环境中的成员，可能存在以下不诚实的行为。

（1）非授权用户：作为终端的使用者，如果用户在未进行初始化注册的情况下直接接入分布式网络，则该类用户为非授权用户，可能具有以下攻击行为：①直接接入网络并窃取和破坏整个分布式系统的数据和环境；②与分布式系统下的其他终端建立可信网络连接并主动窃取对方的私有可信资料；③发起中间人攻击，窥探并窃取其他终端之间通信会话的隐私数据。综上所述，非授权用户将接入分布式网络，并进一步对整个分布式系统下的各终端造成严重的威胁。

（2）非法平台：作为终端设备的平台，如果该平台是非法的，即攻击者对终端设备的平台加以操纵使其完整性不能满足网络访问策略，则该攻击者可能存在以下攻击行为：①在双向验证过程中向其他可信终端传输虚假的平台完整性度量值数据；②向区块链广播包含自身非法平台完整性度量值的虚假交易。综上所述，非法平台会被认定为一个满足网络访问策略的可信平台，并进一步成功地入侵分布式网络。

（3）平台置换攻击：如果一个经过授权且具有非法平台的攻击者能够与另一个非授权且具有合法平台的攻击者进行合谋，则该类攻击具有以下攻击行为：①伪装成一个可信终端并成功地接入受保护的网络；②能够与其他可信终端建立可信网络连接并主动窃取其隐私信息。综上所述，该类攻击将会破坏整个可信网络的安全环境。

### 8.3.3　安全目标

通过对基于区块链的分布式可信网络连接协议的系统模型和威胁模型的介绍，本章所提出的协议应该满足以下安全目标。

（1）用户鉴定：本章协议应该能够验证并识别出授权和非授权用户，即在保证授权可信的用户成功接入网络的同时，能够对非授权用户加以鉴别，并阻止非授权用户进一步接入网络或与其他可信终端建立可信网络连接，从而保障了整个分布式网络的安全。

（2）平台认证：本章协议应该能够验证终端平台的完整性，即在可信网络连接会话的过程中，可信终端在证明自身合法平台完整性的同时能够验证并识别出攻击者非法平台传输的虚假度量值，从而中断与攻击者的会话连接并进一步阻止非法平台对安全可信网络的入侵。

（3）抵抗平台置换攻击：本章协议应该能够抵抗平台置换攻击，即通过扩展可信网络连接协议，使本章协议能够在基于区块链的分布式环境下成功抵抗具有非法平台的授权用户和具有合法平台的非授权用户发起合谋的这一特定攻击模型。

### 8.3.4　整体设计

本节根据已提出的安全目标，给出基于区块链的分布式可信网络连接协议（A Distributed Trusted Network Connection Protocol Based On Blockchain，BTNC）的整体设计流程。

如图 8.3 所示，BTNC 共包含两个阶段：初始化阶段（Initialization）和可信网络连接阶段（Trusted Network Connection）。其中初始化阶段包含两个子过程：注册（Registration）和基础交易上传（Base Transaction Upload）；可信网络连接阶段包含三个子过程：用户鉴定（User Authentication）、平台认证（Platform Attestation）和更新交易上传（Update Transaction Upload）。如前文可信计算理论所述，在 TPM 模块的帮助下，通过调用 TPM_Quote（）函数接口，终端可以获取自身平台的完整性度量值信息，并以远程证明的方式向外部验证者提供平台完整性的依据。另外，在 BTNC 中，由终端产生的基础和更新交易最终会被嵌入到区块链系统中交易记录下的额外数据区域，因此，在实际的区块链开发应用中，通过对交易记录中额外数据区域的查询，系统中的任何参与者都可以获取分布式环境下各终端的基础和更新交易信息。下面对 BTNC 的两个阶段进行概述性描述。

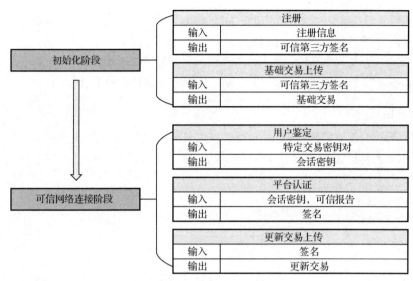

图 8.3　BTNC 整体协议

### 1. 初始化阶段

（1）注册：分布式环境下的终端度量自身平台完整性并产生相应的注册信息，包括自身设备 ID、平台完整性度量值和签名信息等，随后终端将上述注册信息发送给可信第三方，由可信第三方验证设备 ID 的冗余性、平台完整性度量值和签名信息的正确性等。若终端的注册信息验证通过，可信第三方将在注册信息上签名并发送给终端；若终端的注册信息验证失败，可信第三方将终端的设备 ID 记录进黑名单，并主动断开与终端之间的会话连接。

（2）基础交易上传：当接收到来自可信第三方签名的注册信息后，终端将该信息整合成基础交易并广播至整个网络环境，随后矿工根据相关共识机制将基础交易上传至区块链。最终，该终端的基础交易被添加到区块链中。

### 2. 可信网络连接阶段

（1）用户鉴定：分布式环境下的任意两个终端彼此之间建立连接并开展双向的用户鉴定，即通过基于区块链的密钥交换和密钥协商，利用特定交易密钥对，会话双方可以鉴定对方终端用户的授权性。若相互鉴定通过，则双方继续建立会话连接并进一步判断对方平台的完整性，生成会话密钥；若单方鉴定失败，则断开与对方的会话连接。

（2）平台认证：通过用户鉴定的双方将继续进行基于区块链的平台认证，即输入会话密钥和可信报告，验证对方发送的平台完整性报告和平台完整性度量值是否满足网络访问策略。若满足，则在对方发送的验证信息上签名；若不满足，则终止会话连接。

（3）更新交易上传：会话双方将各自签名的验证信息整合成更新交易并广播至整个网络环境，随后矿工根据相关共识机制将更新交易上传至区块链。最终，会话双方的更新交易被添加到区块链中。

## 8.3.5　详细设计

本节为基于区块链的分布式可信网络连接协议的详细设计，在构建协议之前，做出如下前提假设。

（1）在初始化阶段前，分布式环境下的各终端均已在 CA 中心注册并获得已认证过的公私钥对，且各自公开了相应的公钥信息。

（2）各终端均已嵌入 TPM 芯片，即各终端可通过度量、存储和报告机制获取自身平台完整性度量值信息并能够向外部验证者提供证明其平台完整性的依据。

### 1. 初始化阶段

为了方便表示和理解，用终端 $A$（$TD_A$）代表分布式环境下的任意终端。BTNC 的初始化阶段过程如图 8.4 所示，该阶段分为两个子过程：注册过程（1）～（4）和基础交易上传过程（5）。

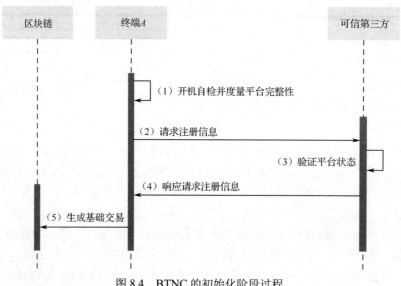

图 8.4　BTNC 的初始化阶段过程

1）开机自检并度量平台完整性

首先，当设备的系统启动后，终端 $A$ 需要进行开机自检，即在 TPM 芯片的帮助下对自身设备的平台完整性进行度量，该平台完整性是用存储于平台配置寄存器（PCR）中的度量值的哈希函数 SHA-1 表示的。然后，终端 $A$ 通过"扩展"操作和信任链技术，从信任根出发，层层递进，级级验证，最终获取其平台完整性度量值 $PCR_{A_0}$[75]。其中，PCR 的迭代计算方式为 $PCR_{A_i} = Hash(PCR_{A_{i-1}} \| digest_A)$。即将 PCR 旧值与新值相连，再计算哈希值，并作为新的平台完整性度量值存储到平台配置寄存器中。这里，$digest_A$ 表示 TPM 每次进行度量时产生的新的哈希值。值得注意的是，当终端 $A$ 的平台配置寄存器的新值 $PCR_{A_i}$ 由旧值 $PCR_{A_{i-1}}$ 派生时，其寄存器的状态 $i$ 将发生改变，其中 $i = 0,1,2,\cdots,n$。

2）请求注册信息

为了完成身份和平台的初始化注册过程，终端 $A$ 将与可信第三方 TTP 建立基于 EAP 的安全连接。首先，终端 $A$ 将自己的身份和平台完整性信息整合成注册信息的明文形式 $M_{regis_A}$，该注册信息包括自己的设备 ID 和可信报告（TPM_QUOTE_INFO，$M_{TQI}$），即终端 $A$ 的注册信息为 $M_{regis_A} = (ID_A, TPM\_QUOTE\_INFO_{A_0})$。其中，可信报告包括该平台配置寄存器值 $PCR_{A_0}$、平台完整性度量值 $digest_A$ 和计数器值 $CT_{A_0}$，且该可信报告由 TPM 内置的身份证明密钥 AIK

进 行 签 名 ， 即 $\text{TPM\_QUOTE\_INFO}_{A_0} = (\text{PCR}_{A_0}, \text{digest}_A, \text{CT}_{A_0}, s_{\text{AIK}_A})$ ， 其 中 $s_{\text{AIK}_A} \leftarrow \text{Sign}(\text{Kpri}_{\text{AIK}_A}, (\text{PCR}_{A_0}, \text{digest}_A, \text{CT}_{A_0}))$ ，其目的是保证可信报告根数据的可信性。

其次，终端 $A$ 选择任意随机数 $K$ ， $K \in_R [1, n-1]$ ，并根据自身私钥 $\text{Kpri}_A$ 和 $M_{\text{regis}_A}$ 计算出关于终端 $A$ 注册信息 $M_{\text{regis}_A}$ 的 ECDSA 签名 $(r_{A_0}, s_{A_0})$ ，进而整合成终端 $A$ 的最终注册信息 $M_{\text{regisFin}_A}$ ，即 $M_{\text{regisFin}_A} = (\text{ID}_A, \text{TPM\_QUOTE\_INFO}_{A_0}, (r_{A_0}, s_{A_0}))$ 。

最后，终端 $A$ 用可信第三方的公钥加密最终注册信息 $M_{\text{regisFin}_A}$ ，得到最终注册信息的密文形式 $C_{\text{regisFin}_A} = \text{Enc}(\text{Kpub}_{\text{TTP}}, M_{\text{regisFin}_A})$ ，然后终端 $A$ 将该密文信息、AIK 的公钥证书 $\text{Cert}_{\text{AIK}_A}$ 和终端 $A$ 的公钥证书 $\text{Cert}_A$ 整合成请求注册信息 EAP-Request 并发送给可信第三方，即 EAP-Request=$(C_{\text{regisFin}_A}, \text{Cert}_{\text{AIK}_A}, \text{Cert}_A)$ 。

这里，对终端 $A$ 的最终注册信息作进一步的说明。$\text{ID}_A$ 用于专门标识分布式环境下的每一个终端实体，使各终端能够彼此识别，便于可信第三方的管理和验证；$\text{TPM\_QUOTE\_INFO}_{A_0}$ 的下标数字 0，表示终端 $A$ 的平台在初始情况下的状态，因此，其寄存器下标也相应为 0（$\text{PCR}_{A_0}$）；可信报告 TPM_QUOTE_INFO 使终端能够向外部实体如实报告其平台完整性信息；身份证明密钥 AIK 仅用于对 TPM 内部表示平台可信状态的数据和信息（如 PCR 值、时间戳、计数器值等数据）进行签名和验证签名，特别指出，AIK 不能用于签名其他非 TPM 状态的数据，其目的是阻止攻击者伪造可信报告；$\text{CT}_{A_0}$ 用于记录终端 $A$ 在可信网络连接阶段与其他终端建立会话连接的次数，在初始化阶段，令其下标为 0 并将其初始值设置为 0，当终端 $A$ 与其他设备在可信网络连接阶段建立会话连接时，其计数器值相应加一，目的是防止终端 $A$（潜在攻击者）同时与分布式环境下的多个可信终端建立会话连接；终端 $A$ 关于注册信息 $M_{\text{regis}_A}$ 的 ECDSA 签名 $(r_{A_0}, s_{A_0})$ 推导如下：在给定域参数（$n, P, q, \text{Curve}$）的前提下，$K \cdot P = (x_1, y_1)$ ，$r_{A_0} = x_1 \bmod n$ ，$s_{A_0} = K^{-1}(\text{Hash}(M_{\text{regis}_A}) + \text{Kpri}_A \cdot r_{A_0})$

图 8.5 展示了最终注册信息的具体内容。可以清楚地知道终端 $A$ 的最终注册信息明文包括设备 ID、ECDSA 签名和可信报告，可信报告包括终端 $A$ 平台的 PCR 值、digest 值和计数器值，且可信报告由 AIK 私钥进行签名；终端 $A$ 的最终注册信息密文是在最终注册信息明文的基础上，通过算法 8.1 的相关密码学操作得到的。

算法 8.1 展示了最终注册信息密文的生成。其中，步骤 2 中的 Sign(.) 表示对终端 $A$ 可信报告 $\text{TPM\_QUOTE\_INFO}_{A_0}$ 的签名操作，并输出相应签名值 $\sigma_{\text{AIK}_A}$；步骤 6 用于生成关于终端 $A$ 注册信息明文 $M_{\text{regis}_A}$ 的 ECDSA 签名；步骤 8 中的 Enc(.) 表示生成最终注册信息密文 $C_{\text{regisFin}_A}$ 。

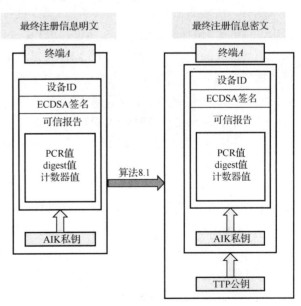

图 8.5　最终注册信息的具体内容

<table>
<tr><td colspan="2">**算法 8.1 最终注册信息密文的生成**</td></tr>
<tr><td colspan="2">输入：参数 $D = (n, q, P, \text{Curve})$ ，可信报告 $\text{TPM\_QUOTE\_INFO}_{A_0}$ ，私钥 $\text{Kpri}_A$ ， $\text{Kpri}_{\text{AIK}_A}$<br>输出：最终注册信息的密文 $C_{\text{regisFin}_A}$</td></tr>
<tr><td colspan="2">

$\text{TD}_A$ 执行：

1. 生成随机数 $\text{ID}_A$ ；

2. $\sigma_{\text{AIK}_A} \leftarrow \text{Sign}(\text{Kpri}_{\text{AIK}_A}, \text{TPM\_QUOTE\_INFO}_{A_0})$ ；

3. $M_{\text{regis}_A} = (\text{ID}_A \| \text{TPM\_QUOTE\_INFO}_{A_0} \| s_{\text{AIK}_A})$ ；

4. 选择随机数 $K \in_R [1, n-1], K \cdot P = (x_1, y_1)$ ；

5. $r_{A_0} = x_1 \bmod n$ ；

6. $s_{A_0} = K^{-1}(\text{Hash}(M_{\text{regis}_A}) + \text{Kpri}_A \cdot r_{A_0})$ ；

7. $M_{\text{regisFin}_A} \leftarrow (M_{\text{regis}_A} \| (r_{A_0}, s_{A_0}))$ ；

8. $C_{\text{regisFin}_A} \leftarrow \text{Enc}(\text{Kpri}_{\text{TTP}}, M_{\text{regisFin}_A})$ ；

9. 返回 $C_{\text{regisFin}_A}$ 。

</td></tr>
</table>

3）验证最终注册信息

当可信第三方接收到来自终端 $A$ 的请求注册信息（EAP-Request）时，可信第三方首先用自身私钥 $\text{Kpri}_{\text{TTP}}$ 对最终注册信息密文进行解密操作从而获取终端 $A$ 的最终注册信息明文，即 $M_{\text{regisFin}_A} = \text{Dec}(\text{Kpri}_{\text{TTP}}, C_{\text{regisFin}_A})$ 。

然后，可信第三方将对终端 $A$ 的设备 ID 进行核实，即通过查看历史日志对设备 ID 进行查重，目的是有效抵抗重放攻击，若发现终端 $A$ 多次重复注册自身平台信息，可信第三方将终止与终端 $A$ 的安全连接并将其 ID 添加至黑名单中。反之，可信第三方将进一步验证终端 $A$ 可信报告的签名值。这里，可信第三方从 AIK 公钥证书中获取其相应的 AIK 公钥 $\text{Kpub}_{\text{AIK}_A}$ 并解封终端 $A$ 的可信报告，目的是验证该可信报告是否能真实反映终端 $A$ 的平台完整性，即 $1/0 \leftarrow \text{verSign}(\text{Kpub}_{\text{AIK}_A}, \text{TPM\_QUOTE\_INFO}_{A_0})$ ，若验证失败，终端 $A$ 的可信报告将被视为伪造数据，终端 $A$ 的平台将被视为非法平台，可信第三方将终止与终端 $A$ 的连接并将其 ID 添加至黑名单中；若验证成功，可信第三方将进一步验证其 PCR 值是否满足网络访问策略，即 $1/0 \leftarrow \text{verPCR}(\text{PCR}_{A_0})$ ，若验证失败，可信第三方将终止与终端 $A$ 的安全连接并将其 ID 添加至黑名单中；若验证成功，可信第三方将用自身私钥 $\text{Kpri}_{\text{TTP}}$ 签名终端 $A$ 的最终注册信息，即 $\sigma_{\text{TTP}} \leftarrow \text{Sign}(\text{Kpri}_{\text{TTP}}, M_{\text{regisFin}_A})$ 。这里，我们用可信第三方是否对最终注册信息执行签名操作来表示分布式环境下各终端在初始化过程中是否注册成功。

算法 8.2 展示了可信第三方验证最终注册信息的完整过程。其中，步骤 1 的 Dec(.) 表示对最终注册信息密文进行解密操作；步骤 2~3 用于解封终端 $A$ 的可信报告，即判断其可信报告签名值的正确性；步骤 4~5 用于验证终端 $A$ 的平台完整性，即其平台配置等信息是否满足网络访问策略；步骤 6 中的 Sign(.) 表示可信第三方对最终注册信息验证通过的终端执行的签名操作，拥有可信第三方签名值 $\sigma_{\text{TTP}}$ 的终端可以成功接入网络。

| 算法 8.2 | 可信第三方验证最终注册信息 |
|---|---|

输入：最终注册信息的密文 $C_{\text{regisFin}_A}$ ，私钥 $\text{Kpri}_{\text{TTP}}$ ，公钥 PKC $\text{Cert}_{\text{AIK}_A}$

输出： $\sigma_{\text{TTP}}$

TTP 执行：

1. $M_{\text{regisFin}_A} \leftarrow \text{Dec}(\text{Kpri}_{\text{TTP}}, C_{\text{regisFin}_A})$ ；

2. $\text{Kpub}_{\text{AIK}_A} \leftarrow \text{Cert}_{\text{AIK}_A}$ ；

3. boolean $v_1 = 1/0 \leftarrow \text{verSign}(\text{Kpub}_{\text{AIK}_A}, \text{TPM\_QUOTE\_INFO}_{A_0})$ ；

4. 如果 $v_1 \neq 0$ ，则 boolean $v_2 = 1/0 \leftarrow \text{verPCR}(\text{PCR}_{A_0})$ ；

5. 如果 $v_2 \neq 0$ ，则 boolean Verification $\leftarrow 1$ ，否则 boolean Verification $\leftarrow 0$ ；

6. 如果 Verification $= 1$ ，则 $\sigma_{\text{TTP}} \leftarrow \text{Sign}(\text{Kpri}_{\text{TTP}}, M_{\text{regisFin}_A})$ ；

7. 返回 $\sigma_{\text{TTP}}$ 。

4）响应请求注册信息

当完成关于终端 $A$ 的最终注册信息的签名操作后，可信第三方将该签名值与终端 $A$ 的最终注册信息重新整合成验证信息明文 $M_{\text{ver}_{\text{TTP}}}$ ，即 $M_{\text{ver}_{\text{TTP}}} = (M_{\text{regisFin}_A} \| \sigma_{\text{TTP}})$ ，然后可信第三方从 $\text{Cert}_A$ 证书中获取终端 $A$ 的公钥并加密验证信息明文从而生成验证信息密文 $C_{\text{ver}_{\text{TTP}}}$ ，即 $C_{\text{ver}_{\text{TTP}}} = \text{Enc}(\text{Kpub}_A, M_{\text{ver}_{\text{TTP}}})$ ，最后，可信第三方将该密文注入响应注册信息中（EAP-Response）并发送给终端 $A$ 。

5）生成基础交易

当终端 $A$ 接收到来自可信第三方的响应注册信息 EAP-Response 后，终端 $A$ 首先用自身私钥 $\text{Kpri}_A$ 对验证信息密文进行解密操作，即 $M_{\text{ver}_{\text{TTP}}} = \text{Dec}(\text{Kpri}_A, C_{\text{ver}_{\text{TTP}}})$ ，然后进一步验证签名 $\sigma_{\text{TTP}}$ 的正确性，即 $1/0 \leftarrow \text{VerSign}(\text{Kpub}_{\text{TTP}}, s_{\text{TTP}})$ ，其目的是有效防止中间人攻击。当签名值验证通过后，终端 $A$ 将验证信息明文重新整合成自身的基础交易 $M_{\text{bt}_A}$ 并广播至整个分布式网络，随后矿工根据共识机制将该交易记录上传至区块链，此时关于终端 $A$ 的初始化阶段结束。其中，基础交易的上链条件为：①交易中包含可信第三方的签名信息；②交易中包含 AIK 的签名信息。

这里，终端 $A$ 的基础交易包括交易 ID $T_A$ 、设备 ID（$\text{ID}_A$）、寄存器值 $\text{PCR}_{A_0}$ 、平台完整性度量值 $\text{digest}_A$ 、计数器值 $\text{CT}_{A_0}$ 、ECDSA 签名 $(r_{A_0}, s_{A_0})$ 、AIK 私钥签名和可信第三方签名 $\sigma_{\text{TTP}}$ 。其中，$T_A = \text{Hash}(\text{Kpub}_A)$ ，$(r_{A_0}, s_{A_0})$ 用于可信网络连接阶段的用户鉴定，$\text{PCR}_{A_0}$ 和 $\text{digest}_A$ 用于可信网络连接阶段的平台认证，$\text{CT}_{A_0}$ 用于解决终端间建立会话连接的同步性问题，而 AIK 私钥签名和可信第三方签名 $\sigma_{\text{TTP}}$ 用于证明终端基础交易的可信性。

## 2. 可信连接阶段

为了方便表示和理解，用终端 $A$ 和终端 $B$ 分别表示分布式环境下建立会话连接的请求者和响应者，并且假设终端 $A$ 和终端 $B$ 的基础交易已经包含在区块链中，通过调用相关的函数接口，终端 $A$ 和终端 $B$ 可以获取对方基础交易中的注册信息。在本阶段中，分布式环境下的终端用户和平台能够在去中心化的前提下得到鉴定和认证。图 8.6 展示了 BTNC 的可信网络连接阶段过程，该阶段分为三个子过程：用户鉴定过程（1）～（5）、平台认证过程（6）～（11）和更新交易上传过程（12）。

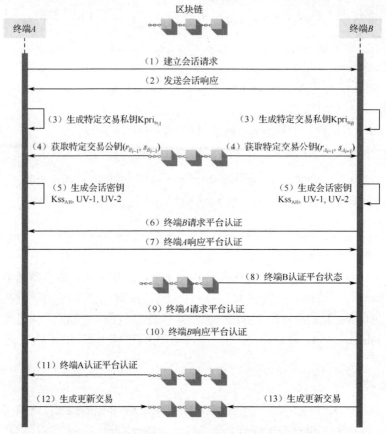

图 8.6 BTNC 的可信网络连接阶段过程

1）建立会话请求

为了开启分布式环境下终端用户和平台的鉴定与认证，终端 $A$ 向终端 $B$ 发送会话请求信息 EAP-DH Request，该请求信息包括发送者（终端 $A$）的身份标识 $TD_A$、终端 $A$ 的设备 ID（$ID_A$）、接收者（终端 $B$）的身份标识 $TD_B$，以及终端 $A$ 选择的任一随机数 $N_A$，即 EAP-DH Request=$(TD_A, ID_A, TD_B, N_A)$，其中，$N_A \in_R [1, n-1]$。

2）发送会话响应

当终端 $B$ 接收到来自终端 $A$ 的会话请求信息 EAP-DH Request 后，为了保证会话的进行，终端 $B$ 将产生相应的会话响应信息 EAP-DH Response 并发送给终端 $A$，该响应信息包括发送者（终端 $B$）的身份标识 $TD_B$、终端 $B$ 的设备 ID（$ID_B$）、接收者（终端 $A$）的身份标识 $TD_A$，以及终端 $B$ 选择的任一随机数 $N_B$，即 EAP-DH Response=$(TD_B, ID_B, TD_A, N_B)$，其中，$N_B \in_R [1, n-1]$。

3）生成特定交易私钥

当终端 $B$ 完成会话响应信息的发送后，为了完成可信网络连接阶段的双向用户鉴定，会话双方在进行密钥协商之前要生成自身的私钥，因此，终端 $B$ 将生成自己的特定交易私钥

$\text{Kpri}_{\text{ts}_B}$。这里，针对特定交易私钥 $\text{Kpri}_{\text{ts}_B}$ 的生成过程，分为两种情况进行说明。

（1）情况一：终端 $B$ 在初始化阶段后第一次与终端 $A$ 建立可信网络连接。因此，终端 $B$ 可直接通过查询操作获取区块链中关于自身基础交易 $M_{\text{bt}_B}$ 中的交易 ID $T_B$ 和 ECDSA 签名 $(r_{B_0}, s_{B_0})$。根据 $s$ 的推导公式 $s_B = K^{-1}(\text{Hash}(M_{\text{regis}_B}) + \text{Kpri}_B \cdot r_B)$，可以推导出终端 $B$ 的特定交易私钥，即 $\text{Kpri}_{\text{ts}_B} = (\text{Hash}(T_B) + \text{Kpri}_B \cdot r_{B_0})s_{B_0}^{-1}$。这里，$T_B$ 表示终端 $B$ 基础交易的 ID。

（2）情况二：终端 $B$ 在与终端 $A$ 建立可信网络连接之前已经与其他终端进行了多次可信网络连接会话。因此，终端 $B$ 只需查询区块链中关于自己的最近一次更新交易 $M_{\text{ut}_{B_{i-1}}}$ 中的交易 ID 和相关 ECDSA 签名即可推导生成自身的特定交易私钥，从而继续进行密钥协商过程以完成可信网络连接阶段的双向身份鉴定。

当接收到来自终端 $B$ 发送的会话响应信息（EAP-DH Response）后，终端 $A$ 同样会生成关于自身的特定交易私钥（ $\text{Kpri}_{\text{ts}_A}$ ），即 $\text{Kpri}_{\text{ts}_A} = (\text{Hash}(T_A) + \text{Kpri}_A \cdot r_{A_{i-1}})s_{A_{i-1}}^{-1}$，其中 $i \in_R [1, n-1]$。

4）获取特定交易公钥

当终端 $B$ 推导出自身特定交易私钥后，即可查询区块链获取终端 $A$ 最近一次交易记录（基础交易或更新交易）中的 ECDSA 签名 $r_{A_{i-1}}, s_{A_{i-1}}$，进而生成关于终端 $A$ 的特定交易公钥 $\text{Kpub}_{\text{ts}_A} = (r_{A_{i-1}}, s_{A_{i-1}}) = (x_A, y_A)$，其中 $i \in_R [1, n-1]$，$(x_A, y_A)$ 表示椭圆曲线上的一个点坐标。同样，终端 $A$ 会获取并生成关于终端 $B$ 的特定交易公钥 $\text{Kpub}_{\text{ts}_B}$，即 $\text{Kpub}_{\text{ts}_B} = (r_{B_{i-1}}, s_{B_{i-1}}) = (x_B, y_B)$，其中 $i \in_R [1, n-1]$。

5）生成会话密钥

根据 ECDH 理论，终端 $B$ 能够计算本次会话过程的公共参数（ $x_{\text{AB}}, y_{\text{AB}}$ ），即 $(x_{\text{AB}}, y_{\text{AB}}) = \text{Kpri}_{\text{ts}_B} \cdot \text{Kpub}_{\text{ts}_A}$，由于 $\text{Kpri}_{\text{ts}_B}$ 和 $\text{Kpub}_{\text{ts}_A}$ 在取值上分别是椭圆曲线上的点坐标（ $x_B, y_B$ ）和（ $x_A, y_A$ ），因此公共参数的取值实际上也是相同坐标系下的点坐标。随后根据密钥推导出函数 KDF(.)和公共参数中的横坐标值 $x_{\text{AB}}$，终端 $B$ 即可生成本次可信网络连接的会话密钥 $\text{Kss}_{\text{AB}}$，即 $\text{Kss}_{\text{AB}} = \text{KDF}(x_{\text{AB}})$，这里 KDF(.)函数被定义为专门生产会话密钥的方法[73]。同样，终端 $A$ 也可以根据自己的特定交易私钥 $\text{Kpri}_{\text{ts}_A}$ 和终端 $B$ 的特定交易公钥 $\text{Kpub}_{\text{ts}_B}$ 推导出本次可信网络连接的会话密钥 $\text{Kss}_{\text{AB}}$。

算法 8.3 展示了用户鉴定的具体流程。其中，步骤 3 的 keyGenTSpri(.)函数用于表示生成特定交易私钥，其输入参数为终端 $A$ 和 $B$ 最近一次的交易 ID、该交易记录中的 ECDSA 签名和自身私钥。步骤 4～5 用于判断对方是否为授权用户，其中，Query(.)用于查询区块链中的交易记录，其输入参数为所需查询的交易 ID；变量 isInclude 用于判断所查询的交易 ID 是否真正包含于区块链中，若不包含，则终止与对方的会话连接，对方可能是潜在的非授权用户；若包含，则生成关于对方的特定交易公钥；keyGenTSpub(.) 函数用于生成对方的特定交易公钥，其输入参数为通过查询所获取到的对方交易记录中的 ECDSA 签名值。步骤 6～7 表示在 ECDH 理论和密钥导出函数 KDF(.)的基础上，生成本次会话的会话密钥。

| 算法 8.3 用户鉴定 |
| --- |
| 输入：ECDSA $(r_{A_{i-1}}, s_{A_{i-1}})$，$(r_{B_{i-1}}, s_{B_{i-1}}), i \in_R [1, n-1]$，私钥 $\text{Kpri}_A$，$\text{Kpri}_B$，交易 ID $T_A$，$T_B$ |
| 输出：$\text{Kss}_{\text{AB}}$ |
| $\text{TD}_A$ 执行：<br>1. 选择随机数 $N_A \in_R [1, n-1]$； |

2. 发送 EAP-DH 请求 $\leftarrow (\text{TD}_A, \text{TD}_B, \text{ID}_A)$；

3. $\text{Kpri}_{\text{ts}_A} \leftarrow \text{keyGenTSpri}(\text{Kpri}_A, T_A, (r_{A_{i-1}}, s_{A_{i-1}}))$；

4. boolean isInclude $= 1/0 \leftarrow \text{Query}(\text{TD}_B)$；

5. 如果 isInclude $\neq 0$，则 $\text{Kpub}_{\text{ts}_B} \leftarrow \text{keyGenTSpub}(r_{B_{i-1}}, s_{B_{i-1}})$，否则 break；

6. $(x_{\text{AB}}, y_{\text{AB}}) \leftarrow \text{Kpri}_{\text{ts}_A} \cdot \text{Kpub}_{\text{ts}_B}$；

7. $\text{Kss}_{\text{AB}} = \text{KDF}(x_{\text{AB}})$。

$\text{TD}_B$ 执行：

1. 选择随机数 $N_B \in_R [1, n-1]$；

2. 发送 EAP_DH 回应 $\leftarrow (\text{TD}_B, \text{TD}_A, \text{ID}_B)$；

3. $\text{Kpri}_{\text{ts}_B} \leftarrow \text{keyGenTSpri}(\text{Kpri}_B, T_B, (r_{B_{i-1}}, s_{B_{i-1}}))$；

4. boolean isInclude $= 1/0 \leftarrow \text{Query}(\text{TD}_A)$；

5. 如果 isInclude $\neq 0$，则 $\text{Kpub}_{\text{ts}_A} \leftarrow \text{keyGenTSpub}(r_{A_{i-1}}, s_{A_{i-1}})$，否则 break；

6. $(x_{\text{AB}}, y_{\text{AB}}) \leftarrow \text{Kpri}_{\text{ts}_B} \cdot \text{Kpub}_{\text{ts}_A}$；

7. $\text{Kss}_{\text{AB}} = \text{KDF}(x_{\text{AB}})$；

8. 返回 $\text{Kss}_{\text{AB}}$。

6）终端 B 请求平台认证

当终端 B 生成会话密钥后，为了进一步进行可信网络连接阶段的平台认证，使用两个密钥子产物 Unique-Value-1（UV-1）和 Unique-Value-2（UV-2）作为之后消息传输的验证密钥，其中，UV-1 用于验证设备平台的完整性，UV-2 用于保证消息传输的安全性。这里，UV-1 和 UV-2 由会话密钥 $\text{Kss}_{\text{AB}}$、终端 B 的随机数 $N_B$ 和终端 A 的随机数 $N_A$ 通过哈希运算推导得出，即 $\text{UV-1} = \text{Hash}(1\|N_B\|N_A\|\text{Kss}_{\text{AB}})$， $\text{UV-2} = \text{Hash}(2\|N_B\|N_A\|\text{Kss}_{\text{AB}})$。

然后，终端 B 向终端 A 发送认证请求信息 EAP-TNC Request，以表示期望验证终端 A 的平台完整性，即 EAP-TNC Request $= \text{Enc}(\text{UV-2}, (\text{TD}_B, \text{TD}_A, \text{ID}_B))$，值得注意的是，子产物 UV-2 实际上在之后的平台认证过程中充当着会话密钥的角色。

最后，终端 B 重新计算 UV-2，以验证之后会话中接收到的消息，即 $\text{UV-2} = \text{Hash}(2\|N_B\|N_A\|\text{Kss}_{\text{AB}}\|\text{Hash}(\text{EAP-TNC Request}))$。

7）终端 A 响应平台认证

当接收到来自终端 B 的认证请求信息后，终端 A 首先计算两个密钥子产物 UV-1 和 UV-2，即 $\text{UV-1} = \text{Hash}(1\|N_A\|N_B\|\text{Kss}_{\text{AB}})$， $\text{UV-2} = \text{Hash}(2\|N_A\|N_B\|\text{Kss}_{\text{AB}})$。

然后，终端 A 对终端 B 的认证请求信息进行解密操作，即 $(\text{TD}_B, \text{TD}_A, \text{ID}_B) \leftarrow \text{Dec}(\text{UV-2},$ (EAP-TNC Request))，若解密失败，无法恢复出终端 B 认证请求信息的明文标识 $(\text{TD}_B, \text{TD}_A, \text{ID}_B)$，则终端 A 将终止与终端 B 的会话连接，终端 B 被认为是非授权用户；若解密成功，终端 A 将调用 TPM_Quote(·) 接口对自身设备平台的完整性进行度量，产生相应的可信报告 $\text{TPM\_QUOTE\_INFO}_{A_i}$ 并使用 AIK 私钥进行签名封装，其中可信报告 $\text{TPM\_QUOTE\_INFO}_{A_i}$ 包括寄存器值 $\text{PCR}_{A_i}$、平台完整性度量值 $\text{digest}_A$、计数器值 $\text{CT}_{A_i}$ 和 AIK 签名值 $\sigma_{\text{AIK}_A}$。

随后，终端 $A$ 将密钥子产物 UV-1、可信报告和身份标识绑定生成完整性报告 $(\text{TPM\_INTEG\_INFO}, M_{\text{TII}}) = (\text{TD}_A, \text{TD}_B, \text{ID}_A, \text{UV-1}, \text{TPM\_QUOTE\_INFO}_{A_i})$。该完整性报告将系统状态与会话状态绑定，不仅有效地保证了后续平台的认证过程，而且能够抵抗中间人攻击。

然后，终端 $A$ 计算 $\text{UV-2} = \text{Hash}(2 \| N_B \| N_A \| \text{Kss}_{AB} \| \text{Hash}(\text{EAP-TNC Request}))$，并根据 ECDSA 生成算法，输入完整性报告，产生相应的 ECDSA 签名 $(r_{A_i}, s_{A_i})$，从而进一步在 UV-2 密钥的基础上将完整性报告与 ECDSA 签名一起整合成认证响应信息 $\text{EAP-TNC Response} = \text{Enc}(\text{UV-2}, (\text{TPM\_INTEG\_INFO}, (r_{A_i}, s_{A_i})))$。

最后，终端 $A$ 将认证响应信息发送给终端 $B$ 并重新计算 UV-2，以验证之后会话中接收到的消息，即 $\text{UV-2} = \text{Hash}(2 \| N_B \| N_A \| \text{Kss}_{AB} \| \text{Hash}(\text{EAP-TNC Response}))$。

8）终端 $B$ 认证平台状态

当接收到来自终端 $A$ 的认证响应信息后，终端 $B$ 首先对终端 $A$ 的认证响应信息进行解密，即 $(\text{TPM\_INTEG\_INFO}, (r_{A_i}, s_{A_i})) \leftarrow \text{Dec}(\text{UV-2}, (\text{EAP-TNC Response}))$，若解密失败，无法恢复终端 $A$ 认证响应信息的完整性报告 TPM\_INTEG\_INFO，则终端 $B$ 将终止与终端 $A$ 的会话连接，终端 $A$ 被认为是潜在攻击者，若解密成功，终端 $B$ 将验证 UV-1 的一致性，即判断终端 $A$ 所计算的 UV-1 是否与自身计算的 UV-1 相等，若不等，则将终止与终端 $A$ 的会话连接，终端 $A$ 被认为是潜在攻击者，若相等，终端 $B$ 将继续验证可信报告的 AIK 签名值，即判断 $\sigma_{\text{AIK}_A}$ 的正确性，若不正确，则将终止与终端 $A$ 的会话连接，终端 $A$ 被认为是非法平台；若正确，终端 $B$ 将进一步验证终端 $A$ 的寄存器值 $\text{PCR}_{A_i}$，从而对当前 $i$ 状态下终端 $A$ 的平台完整性进行认证。

然后，终端 $B$ 将在区块链上查询终端 $A$ 最近一次交易记录中的可信报告（$\text{TPM\_QUOTE\_INFO}_{A_{i-1}}$）并获取其中的寄存器值 $\text{PCR}_{A_{i-1}}$、平台完整性度量值 $\text{digest}_A$ 和计数器值 $\text{CT}_{A_{i-1}}$，若 $\text{CT}_{A_{i-1}} \neq \text{CT}_{A_{i-1}} + 1$，则终端 $B$ 将终止与终端 $A$ 的会话连接，终端 $A$ 被认为是非法平台；反之，终端 $B$ 将判断 $\text{PCR}_{A_i} = \text{Hash}(\text{PCR}_{A_{i-1}} \| \text{digest}_A)$ 是否成立，若等式不成立，终端 $A$ 将被认为是非法平台；反之，终端 $A$ 的平台被认为是合法可信的，终端 $B$ 随即用自身私钥 $\text{Kpri}_B$ 对终端 $A$ 的认证响应信息进行签名并产生相应签名值 $\sigma_B$。这里，签名值 $\sigma_B$ 是终端 $A$ 平台认证通过的凭据。最后，终端 $B$ 将重新计算 UV-2，以验证之后会话中接收到的消息，即 $\text{UV-2} = \text{Hash}(2 \| N_B \| N_A \| \text{Kss}_{AB} \| \text{Hash}(\text{EAP-TNC Response}))$。

9）终端 $A$ 请求平台认证

终端 $A$ 向终端 $B$ 发送认证请求信息 EAP-TNC Request，表示期望验证终端 $B$ 的平台完整性，即 $\text{EAP-TNC Request} = \text{Enc}(\text{UV-2}, (\text{TD}_A, \text{TD}_B, \text{ID}_A))$，随后，终端 $A$ 重新计算 UV-2，即 $\text{UV-2} = \text{Hash}(2 \| N_B \| N_A \| \text{Kss}_{AB} \| \text{Hash}(\text{EAP-TNC Request}))$。

10）终端 $B$ 响应平台认证

当接收到来自终端 $A$ 的认证请求信息后，终端 $B$ 首先对终端 $A$ 的认证请求信息进行解密，即 $(\text{TD}_A, \text{TD}_B, \text{ID}_A) \leftarrow \text{Dec}(\text{UV-2}, (\text{EAP-TNC Request}))$。随后，终端 $B$ 度量自身平台状态，产生相应的可信报告 $\text{TPM\_QUOTE\_INFO}_{B_i}$，并使用 AIK 私钥对该可信报告进行签名封装。然后，终端 $B$ 将密钥子产物 UV-1、可信报告和身份标识绑定生成完整性报告 $\text{TPM\_INTEG\_INFO} = (\text{TD}_B, \text{TD}_A, \text{ID}_B, \text{UV-1}, \text{TPM\_QUOTE\_INFO}_{B_i})$。最后，终端 $B$ 计算 $\text{UV-2} = \text{Hash}$

$(2 \| N_B \| N_A \| \text{Kss}_{AB} \| \text{Hash}(\text{EAP-TNC Request}))$，根据 ECDSA 生成算法产生相应的 ECDSA 签名 $(r_{B_i}, s_{B_i})$，在 UV-2 密钥的基础上将完整性报告与 ECDSA 签名一起整合成认证响应信息 EAP-TNC Response，并发送给终端 $A$，即 EAP-TNC Response = $\text{Enc}(\text{UV-2}, (\text{TPM\_INTEG\_INFO}, (r_{B_i}, s_{B_i})))$。

11）终端 $A$ 认证平台状态

如算法 8.4 所示，当接收到来自终端 $B$ 的认证响应信息后，终端 $A$ 依次验证终端 $B$ 的 UV-2、UV-1、$\sigma_{\text{AIK}_B}$、$\text{CT}_{B_i}$ 和 $\text{PCR}_{B_i}$ 值的正确性，若认证通过，终端 $A$ 用自身私钥 $\text{Kpri}_A$ 对终端 $B$ 的认证响应信息进行签名并产生相应签名值 $\sigma_A$；反之，则终止与终端 $B$ 的会话连接，终端 $B$ 被认为是非法平台。算法 8.4 展示了平台认证的具体流程，本算法只展示终端 $B$ 对终端 $A$ 平台的认证过程。其中，步骤 1~2 用于计算密钥子产物 UV-1 和 UV-2，步骤 3 表示终端 $B$ 向终端 $A$ 发送认证请求消息，步骤 7 中的布尔变量 isHas 用于表示解密操作的结果，步骤 8 用于执行 isHas 在不同结果下的进程，TPM_Quote(·) 在 TPM 芯片内部进行调用，并输出当前平台的可信报告 TPM_INTEG_INFO，getECDSA(.) 用于输出相关输入参数下的 ECDSA 签名 $(r_{A_i}, s_{A_i})$，步骤 9~17 表示终端 $B$ 依次对终端 $A$ 的 UV-2、UV-1、$\sigma_{\text{AIK}_A}$、$\text{CT}_{A_i}$、$\text{PCR}_{A_i}$ 值进行验证，其输出结果为布尔变量 verification，其中，步骤 10 中的 verValue(.) 表示对 UV-1 进行验证，其输出结果存储于 isConsistence 中，步骤 11 中的 verSign(.) 表示对可信报告的 AIK 签名值 $\sigma_{\text{AIK}_A}$ 进行验证，其输出结果存储于 isSign 中，步骤 12 中的 getCT(.) 用于获取可信报告中的计数器值 $\text{CT}_{A_i}$，步骤 13 中的 getPCR(.) 用于获取可信报告中的配置寄存器值 $\text{PCR}_{A_i}$，checkPCR(.) 用于验证终端平台配置寄存器值的完整性。

| **算法 8.4　平台认证** |
|---|
| 输入：会话密钥 $\text{Kss}_{AB}$，随机数 $N_A$，$N_B$ |
| 输出：　boolean verification |
| $\text{TD}_B$ 执行：<br><br>1.　计算 UV-1 ← $\text{Hash}(1 \| N_B \| N_A \| \text{Kss}_{AB})$；<br>2.　计算 UV-2 ← $\text{Hash}(2 \| N_B \| N_A \| \text{Kss}_{AB})$；<br>3.　发送 EAP-TNC Request ← $\text{Enc}(\text{UV-2}, (\text{TD}_B, \text{TD}_A, \text{ID}_B))$；<br>4.　计算 UV-2 ← $\text{Hash}(2 \| N_B \| N_A \| \text{Kss}_{AB} \| \text{hash}(\text{EAP-TNC Request}))$；<br><br>$\text{TD}_A$ 执行：<br><br>5.　计算 UV-1 ← $\text{Hash}(1 \| N_B \| N_A \| \text{Kss}_{AB})$；<br>6.　计算 UV-2 ← $\text{Hash}(2 \| N_B \| N_A \| \text{Kss}_{AB})$；<br>7.　boolean isHas = 1/0 ← $\text{Dec}(\text{UV-2}, (\text{EAP-TNC Request}))$；<br>8.　如果 isHas = 0，不操作，否则 $\text{TPM\_QUOTE\_INFO}_{A_i}$ ← $\text{TPM\_Quote}(\text{TD}_A)$；<br>　　　$\text{TPM\_INTEG\_INFO} = (\text{TD}_A, \text{TD}_B, \text{ID}_A, \text{UV-1}, \text{TPM\_QUOTE\_INFO}_{A_i})$；<br>　　　计算 UV-2 = $\text{Hash}(2 \| N_B \| N_A \| \text{Kss}_{AB} \| \text{Hash}(\text{EAP-TNC Request}))$；<br>　　　选择随机数 $K \in_R [1, n-1]$；<br>　　　$(r_{A_i}, s_{A_i})$ ← $\text{getECDSA}(\text{TPM\_INTEG\_INFO}, \text{Kpri}_A, K)$；<br>　　　发送 EAP-TNC Response = $\text{Enc}(\text{UV-2}, (\text{TPM\_INTEG\_INFO}, (r_{A_i}, s_{A_i})))$； |

計算 $UV\text{-}2 = \text{Hash}(2 \parallel N_B \parallel N_A \parallel \text{Kss}_{AB} \parallel \text{Hash}(\text{EAP-TNC Response}))$ ;

$TD_B$ 执行：

9.　　boolean isHas $= 1/0 \leftarrow \text{Dec}(UV\text{-}2, (\text{EAP-TNC Response}))$ ;

10.　　如果 isHas $\neq 0$ ，那么 boolean isConsistence $= 1/0 \leftarrow \text{verValue}(UV\text{-}1)$ ;

11.　　　　如果 isConsistence $\neq 0$ ，那么 boolean isSign $= 1/0 \leftarrow \text{verSign}(\text{KpubAIK}_A, \sigma_{\text{AIK}_A})$ ;

12.　　　　　　如果 isSign $\neq 0$ ，那么 $CT_{A_{i-1}} \leftarrow \text{getCT}(\text{TPM\_QUOTE\_INFO}_{A_i})$ ;

13.　　　　　　　　如果 $CT_{A_{i-1}} = CT_{A_i} + 1$ ，那么

　　　　　　　　　　$PCR_{A_{i-1}} \leftarrow \text{getPCR}(\text{TPM\_QUOTE\_INFO}_{A_i})$ ;

　　　　　　　　　　boolean verification $= 1/0 \leftarrow \text{checkPCR}()$ ;

14.　　　　　　　　　如果 verification $\neq 0$ ，那么 verification $\leftarrow \text{SUCCESS}$ ，否则不操作；

15.　否则 boolean verification $\leftarrow \text{FAIL}$ ；

16.　　　　计算 $UV\text{-}2 = \text{Hash}(2 \parallel N_B \parallel N_A \parallel \text{Kss}_{AB} \parallel \text{Hash}(\text{EAP-TNC Response}))$ ;

17.　　　　返回 boolean verification 。

12）生成更新交易

终端 $B$ 生成签名值 $\sigma_B$ 后，将终端 $A$ 的完整性报告和 ECDSA 签名重新整合成关于终端 $A$ 的更新交易 $M_{\text{ut}_{A_i}}$ 并广播至整个分布式网络，矿工根据共识机制将该交易记录上传至区块链，此时终端 $B$ 成功结束了其可信网络连接阶段。

终端 $A$ 生成签名值 $\sigma_A$ 后，将终端 $B$ 的完整性报告和 ECDSA 签名重新整合成关于终端 $B$ 的更新交易 $M_{\text{ut}_{B_i}}$ 并广播至整个分布式网络，矿工根据共识机制将该交易记录上传至区块链，此时终端 $A$ 成功结束了其可信网络连接阶段。其中，更新交易的上链条件为：①交易中包含 AIK 私钥的签名信息；②更新交易的地址信息能够与交易中终端的签名信息配对。

这里，终端 $A$（以终端 $A$ 为例）的更新交易包括交易 ID $T_A$、设备 ID（$\text{ID}_A$）、寄存器值 $PCR_{A_i}$、平台完整性度量值 $\text{digest}_A$、计数器值 $CT_{A_i}$、ECDSA 签名 $(r_{A_i}, s_{A_i})$、终端 $B$ 的签名值 $\sigma_B$。图 8.7 展示了基础交易、更新交易的结构内容和产生过程。

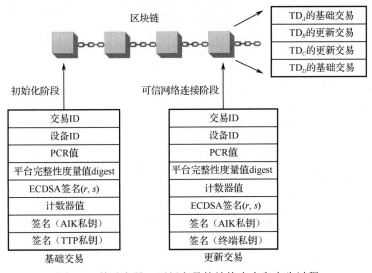

图 8.7　基础交易、更新交易的结构内容和产生过程

## 8.4 协议分析

协议的安全性是需要考虑的重要因素,针对协议的正确性以及安全目标,本节首先用 PCL 证明方法分析 BTNC 的会话认证性($\phi_{\text{auth}}$)、密钥机密性($\phi_{\text{sec}}$)和顺序组合安全性,然后根据 PCL 证明方法进一步分析 BTNC 的安全性,包括用户鉴定、平台认证和抵抗平台置换攻击。

### 8.4.1 会话认证性、密钥机密性和顺序组合安全性分析

由于 BTNC 包括初始化阶段和可信网络连接阶段,因此,本节将分别介绍了协议 DTNC.Ini 和子协议 BTNC.Tnc 的形式化描述、前提条件、安全属性、不变量描述和证明过程,然后根据 PCL 证明方法分析 BTNC 的顺序组合安全性。下面,给出 BTNC 关于会话认证性、密钥机密性和顺序组合安全性的具体内容:

会话认证性:在子协议 BTNC.Ini 中,终端 $A$ 和可信第三方能够对所接收的消息进行认证;在子协议 BTNC.Tnc 中,终端 $A$ 和终端 $B$ 能够对所接收的消息进行认证,并且能够确认密钥 $\text{Kss}_{\text{AB}}$、$\text{UV-1}$、$\text{UV-2}$ 的存在,也能够确认各自密钥 $\text{Kpri}_A$、$\text{Kpri}_B$ 的存在。

密钥机密性:在子协议 BTNC.Tnc 中,密钥 $\text{Kss}_{\text{AB}}$、$\text{UV-1}$、$\text{UV-2}$ 不会被除终端 $A$ 和终端 $B$ 外的第三方得到。

顺序组合安全性:子协议 BTNC.Ini 和子协议 BTNC.Tnc 是顺序组合进行的,在 PCL 证明方法中,子协议 BTNC.Ini 和子协议 BTNC.Tnc 组合后的 BTNC 的安全性应该得到保障,也就是说组合后的 BTNC 需要同时满足会话认证性和密钥机密性。

#### 1. 初始化阶段子协议

##### 1)协议形式化描述

分别以终端 $A$、终端 $A$ 中的 TPM 芯片 $P$、可信第三方 $T$、区块链 $C$ 为角色执行协议,使用 PCL 语法对 BTNC.Ini 进行形式化描述,具体如下。

（1）关于 TPM 芯片 $P$ 的形式化描述为

$$P = [(\nu \text{Kpri}_{\text{AIK}_A}) < \hat{P}, \hat{A}, M_{\text{regis}}, \sigma_{\text{AIK}_A} >]$$

（2）关于终端 $A$ 的形式化描述为

$$A = [(\hat{P}, \hat{A}, M_{\text{regis}}, \sigma_{\text{AIK}_A}) < \hat{A}, \hat{T}, \{| M_{\text{regisFin}} |\}_{\text{Kpub}_T} >$$
$$(\hat{T}, \hat{A}, \sigma_T, z)(z / \{| M_{\text{regisFin}} |\}_{\text{Kpub}_A}) < \hat{A}, \hat{B}, M_{\text{regisFin}}, \sigma_T >]$$

（3）关于可信第三方 $T$ 的形式化描述为

$$T = [(\hat{A}, \hat{T}, z)(z / \{| M_{\text{regisFin}} |\})(\nu \sigma_T) < \hat{T}, \hat{A}, \sigma_T, \{| M_{\text{regisFin}} |\}_{\text{Kpub}_A} >]$$

（4）关于区块链 $C$ 的形式化描述为

$$C = [(\hat{A}, \hat{C}, M_{\text{regisFin}}, \sigma_T)]$$

图 8.8 用箭头–信息的形式展示了 BTNC.Ini 各角色的执行过程。

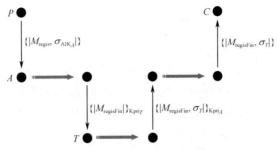

图 8.8　BTNC.Ini 各角色的执行过程

2）前提条件

在 BTNC.Ini 中，为了度量并报告平台状态，分布式环境下的每个终端都嵌入了标识各异的 TPM 芯片，因此每个终端都有各自 TPM 管理的身份证明密钥 AIK、可信计数器和配置寄存器。在各终端向可信第三方发送最终注册信息前，都会进行一次自身平台完整性度量，因此会产生相应的 PCR 值、平台完整性度量值 digest 和计数器值 CT。以终端 $A$、TPM 芯片 $P$、可信第三方 $T$、区块链 $C$ 为角色执行 BTNC.Ini，初始化阶段的前提条件可以描述为

$$\theta_{\text{BTNC.Ini}} = \text{Has}(\hat{P}, \text{Kpri}_{\text{AIK}_A}) \wedge \text{Fresh}(\hat{P}, \text{PCR}_{A_0}) \wedge \text{Fresh}(\hat{P}, \text{digest}_A) \wedge \text{Fresh}(\hat{P}, \text{CT}_{A_0})$$
$$\wedge \text{Contains}(M_{\text{TQI}}, \{\text{PCR}_{A_0}, \text{digest}_A, \text{CT}_{A_0}\}) \wedge \text{Fresh}(M_{\text{TQI}}, \{r_A, s_A\}) \wedge \text{Contains}(M_{\text{regisFin}},$$
$$\{M_{\text{TQI}}, r_A, s_A\}) \wedge \text{Has}(\hat{A}, M_{\text{regisFin}}) \wedge \text{Has}(\hat{A}, \text{Kpri}_A) \wedge \text{Has}(\hat{T}, \text{Kpri}_T)$$

其中，BTNC.Ini 的前提条件指，终端 $A$ 拥有 TPM 芯片 $P$ 并能够生成包括 PCR 值、平台完整性度量值 digest 和计数器值 CT 的可信报告 $M_{\text{TQI}}$ 以及包括可信报告和 ECDSA 签名的最终注册信息。同时，终端 $A$ 和可信第三方 $T$ 拥有各自的私钥 $\text{Kpri}_A$ 和 $\text{Kpri}_T$。

3）安全属性

BTNC.Ini 的会话认证性为

$$\phi_{\text{BTNC.Ini}_{\text{auth}}} = \text{Honest}(\hat{P}) \wedge \text{Honest}(\hat{T}) \wedge \text{Honest}(\hat{C}) \wedge \text{Honest}(\hat{A}) \supset$$
$$\forall A.\text{ActionsInorder}(\text{Send}(P, \{\hat{P}, \hat{A}, \{M_{\text{TQI}}, \sigma_{\text{AIK}_A}\}\}),$$
$$\text{Receive}(A, \{\hat{P}, \hat{A}, \{M_{\text{TQI}}, \sigma_{\text{AIK}_A}\}\}), \text{Send}(A, \{\hat{A}, \hat{T}, \{| M_{\text{regisFin}} |\}_{\text{Kpub}_T}\}),$$
$$\text{Receive}(T, \{\hat{A}, \hat{T}, \{| M_{\text{regisFin}} |\}_{\text{Kpub}_T}\}), \text{Send}(T, \{\hat{T}, \hat{A}, \{| \sigma_T, M_{\text{regisFin}} |\}_{\text{Kpub}_A}\}),$$
$$\text{Receive}(A, \{\hat{T}, \hat{A}, \{| \sigma_T, M_{\text{regisFin}} |\}_{\text{Kpub}_A}\}), \text{Send}(A, \{\hat{A}, \hat{C}, \{M_{\text{bt}_A}\}\}),$$
$$\text{Receive}(C, \{\hat{A}, \hat{C}, \{M_{\text{bt}_A}\}\})$$

会话认证性的公式形式化地描述了匹配对话的标准身份验证概念，它保证了四个主体对协议的运行具有一致的视图。这里，BTNC.Ini 的会话认证性指，终端 $A$ 接收到的任何可信报告 $M_{\text{TQI}}$ 都是由 TPM 芯片 $P$ 发送的，可信第三方 $T$ 接收到的任何最终注册信息都是由终端 $A$ 发送的，终端 $A$ 接收到的任何包括（$\sigma_T, M_{\text{regisFin}}$）的信息都是由可信第三方 $T$ 发送的，区块链 $C$ 接收到的任何基础交易都是由终端 $A$ 发送的。同时，终端 $A$ 和可信第三方 $T$ 能够分别确认各自私钥的存在。

由上述前提条件和安全属性，可以得到下述定理。

**定理 8.1**　若 $\theta_{\text{BTNC.Ini}}$ 为真，则 BTNC.Ini 具有会话认证性，可以表述为 BTNC.Ini $\vdash$ $\theta_{\text{BTNC.Ini}}[\text{BTNC.Ini}]\phi_{\text{BTNC.Ini}_{\text{auth}}}$。

定理 8.1 声明了 BTNC.Ini 的不变量和安全属性，即会话认证性。

4）不变量描述

分别以 $P$、$T$、$C$ 为诚实实体执行 BTNC.Ini，不变量描述为

$$\Gamma_{\text{BTNC.Ini.1}} := \text{Honest}(\hat{P}) \supset (\text{Send}(P, M_{\text{TQI}}) \wedge \text{Contains}(M_{\text{TQI}}, \{\text{PCR}_{A_0}, \text{digest}_A, \text{CT}_{A_0}\})$$
$$\supset (M_{\text{TQI}} = \{\hat{P}, \hat{A}, \{\text{Kpri}_{\text{AIK}_A}, \{\text{PCR}_{A_0}, \text{digest}_A, \text{CT}_{A_0}\}\}\} \wedge \Diamond \text{Fresh}(P, \text{Kpri}_{\text{AIK}_A}))$$
$$\wedge \text{After}(\text{Start}(P)) \wedge \text{Send}(P, \{\hat{P}, \hat{A}, \{\text{PCR}_{A_0}, \text{digest}_A, \text{CT}_{A_0}, \sigma_{\text{AIK}_A}\}\}))$$

$$\Gamma_{\text{BTNC.Ini.2}} := \text{Honest}(\hat{T}) \supset (\text{Send}(T, M_{\text{ver}_T}) \wedge \text{Contains}(M_{\text{ver}_T}, \{M_{\text{regisFin}}, \sigma_T\})$$
$$\wedge \text{Has}(T, \text{Kpri}_T) \wedge \Diamond \text{Has}(T, \text{Kpub}_A)) \supset (M_{\text{ver}_T} = \{\hat{T}, \hat{A}, \{\{|M_{\text{regisFin}}|\}_{\overline{\text{Kpri}_T}}, \{M_{\text{regisFin}}\}\}$$
$$\wedge \text{After}(\text{Receive}(T, \{\hat{A}, \hat{T}, \{|M_{\text{regisFin}}|\}_{\text{Kpub}_T}\})) \wedge \text{Send}(T, \{\hat{T}, \hat{A}, \{|M_{\text{ver}_T}|\}_{\text{Kpub}_A}\}))$$

$$\Gamma_{\text{BTNC.Ini.3}} := \text{Honest}(\hat{C}) \supset (\text{After}(\text{Receive}(C, \{\hat{A}, \hat{C}, \{M_{\text{ver}_T}\}\})) \wedge \text{New}(C, M_{\text{bt}_A})$$
$$\wedge \text{Contains}(M_{\text{bt}_A}, \{M_{\text{ver}_T}, \text{TD}_A\}))$$

$$\Gamma_{\text{BTNC.Ini}} = \Gamma_{\text{BTNC.Ini.1}} \wedge \Gamma_{\text{BTNC.Ini.2}} \wedge \Gamma_{\text{BTNC.Ini.3}}$$

5）证明过程

下面依据定理 8.1，证明 BTNC.Ini 的会话认证性。

当 BTNC.Ini 被执行，其会话认证性能够按照以下步骤推导。

（1）可信第三方 $T$ 是诚实的，因此其能够清楚地知道自己的行动顺序，如分别匹配 Receive $M_{\text{regisFin}}$ 和 Send $M_{\text{ver}_T}$，如式（8.1）所示。

（2）因为可信第三方 $T$ 在接收和验证 $M_{\text{regisFin}}$ 之前，必然有一个实体能够计算和发送 $M_{\text{regisFin}}$，这表示该实体一定知道 $M_{\text{regisFin}}$ 的相关信息，如 AIK 密钥，平台完整性度量值 digest 和 PCR 值，且该实体能够获得可信第三方 $T$ 的公钥 $\text{Kpri}_T$，如式（8.2）所示。

（3）按照子协议 BTNC.Ini 的不变量，该实体为可信第三方 $T$ 或终端 $A$，因为只有这两方拥有 AIK 密钥和 PCR 值信息，如式（8.3）所示。

（4）因为可信第三方 $T$ 不能产生并发送可信报告 $M_{\text{TQI}}$，且可信报告只能由终端 $A$ 进行整合并发送，所以该实体为终端 $A$。此外，在可信第三方 $T$ 接收完 $M_{\text{regisFin}}$ 之前，终端 $A$ 已经完成了平台可信报告 $M_{\text{TQI}}$ 的产生和最终注册信息 $M_{\text{regisFin}}$ 的整合工作，如式（8.5）所示。

（5）TPM 芯片 $P$ 是诚实的，它清楚地知道自己的行动顺序，如 Send $(M_{\text{TQI}}, \sigma_{\text{AIK}_A})$，因此，必然有一个实体能够接收 $M_{\text{TQI}}$ 信息，如式（8.7）所示。

（6）按照子协议 BTNC.Ini 的不变量，该实体为 TPM 芯片 $P$ 或终端 $A$，因为只有这两方拥有平台可信报告信息，如式（8.8）所示。

（7）因为 AIK 密钥不能外部迁移，只能由 TPM 芯片 $P$ 产生可信报告 $M_{\text{TQI}}$，所以该实体为终端 $A$。此外，在终端 $A$ 接收完 $M_{\text{TQI}}$ 之前，TPM 芯片 $P$ 已经完成了可信报告 $M_{\text{TQI}}$ 的生成工作，如式（8.10）所示。

（8）在可信第三方 $T$ 验证终端 $A$ 的最终注册信息之前，终端 $A$ 必须有一系列的接收和发送操作，如 Receive $M_{\text{TQI}}$ 和 Send $M_{\text{regisFin}}$，如式（8.11）所示。

（9）区块链 $C$ 是诚实的，因此它能够清楚地知道自己的行动顺序，如 Receive $(M_{\text{ver}_T})$，如式（8.12）所示。

（10）根据不变量，区块链 $C$ 在接受 $M_{bt_A}$ 之前，终端 $A$ 必须整合、产生、发送基础交易 $M_{bt_A}$，且该交易必须包含可信第三方 $T$ 的签名值 $\sigma_T$，如式（8.13）所示。

（11）终端 $A$ 整合包含签名值 $\sigma_T$ 的基础交易之前，必须能够接收到来自可信第三方 $T$ 的验证信息 $M_{ver_T}$，如式（8.14）所示。

（12）可信第三方 $T$ 产生并发送包含签名值 $\sigma_T$ 的验证信息 $M_{ver_T}$ 之前，必须接收并验证终端 $A$ 的最终注册信息 $M_{regisFin}$，如式（8.15）所示。

步骤（1）至步骤（12）的结果在式（8.16）中得以体现证明，因此以可信第三方 $T$、TPM 芯片 $P$ 和区块链 $C$ 为诚实实体能够推导出子协议 BTNC.Ini 关于终端 $A$ 的会话认证性。

根据 PCL 的相关语法、规则和公理，子协议 BTNC.Ini 会话认证性的证明过程如下。

（1）由 AA1、ARP、AA4 可得

$$\theta_{\text{BTNC.Ini}}[\text{BTNC.Ini}]_T \text{Receive}(T,\{\hat{A},\hat{T},\{|\,M_{regisFin}\,|\}_{\text{Kpub}_T}\}) \tag{8.1}$$
$$\text{Send}(T,\{\hat{T},\hat{A},\{|\,\sigma_{\text{TTP}},M_{regisFin}\,|\}_{\text{Kpub}_A}\})$$

式（8.1）说明可信第三方 $T$ 能够预先清楚地知道自己的行动顺序，如 Receive $M_{regisFin}$ 和 Send $M_{ver_T}$，由此步骤（1）得证。

（2）由 VER 得

$$\text{Honest}(\hat{T}) \wedge \text{Verify}(T,\{M_{\text{TQI}}\} \wedge \hat{T} \neq X^1)$$
$$\supset \exists X^1.\exists M.(\text{Send}(X^1,M) \wedge \text{Contains}(M,\{M\,[0,1],\sigma_{\text{AIK}_{X^1}}\})$$
$$\wedge \text{Contains}(M_{regisFin},\{|\,M_{\text{TQI}},r_{X_0^1},s_{X_0^1}\,|\}_{\text{Kpub}_{\text{AIK}_{X^1}}})) \supset \tag{8.2}$$
$$\text{Has}(X^1,M_{regisFin} \wedge \text{Has}(X^1,\text{Kpub}_{\text{AIK}_{X^1}}) \wedge \text{Has}(X^1,\text{Kpub}_T))$$

式（8.2）说明在可信第三方 $T$ 接收和验证最终注册信息 $M_{regisFin}$ 之前，必然存在一个实体 $X^1$ 且该实体能够计算并发送最终注册信息 $M_{regisFin}$，同时也说明该实体 $X^1$ 知道可信第三方 $T$ 的公钥、可信报告和 AIK 密钥，由此步骤（2）得证。

（3）由不变量 $\Gamma_{\text{BTNC.Ini}}$ 和式（8.2）得

$$\text{Has}(X^1,M_{regisFin}) \wedge \text{Has}(X^1,\text{Kpub}_{\text{AIK}_{X^1}}) \wedge \text{Has}(X^1,\text{Kpub}_T) \wedge \Gamma_{\text{BTNC.Ini}}$$
$$\supset X^1 = T \vee X^1 = A \tag{8.3}$$

式（8.3）证实（2）中的实体 $X^1$ 为可信第三方 $T$ 或终端 $A$，由此步骤（3）得证。

（4）由前提条件 $\theta_{\text{BTNC.Ini}}$ 和式（8.3）得

$$\text{Honest}(\hat{T}) \wedge \Gamma_{\text{BTNC.Ini}} \wedge \Diamond \text{Send}(X^1,M_{regisFin})$$
$$\wedge \text{Contains}(M_{regisFin},\{M_{\text{TQI}},\sigma_{\text{AIK}_{X^1}},r_{X^1},s_{X^1}\})$$
$$\supset \text{Contains}(M_{\text{TQI}},\{|\,\text{PCR}_{X_0^1},\text{digest}_X,\text{CT}_{X_0^1}\,|\}_{\overline{\text{Kpri}_{\text{AIK}_{X^1}}}}) \tag{8.4}$$
$$\supset \text{Has}(X^1,M_{\text{TQI}}) \wedge \text{Has}(X,\text{Kpri}_{\text{AIK}_{X^1}})$$
$$\supset \text{Has}(X^1,M_{regisFin}) \wedge \text{HasAlone}(A,\text{Kpri}_{\text{AIK}_A})$$
$$\supset X^1 \neq T \wedge X^1 = A$$

由不可变量 $\Gamma_{\text{BTNC.Ini}}$ 和式（8.4）得

$$\text{Honest}(\hat{T}) \wedge \Gamma_{\text{BTNC.Ini}} \wedge \Diamond \text{Has}(A,\text{Kpri}_{\text{AIK}_A})$$
$$\supset \text{After}(\text{Send}(A,\{\hat{A},\hat{T},\{|\,M_{regisFin}\,|\}_{\text{Kpub}_T}\})), \tag{8.5}$$
$$\text{Receive}(T,\{\hat{A},\hat{T},\{|\,M_{regisFin}\,|\}_{\text{Kpub}_T}\}))$$

式（8.4）和式（8.5）证明发送最终注册信息的实体不是可信第三方 $T$，而是终端 $A$ 进行整合发送，且在可信第三方 $T$ 接收到最终注册信息之前，终端 $A$ 已经完成了最终注册信息的发送操作，由此步骤（4）得证。

（5）由 AA1 和 APR 可得

$$\theta_{\text{BTNC.Ini}}[\text{BTNC.Ini}]_P \text{Send}(P, \{\hat{P}, \hat{A}, \{M_{\text{TQI}}, \sigma_{\text{AIK}_A}\}\}) \tag{8.6}$$

式（8.6）说明 TPM 芯片 $P$ 清楚地知道自己的行动顺序，即发送可信报告和 AIK 密钥。由不变量 $\Gamma_{\text{BTNC.Ini}}$ 得

$$\begin{aligned}
&\text{Honest}(\hat{P}) \wedge \lozenge \text{Send}(P, \{\hat{P}, \hat{A}, \{M_{\text{TQI}}, \sigma_{\text{AIK}_A}\}\}) \wedge \text{Has}(P, \text{Kpri}_{\text{AIK}_A}) \\
&\supset \exists X^2.\exists M.\text{Receive}(X^2, M) \wedge \text{Contains}(M, \{M_{\text{TQI}}, \{|M_{\text{TQI}}\|\overline{\text{Kpri}_{\text{AIK}_{X^2}}}\}) \\
&\supset \text{Has}(X^2, \sigma_{\text{AIK}_{X^2}}) \wedge \text{Has}(X^2, M_{\text{TQI}})
\end{aligned} \tag{8.7}$$

式（8.7）证明在 TPM 芯片 $P$ 发送可信报告 $M_{\text{TQI}}$ 之后，必然存在一个实体 $X^2$ 能够接收可信报告 $M_{\text{TQI}}$，且该实体具有 AIK 密钥，由此步骤（5）得证。

（6）由式（8.7）和前提条件 $\theta_{\text{BTNC.Ini}}$ 得

$$\theta_{\text{BTNC.Ini}} \wedge \text{Has}(X^2, \sigma_{\text{AIK}_{X^2}}) \wedge \text{Has}(X^2, M_{\text{TQI}}) \supset X^2 = P \vee X^2 = A \tag{8.8}$$

式（8.8）说明步骤（5）中的实体为终端 $A$ 或 TPM 芯片 $P$，由此步骤（6）得证。

（7）由前提条件 $\theta_{\text{BTNC.Ini}}$ 和式（8.8）得

$$\begin{aligned}
&\text{Honest}(\hat{P}) \wedge \theta_{\text{BTNC.Ini}} \wedge \text{Receive}(X^2, \{M_{\text{TQI}}, \sigma_{\text{AIK}_{X^2}}\}) \\
&\supset \text{Has}(X^2, M_{\text{TQI}}) \wedge \neg \text{Has}(X^2, \text{Kpri}_{\text{AIK}_{X^2}}) \supset \neg \text{HasAlone}(X^2, \text{Kpri}_{\text{AIK}_A}) \\
&\supset X^2 \neq T \wedge X^2 = A
\end{aligned} \tag{8.9}$$

由不变量 $\Gamma_{\text{BTNC.Ini}}$ 和式（8.9）得

$$\begin{aligned}
&\text{Honest}(\hat{P}) \wedge \Gamma_{\text{BTNC.Ini}} \wedge \lozenge \text{Has}(P, \text{Kpri}_{\text{AIK}_A}) \\
&\wedge \text{Send}(P, \{\hat{P}, \hat{A}, \{M_{\text{TQI}}, \sigma_{\text{AIK}_A}\}\}) \\
&\supset \text{After}(\text{Send}(P, \{\hat{P}, \hat{A}, \{M_{\text{TQI}}, \sigma_{\text{AIK}_A}\}\})), \\
&\quad \text{Receive}(A, \{\hat{P}, \hat{A}, \{M_{\text{TQI}}, \sigma_{\text{AIK}_A}\}\})
\end{aligned} \tag{8.10}$$

式（8.9）证明了步骤（6）中的实体为终端 $A$，式（8.10）证实终端 $A$ 在接收可信报告 $M_{\text{TQI}}$ 和 AIK 密钥之前，TPM 芯片 $P$ 已经完成了相关平台可信报告信息的发送操作，由此步骤（7）得证。

（8）由式（8.5）、式（8.10）、ARP 和不变量 $\Gamma_{\text{BTNC.Ini}}$ 得

$$\begin{aligned}
&\text{Fresh}(A, \text{Kpri}_A)[\text{BTNC.Ini}]_A \text{Honest}(T) \wedge \text{Honest}(P) \exists A.\text{ActionsInOrder} \\
&\text{Receive}(A, \{\hat{P}, \hat{A}, \{M_{\text{TQI}}, \sigma_{\text{AIK}_A}\}\}), \text{Send}(A, \{\hat{A}, \hat{T}, \{|M_{\text{regisFin}}\|_{\text{Kpub}_T}\})
\end{aligned} \tag{8.11}$$

式（8.11）说明可信第三方 $T$ 在发送验证信息之前，终端 $A$ 必须有一系列接收和发送的操作，由此步骤（8）得证。

（9）由 AA1、ARP 可得

$$\theta_{\text{BTNC.Ini}}[\text{BTNC.Ini}]_C \text{Receive}(C, \{\hat{A}, \hat{C}, \{\sigma_T, M_{\text{regisFin}}\}\}) \tag{8.12}$$

式（8.12）说明诚实区块链 $C$ 清楚地知道自己的行动顺序，即接收终端 $A$ 发送的验证信息和可信第三方 $T$ 的签名值，由此步骤（9）得证。

（10）由不变量 $\Gamma_{\text{BTNC.Ini}}$ 和式（8.12）得

$$
\begin{aligned}
&\text{Honest}(\hat{C}) \wedge \text{Receive}(C,\{\hat{A},\hat{C},\{M_{\text{bt}_A}\}) \\
&\supset \exists X^3.\exists M.\text{Send}(X^3,M) \wedge \text{Contains}(M,\{M_{\text{bt}_{X^3}}\}) \\
&\supset \text{Has}(X^3,M_{\text{bt}_{X^3}}) \wedge \text{Contains}(M_{\text{bt}_{X^3}},M_{\text{regisFin}}) \\
&\wedge \text{Contains}(M_{\text{regisFin}},\sigma_T) \wedge X^3 \neq C \\
&\supset X^3 = A \wedge \Diamond \text{Has}(A,M_{\text{regisFin}}) \wedge \text{Contains}(M_{\text{regisFin}},\sigma_T) \\
&\supset \text{After}(\text{Receive}(C,\{\hat{A},\hat{C},\{M_{\text{bt}_A}\})),\text{Send}(A,\{\hat{A},\hat{C},\{M_{\text{bt}_A}\})
\end{aligned}
\tag{8.13}
$$

式（8.13）说明在诚实区块链 $C$ 接收到基础交易之前，终端 $A$ 必须整合、产生、发送基础交易 $M_{\text{bt}_A}$，且该交易必须包含可信第三方 $T$ 的签名值 $\sigma_T$，由此步骤（10）得证。

（11）由式（8.13）、前提条件 $\theta_{\text{BTNC.Ini}}$ 和诚实规则得

$$
\begin{aligned}
&\text{Has}(A,\text{Kpri}_A) \wedge \text{Has}(T,\text{Kpri}_T) \wedge \text{Honest}(T) \\
&\supset \text{After}(\text{Receive}(A,\{\hat{T},\hat{A},\{|\sigma_T,M_{\text{regisFin}}|\}_{\text{Kpub}_A}\})), \\
&\Diamond \text{Send}(T,\{\hat{T},\hat{A},\{|\sigma_T,M_{\text{regisFin}}|\}_{\text{Kpub}_A}\})
\end{aligned}
\tag{8.14}
$$

式（8.14）说明终端 $A$ 在发送包含签名值 $\sigma_T$ 的基础交易之前，必须先接收到来自可信第三方 $T$ 发送的验证信息。

（12）由式（8.11）、式（8.14）和前提条件 $\theta_{\text{BTNC.Ini}}$ 得

$$
\begin{aligned}
&\theta_{\text{BTNC.Ini}}[\text{BTNC.Ini}]_T (\nu \text{Kpr}_T)\Diamond \text{Receive}(T,\{\hat{A},\hat{T},\{|M_{\text{regisFin}}|\}_{\text{Kpub}_T}\}) \\
&\supset \text{Send}(T,\{\hat{T},\hat{A},\{|\sigma_T,M_{\text{regisFin}}|\}_{\text{Kpub}_A}\})
\end{aligned}
\tag{8.15}
$$

式（8.15）说明在接收并验证终端 $A$ 的最终注册信息之后，可信第三方 $T$ 才能发送验证信息和相应签名值。

联立式（8.11）、式（8.13）、式（8.14）和式（8.15）得

$$
\begin{aligned}
&\phi_{\text{BTNC.Ini}_{\text{auth}}} = \text{Honest}(\hat{P}) \wedge \text{Honest}(\hat{T}) \wedge \text{Honest}(\hat{C})\text{Honest}(\hat{A}) \supset \\
&\exists A.\text{ActionsInorder}(\text{Send}(P,\{\hat{P},\hat{A},\{M_{\text{TQI}},\sigma_{\text{AIK}_A}\}\}), \\
&\quad \text{Receive}(A,\{\hat{P},\hat{A},\{M_{\text{TQI}},\sigma_{\text{AIK}_A}\}\}),\text{Send}(A,\{\hat{A},\hat{T},\{|M_{\text{regisFin}}|\}_{\text{Kpub}_T}\}), \\
&\quad \text{Receive}(T,\{\hat{A},\hat{T},\{|M_{\text{regisFin}}|\}_{\text{Kpub}_T}\}),\text{Send}(T,\{\hat{T},\hat{A},\{|\sigma_T,M_{\text{regisFin}}|\}_{\text{Kpub}_A}\}), \\
&\quad \text{Receive}(A,\{\hat{T},\hat{A},\{|\sigma_T,M_{\text{regisFin}}|\}_{\text{Kpub}_A}\}),\text{Send}(A,\{\hat{A},\hat{C},\{M_{\text{bt}_A}\}), \\
&\quad \text{Receive}(C,\{\hat{A},\hat{C},\{M_{\text{bt}_A}\})
\end{aligned}
\tag{8.16}
$$

式（8.16）即为安全属性 $\phi_{\text{BTNC.Ini}_{\text{auth}}}$，这说明由前提条件 $\theta_{\text{BTNC.Ini}}$ 开始推导，在 PCL 证明方法下，子协议 BTNC.Ini 具有会话认证性。

## 2. 可信网络连接阶段子协议

1）协议形式化描述

分别以终端 $A$、终端 $B$ 和区块链 $C$ 为角色执行协议动作，使用 PCL 语法对 BTNC.Tnc 进行形式化描述，具体如下。

（1）关于终端 $A$ 的形式化描述为

$$A = [(\nu N_A) < \hat{A}, \hat{B}, \text{TD}_A, \text{ID}_A, \text{ID}_B, N_A > (\hat{B}, \hat{A}, \text{TD}_B, \text{ID}_B, \text{ID}_A, N_B)(\hat{C}, \hat{A}, T_A, r_{B_{i-1}}, s_{B_{i-1}})$$
$$(\nu\text{UV-1})(\nu\text{UV-2})(\hat{B}, \hat{A}, z)(z / \{| \text{TD}_B, \text{TD}_A, \text{ID}_B |\}_{\text{UV-2}})(\nu\text{UV-2}) < \hat{A}, \hat{B},$$
$$\{| \text{TD}_A, \text{TD}_B, \text{ID}_A, \{| M_{\text{TQI}} |\}_{\overline{\text{Kpri}_{\text{AIK}_A}}}, \text{UV-1}, r_{A_i}, s_{A_i} |\}_{\text{UV-2}} > (\hat{C}, \hat{A}, \text{PCR}_{B_{i-1}}, \text{digest}_B)$$
$$(\nu\text{UV-2}) < \hat{A}, \hat{B}, \{| \text{TD}_A, \text{TD}_B, \text{ID}_A |\}_{\text{UV-2}} > (\nu\text{UV-2})(\hat{B}, \hat{A}, \{| \text{TD}_B, \text{TD}_A, \text{ID}_B,$$
$$\{| M_{\text{TQI}} |\}_{\overline{\text{Kpri}_{\text{AIK}_B}}}, \text{UV-1}, r_{B_i}, s_{B_i} |\}_{\text{UV-2}}) < \hat{A}, \hat{C}, \{| M_{\text{ut}_{B_i}} |\}_{\overline{\text{Kpri}_A}} >]$$

（2）关于终端 $B$ 的形式化描述为

$$B = [(\hat{A}, \hat{B}, \text{TD}_A, \text{ID}_A, \text{ID}_B, N_A)(\nu N_B) < \hat{B}, \hat{A}, \text{TD}_B, \text{ID}_B, \text{ID}_A, N_B > (\hat{C}, \hat{B}, T_B, r_{A_{i-1}}, s_{A_{i-1}})$$
$$(\nu\text{UV-1})(\nu\text{UV-2}) < \hat{B}, \hat{A}, \{| \text{TD}_B, \text{TD}_A, \text{ID}_B |\}_{\text{UV-2}} > (\nu\text{UV-2})$$
$$(\hat{A}, \hat{B}, \{| \text{TD}_A, \text{TD}_B, \text{ID}_A, \{| M_{\text{TQI}} |\}_{\overline{\text{Kpri}_{\text{AIK}_A}}}, \text{UV-1}, r_{A_i}, s_{A_i} |\}_{\text{UV-2}})$$
$$(\hat{C}, \hat{B}, \text{PCR}_{A_{i-1}}, \text{digest}_A) < \hat{B}, \hat{C}, \{| M_{\text{ut}_{A_i}} |\}_{\overline{\text{Kpri}_B}} > (\nu\text{UV-2})(\hat{A}, \hat{B}, z)$$
$$(z / \{| \text{TD}_A, \text{TD}_B, \text{ID}_A |\}_{\text{UV-2}}) < \hat{B}, \hat{A}, \{| \text{TD}_B, \text{TD}_A, \text{ID}_B, \{| M_{\text{TQI}} |\}_{\overline{\text{Kpri}_{\text{AIK}_B}}}, \text{UV-1}, r_{B_i}, s_{B_i} |\}_{\text{UV-2}} >]$$

（3）关于区块链 $C$ 的形式化描述为

$$C = [< \hat{C}, \hat{A}, T_A, r_{B_{i-1}}, s_{B_{i-1}} >< \hat{C}, \hat{B}, T_B, r_{A_{i-1}}, s_{A_{i-1}} >< \hat{C}, \hat{B}, \text{PCR}_{A_{i-1}}, \text{digest}_A > (\hat{B}, \hat{C},$$
$$\{| M_{\text{ut}_{A_i}} |\}_{\overline{\text{Kpri}_B}}) < \hat{C}, \hat{A}, \text{PCR}_{B_{i-1}}, \text{digest}_B > (\hat{A}, \hat{C}, \{| M_{\text{ut}_{B_i}} |\}_{\overline{\text{Kpri}_A}})]$$

图 8.9 用箭头–信息的形式展示了子协议 BTNC.Tnc 各角色的执行过程。

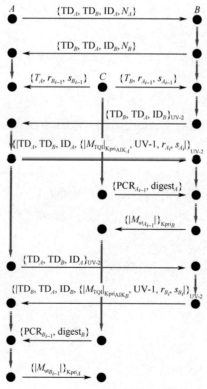

图 8.9　BTNC.Tnc 各角色的执行过程

2）前提条件

分别以终端 $A$、终端 $B$ 和区块链 $C$ 为角色执行 BTNC.Tnc 子协议动作，其前提条件描述为

$$\theta_{\text{BTNC.Tnc}} = \text{Has}(\hat{A}, N_A) \wedge \text{Has}(\hat{B}, N_B) \wedge \text{Has}(\hat{A}, \text{Kpri}_{\text{AIK}_A}) \wedge \text{Has}(\hat{A}, \text{PCR}_{A_i}) \wedge \text{Has}(\hat{A}, \text{digest}_A) \wedge$$
$$\text{Has}(\hat{A}, \text{CT}_{A_i}) \wedge \text{Contains}(M_{\text{TQI}}, \{\text{PCR}_{A_i}, \text{digest}_A, \text{CT}_{A_i}\}) \wedge \text{Has}(\hat{A}, \text{Kpri}_A) \wedge \text{Has}(\hat{B}, \text{Kpri}_{\text{AIK}_B}) \wedge$$
$$\text{Has}(\hat{B}, \text{PCR}_{B_i}) \wedge \text{Has}(\hat{B}, \text{digest}_B) \wedge \text{Has}(\hat{B}, \text{CT}_{B_i}) \wedge \text{Contains}(M_{\text{TQI}}, \{\text{PCR}_{B_i}, \text{digest}_B, \text{CT}_{B_i}\}) \wedge$$
$$\text{Has}(\hat{B}, \text{Kpri}_B) \wedge \text{Has}(\hat{C}, T_A) \wedge \text{Has}(\hat{C}, T_B) \wedge \text{Has}(\hat{C}, r_{A_{i-1}}) \wedge \text{Has}(\hat{C}, r_{B_{i-1}}) \wedge \text{Has}(\hat{C}, \text{PCR}_{A_{i-1}}) \wedge$$
$$\text{Has}(\hat{C}, \text{PCR}_{B_{i-1}}) \wedge \text{Has}(\hat{C}, \text{digest}_A) \wedge \text{Has}(\hat{C}, \text{CT}_{A_{i-1}}) \wedge \text{Has}(\hat{C}, \text{digest}_B) \wedge \text{Has}(\hat{C}, \text{CT}_{B_{i-1}})$$

这里，子协议 BTNC.Tnc 的前提条件指终端 $A$ 和终端 $B$ 拥有各自的可信报告、私钥和 AIK 密钥。同时，区块链 $C$ 拥有终端 $A$ 和终端 $B$ 最近一次的交易信息，且该交易信息包含终端 $A$ 和终端 $B$ 上个状态下的 PCR 值和 ECDSA 签名。

3）安全属性

（1）BTNC.Tnc 会话认证性为

$$\phi_{\text{BTNC.Tnc}_{\text{auth}}} = \text{Honest}(\hat{B}) \wedge \text{Honest}(\hat{C}) \wedge \text{Honest}(\hat{A}) \supset \forall A.\text{ActionsInorder}($$

$$\text{Send}(A, \{\hat{A}, \hat{B}, \{\text{TD}_A, \text{TD}_B, \text{ID}_A, N_A\}\}),$$
$$\text{Receive}(B, \{\hat{A}, \hat{B}, \{\text{TD}_A, \text{TD}_B, \text{ID}_A, N_A\}\}),$$
$$\text{Send}(B, \{\hat{B}, \hat{A}, \{\text{TD}_B, \text{TD}_A, \text{ID}_B, N_B\}\}),$$
$$\text{Receive}(A, \{\hat{B}, \hat{A}, \{\text{TD}_B, \text{TD}_A, \text{ID}_B, N_B\}\}),$$
$$\text{Send}(C, \{\hat{C}, \hat{A}, \{T_A, r_{B_{i-1}}, s_{B_{i-1}}\}\}),$$
$$\text{Send}(C, \{\hat{C}, \hat{B}, \{T_B, r_{A_{i-1}}, s_{A_{i-1}}\}\}),$$
$$\text{Receive}(A, \{\hat{C}, \hat{A}, \{T_A, r_{B_{i-1}}, s_{B_{i-1}}\}\}),$$
$$\text{Receive}(B, \{\hat{C}, \hat{B}, \{T_B, r_{A_{i-1}}, s_{A_{i-1}}\}\}),$$
$$\text{Compute}(A, \{\text{Kpri}_{\text{ts}_A}, \text{Kpub}_{\text{ts}_B}, \text{UV-1}, \text{UV-2}\}),$$
$$\text{Compute}(B, \{\text{Kpri}_{\text{ts}_B}, \text{Kpub}_{\text{ts}_A}, \text{UV-1}, \text{UV-2}\}),$$
$$\text{Send}(B, \{\hat{B}, \hat{A}, \{|\text{TD}_B, \text{TD}_A, \text{ID}_B|\}_{\text{UV-2}}\}),$$
$$\text{Receive}(A, \{\hat{B}, \hat{A}, \{|\text{TD}_B, \text{TD}_A, \text{ID}_B|\}_{\text{UV-2}}\}),$$
$$\text{Send}(A, \{\hat{A}, \hat{B}, \{|M_{\text{TQI}}, r_{A_i}, s_{A_i}, \text{UV-1}, \sigma_{\text{AIK}_A}|\}_{\text{UV-2}}\}),$$
$$\text{Receive}(B, \{\hat{A}, \hat{B}, \{|M_{\text{TQI}}, r_{A_i}, s_{A_i}, \text{UV-1}, \sigma_{\text{AIK}_A}|\}_{\text{UV-2}}\}),$$
$$\text{Send}(C, \{\hat{C}, \hat{B}, \{\text{PCR}_{A_{i-1}}, \text{digest}_A, \text{CT}_{A_{i-1}}\}\}),$$
$$\text{Receive}(B, \{\hat{C}, \hat{B}, \{\text{PCR}_{A_{i-1}}, \text{digest}_A, \text{CT}_{A_{i-1}}\}\}),$$
$$\text{Verify}(B, \{\hat{A}, \hat{B}, \{M_{\text{TQI}}, \text{UV-1}, \text{UV-2}\}\}),$$
$$\text{Send}(B, \{\hat{B}, \hat{C}, \{M_{\text{ut}_{A_i}}, \sigma_B\}\}),$$
$$\text{Receive}(C, \{\hat{B}, \hat{C}, \{M_{\text{ut}_{A_i}}, \sigma_B\}\}),$$
$$\text{Send}(A, \{\hat{A}, \hat{B}, \{|\text{TD}_A, \text{TD}_B, \text{ID}_A|\}_{\text{UV-2}}\}),$$

$$\text{Receive}(B,\{\hat{A},\hat{B},\{|\,\text{TD}_A,\text{TD}_B,\text{ID}_A\,|\}_{\text{UV-2}}\}),$$

$$\text{Send}(B,\{\hat{B},\hat{A},\{|\,M_{\text{TQI}},r_{B_i},s_{B_i},\text{UV-1},\sigma_{\text{AIK}_B}\,|\}_{\text{UV-2}}\}),$$

$$\text{Receive}(A,\{\hat{B},\hat{A},\{|\,M_{\text{TQI}},r_{B_i},s_{B_i},\text{UV-1},\sigma_{\text{AIK}_B}\,|\}_{\text{UV-2}}\}),$$

$$\text{Send}(C,\{\hat{C},\hat{A},\{\text{PCR}_{B_{i-1}},\text{digest}_B,\text{CT}_{B_{i-1}}\}\}),$$

$$\text{Receive}(A,\{\hat{C},\hat{A},\{\text{PCR}_{B_{i-1}},\text{digest}_B,\text{CT}_{B_{i-1}}\}\}),$$

$$\text{Verify}(A,\{\hat{B},\hat{A},\{M_{\text{TQI}},\text{UV-1},\text{UV-2}\}\}),$$

$$\text{Send}(A,\{\hat{A},\hat{C},\{M_{\text{ut}_{B_i}},\sigma_A\}\}),$$

$$\text{Receive}(C,\{\hat{A},\hat{C},\{M_{\text{ut}_{B_i}},\sigma_A\}\})$$

会话认证性的公式形式化地描述了匹配对话的标准身份验证概念，它保证了三个主体对协议的运行具有一致的视图。这里，子协议 BTNC.Tnc 的会话认证性指终端 $B$ 接收到的会话请求信息都是由终端 $A$ 发送的，终端 $A$ 接收到的会话请求信息都是由终端 $B$ 发送的；终端 $A$ 接收到的会话响应信息都是由终端 $B$ 发送的，终端 $B$ 接收到的会话响应信息都是由终端 $A$ 发送的；终端 $B$ 接收到的认证请求信息都是由终端 $A$ 发送的，终端 $A$ 接收到的认证请求信息都是由终端 $B$ 发送的；终端 $B$ 接收到的关于终端 $A$ 最近一次的交易记录都是由区块链 $C$ 发送的，终端 $A$ 接收到的关于终端 $B$ 最近一次的交易记录都是由区块链 $C$ 发送的；区块链 $C$ 接收到的关于终端 $A$ 的更新交易都是由终端 $B$ 发送的，区块链 $C$ 接收到的关于终端 $B$ 的更新交易都是由终端 $A$ 发送的。同时，终端 $B$ 和终端 $A$ 能够确认各自私钥的存在。

（2）BTNC.Tnc 的密钥机密性为

$$\phi_{\text{BTNC.Tnc}_{\text{sec}}} = \text{Honest}(\hat{A}\wedge\text{Honest}(\hat{B}))\supset\text{Has}(\hat{Z},\text{UV-1})\wedge\text{Has}(Z,\text{UV-2})\supset\hat{Z}$$
$$= \hat{A}\vee\hat{Z}=\hat{B}\wedge\text{Has}(A,\text{Kpri}_{\text{AIK}_A})\wedge\text{Has}(A,\text{Kpri}_A)\wedge\text{Has}(B,\text{Kpri}_{\text{AIK}_B})\wedge\text{Has}(B,\text{Kpri}_B)$$

子协议 BTNC.Tnc 的密钥机密性指终端 $A$ 和终端 $B$ 能够确认 $\text{Kss}_{AB}$、$\text{UV-1}$、$\text{UV-2}$ 密钥信息的存在，且除了终端 $A$ 和终端 $B$，其他任何实体都无法得知以上密钥信息。此外，终端 $A$ 和终端 $B$ 能够各自确认其 AIK 密钥的存在。

由上述前提条件和安全属性，可以得到下述定理。

**定理 8.2** 若 $\theta_{\text{BTNC.Tnc}}$ 为真，则 BTNC.Tnc 具有会话认证性和密钥机密性，可以表述为 $\text{BTNC.Tnc}\vdash\theta_{\text{BTNC.Tnc}}[\text{BTNC.Tnc}]\phi_{\text{BTNC.Tnc}_{\text{auth}}}\wedge\phi_{\text{BTNC.Tnc}_{\text{sec}}}$。

**4）不变量描述**

定理 8.2 声明了子协议 BTNC.Tnc 的安全属性，即会话认证性和密钥机密性，分别以终端 $B$ 和区块链 $C$ 为诚实实体执行 BTNC.Tnc 子协议动作，其不变量为

$$\Gamma_{\text{BTNC.Tnc.1}} := \text{Honest}(\hat{B})\supset(\text{After}(\text{Receive}(B,\{\hat{A},\hat{B},\{\text{TD}_A,\text{TD}_B,\text{ID}_A,N_A\}\})))\wedge\text{Fresh}(B,N_B)$$
$$\wedge\text{Send}(B,\{\hat{B},\hat{A},\{\text{TD}_B,\text{TD}_A,\text{ID}_A\}\})\wedge\text{After}(\text{Receive}(B,\{\hat{C},\hat{B},\{T_B,r_{A_{i-1}},s_{A_{i-1}}\}\}))$$
$$\wedge\text{Compute}(B,\{\text{UV-1},\text{UV-2}\})\wedge\text{Send}(B,\{\hat{B},\hat{A},\{|\,\text{TD}_B,\text{TD}_A,\text{ID}_B\,|\}_{\text{UV-2}}\})$$
$$\wedge\text{After}(\text{Receive}(B,\{\hat{A},\hat{B},M_{\text{report}_A}\}))\wedge\text{Contains}(M_{\text{report}_A},\{|\,M_{\text{TQI}},r_{B_i},s_{B_i},\text{UV-1},\sigma_{\text{AIK}_B}\,|\}_{\text{UV-2}})$$
$$\wedge\text{Verify}(B,M_{\text{report}_A})\wedge\text{Send}(B,\{\hat{B},\hat{C},\{\{M_{\text{ut}_{A_i}},\sigma_B\}\}\})$$

$$\Gamma_{\text{BTNC.Tnc.2}} := \text{Honest}(\hat{C}) \supset (\Diamond\text{Has}(C, \{T_A, T_B, r_{A_{i-1}}, s_{A_{i-1}}, r_{A_i}, s_{A_i}, \text{PCR}_{A_{i-1}}, \text{digest}_A, \text{CT}_{A_{i-1}}, \text{PCR}_{B_{i-1}},$$
$$\text{digest}_B, \text{CT}_{B_{i-1}}\}) \wedge \text{After}(\text{Receive}(C, \{\hat{A}, \hat{C}, \{M_{\text{ut}_{B_i}}\}) \wedge \text{New}(C, M_{\text{ut}_{B_i}})$$
$$\wedge \text{After}(\text{Receive}(C, \{\hat{B}, \hat{C}, \{M_{\text{ut}_{A_i}}\}) \wedge \text{New}(C, M_{\text{ut}_{A_i}})$$
$$\Gamma_{\text{BTNC.Tnc}} = \Gamma_{\text{BTNC.Tnc.1}} \wedge \Gamma_{\text{BTNC.Tnc.2}}$$

由于 BTNC.Tnc 子协议运用了 Diffie-Hellman Over Bitcoin（DHOB）协议中的密钥交换和密钥协商过程，因此，需要在 PCL 的现行语法基础上设计并描述 DHOB 公理，从而进一步完善并分析 BTNC.Tnc 的密钥机密性。

DHOB1: $\text{Compute}(X, \text{Kss}_{AB}) \supset \text{Has}(X, \text{Kss}_{AB})$

DHOB2: $\text{Has}(X, \text{Kss}_{AB}) \supset (\text{Has}(X, \{\text{Kpri}_{\text{ts}_A}, \text{Kpub}_{\text{ts}_B}\}) \vee (\text{Has}(X, \{\text{Kpri}_{\text{ts}_B}, \text{Kpub}_{\text{ts}_A}\})$

DHOB3: $(\text{Has}(X, \{\text{Kpri}_{\text{ts}_A}, \text{Kpub}_{\text{ts}_B}\}) \vee (\text{Has}(X, \{\text{Kpri}_{\text{ts}_B}, \text{Kpub}_{\text{ts}_A}\}))$
$$\supset (\text{Compute}(X, \{\text{Kpri}_{\text{ts}_A}, \text{Kpub}_{\text{ts}_B}\}) \wedge \exists M.(\Diamond\text{Has}(X, \text{Kpri}_A) \wedge \text{Receive}(X, M)$$
$$\wedge \text{Contains}(M, \{T_A, r_{B_{i-1}}, s_{B_{i-1}}\}))) \vee (\text{Compute}(X, \{\text{Kpri}_{\text{ts}_B}, \text{Kpub}_{\text{ts}_A}\})$$
$$\wedge \exists M'.(\Diamond\text{Has}(X, \text{Kpri}_B) \wedge \text{Receive}(X, M') \wedge \text{Contains}(M', \{T_B, r_{A_{i-1}}, s_{A_{i-1}}\}))$$

DHOB4: $(\Diamond\text{Receive}(X, M) \wedge \text{Contains}(M, \{T_A, r_{B_{i-1}}, s_{B_{i-1}}\})) \vee (\Diamond\text{Receive}(X, M) \wedge$
$$\text{Contains}(M, \{T_A, r_{B_{i-1}}, s_{B_{i-1}}\})) \supset \exists Y, M, M'\text{Send}(Y, \{T_A, r_{B_{i-1}}, s_{B_{i-1}}\}) \vee \text{Send}(Y, \{T_B, r_{A_{i-1}}, s_{A_{i-1}}\})$$

DHOB5: $(\text{Receive}(X, \{T_A, r_{B_{i-1}}, s_{B_{i-1}}\}) \wedge \Diamond\text{Has}(X, \text{Kpri}_A)) \vee (\text{Receive}(X, \{T_B, r_{A_{i-1}}, s_{A_{i-1}}\})$
$$\wedge \Diamond\text{Has}(X, \text{Kpri}_B))) \supset \text{Compute}(X, \{\text{Kpri}_{\text{ts}_A}, \text{Kpub}_{\text{ts}_B}\}) \vee \text{Compute}(X, \{\text{Kpri}_{\text{ts}_B}, \text{Kpub}_{\text{ts}_A}\})$$

其中，DHOB1 说明如果终端 $X$ 能够计算会话密钥，则它也拥有该会话密钥；DHOB2 说明如果终端 $X$ 拥有会话密钥，则它也拥有关于该会话密钥的特定交易密钥对；DHOB3 说明拥有特定交易密钥对的终端 $X$，能够从某一实体处获取用于计算特定交易密钥对的材料；DHOB4 说明终端 $X$ 在接收用于计算特定交易密钥对的材料前存在实体 $Y$，它能够向终端 $X$ 发送相关密钥信息；DHOB5 说明拥有自身私钥、交易 ID、ECDSA 签名的终端 $X$ 能够计算出相关的特定交易密钥对。

5）证明过程

下面依据定理 8.2，分别证明 BTNC.Tnc 的会话认证性和密钥机密性。

当 BTNC.Tnc 子协议被执行时，会话认证性能够按照以下步骤推导。

（1）因为终端 $B$ 是诚实的，因此它能清楚地知道自己的行动顺序，如 $\text{Receive}\{\text{TD}_A, \text{TD}_B, \text{ID}_A, N_A\}$，$\text{Send}\{\text{TD}_B, \text{TD}_A, \text{ID}_B, N_B\}$，$\text{Receive}\{T_A, r_{B_{i-1}}, s_{B_{i-1}}\}$，$\text{Compute}\{\text{Kpri}_{\text{ts}_B}, \text{Kpub}_{\text{ts}_A}, \text{UV-1}, \text{UV-2}\}$ 等，如式（8.17）所示。

（2）在终端 $B$ 接收 $\{\text{TD}_A, \text{TD}_B, \text{ID}_A, N_A\}$ 之前，必然存在一实体能够向终端 $B$ 发送该信息，这表明该实体能够产生随机数 $N_A$，如式（8.18）所示。

（3）由于区块链 $C$ 是诚实的，因此它能清楚地知道自己的行动顺序，如 $\text{Send}\{T_A, r_{B_{i-1}}, s_{B_{i-1}}\}$，$\text{Send}\{T_B, r_{A_{i-1}}, s_{A_{i-1}}\}$，$\text{Send}\{\text{PCR}_{A_{i-1}}, \text{digest}_A, \text{CT}_{A_{i-1}}\}$，$\text{Receive}\{M_{\text{ut}_{A_i}}, \sigma_B\}$，$\text{Send}\{\text{PCR}_{B_{i-1}}, \text{digest}_B, \text{CT}_{B_{i-1}}\}$，$\text{Receive}\{M_{\text{ut}_{B_i}}, \sigma_A\}$，如式（8.19）所示。

（4）根据 HON，终端 $B$ 能够计算特定交易密钥对和会话密钥等相关信息 $\{\text{Kpri}_{\text{ts}_B}, \text{Kpub}_{\text{ts}_A}, \text{UV-1}, \text{UV-2}\}$，且在终端 $B$ 完成计算推导过程之前，必存在一实体能够向终

端 $B$ 发送相关密钥信息,如交易 ID 和 ECDSA 签名,根据不变量 $\Gamma_{\text{BTNC.Tnc}}$,该实体为区块链 $C$,即在终端 $B$ 计算特定交易密钥对和会话密钥之前必然接收到来自区块链 $C$ 的密钥信息,如式(8.20)所示。

(5)因为终端 $B$ 在接收和验证 $\{\{|M_{\text{TQI}},r_{A_i},s_{A_i},\text{UV-1},\sigma_{\text{AIK}_A}|\}_{\text{UV-2}}$ 之前,必然存在一实体能够计算、产生并向终端 $B$ 发送该信息,这意味着该实体能够计算并产生会话密钥等信息,如式(8.21)所示。

(6)按照 BTNC.Tnc 子协议的不变量,该实体为终端 $B$ 或终端 $A$,因为只有终端 $B$ 和终端 $A$ 能够产生并拥有 UV-2 和 UV-1,如式(8.22)所示。

(7)终端 $B$ 不能产生并发送信息 Send$\{\{|M_{\text{TQI}},r_{A_i},r_{A_i},\text{UV-1},\sigma_{\text{AIK}_A}|\}_{\text{UV-2}}$,该信息只能由终端 $A$ 进行计算并发送。此外,在终端 $B$ 接收 $\{\{|M_{\text{TQI}},r_{A_i},r_{A_i},\text{UV-1},\sigma_{\text{AIK}_A}|\}_{\text{UV-2}}$ 之前,终端 $A$ 已经完成该信息的整合和发送,如式(8.23)所示。

(8)终端 $A$ 发送信息 $\{|M_{\text{TQI}},r_{A_i},r_{A_i},\text{UV-1},\sigma_{\text{AIK}_A}|\}_{\text{UV-2}}$ 之前,必须接收到某实体对终端 $A$ 的平台进行验证的请求,根据不变量,该实体为终端 $B$,因此,在终端 $A$ 发送信息 $\{|M_{\text{TQI}},r_{A_i},r_{A_i},\text{UV-1},\sigma_{\text{AIK}_A}|\}_{\text{UV-2}}$ 之前,已经接收到了来自终端 $B$ 发送的认证请求信息 $\{|\text{TD}_B,\text{TD}_A,\text{ID}_B|\}_{\text{UV-2}}$,如式(8.24)所示。

(9)在终端 $B$ 接收完整性报告信息 $\{|M_{\text{TQI}},r_{A_i},r_{A_i},\text{UV-1},\sigma_{\text{AIK}_A}|\}_{\text{UV-2}}$ 之前,终端 $A$ 必须完成特定交易密钥对和会话密钥信息的计算工作 Compute$\{\text{Kpri}_{\text{ts}_A},\text{Kpub}_{\text{ts}_B},\text{UV-1},\text{UV-2}\}$,且终端 $A$ 在计算和推导密钥信息 UV-1 和 UV-2 之前,必须获取会话密钥的相关信息,因此,必然存在一实体能够向终端 $A$ 发送这些信息,如式(8.26)所示。

(10)根据 HON,该实体为区块链 $C$,因为终端 $A$ 不能发送信息 Send$\{T_A,r_{B_{i-1}},s_{B_{i-1}}\}$,即在终端 $A$ 计算会话密钥相关信息之前,它已经接收到了来自区块链 $C$ 的信息 $\{T_A,r_B,s_B\}$,如式(8.27)所示。

(11)在区块链 $C$ 接收 $\{M_{\text{ut}_{A_i}},\sigma_B\}$ 之前,必然存在一实体能够计算、整合和发送该信息,这意味着该实体能够产生关于终端 $A$ 的更新交易,根据不变量,该实体为终端 $B$,即在区块链 $C$ 接收 $\{M_{\text{ut}_{A_i}},\sigma_B\}$ 之前,终端 $B$ 已经完成了该信息的整合和发送操作,如式(8.28)所示。

(12)根据 VER,终端 $B$ 在发送关于终端 $A$ 的更新交易 $\{M_{\text{ut}_{A_i}},\sigma_B\}$ 之前,必须能够获取终端 $A$ 最近一次交易的可信报告并对当前状态下的可信报告进行验证,即存在一个实体能够向终端 $B$ 发送关于终端 $A$ 最近一次交易的可信报告信息,根据不变量,该实体为区块链 $C$,即在终端 $B$ 进行验证工作之前,终端 $C$ 已经完成了相关可信报告信息的发送,如式(8.29)所示。

(13)终端 $B$ 验证完终端 $A$ 的完整性报告 $\{|M_{\text{TQI}},r_{A_i},r_{A_i},\text{UV-1},\sigma_{\text{AIK}_A}|\}_{\text{UV-2}}$,并认为终端 $A$ 诚实地遵守协议的进程,终端 $A$ 必须有一系列的接收和发送操作。因此,根据步骤(8)至步骤(12),同理可证区块链 $C$ 在接收关于终端 $B$ 的更新交易 $\{M_{\text{ut}_{B_i}},\sigma_A\}$ 之前,终端 $A$ 已经完成了相关信息的接收和发送操作,如式(8.31)所示。

步骤(1)～(13)的结果在式(8.32)中得以体现证明,因此以终端 $B$ 和区块链 $C$ 为诚实实体能够推导出子协议 BTNC.Tnc 关于终端 $A$ 的会话认证性。

根据 PCL 的相关语法、规则和公理,子协议 BTNC.Tnc 会话认证性的证明过程如下。

（1）由 AA1、ARP、AA4 可得

$$\theta_{\text{BTNC.Tnc}}[\text{BTNC.Tnc}]_B \text{Receive}(B,\{\hat{A},\hat{B},\{\text{TD}_A,\text{TD}_B,\text{ID}_A,N_A\}\}),$$
$$\text{Send}(B,\{\hat{B},\hat{A},\{\text{TD}_B,\text{TD}_A,\text{ID}_B,N_B\}\}),$$
$$\text{Receive}(B,\{\hat{C},\hat{A},\{T_A,r_{B_{i-1}},s_{B_{i-1}}\}\}),$$
$$\text{Compute}(B,\{\text{Kpri}_{\text{ts}_B},\text{Kpub}_{\text{ts}_A},\text{UV-1},\text{UV-2}\}),$$
$$\text{Send}(B,\{\hat{B},\hat{A},\{|\,\text{TD}_B,\text{TD}_A,\text{ID}_B\,|\}_{\text{UV-2}}\}),$$
$$\text{Receive}(B,\{\hat{A},\hat{B},\{|\,M_{\text{TQI}},r_{A_i},s_{A_i},\text{UV-1},\sigma_{\text{AIK}_A}\,|\}_{\text{UV-2}}\}), \quad (8.17)$$
$$\text{Receive}(B,\{\hat{C},\hat{B},\{\text{PCR}_{A_{i-1}},\text{digest}_A,\text{CT}_{A_{i-1}}\}\}),$$
$$\text{Verify}(B,\{\hat{A},\hat{B},\{M_{\text{TQI}},\text{UV-1},\text{UV-2}\}\}),$$
$$\text{Send}(B,\{\hat{B},\hat{C},\{M_{\text{ut}_{A_i}},\sigma_B\}\}),$$
$$\text{Receive}(B,\{\hat{A},\hat{B},\{|\,\text{TD}_A,\text{TD}_B,\text{ID}_A\,|\}_{\text{UV-2}}\}),$$
$$\text{Send}(B,\{\hat{B},\hat{A},\{|\,M_{\text{TQI}},r_{B_i},s_{B_i},\text{UV-1},\sigma_{\text{AIK}_B}\,|\}_{\text{UV-2}}\})$$

式（8.17）表明诚实终端 $B$ 能够预先清楚地知道自己行动的具体内容，由此步骤（1）得证。

（2）由 AF2、ARP、P3 和前提条件 $\theta_{\text{BTNC.Tnc}}$ 得

$$\text{Honest}(\hat{B}) \wedge \text{Receive}(B,\{\hat{A},\hat{B},\{\text{TD}_A,\text{TD}_B,\text{ID}_A,N_A\}\})$$
$$\supset \exists X^1 \wedge X^1 \neq B.\exists M.(\Diamond \text{Send}(X^1,M)$$
$$\wedge \text{Contains}(M,\{\text{TD}_A,\text{TD}_B,\text{ID}_A,N_A\}) \wedge {}^{\circ}\text{Fresh}(A,N_A)) \quad (8.18)$$
$$\supset \text{Has}(X^1,\{\text{TD}_A,\text{TD}_B,\text{ID}_A,N_A\}) \wedge \text{HasAlone}(A,N_A)$$
$$\supset X^1 = A \wedge \text{After}(\text{Send}(A,\{\hat{A},\hat{B},\{\text{TD}_A,\text{TD}_B,\text{ID}_A,N_A\}\})),$$
$$\text{Receive}(B,\{\hat{A},\hat{B},\{\text{TD}_A,\text{TD}_B,\text{ID}_A,N_A\}\})$$

式（8.18）表明在终端 $B$ 接收信息 $\{\text{TD}_A,\text{TD}_B,\text{ID}_A,N_A\}$ 之前，终端 $A$ 已经完成了信息 $\{\text{TD}_A,\text{TD}_B,\text{ID}_A,N_A\}$ 的产生、计算和发送，由此步骤（2）得证。

（3）由 AA1、ARP、AA4 可得

$$\theta_{\text{BTNC.Tnc}}[\text{BTNC.Tnc}]_C \text{Send}(C,\{\hat{C},\hat{A},\{T_A,r_{B_{i-1}},s_{B_{i-1}}\}\}),$$
$$\text{Send}(C,\{\hat{C},\hat{B},\{T_B,r_{A_{i-1}},s_{A_{i-1}}\}\}),$$
$$\text{Send}(C,\{\hat{C},\hat{B},\{\text{PCR}_{A_{i-1}},\text{digest}_A,\text{CT}_{A_{i-1}}\}\}),$$
$$\text{Receive}(C,\{\hat{B},\hat{C},\{M_{\text{ut}_{A_i}},\sigma_B\}\}), \quad (8.19)$$
$$\text{Send}(C,\{\hat{C},\hat{A},\{\text{PCR}_{B_{i-1}},\text{digest}_B,\text{CT}_{B_{i-1}}\}\}),$$
$$\text{Receive}(C,\{\hat{A},\hat{C},\{M_{\text{ut}_{B_i}},\sigma_A\}\})$$

式（8.19）表明诚实区块链 $C$ 能够预先清楚地知道自己行动的具体内容，在用户鉴定阶段，区块链 $C$ 能够向终端 $A$ 和终端 $B$ 发送交易 ID 和 ECDSA 签名。在平台认证阶段，区块链 $C$ 能够向终端 $A$ 和终端 $B$ 发送最近交易中的可信报告信息，由此步骤（3）得证。

（4）由 HON、AF1、P3 得

$$Honest(\hat{B}) \wedge Compute(B,\{Kpri_{ts_B},Kpub_{ts_A},UV\text{-}1,UV\text{-}2\})$$
$$\supset \Diamond Receive(B,M) \wedge Contains(M,\{T_A,r_{B_{i-1}},s_{B_{i-1}}\})$$
$$\supset \exists X^2.\exists M'.Send(X,M') \wedge Contains(M',\{T_A,r_{B_{i-1}},s_{B_{i-1}}\})$$
$$\supset Has(X^2,\{T_A,r_{B_{i-1}},s_{B_{i-1}}\}) \wedge HasAlone(C,\{T_A,r_{B_{i-1}},s_{B_{i-1}}\}) \wedge X^2 \neq B \qquad (8.20)$$
$$\supset X^2 = C \wedge After(Send(C,\{\hat{C},\hat{B},\{T_B,r_{A_{i-1}},s_{A_{i-1}}\}\})),$$
$$\quad Receive(B,\{\hat{C},\hat{A},\{T_A,r_{B_{i-1}},s_{B_{i-1}}\}\})$$
$$\supset After(Receive(B,\{\hat{C},\hat{A},\{T_A,r_{B_{i-1}},s_{B_{i-1}}\}\})),$$
$$\quad Compute(B,\{Kpri_{ts_B},Kpub_{ts_A},UV\text{-}1,UV\text{-}2\})$$

式（8.20）说明在终端 $B$ 计算特定交易密钥对和会话密钥之前必然会接收到来自区块链 $C$ 的相关密钥信息，由此步骤（4）得证。

（5）由不变量 $\Gamma_{\text{BTNC.Tnc}}$、AF1、P3 得

$$Honest(\hat{B}) \wedge \Diamond Verify(B,\{M_{\text{TQI}},UV\text{-}1,UV\text{-}2\})$$
$$\supset {}^{\circ}Receive(B,M) \wedge Contains(M,\{M_{\text{TQI}},UV\text{-}1,UV\text{-}2\})$$
$$\supset \exists X^3.\exists M'.\Diamond Send(X,M') \wedge Contains(M',\{M_{\text{TQI}},UV\text{-}1,UV\text{-}2\}) \qquad (8.21)$$
$$\supset Has(X^3,M_{\text{TQI}}) \wedge Has(X^3,\{UV\text{-}1,UV\text{-}2\})$$

式（8.21）说明在诚实终端 $B$ 接收并验证可信报告和会话密钥之前，必然存在一实体 $X^3$ 能够向终端 $B$ 发送相关信息，这也意味着该实体知道密钥信息 $UV\text{-}1$、$UV\text{-}2$ 和可信报告 $M_{\text{TQI}}$ 的具体内容，由此步骤（5）得证。

（6）由不变量 $\Gamma_{\text{BTNC.Tnc}}$ 和式（8.21）得

$$\Gamma_{\text{BTNC.Tnc}} \wedge Has(X^3,M_{\text{TQI}}) \wedge Has(X^3,\{UV\text{-}1,UV\text{-}2\}) \supset X^3 = B \vee X^3 = A \qquad (8.22)$$

式（8.22）证明（5）中的实体 $X^3$ 为终端 $B$ 或终端 $A$，由此步骤（6）得证。

（7）由前提条件 $\theta_{\text{BTNC.Tnc}}$ 和式（8.22）得

$$\theta_{\text{BTNC.Tnc}} \wedge Receive(B,\{\hat{A},\hat{B},\{|M_{\text{TQI}},r_{A_i},s_{A_i},UV\text{-}1,\sigma_{\text{AIK}_A}|\}_{UV\text{-}2}\})$$
$$\supset Has(X,Kpri_{\text{AIK}_A}) \wedge HasAlone(A,Kpri_{\text{AIK}_A})$$
$$\supset X^3 = A \wedge After(A,\{\hat{A},\hat{B},\{|M_{\text{TQI}},r_{A_i},s_{A_i},UV\text{-}1,\sigma_{\text{AIK}_A}|\}_{UV\text{-}2}\}), \qquad (8.23)$$
$$\quad Receive(B,\{\hat{A},\hat{B},\{|M_{\text{TQI}},r_{A_i},s_{A_i},UV\text{-}1,\sigma_{\text{AIK}_A}|\}_{UV\text{-}2}\})$$

式（8.23）证明该实体 $X^3$ 为终端 $A$，且在终端 $B$ 接收到完整性报告之前，终端 $A$ 已经完成了计算、整合和向终端 $B$ 发送该完整性报告，由此步骤（7）得证。

（8）由 AF1、AA1、ARP 和不变量 $\Gamma_{\text{BTNC.Tnc}}$ 得

$$Send(A,\{|M_{\text{TQI}},r_{A_i},r_A,UV\text{-}1,\sigma_{\text{AIK}_A}|\}_{UV\text{-}2})[\text{BTNC.Tnc}]_A Honest(\hat{B})$$
$$\supset \exists B.\Diamond Send(B,\{\hat{B},\hat{A},\{|TD_B,TD_A,ID_B|\}_{UV\text{-}2}\}) \wedge {}^{\circ}Fresh(Y,UV\text{-}2) \qquad (8.24)$$
$$\wedge After(Send(B,\{\hat{B},\hat{A},\{|TD_B,TD_A,ID_B|\}_{UV\text{-}2}\})),$$
$$\quad Receive(A,\{\hat{B},\hat{A},\{|TD_B,TD_A,ID_B|\}_{UV\text{-}2}\})$$

式（8.24）说明在终端 $A$ 发送完整性报告 $\{|M_{\text{TQI}},r_{A_i},r_A,UV\text{-}1,\sigma_{\text{AIK}_A}|\}_{UV\text{-}2}$ 之前，必然已经接收到了终端 $B$ 发送的认证请求信息，由此步骤（8）得证。

（9）由 AF1、HON 和式（8.24）得

$$\theta_{\text{BTNC.Tnc}}[\text{BTNC.Tnc}]_B \text{Receive}(B, \{\hat{A}, \hat{B}, \{|M_{\text{TQI}}, r_{A_i}, r_{A_i}, \text{UV-1}, \sigma_{\text{AIK}_A}|\}_{\text{UV-2}}\})$$
$$\supset \exists X^4.\exists M.\lozenge \text{Send}(X^4, M)$$
$$\wedge \text{Contains}(M, \{|M_{\text{TQI}}, r_{A_i}, r_{A_i}, \text{UV-1}, \sigma_{\text{AIK}_A}|\}_{\text{UV-2}}\}) \supset X^4 \qquad (8.25)$$
$$= A \wedge \text{HasAlone}(A, \text{Kpri}_{\text{AIK}_A})\lozenge \text{Fresh}(A, \{\text{UV-1}, \text{UV-2}\})$$
$$\supset \lozenge(\text{Compute}(A, \{\text{Kpri}_{\text{ts}_A}, \text{Kpub}_{\text{ts}_B}, \text{UV-1}, \text{UV-2}\})$$
$$\wedge \text{Fresh}(A, \{\text{UV-1}, \text{UV-2}\}))$$

由式（8.25）和 HON 得

$$\text{Honest}(\hat{C}) \wedge \text{Fresh}(A, \{\text{UV-1}, \text{UV-2}\}))$$
$$\supset \exists A.\text{Receive}(A, \{T_A, r_{B_{i-1}}, s_{B_{i-1}}\})$$
$$\wedge \text{After}(\text{Receive}(A, \{T_A, r_{B_{i-1}}, s_{B_{i-1}}\}),$$
$$\text{Fresh}(A, \{\text{UV-1}, \text{UV-2}\})) \qquad (8.26)$$
$$\supset \exists X^5.\exists M'.\lozenge \text{Send}(X^5, M')$$
$$\wedge \text{Contains}(M', \{T_A, r_{B_{i-1}}, s_{B_{i-1}}\})$$
$$\supset X^5 = C \vee X^5 = A$$

式（8.26）说明在终端 $A$ 接收、计算、产生密钥 UV-1 和 UV-2 之前，必须存在一实体 $X^5$ 向终端 $A$ 发送该会话密钥的相关信息，因此步骤（9）得证。

（10）由前提条件 $\theta_{\text{BTNC.Tnc}}$ 和式（8.26）得

$$\theta_{\text{BTNC.Tnc}} \wedge \text{Has}(C, \{T_A, r_{B_{i-1}}, s_{B_{i-1}}\}) \supset X^5$$
$$= C \wedge \text{After}(\text{Send}(C, \{\hat{C}, \hat{A}, \{T_A, r_{B_{i-1}}, s_{B_{i-1}}\}\}), \qquad (8.27)$$
$$\text{Receive}(A, \{\hat{C}, \hat{A}, \{T_A, r_{B_{i-1}}, s_{B_{i-1}}\}\})$$

式（8.27）说明（9）中的实体 $X^5$ 为区块链 $C$，且在终端 $A$ 计算会话密钥相关信息之前，它已经接收到了来自区块链 $C$ 的信息 $\{T_A, r_{B_{i-1}}, s_{B_{i-1}}\}$，由此步骤（10）得证。

（11）由 HON 和 AF1 得

$$\text{Honest}(\hat{C}) \wedge \text{Receive}(C, \{M_{\text{ut}_{A_i}}, \sigma_B\})$$
$$\supset \exists X^6.\exists M.\text{Send}(X^6, M) \wedge \text{Contains}(M, \{M_{\text{ut}_{A_i}}, \sigma_B\})$$
$$\supset \text{Has}(X^6, \sigma_B) \wedge \text{HasAlone}(B, \text{Kpri}_B) \qquad (8.28)$$
$$\supset X^6 = B \wedge \text{After}(\text{Send}(B, \{\hat{B}, \hat{C}, \{M_{\text{ut}_{A_i}}, \sigma_B\}\})),$$
$$\text{Receive}(C, \{\hat{B}, \hat{C}, \{M_{\text{ut}_{A_i}}, \sigma_B\}\})$$

式（8.28）说明在区块链 $C$ 接收终端 $B$ 发送的关于终端 $A$ 的更新交易 $\{M_{\text{ut}_{A_i}}, \sigma_B\}$ 之前，终端 $B$ 已经完成了该更新交易的发送，由此步骤（11）得证。

（12）根据 VER 和不变量 $\Gamma_{\text{BTNC.Tnc}}$ 得

$$\text{Honest}(\hat{B}) \wedge \text{Honest}(\hat{C}) \wedge \text{Send}(B, \{M_{\text{ut}_{A_i}}, \sigma_B\}) \wedge \text{Has}(B, \text{Kpri}_B)$$
$$\supset \text{After}(\text{Verify}(B, \{M_{\text{TQI}}, \text{UV-1}, \text{UV-2}\})), \text{Send}(B, \{M_{\text{ut}_{A_i}}, \sigma_B\})$$
$$\supset \text{After}(\text{Send}(C, \{\text{PCR}_{A_{i-1}}, \text{digest}_A, \text{CT}_{A_{i-1}}\})),$$
$$\text{Verify}(B, \{M_{\text{TQI}}, \text{UV-1}, \text{UV-2}\}) \qquad (8.29)$$
$$\supset \text{ActionInOder}(\text{Send}(C, \{\hat{C}, \hat{B}, \{\text{PCR}_{A_{i-1}}, \text{digest}_A, \text{CT}_{A_{i-1}}\}\}),$$
$$\text{Receive}(B, \{\hat{C}, \hat{B}, \{\text{PCR}_{A_{i-1}}, \text{digest}_A, \text{CT}_{A_{i-1}}\}\}),$$
$$\text{Verify}(B, \{\hat{A}, \hat{B}, \{M_{\text{TQI}}, \text{UV-1}, \text{UV-2}\}\})$$

式（8.29）表明终端 $B$ 在完成关于终端 $A$ 平台的验证之前，区块链 $C$ 已经向发送了终端 $B$ 关于终端 $A$ 的最近交易信息。且终端 $B$ 在向区块链 $C$ 发送更新交易之前，已经完成了对终端 $A$ 平台的验证，由此步骤（12）得证。

（13）由式（8.23）、式（8.24）、式（8.26）和式（8.27）得

$$
\begin{aligned}
&\text{Honest}(\hat{A}) \wedge \text{Honest}(\hat{B}) \wedge \text{Honest}(\hat{C}) \supset \exists A.\text{ActionsInOrder}\\
&\text{Send}(A,\{\hat{A},\hat{B},\{\text{TD}_A,\text{TD}_B,\text{ID}_A,N_A\}\}),\\
&\text{Receive}(A,\{\hat{B},\hat{A},\{\text{TD}_B,\text{TD}_A,\text{ID}_B,N_B\}\}),\\
&\text{Receive}(A,\{\hat{C},\hat{A},\{T_A,r_{B_{i-1}},s_{B_{i-1}}\}\}),\\
&\text{Compute}(A,\{\text{Kpri}_{\text{ts}_A},\text{Kpub}_{\text{ts}_B},\text{UV}-1,\text{UV}-2\}),\\
&\text{Receive}(A,\{\hat{B},\hat{A},\{|\,\text{TD}_B,\text{TD}_A,\text{ID}_B\,|\}_{\text{UV-2}}\}),\\
&\text{Send}(A,\{\hat{A},\hat{B},\{|\,M_{\text{TQI}},r_{A_i},s_{A_i},\text{UV}-1,\sigma_{\text{AIK}_A}\,|\}_{\text{UV-2}}\})
\end{aligned}
\tag{8.30}
$$

式（8.30）说明如果终端 $A$ 被验证是诚实实体，终端 $A$ 将进行一系列发送、计算、验证和接收操作。

$$
\begin{aligned}
&\text{Honest}(\hat{A}) \wedge \text{Honest}(\hat{B}) \wedge \text{Honest}(\hat{C}) \supset \exists A.\text{ActionsInOrder}\\
&\text{Send}(A,\{\hat{A},\hat{B},\{|\,\text{TD}_A,\text{TD}_B,\text{ID}_A\,|\}_{\text{UV-2}}\}),\\
&\text{Receive}(A,\{\hat{B},\hat{A},\{|\,M_{\text{TQI}},r_{B_i},r_{B_i},\text{UV}-1,\sigma_{\text{AIK}_B}\,|\}_{\text{UV-2}}\}),\\
&\text{Receive}(A,\{\hat{C},\hat{A},\{\text{PCR}_{B_{i-1}},\text{digest}_B,\text{CT}_{B_{i-1}}\}\}),\\
&\text{Verify}(A,\{\hat{B},\hat{A},\{M_{\text{TQI}},\text{UV-1},\text{UV-2}\}\}),\\
&\text{Send}(A,\{\hat{A},\hat{C},\{M_{\text{ut}_{B_i}},\sigma_A\}\})
\end{aligned}
\tag{8.31}
$$

根据步骤（8）～（12），同理可证区块链 $C$ 在接收关于终端 $B$ 的更新交易 $\{M_{\text{ut}_{B_i}},\sigma_A\}$ 之前，终端 $A$ 已经完成了相关信息的接收和发送，由此步骤（13）得证。

联立式（8.20）、式（8.23）、式（8.24）、式（8.27）、式（8.28）、式（8.29）、式（8.30）、式（8.31）得

$$
\begin{aligned}
\phi_{\text{BTNC.Tnc}_{\text{auth}}} =\ &\text{Honest}(\hat{A}) \wedge \text{Honest}(\hat{B}) \wedge \text{Honest}(\hat{C})\\
\supset\ &\exists A.\text{ActionsInOrder}\ \text{Send}(A,\{\hat{A},\hat{B},\{\text{TD}_A,\text{TD}_B,\text{ID}_A,N_A\}\}),\\
&\text{Receive}(B,\{\hat{A},\hat{B},\{\text{TD}_A,\text{TD}_B,\text{ID}_A,N_A\}\}),\\
&\text{Send}(B,\{\hat{B},\hat{A},\{\text{TD}_B,\text{TD}_A,\text{ID}_B,N_B\}\}),\\
&\text{Receive}(A,\{\hat{B},\hat{A},\{\text{TD}_B,\text{TD}_A,\text{ID}_B,N_B\}\}),\\
&\text{Send}(C,\{\hat{C},\hat{A},\{T_A,r_{B_{i-1}},s_{B_{i-1}}\}\}),\\
&\text{Send}(C,\{\hat{C},\hat{B},\{T_B,r_{A_{i-1}},s_{A_{i-1}}\}\}),\\
&\text{Receive}(A,\{\hat{C},\hat{A},\{T_A,r_{B_{i-1}},s_{B_{i-1}}\}\}),\\
&\text{Receive}(B,\{\hat{C},\hat{B},\{T_B,r_{A_{i-1}},s_{A_{i-1}}\}\}),\\
&\text{Compute}(A,\{\text{Kpri}_{\text{ts}_A},\text{Kpub}_{\text{ts}_B},\text{UV-1},\text{UV-2}\}),\\
&\text{Compute}(B,\{\text{Kpri}_{\text{ts}_B},\text{Kpub}_{\text{ts}_A},\text{UV-1},\text{UV-2}\}),\\
&\text{Send}(B,\{\hat{B},\hat{A},\{|\,\text{TD}_B,\text{TD}_A,\text{ID}_B\,|\}_{\text{UV-2}}\}),\\
&\text{Receive}(A,\{\hat{B},\hat{A},\{|\,\text{TD}_B,\text{TD}_A,\text{ID}_B\,|\}_{\text{UV-2}}\}),\\
&\text{Send}(A,\{\hat{A},\hat{B},\{|\,M_{\text{TQI}},r_{A_i},s_{A_i},\text{UV}-1,\sigma_{\text{AIK}_A}\,|\}_{\text{UV-2}}\}),\\
&\text{Receive}(B,\{\hat{A},\hat{B},\{|\,M_{\text{TQI}},r_{A_i},s_{A_i},\text{UV}-1,\sigma_{\text{AIK}_A}\,|\}_{\text{UV-2}}\}),
\end{aligned}
\tag{8.32}
$$

$$\text{Send}(C,\{\hat{C},\hat{B},\{\text{PCR}_{A_{i-1}},\text{digest}_A,\text{CT}_{A_{i-1}}\}\}),$$
$$\text{Receive}(B,\{\hat{C},\hat{B},\{\text{PCR}_{A_{i-1}},\text{digest}_A,\text{CT}_{A_{i-1}}\}\}),$$
$$\text{Verify}(B,\{\hat{A},\hat{B},\{M_{\text{TQI}},\text{UV-1},\text{UV-2}\}\}),$$
$$\text{Send}(B,\{\hat{B},\hat{C},\{M_{\text{ut}_{A_i}},\sigma_B\}\}).$$
$$\text{Receive}(C,\{\hat{B},\hat{C},\{M_{\text{ut}_{A_i}},\sigma_B\}\}).$$
$$\text{Send}(A,\{\hat{A},\hat{B},\{|\,\text{TD}_A,\text{TD}_B,\text{ID}_A\,|\}_{\text{UV-2}}\}),$$
$$\text{Receive}(B,\{\hat{A},\hat{B},\{|\,\text{TD}_A,\text{TD}_B,\text{ID}_A\,|\}_{\text{UV-2}}\}),$$
$$\text{Send}(B,\{\hat{B},\hat{A},\{|\,M_{\text{TQI}},r_{B_i},s_{B_i},\text{UV-1},\sigma_{\text{AIK}_B}\,|\}_{\text{UV-2}}\}),\qquad(8.32 \text{ 续})$$
$$\text{Receive}(A,\{\hat{B},\hat{A},\{|\,M_{\text{TQI}},r_{B_i},s_{B_i},\text{UV-1},\sigma_{\text{AIK}_B}\,|\}_{\text{UV-2}}\}),$$
$$\text{Send}(C,\{\hat{C},\hat{A},\{\text{PCR}_{B_{i-1}},\text{digest}_B,\text{CT}_{B_{i-1}}\}\}),$$
$$\text{Receive}(A,\{\hat{C},\hat{A},\{\text{PCR}_{B_{i-1}},\text{digest}_B,\text{CT}_{B_{i-1}}\}\}),$$
$$\text{Receive}(A,\{\hat{C},\hat{A},\{\text{PCR}_{B_{i-1}},\text{digest}_B,\text{CT}_{B_{i-1}}\}\}),$$
$$\text{Verify}(A,\{\hat{B},\hat{A},\{M_{\text{TQI}},\text{UV-1},\text{UV-2}\}\}),$$
$$\text{Send}(A,\{\hat{A},\hat{C},\{M_{\text{ut}_{B_i}},\sigma_A\}\}),$$
$$\text{Receive}(C,\{\hat{A},\hat{C},\{M_{\text{ut}_{B_i}},\sigma_A\}\})$$

式（8.32）即为安全属性 $\phi_{\text{BTNC.Tnc}_{\text{auth}}}$，这说明由前提条件 $\theta_{\text{BTNC.Tnc}}$ 开始推导，在 PCL 证明方法下，子协议 BTNC.Tnc 具有会话认证性。

下面依据定理 8.2，证明 BTNC.Tnc 的密钥机密性。

当 BTNC.Tnc 子协议被执行时，其密钥机密性能够按照以下步骤推导。

（1）某一实体（终端 $A$ 或终端 $B$）若有参与双方的会话密钥，则它必须拥有特定信息：随机数、ECDSA 签名、交易 ID 等，从而根据 CP1 计算出会话密钥，如式（8.33）所示。

（2）如果终端 $A$ 和终端 $B$ 都是诚实的，则说明拥有特定密钥信息和会话密钥的实体只能是终端 $A$ 或终端 $B$，如式（8.34）所示。

（3）终端 $B$ 能够按照顺序接收、发送并匹配相关消息，从而计算出自己所属的密钥，如式（8.35）～（8.38）所示。

（4）终端 $A$ 能够按照顺序接收、发送并匹配相关消息，从而计算出自己所属的密钥，如式（8.39）～（8.42）所示。

步骤（1）～（4）的结果在式（8.43）中体现证明，即子协议 BTNC.Tnc 具有密钥机密性。

根据 PCL 的相关语法，规则和公理，子协议 BTNC.Tnc 密钥机密性的证明过程如下。

（1）由 DHOB1、DHOB2 和 CP1 得

$$
\begin{aligned}
&\exists Z.\text{Has}(Z,\text{UV-1})\wedge\text{Has}(Z,\text{UV-2})\\
&\equiv\text{Compute}(Z,\{\text{UV-1},\text{UV-2}\})\\
&\supset\text{Has}(Z,\text{Hash}(\text{Kss}_{\text{AB}},N_A,N_B))\\
&\equiv\text{Compute}(Z,\text{Hash}(\text{Kss}_{\text{AB}},N_A,N_B))\\
&\supset\text{Has}(Z,\text{Kss}_{\text{AB}})\wedge\text{Has}(Z,N_A)\wedge\text{Has}(Z,N_B)\\
&\equiv\text{Compute}(Z,\text{Kss}_{\text{AB}})\supset\text{Has}(Z,\{\text{Kpri}_{\text{ts}_A},\text{Kpub}_{\text{ts}_B}\})\\
&\vee\text{Has}(Z,\{\text{Kpri}_{\text{ts}_B},\text{Kpub}_{\text{ts}_A}\})\\
&\equiv\text{Compute}(Z,\{\text{Kpri}_{\text{ts}_A},\text{Kpub}_{\text{ts}_B}\})\\
&\wedge\text{Compute}(Z,\{\text{Kpri}_{\text{ts}_B},\text{Kpub}_{\text{ts}_A}\})\\
&\supset\text{Has}(Z,\{\text{Kpri}_A,T_A,r_{B_{i-1}},s_{B_{i-1}}\})\\
&\vee\text{Has}(Z,\{\text{Kpri}_B,T_B,r_{A_{i-1}},s_{A_{i-1}}\})
\end{aligned}
\qquad(8.33)
$$

式（8.33）说明某一实体若有参与双方的会话密钥，则它必须拥有能够计算出相关密钥的特定信息，由此步骤（1）得证。

（2）由式（8.32）、式（8.33）得

$$
\begin{aligned}
&\text{Honest}(\hat{A}) \wedge \text{Honest}(\hat{B}) \\
&\supset \text{Has}(Z, \{\text{Kpri}_A, T_A, r_{B_{i-1}}, s_{B_{i-1}}\}) \wedge \text{HasAlone}(A, \text{Kpri}_A) \\
&\quad \vee \text{Has}(Z, \{\text{Kpri}_B, T_B, r_{A_{i-1}}, s_{A_{i-1}}\}) \wedge \text{HasAlone}(B, \text{Kpri}_B) \\
&\supset Z = A \vee Z = B
\end{aligned}
\tag{8.34}
$$

式（8.34）说明该实体为终端 $A$ 或终端 $B$，由此步骤（2）得证。

（3）由 REC、ARP、DHOB3 得

$$
\begin{aligned}
&[(\hat{C}, \hat{B}, T_B, r_{A_{i-1}}, s_{A_{i-1}})]_B \text{Receive}(B, \{\hat{C}, \hat{A}, \{T_A, r_{B_{i-1}}, s_{B_{i-1}}\}\}) \\
&\supset \text{Honest}(\hat{C}) \wedge \text{Has}(B, \{T_B, r_{A_{i-1}}, s_{A_{i-1}}\})
\end{aligned}
\tag{8.35}
$$

由 REC 和 ARP 得

$$
\begin{aligned}
&[(\hat{A}, \hat{B}, \text{TD}_A, \text{ID}_A, \text{ID}_B, N_A)]_B \text{Receive}(B, \{\hat{A}, \hat{B}, \{\text{TD}_A, \text{TD}_B, \text{ID}_A, N_A\}\}) \\
&\supset \text{Has}(B, N_A)
\end{aligned}
\tag{8.36}
$$

由 ORIG 和 AA1 得

$$
\begin{aligned}
&[(\nu N_B)]_B \text{Send}(B, \{\hat{B}, \hat{A}, \{\text{TD}_B, \text{TD}_A, \text{ID}_B, N_B\}\}) \wedge \Diamond \text{New}(B, N_B) \\
&\supset \text{Has}(B, N_B)
\end{aligned}
\tag{8.37}
$$

由 DHOB4、式（8.35）、式（8.36）和式（8.37）得

$$
\begin{aligned}
&[(\hat{A}, \hat{B}, \text{TD}_A, \text{ID}_A, \text{ID}_B, N_A), (\nu N_B), (\hat{C}, \hat{B}, T_B, r_{A_{i-1}}, s_{A_{i-1}})]_B \\
&\text{Has}(B, N_A) \wedge \text{Has}(B, N_B) \wedge \text{Has}(B, \{T_B, r_{A_{i-1}}, s_{A_{i-1}}\} \\
&\equiv \text{Compute}(B, \text{Kpri}_{\text{ts}_B}) \wedge \text{Compute}(B, \text{Kpub}_{\text{ts}_A}) \\
&\supset \text{Has}(B, \text{Kss}_{AB}) \equiv \text{Compute}(B, \text{Hash}(\text{Kss}_{AB, N_A, N_B, 1})) \\
&\wedge \text{Compute}(B, \text{Hash}(\text{Kss}_{AB, N_A, N_B, 2}))
\end{aligned}
\tag{8.38}
$$

式（8.38）说明终端 $B$ 能够按照顺序接收、发送并匹配相关消息，从而计算出自己所属的密钥信息，由此步骤（3）得证。

（4）由 ARP 和 AA2 得

$$
\begin{aligned}
&[< \hat{B}, \hat{A}, \{| \text{TD}_B, \text{TD}_A, \text{ID}_B |\}_{\text{UV-2}} >, \\
&(\hat{A}, \hat{B}, \{| \text{TD}_A, \text{TD}_B, \text{ID}_A, \{| M_{\text{TQI}} |\}_{\overline{\text{Kpri}_{\text{AIK}_A}}}, \text{UV-1}, r_{A_i}, s_{A_i} |\}_{\text{UV-2}}), \\
&(\hat{A}, \hat{B}, z)(z / \{| \text{TD}_A, \text{TD}_B, \text{ID}_A |\}_{\text{UV-2}}), \\
&< \hat{B}, \hat{A}, \{| \text{TD}_B, \text{TD}_A, \text{ID}_B, \{| M_{\text{TQI}} |\}_{\overline{\text{Kpri}_{\text{AIK}_B}}}, \text{UV-1}, r_{B_i}, s_{B_i} |\}_{\text{UV-2}} >]_B, \\
&\text{Send}(B, \{\hat{B}, \hat{A}, \{| \text{TD}_B, \text{TD}_A, \text{ID}_B |\}_{\text{UV-2}}\}), \\
&\text{Receive}(B, \{\hat{A}, \hat{B}, \{| M_{\text{TQI}}, r_{A_i}, r_A, \text{UV-1}, \sigma_{\text{AIK}_A} |\}_{\text{UV-2}}\}) \\
&\text{Receive}(B, \{\hat{A}, \hat{B}, \{| \text{TD}_A, \text{TD}_B, \text{ID}_A |\}_{\text{UV-2}}\}), \\
&\text{Send}(B, \{\hat{B}, \hat{A}, \{| M_{\text{TQI}}, r_{B_i}, s_{B_i}, \text{UV-1}, \sigma_{\text{AIK}_B} |\}_{\text{UV-2}}\}), \\
&\supset \exists Z.\text{Receive}(Z, \{| \text{TD}_B, \text{TD}_A, \text{ID}_B |\}_{\text{UV-2}}) \\
&\quad \wedge \text{Receive}\{| M_{\text{TQI}}, r_{B_i}, s_{B_i}, \text{UV-1}, \sigma_{\text{AIK}_B} |\}_{\text{UV-2}}\}, \\
&\supset \text{Compute}(Z, \text{UV-2}) \wedge \text{Compute}(Z, \text{UV-1}) \\
&\quad \wedge \text{Send}(Z, \{| M_{\text{TQI}}, r_{A_i}, r_A, \text{UV-1}, \sigma_{\text{AIK}_A} |\}_{\text{UV-2}}) \\
&\quad \wedge \text{Send}(Z, \{| \text{TD}_B, \text{TD}_A, \text{ID}_B |\}_{\text{UV-2}})
\end{aligned}
\tag{8.39}
$$

由式（8.39）和 DHOB5 得

$$
\begin{aligned}
&\text{Compute}(Z,\{\text{UV-1},\text{UV-2}\}) \wedge \text{Compute}(Z,\{\text{Kss}_{AB},N_A,N_B,1\}) \\
&\wedge \text{Compute}(Z,\{\text{Kss}_{AB},N_A,N_B,1\}) \\
&\supset \text{Has}(Z,\text{Kss}_{AB}) \wedge \text{Has}(Z,N_A) \wedge \text{Has}(Z,N_B) \\
&\supset \text{Has}(Z,\{\text{Kpri}_{\text{ts}_A},\text{Kpub}_{\text{ts}_B}\}) \vee \text{Has}(Z,\{\text{Kpri}_{\text{ts}_B},\text{Kpub}_{\text{ts}_A}\})
\end{aligned} \tag{8.40}
$$

由式（8.40）和不变量 $\Gamma_{\text{BTNC.Tnc}}$ 得

$$
\begin{aligned}
&\text{Honest}(\hat{B}) \wedge \text{Honest}(\hat{A}) \\
&\wedge \text{Receive}(B,\{\hat{A},\hat{B},\{|M_{\text{TQI}},r_{A_i},s_{A_i},\text{UV-1},\sigma_{\text{AIK}_A}|\}_{\text{UV-2}}\}) \\
&\wedge \text{Send}(B,\{\hat{B},\hat{A},\{|M_{\text{TQI}},r_{B_i},s_{B_i},\text{UV-1},\sigma_{\text{AIK}_B}|\}_{\text{UV-2}}\}) \\
&\supset Z \neq B \wedge Z = A
\end{aligned} \tag{8.41}
$$

由 DHOB5、式（8.40）和式（8.41）得

$$
\begin{aligned}
&\text{Honest}(\hat{B}) \wedge \text{Honest}(\hat{A}) \\
&\supset \text{Has}(A,\{\text{Kpri}_{\text{ts}_A},\text{Kpub}_{\text{ts}_B}\}) \wedge \text{Has}(A,N_A) \\
&\quad \wedge \text{Compute}(A,\text{Hash}(\text{Kss}_{AB},N_A,N_B)) \\
&\supset \text{Has}(A,\text{UV-1}) \wedge \text{Has}(A,\text{UV-2}) \wedge \text{Has}(A,\text{Kpri}_A)
\end{aligned} \tag{8.42}
$$

式（8.42）说明终端 $A$ 也能够按照顺序接收、发送消息并匹配相关消息，从而计算出自己所属的密钥信息，由此步骤（4）得证。

联立式（8.34）、式（8.37）和式（8.42）得

$$
\begin{aligned}
\phi_{\text{BTNC.Tnc}_{\text{sec}}} &= \text{Honest}(\hat{A} \wedge \text{Honest}(\hat{B})) \supset \text{Has}(\hat{Z},\text{UV-1}) \\
&\wedge \text{Has}(Z,\text{UV-2}) \supset \hat{Z} = \hat{A} \vee \hat{Z} \\
&= \hat{B} \wedge \text{Has}(A,\text{Kpri}_A) \wedge \text{Has}(B,\text{Kpri}_B)
\end{aligned} \tag{8.43}
$$

由式（8.32）和式（8.43）可得，子协议 BTNC.Tnc 具有会话认证性和密钥机密性，因此定理 8.2 得证。

### 3. 顺序组合安全性

BTNC 由子协议 BTNC.Ini 和子协议 BTNC.Tnc 顺序组合而成，BTNC 的证明使用 PCL 中的顺序组合证明方法。

**定理 8.3** 根据可信网络连接的进程，通过组合 BTNC.Ini 和 BTNC.Tnc 可以保证 BTNC 的安全属性（会话认证性和密钥机密性），即 $\text{BTNC} \vdash \theta_{\text{BTNC}}[\text{BTNC.Ini},\ \text{BTNC.Tnc}]$ $\phi_{\text{BTNC.Ini}} \wedge \phi_{\text{BTNC.Tnc}}$，其中

$$
\phi_{\text{BTNC.Ini}} = \phi_{\text{BTNC.Ini}_{\text{auth}}}
$$

$$
\phi_{\text{BTNC.Tnc}} = \phi_{\text{BTNC.Tnc}_{\text{auth}}} \wedge \phi_{\text{BTNC.Tnc}_{\text{sec}}}
$$

BTNC 顺序组合的安全证明过程如下。

（1）由两个阶段的安全性证明可得，BTNC.Ini 和 BTNC.Tnc 可以满足协议安全属性

$$
\text{BTNC.Ini} \vdash \Gamma_{\text{BTNC.Ini}},\ \Gamma_{\text{BTNC.Ini}} \vdash [\text{BTNC.Ini}]_T \phi_{\text{BTNC.Ini}_{\text{auth}}}
$$

$$
\text{BTNC.Tnc} \vdash \Gamma_{\text{BTNC.Tnc}},\ \Gamma_{\text{BTNC.Tnc}} \vdash [\text{BTNC.Tnc}]_B \phi_{\text{BTNC.Tnc}_{\text{auth}}} \wedge \phi_{\text{BTNC.Tnc}_{\text{sec}}}
$$

（2）在更弱的前提假设下，协议安全属性依然可以得到保证，有

$$
\text{BTNC.Ini} \vdash \Gamma_{\text{BTNC.Ini}} \wedge \Gamma_{\text{BTNC.Tnc}},\ \text{BTNC.Tnc} \vdash \Gamma_{\text{BTNC.Ini}} \wedge \Gamma_{\text{BTNC.Tnc}}
$$

（3）由于 $\theta_{\text{BTNC.Ini}}$ 的后置条件满足 $\theta_{\text{BTNC.Tnc}}$ 的前置条件，即

$$\theta_{\text{BTNC.Ini}} \supset \theta_{\text{BTNC.Tnc}}$$

从而应用顺序规则 S1 进行顺序组合。

（4）不变量 $\Gamma_{\text{BTNC.Ini}} \bigcup \Gamma_{\text{BTNC.Tnc}}$ 对于 BTNC.Ini 和 BTNC.Tnc 均成立，即

$$\text{BTNC.Ini} \vdash \Gamma_{\text{BTNC.Ini}} \bigcup \Gamma_{\text{BTNC.Tnc}} \text{ 且 BTNC.Tnc} \vdash \Gamma_{\text{BTNC.Ini}} \bigcup \Gamma_{\text{BTNC.Tnc}}$$

所以有

$$\text{BTNC} \vdash \Gamma_{\text{BTNC.Ini}} \bigcup \Gamma_{\text{BTNC.Tnc}}$$

（5）上述步骤说明 BTNC.Ini 和 BTNC.Tnc 的安全性在顺序组合后仍可以保证，即

$$\text{BTNC} \vdash \theta_{\text{BTNC}}[\text{BTNC.Ini,BTNC.Tnc}]\phi_{\text{BTNC.Ini}} \wedge \phi_{\text{BTNC.Tnc}} a$$

即在 PCL 证明方法下，BTNC 具有会话认证性和密钥机密性。

### 8.4.2　安全性分析

#### 1. 用户鉴定

针对非授权用户（攻击者 $\mathcal{A}$）的攻击行为，定义以下攻击者 $\mathcal{A}$ 的具体实施场景，并结合 BTNC 的会话认证性和密钥机密性对用户鉴定进一步分析。

场景一：攻击者 $\mathcal{A}$ 能够使用非授权终端 $A$ 来访问受保护的分布式网络。

场景二：攻击者 $\mathcal{A}$ 能够授权已注册的终端 $A$ 来访问受保护的分布式网络。

场景三：攻击者 $\mathcal{A}$ 能够通过中间人攻击获取其他可信终端会话过程中的会话密钥信息。

在接下来的部分中，将证明上述三种情况中任何一种发生的概率都是可以忽略不计的。

针对场景一：根据式（8.1）～（8.4）中的 ActionsInOrder(Receive$(T,\{\hat{A},\hat{T}, \{| M_{\text{regisFin}} |\}_{\text{Kpub}_T}\})$, Send$(T,\{\hat{T},\hat{A},\{| \sigma_T,M_{\text{regisFin}} |\}_{\text{Kpub}_T}\}))$，可信第三方 $T$ 在发送 $M_{\text{ver}_T}$ 消息之前，必须已经接收到来自终端 $A$ 发送的最终注册信息 $M_{\text{regisFin}}$。根据 HON，如果终端 $A$ 没有向 $T$ 发送最终注册信息 $M_{\text{regisFin}}$，则 $T$ 不能执行其动作序列，因此他不会向终端 $A$ 发送由自身私钥 Kpri$_T$ 签名的 $M_{\text{ver}_T}$ 消息。同时，由于签名的不可伪造性，攻击者 $\mathcal{A}$ 无法伪造 $T$ 的签名 $\sigma_T$。因此攻击者 $\mathcal{A}$ 无法产生包含 $T$ 签名的 $M_{\text{ver}_T}$ 消息。

根据式（8.12）～（8.13）中 ActionsInOrder(Send$(A\{\hat{A},\hat{C},\{M_{\text{bt}_A}\})$,Receive$(C\{\hat{A},\hat{C}, \{M_{\text{bt}_A}\}\}))$，区块链 $C$ 在生成终端 $A$ 的基础交易 $M_{\text{bt}_A}$ 之前，必须已经接收到来自终端 $A$ 的 $M_{\text{ver}_T}$ 消息，且该消息必须包含 $\sigma_T$ 签名值和关于终端 $A$ 的最终注册信息 $M_{\text{regisFin}}$。由于攻击者 $\mathcal{A}$ 无法发送包含 $T$ 签名的 $M_{\text{ver}_T}$ 消息，根据 HON，诚实区块链 $C$ 无法产生终端 $A$ 的基础交易 $M_{\text{bt}_A}$，攻击者 $\mathcal{A}$ 无法完成初始化信息的注册。

根据式（8.19），在可信网络连接阶段，当攻击者 $\mathcal{A}$ 与可信终端 $B$ 进行双向用户鉴定时，终端 $B$ 将无法在区块链 $C$ 中获取攻击者 $\mathcal{A}$ 的 ECDSA 签名信息，从而无法计算会话密钥 $\text{Kss}_{AB}$。结果是攻击者 $\mathcal{A}$ 将会被终端 $B$ 视为非授权用户，从而无法通过用户鉴定过程。

针对场景二：根据 DHOB5 公理，特定交易私钥 $\text{Kpri}_{\text{ts}_A}$ 由私钥 $\text{Kpri}_A$、交易 ID $T_A$ 和 ECDSA 签名推导而出，即 $\text{Kpri}_{\text{ts}_A} = (\text{Hash}(T_A) + \text{Kpri}_A \cdot r_A)s_A^{-1}$。虽然攻击者 $\mathcal{A}$ 能够授权已注册的终端 $A$，即区块链 $C$ 经产生了关于终端 $A$ 的基础交易 $M_{\text{bt}_A}$，但是攻击者 $\mathcal{A}$ 无法获取终端 $A$ 的私

钥 $\text{Kpri}_A$ 信息。因为根据椭圆曲线离散对数的困难问题,攻击者 $A$ 计算、伪造、获取终端 $A$ 的私钥 $\text{Kpri}_A$ 的概率可以忽略不计,因而攻击者 $A$ 无法推导出会话密钥信息,从而无法通过用户鉴定。

针对场景三:如果攻击者 $A$ 能够通过中间人攻击获取其他可信终端会话过程中的会话密钥信息,那么它就必须能够计算并获取可信终端的特定交易密钥对,从而根据密钥推导函数 KDF(.) 得出相关密钥信息,进而伪装成授权用户。但是,根据 DHOB 公理,函数 KDF(.) 具有非交互性,即攻击者 $A$ 无法窃取任何关于会话密钥的相关信息,因而无法完成用户鉴定。

综上所述,BTNC 保证了用户鉴定的安全目标,抵抗了各终端非授权用户对于受保护网络的入侵。

### 2. 平台认证

针对攻击者终端 $D$ 的攻击行为,定义以下具体实施场景,并根据 BTNC 的会话认证性和密钥机密性对平台认证做进一步分析。

场景一:攻击者终端 $D$ 能够伪造 UV-1 和 UV-2,从而在可信终端 $A$ 和可信终端 $B$ 的会话之间实行中间人攻击。

场景二:攻击者终端 $D$ 在平台认证过程中能够产生由私钥 $\text{Kpri}_{\text{AIK}_D}$ 签名的虚假可信报告 $M_{\text{TQI}}$ 并发送给其他可信终端。

场景三:攻击者终端 $D$ 的平台状态在基于区块链的分布式环境中被其他可信终端验证为合法可信的。

针对场景一:根据式(8.33)~(8.34),只有终端 $A$ 和终端 $B$ 可以确认密钥 $\text{Kss}_{\text{AB}}$、UV-1、UV-2 的存在,密钥信息 UV-1、UV-2、$\text{Kss}_{\text{AB}}$ 不能被终端 $A$ 和终端 $B$ 以外的任何其他主体知道。同时,UV-1 和 UV-2 是伪随机数,终端 $D$ 可以伪造 UV-1、UV-2 的概率是打破 Computational Diffile-Hellman(CDH)假设的概率,也就是说,假设场景 1 发生的概率可以忽略不计的。因此,攻击者终端 $D$ 在实际场景中无法伪造 UV-1 和 UV-2。

针对场景二:根据式(8.39)~(8.40),攻击者终端 $D$ 需要发送由私钥 $\text{Kpri}_{\text{AIK}_D}$ 签名的可信报告 $M_{\text{TQI}}$ 以通过平台认证。根据式(8.7)中的 HON,有诚实 TPM 芯片 $P$ 可以拥有私钥 $\text{Kpri}_{\text{AIK}_D}$,并产生关于可信报告 $M_{\text{TQI}}$ 的签名 $\sigma_{\text{AIK}_D}$。同时,由于 AIK 具有不可迁移性,即非 TPM 数据不能由 AIK 进行签名操作。所以,攻击者终端 $D$ 无法生成由私钥 $\text{Kpri}_{\text{AIK}_D}$ 签名的虚假可信报告 $M_{\text{TQI}}$ 并发送给其他可信终端,因而无法通过平台认证。

针对场景三:如果攻击者终端 $D$ 的平台完整性度量值符合网络访问策略,那么它就能够通过平台认证过程,从而进入并攻击可信的网络环境。但是,这种情况是不可能发生的,因为攻击者终端 $D$ 平台存储的 PCR 值会发生改变,与平台可信状态下的初始值不同,从而无法满足网络访问策略。在 BTNC 中,即使攻击者终端 $D$ 向验证方发送真实的可信报告,结合 BTNC.Tnc 的会话认证性和 CheckPCR(.) 算法,即 $\text{PCR}_{D_i} = \text{Hash}(\text{PCR}_{D_{i-1}} \| \text{digest}_D)$,也能够验证攻击者平台的完整性信息,如果等式不成立,攻击者终端 $D$ 将无法通过平台认证。

综上所述,BTNC 保证了平台认证的安全目标,抵抗了各终端非法平台对于受保护网络的入侵。

### 3. 抵抗平台置换攻击

假设攻击者 $A$ 是授权用户非法平台终端 $E$ 和非授权用户合法平台终端 $F$ 形成的共谋体,

其目的是与可信终端 $A$ 进行可信网络连接，并通过双向的用户鉴定和平台认证。为了完成平台置换攻击，终端 $E$ 首先与终端 $A$ 进行双向的用户鉴定，然后将会话密钥相关信息泄露给终端 $F$，随后终端 $F$ 将代替终端 $E$ 与终端 $A$ 进行双向的平台认证，从而确保终端 $E$ 被视为可信终端并通过整个可信网络连接阶段。

由于 $\theta_{\text{BTNC.Ini}} \supset \theta_{\text{BTNC.Tnc}}$ 和 $\text{BTNC} \vdash \Gamma_{\text{BTNC.Ini}} \cup \Gamma_{\text{BTNC.Tnc}} \ \theta_{\text{BTNC.Ini}}$ 的后置条件满足 $\theta_{\text{BTNC.Tnc}}$ 的先决条件，且顺序组合后的 BTNC 仍能保留 BTNC.Ini 和 BTNC.Tnc 的安全性。因此，终端 $F$ 和终端 $E$ 无法获得私钥 $\text{Kpri}_{\text{AIK}_F}$，根据签名 $\sigma_{\text{AIK}_F}$ 的不可伪造性和 UV-1、UV-2 的伪随机性，终端 $E$ 无法伪装成可信终端，因而无法传输合法的平台完整性度量值。同时，终端 $F$ 无法获得终端 $E$ 的私钥 $\text{Kpri}_E$，因而无法推导出 $\text{Kss}_{\text{AE}}$、UV-1 和 UV-2 等密钥信息。结果，攻击者 $A$ 无法通过可信网络连接阶段。

综上所述，协议 BTNC 保证了抵抗平台置换攻击的安全目标，防止了非授权用户与非法平台形成的共谋攻击。

## 8.5 实验

本节对基于区块链的分布式可信网络连接协议 BTNC 进行性能分析，首先通过仿真实验对协议中各阶段的计算开销进行分析，然后对交易数据上传和下载的通信时延进行分析，最后将 BTNC 与现有协议所能达到的安全目标进行对比。

### 8.5.1 实验环境

本节主要关注的计算开销，即通过编写 BTNC 初始化阶段和可信网络连接阶段的仿真程序以及搭建以太坊环境，评估其相应的计算开销和通信时延，本实验不考虑发送消息和接收消息的传输时延。实验计算机的硬件环境：CPU:Intel（R）Core（TM）i5-5300U CPU @ 2.30GHz 2.30GHz，RAM:8G，OS:Windows 7，软件环境：Java SE9、Ubuntu 18.04。

### 8.5.2 实验设计

本节首先对 BTNC 进行计算开销的评估，每个阶段中不同参与者的计算开销的具体情况如表 8.1 所示。其中，"Hash"表示哈希运算，"Sign"表示签名运算，"ECDSA"表示生成 ECDSA 签名，"PRG"表示生成伪随机数，"Enc"表示加密，"Dec"表示解密，"Cre"表示 BTNC 中的"keyGenTSub(·) 和 keyGenTSpri(·)"算法，"KDF"表示 BTNC 中的"KDF(.)"算法，"Check"表示 BTNC 中的"CheckPCR(·)"算法。BTNC 包含两个阶段，分别为初始化阶段，参与者为终端 $A$ 和验证者；可信网络连接阶段，参与者为终端 $A$ 和终端 $B$。

表 8.1 BTNC 的计算开销

| 阶段 | 参与者 | 执行操作 |
| --- | --- | --- |
| 初始化阶段 | 终端 $A$ | Enc+ 2 Hash+ Sign+ PRG+ Dec+ ECDSA |
| | 验证者 | Dec+ Sign+ Enc |

| 阶段 | 参与者 | 执行操作 |
|------|--------|----------|
| 可信网络连接阶段 | 终端 *A* | Cre+KDF+CheckPCR+2Enc+2Dec+5Hash+PRG+Sign |
| | 终端 *B* | Cre+KDF+CheckPCR+2Enc+2Dec+5Hash+PRG+Sign |

首先分别对加密和签名运算进行测试，目的在于选择合适的参数应用于协议。其次根据所选参数对协议下的主要算法的计算开销进行评估。然后，在实际的以太坊环境中评估交易数据上传和下载的通信时延。最后，将 BTNC 与现有协议的计算开销进行对比。实验的测试方法及测试用例均通过多次实验取平均值得出，设计实验内容具体如表 8.2 所示。

表 8.2　实验测试的内容

| 实验 | 实验内容 |
|------|----------|
| 实验 1 | 初始化阶段不同加密算法的计算开销 |
| 实验 2 | 加密算法的最优选择 |
| 实验 3 | ECDSA 签名生成和签名运算的计算开销 |
| 实验 4 | 可信网络连接阶段主要算法的计算开销 |
| 实验 5 | 交易数据上传、下载的通信时延 |
| 实验 6 | BTNC 与 D-H PN 在网络访问控制过程中计算开销的比较 |

其中，实验 1 用于测试单个终端在初始化阶段不同加密算法下的计算开销；实验 2 通过增加终端数量测试整个系统在不同加密算法下的计算开销，目的在于选择更加高效的加密算法应用于 BTNC；实验 3 用于测量初始化阶段 ECDSA 签名生成和签名算法的计算开销；实验 4 用于评估可信网络连接阶段主要算法的计算开销，目的在于评估网络访问控制过程在所选加密和签名参数下的计算开销；实验 5 用于测量基础交易和更新交易在实际应用场景上传和下载的通信时延，目的在于评估 BTNC 在基于区块链实际应用场景下的有效性和可行性；实验 6 用于对比 BTNC 与 D-H PN 在验证终端阶段的计算开销。

### 8.5.3　数据分析

#### 1. 实验 1：初始化阶段不同加密算法的计算开销

采用不同的加密算法来评估单个终端在注册过程中的计算开销，因为当前的 TPM 芯片使用 1024 位的 RSA、2048 位的 RSA 或 256 位的 ECC 来实现加密和签名运算，所以这里模拟在以上三种不同加密算法下的计算开销。在参数设置中，密钥长度分别为 1024 位（RSA-1024）、2048 位（RSA-2048）和 256 位（ECC-256）。RSA 中公钥的指数值为 0x10001，最终注册信息长度 $M_{regisFin}$ 为 1280 位。在本实验中，OpenSSL1.0.1i 库被用于执行基于椭圆曲线 secp256k1 的加密和签名运算等。图 8.10 展示了分别使用 RSA-1024、RSA-2048、ECC-256 三种加密算法进行 10 次实验以测量终端注册过程的计算开销。

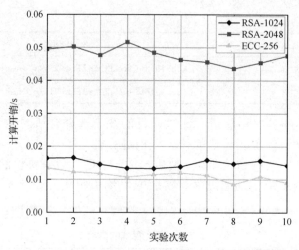

图 8.10　不同加密算法在单个终端场景下的计算开销

结论：由图 8.10 可知，不同加密算法对单个终端在初始化阶段最终信息注册的计算开销影响较大。其中，RSA-1024 算法和 ECC-256 算法的计算开销小于 RSA-2048 加密算法的计算开销，而 RSA-1024 算法和 ECC-256 算法的计算开销差异并不明显。

### 2．实验 2：加密算法的最优选择

为了选择更加高效的加密算法，本实验扩大了终端数量的规模，以测试不同加密算法在多终端场景下整个系统的计算开销。其中，密钥长度分别为 1024 位（RSA-1024）和 256 位（ECC-256），RSA 中公钥的指数值为 0x10001。图 8.11 展示了 RSA-1024 算法和 ECC-256 算法在多终端场景下的计算开销。

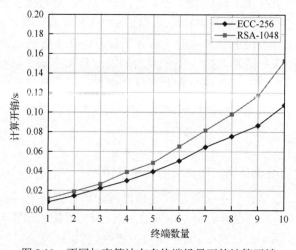

图 8.11　不同加密算法在多终端场景下的计算开销

结论：如图 8.11 所示，随着分布式环境下终端设备的增加，ECC-256 算法比 RSA-1048 算法更高效，所需的计算开销更少。因此，令 ECC-256 算法作为加密算法的最优选择。

### 3．实验 3：ECDSA 签名生成和签名运算的计算开销

本实验使用 secp256k1 曲线，其相关参数选择如下。

- $E$ =secp256k1 elliptic curve
- $G$ =（0x79BE 667EF9 DCBBAC 55A062 95CE87 0B0702 9BFCDB

  2DCE28 D959F2 815B16 F81798，0x483a da7726 a3c465 5da4fb

  fc0e11 08a8fd 17b448 a68554 199c47 d08ffb 10d4b8）
- $a$ =00000000 00000000 00000000 00000000 00000000 00000000 00000000 00000000
- $b$ =00000000 00000000 00000000 00000000 00000000 00000000 00000000 00000007
- $q$ = FFFFFFFF FFFFFFFF FFFFFFFF FFFFFFFF FFFFFFFF

  FFFFFFFF FFFFFFFE FFFFFC2F
- $n$ =FFFFFFFF FFFFFFFF FFFFFFFF FFFFFFFE BAAEDCE6

  AF48A03B BFD25E8C D0364141

这里，输入信息的大小为 352 位，密钥长度为 256 位，其计算开销通过调用系统函数 currentTimeMillis(.) 进行测量。图 8.12 展示了 ECDSA 签名生成以及进行签名运算的计算开销。

结论：在 10 次实验下，ECDSA 签名 $(r, s)$ 生成的平均计算开销为 6.26ms，签名运算的平均计算开销为 11.37ms。在初始化阶段中，其计算开销在实际应用中较低，不会对终端生成 ECDSA 签名并整合成最终注册信息的过程产生较大的影响。

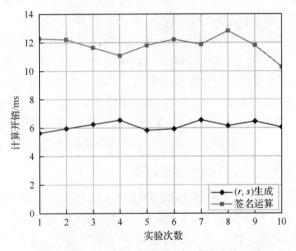

图 8.12　ECDSA 生成和签名算法的计算开销

### 4．实验 4：可信网络连接阶段主要算法的计算开销

在可信网络连接阶段，终端查询定位区块链中各交易的计算开销是 0.04ms，获取存储在交易中的 ECDSA 签名 $(r, s)$ 的计算开销是 0.08ms，总共平均需要 0.12ms，这对于整个可信网络连接阶段的验证过程来说可以忽略不计。对可信网络连接阶段关键函数的计算开销进行评估，包括基于 SHA-256 哈希函数、secp256k1 曲线和 ECC-256 算法的 Cre(.) 算法、KDF(.) 算法、CheckPCR(.) 算法、$\text{Sign}_{\text{AIK}}(.)$ 算法，如图 8.13 所示。

这里，以终端 $A$ 为例，各算法的输入/输出参数如下所示。

$$\text{Cre}(\text{Kpri}_A, T_A, r_{B_{i-1}}, s_{B_{i-1}}) \rightarrow (\text{Kpri}_{\text{ts}_A}, \text{Kpub}_{\text{ts}_B}), \quad \text{KDF}(x_{\text{AB}}) \rightarrow \text{Kss}_{\text{AB}}$$

$$\text{CheckPCR}(\text{PCR}_{B_{i-1}}, \text{PCR}_{B_i}, \text{digest}_B) \rightarrow 0/1, \quad \text{Sign}_{\text{AIK}}(\text{Kpri}_{\text{AIK}_A}, M_{\text{TQI}}) \rightarrow \sigma_{\text{AIK}}$$

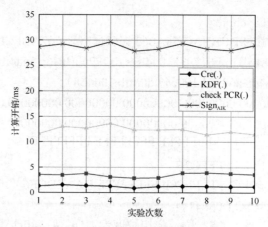

图 8.13　可信网络连接阶段主要算法的计算开销

其中，Cre(.) 算法的输入为私钥 $Kpri_A$、交易 ID $T_A$ 和终端 $B$ 的 ECDSA 签名 $(r_{B_{i-1}}, s_{B_{i-1}})$，其输出为特定交易私钥 $Kpri_{ts_A}$ 和特定交易公钥 $Kpub_{ts_B}$；KDF(.) 算法的输入为椭圆曲线上一点的横坐标 $x_{AB}$，其输出为会话密钥 $Kss_{AB}$；CheckPCR(.) 算法的输入为终端 $B$ 最近一次交易中的 $PCR_{B_{i-1}}$ 和终端 $B$ 当前状态下的 $PCR_{B_i}$，其输出为布尔变量 0/1；$Sign_{AIK}$(.) 算法的输入为终端 $A$ 的可信报告 $M_{TQI}$，其输出为签名值 $\sigma_{AIK_A}$。

结论：由图 8.13 可知，在 10 次实验中，Cre(·) 算法、KDF(·) 算法、CheckPCR(·) 算法和 $Sign_{AIK}$(·) 算法的平均计算开销分别为 1.26ms、3.47ms、28.36ms 和 17.64ms。这里，因为会话密钥的生成是非交互式的，参与终端在获得会话密钥之前不需要交换信息，这使得其计算开销相对较低。因为包含平台完整性度量值的可信报告 $M_{TQI}$ 只能在 TPM 内部由 AIK 密钥进行签名，所以与其他算法相比，调用 TPM_Quote 算法的计算开销更大。本实验说明除考虑用 AIK 实现 TPM 内部签名的安全因素外，BTNC 整体上在可信网络连接阶段的计算开销是比较低的。

### 5. 实验 5：交易数据上传、下载的通信时延

本实验使用以太坊官方客户端软件 Geth 来进行区块链的相关操作，包括交易上传和下载的过程。实验在 2020 年 1 月 4 日进行，1 ether=134.33USD 且 gas 值被设置为 1Gwei。图 8.14 展示了基础交易和更新交易上传、下载过程的通信时延。其中，基础交易的输入数据大小为 238 字节，更新交易的输入数据大小为 494 字节。

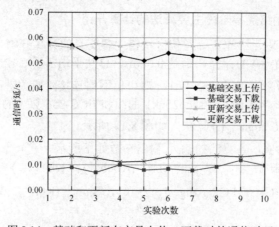

图 8.14　基础和更新在交易上传、下载时的通信时延

结论：在 10 次实验中，基础交易的平均上传、下载的通信时延分别为 0.05337s 和 0.00725s，其平均消耗 gas 值为 137132.8Gwei，更新交易的平均上传、下载的通信时延分别为 0.05641s 和 0.01324s，其平均消耗 gas 值为 154453.76Gwei。可以发现，BTNC 中交易的上传和下载的通信时延在实际应用中是比较低的，并不影响整体的网络访问控制过程，且其实际的 gas 花销是可以接受的。

6. 实验 6：BTNC 与 D-H PN 在网络访问控制过程中计算开销的对比

本实验实例化了 BTNC 与 D-H PN 中的平台验证过程，如图 8.15 所示。结果表明，D-H PN 的平均计算开销为 59.86 ms，而 BTNC 的平均计算开销为 94.19 ms。虽然 BTNC 的计算开销略高于 D-H PN，但是 BTNC 满足的安全目标和去中心化的验证机制更适用于分布式环境下网络访问控制的过程，且 BTNC 是双向的验证过程，D-H PN 是单向的验证过程，因此，BTNC 略高的计算开销是可以接受的，且其更符合分布式环境下的实际应用。

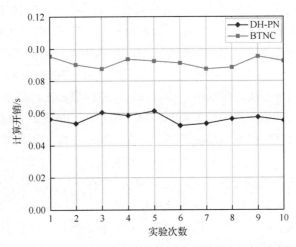

图 8.15　BTNC 与 D-H PN 在网络访问控制过程中计算开销的对比

## 8.5.4　安全目标对比

本节将 BTNC 与 D-H PN、Twin D-H 进行对比，具体包括协议所涉及的安全目标：去中心化、用户鉴定、平台认证和抵抗平台置换攻击。

表 8.3 展示了所有协议安全目标的对比，其中 √ 表示满足该目标，× 表示不满足该目标。从中可以看到，D-H PN 无法满足去中心化和抵抗平台置换攻击的安全目标，它只能应用于集中的管理模式，在去中心化的分布式环境中，该协议无法满足网络访问控制的正常进行，并且它无法抵抗平台置换攻击，在该威胁模型下，攻击者能够形成共谋体以伪装成可信终端接入网络；Twin D-H 虽然能够满足用户鉴定、平台认证和抵抗平台置换攻击的安全目标，但是该协议并不适用于去中心化的分布式环境，没有提供分布式的网络访问控制协议。相比之下，BTNC 在满足用户鉴定、平台认证和抵抗平台置换攻击的安全目标的同时，还适用于去中心化的分布式环境，在确保终端用户身份的同时还能够验证设备的平台状态。

表 8.3　安全目标的对比

| | D-H PN | Twin D-H | BTNC |
|---|:---:|:---:|:---:|
| 去中心化 | × | × | √ |
| 用户鉴定 | √ | √ | √ |
| 平台认证 | √ | √ | √ |
| 抵抗平台置换攻击 | × | √ | √ |

## 8.6　本章小结

随着物联网的飞速发展，分布式环境下终端的安全验证问题日益突出，然而，现有解决终端用户鉴定和平台认证的可信网络连接协议难以提供分布式、多层次的网络访问控制协议。同时，区块链以其去中心化、分布式、安全可信、数据库可靠的特点在分布式系统中得到了广泛应用。因此，本章结合可信网络连接的实际应用场景，在现有区块链技术的基础上，设计了一种基于区块链的分布式可信网络连接协议。本章的主要工作如下。

（1）通过对分布式环境下终端的验证与网络访问控制的研究，构建了基于区块链的分布式可信网络连接协议的系统模型和威胁模型，并在此基础上提出了相应的安全目标。

（2）详细设计了基于区块链的分布式可信网络协议，其中将基于比特币的密钥交换协议与 D-H PN 协议相结合，实现了分布式环境下终端之间点对点的双向验证过程，包括用户鉴定和平台认证。利用区块链去中心化、安全可信的特点，为终端之间的验证提供了分布式存储的机制。将会话密钥子产物与可信报告绑定，从而有效抵抗了平台置换攻击，保证了分布式环境的安全性。

（3）对本章协议进行安全性分析，依据提出的安全目标，结合 PCL 证明方法证明协议的会话认证性、密钥机密性和顺序组合安全性，并根据 PCL 证明方法对协议的安全目标进行进一步分析，包括用户鉴定、平台认证和抵抗平台置换攻击。

（4）对所提协议进行性能分析，包括用户鉴定过程、平台认证过程和交易数据上传、下载的过程。实验结果表明，本章协议在实际应用中是可行且高效的。然后，通过与现有协议进行对比可知，本章协议能更好地解决分布式环境下网络访问控制过程中存在的安全问题。

在基于区块链的分布式可信网络连接协议中，广播交易附加内容中的终端 ID 和 AIK 签名是没有进行匿名化处理的，通过对区块链的查询操作，攻击者能够获取到具体终端下相关的隐私信息，这与实际应用中区块链保证交易信息的匿名性相悖。为了解决这一问题，计划将直接匿名认证协议（DAA）与 BTNC 相结合，在保证分布式环境下各终端平台信息的匿名性的同时，还可以提供证明自身平台完整性信息的凭据以供外部实体验证。然后，使用 PCL 证明方法分析新协议的匿名性，从而进一步增强本章协议的安全性。

## 8.7 思考题目

1. 基于区块链的分布式可信网络连接协议避免了哪些安全威胁？
2. 简述如何采用区块链实现去中心化的验证服务。
3. 简述基于区块链的分布式可信网络连接步骤。
4. 什么是基于区块链的分布式可信网络连接协议的密钥机密性？

# 第 9 章　无人机网络中基于区块链的
# 互愈式群组密钥更新方案

内容提要

现有的群组密钥管理方案不能很好地适用于无人机网络，关键原因在于，无法满足无人机网络中节点恢复丢失群组密钥的安全性和实时性。为此，本章结合区块链分布式存储、不可篡改的特点，在无人机网络中提出了一种基于区块链的互愈式群组密钥更新方案。在本方案中，地面站通过在无人机网络中创建私有区块链，完成无人机群组密钥的更新和节点间信任关系的建立，并在此基础上，设计了基于"最长链"机制的互愈式无人机网络群组密钥更新方案。安全性分析和大量实验表明，本方案可安全、高效地实现节点丢失群组密钥的恢复。

本章重点

- ◆　群组密钥更新
- ◆　区块链
- ◆　分布式存储和不可篡改
- ◆　动态信任关系建立
- ◆　互愈式群组密钥恢复

## 9.1　引言

无人机（Unmanned Aerial Vehicle，UAV）具有成本低、机动性能好、操作便捷等特点，已被广泛应用于军事和民用领域。同时，在众多应用场景中，多架无人机在地面站的控制下组建起无人机网络，通过群组通信实时共享数据，以集群协作方式完成任务已成为一种趋势，如联合搜救、环境监测、通信中继等。

然而，无人机网络中群组通信易遭受窃听、欺骗等被动和主动攻击。为此，其通常会建立群组密钥，各节点利用该密钥对发送的数据进行加密传输，以实现群组内信息的安全共享。在无人机网络中，群组密钥还需要动态更新，当无人机群内有成员加入或者离开时，无人机网络需更新群组密钥，以保证新加入的无人机不能获取此前通信的内容，以及离开的无人机不能解密此后通信的内容。群组密钥过期前也需要更新。上述过程一般由地面站向无人机群广播群组密钥更新消息。同传统的无线网络相比，无人机网络具有节点高速移动、网络拓扑高动态变化、外部环境复杂等特点，使得网络中通信会出现间歇性中断，导致群组密钥更新消息丢失的情况频发。如果节点不能及时、安全地恢复丢失的群组密钥，将无法正常参与机群的任务协作,这给无人机网络中群组密钥更新带来了新的问题和挑战。

解决上述问题最直接的方法是,节点向地面站发送丢失群组密钥的重传请求。但由于网络拓扑的变化,需要其与地面站建立动态路由,这不仅会降低节点恢复丢失群组密钥的实时性,还将增加地面站的工作负荷。为避免上述问题,通常采用以下两种方案解决通信链路不稳定网络中群组密钥丢失的问题。一种是自愈式群组密钥管理方案[26-29],地面站在广播消息中增加群组密钥的相关冗余信息,使得节点可利用过去和即将接收到的广播消息恢复所有丢失的群组密钥。然而,此种方案中丢失群组密钥的节点需要被动等待地面站下一次群组密钥的更新消息来恢复丢失密钥,在此期间该节点将无法及时收发群组的最新消息,因此其密钥恢复的实时性较差。针对这一问题,研究者提出了互愈式群组密钥管理方案[29],它通过节点存储群组密钥广播消息,丢失群组密钥的节点可主动请求从附近的其他节点处获取历史群组密钥广播消息,恢复丢失的群组密钥。这虽然避免了节点长时间的等待,保证了其恢复丢失群组密钥的实时性,但已有的互愈式群组密钥管理方案主要应用于静态的传感器网络。在该网络中,由于节点的成员及位置相对固定,在群组密钥互愈过程中,请求节点和协作节点通过固定的邻近位置关系及共享群组密钥建立彼此的信任关系,实现对交互消息的认证保护。但在群组成员变化频繁且周围邻居节点不固定的无人机网络中,上述方案无法建立节点间可靠的信任关系,使得互愈过程容易遭受篡改、非最新群组密钥重放等攻击,导致节点群组密钥恢复失败甚至错误,因此其安全性较弱,不适用于无人机动态组网的场景。由此可见,现有方案均无法确保无人机网络中节点安全、高效地恢复丢失群组密钥。解决该问题的一种有效方法是在无人机网络中建立一个分布式、多方可信任的数据库,一方面用以存储地面站广播的群组密钥,使得无人机节点可采用互愈的方式从邻居节点处及时恢复丢失的群组密钥;另一方面可以利用该数据库建立节点间的信任关系,实现密钥恢复过程中对交互消息的安全保护。

区块链作为目前的新兴技术,能够实现数据的分布式存储,具有防篡改、防伪造以及建立强信任关系的特性,可满足上述需求。因此,本章利用区块链设计了一个无人机网络互愈式群组密钥更新方案。具体地,通过重新定义区块的存储结构和前后的链式关系,设计了仅地面站具有写入权的无人机网络私有区块链,并建立基于滑动窗口的区块链按需更新机制,实现了无人机群组密钥分发、存储以及节点间信任关系的建立。然后,基于该私有区块链中存储的群组密钥广播消息和建立的节点间信任关系,设计了无人机网络中的互愈式群组密钥更新方案,使得群组密钥丢失的无人机通过主动广播请求消息,寻求机群内任意邻居节点的协助,及时、安全地恢复丢失的群组密钥。安全性分析和大量实验表明,本章方案在群组密钥互愈过程中与现有方案相比,在不增加相关时延的情况下,可有效抵抗已知攻击以及非最新群组密钥重放攻击,能安全地解决无人机丢失群组密钥的恢复问题。

## 9.2 预备知识

### 9.2.1 系统模型

考虑到无人机网络的可扩展性和广覆盖性,本章采用的无人机网络模型如图 9.1 所示,它是由地面站和无人机群组成的自组网络。

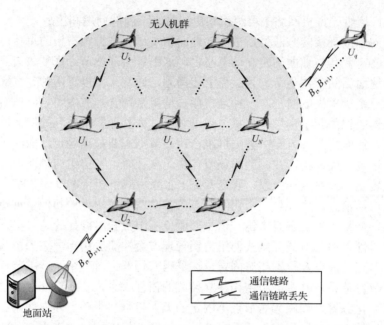

图 9.1　无人机网络模型

其中，地面站负责无人机群的组建，控制无人机群中无人机的加入和离开，导致群组成员的动态变化。为了便于描述，将无人机群组第 $n$ 次加入或离开的无人机称为无人机群变更节点 UAV_C$_n$，它由本次节点变更中新加入的节点集合 Join_C$_n$ 和离开的节点集合 Leave_C$_n$ 组成，并且将第 $n$ 次节点变更后的无人机群记为 UAV_G$_n$，则 UAV_G$_n$ = {$U_i$ | $\forall U_i \in$ ((UAV_G$_{n-1}$ $\bigcup$ Join_C$_n$) \Leave_C$_n$)}。同时，在无人机的群组成员动态变化时，为了保证群组通信安全，地面站将更新无人机群的群组密钥，将第 $n$ 次节点变更时更新的群组密钥记为 GK$_n$，该更新过程由地面站通过与各无人机间建立的单跳或多跳通信链路转发群组密钥广播消息 $B_n$ 实现。

然而，在此过程中，部分节点由于飞出有效通信范围或受网络拓扑变化以及外界环境变化的干扰等，与周围邻居节点的通信链路不稳定（间歇性通断），无法保证所有节点均能实时收到群组密钥广播消息，完成群组密钥的更新。为了更加准确地描述本网络模型中无人机通信链路不稳定的情况，将无人机在飞行过程中在其单跳通信范围内的节点定义为邻居节点 Neibor，并且在无人机网络中，各节点为动态维护路由信息列表，会不断地探测周围的邻居节点。假设在 $T_1$ 时刻某节点（以 $U_q$ 为例）周围邻居节点数量为 0，此时其与无人机群的通信链路将丢失（如图 9.1 所示，$U_q$ 在地面站第 $t$ 次更新群组密钥时，与无人机群内节点的通信链路中断，导致无法获取 GK$_t$ 甚至后继更新的群组密钥 GK$_{t+1}$ 等）。此后，为重新回归到无人机群，$U_q$ 仍将不断进行邻居节点探测，当探测到邻居节点超过一定数量，即 | Neibor$_{U_q}$ | > $Q$（避免恶意节点的欺骗）时，其同无人机群通信链路恢复。

### 9.2.2　攻击者模型及安全目标

**定义 9.1（安全性假设）**①在图 9.1 的网络模型中，地面站一般部署在安全防护严密的环境中，因此假设其操作过程（控制无人机的加入、离开以及更新群组密钥）是安全可信的。②考虑到自组网络的健壮性，假设任意时刻无人机网络中仅有少量节点的通信链路丢失，这将使无人机群中大部分无人机仍可实时收到地面站的群组密钥广播消息，且对任意通信链路丢失的节点（以 $U_q$ 为例），当通信链路恢复时，假设其邻居节点 $\text{Neibor}_{U_q}$ 中将至少存在一个合法无人机节点，即 $\text{Neibor}_{U_q} \cap \text{UAV\_G}_n \neq \varnothing$。③由于本方案重点关注无人机群组密钥安全互愈问题，对于群组密钥的更新，假设采用已有的安全算法（用 $\eta(\cdot)$ 抽象表示）。具体描述为，当无人机群第 $n$ 次节点变更时，地面站依据当前无人机群 $\text{UAV\_G}_n$，生成更新的群组密钥广播消息 $B_n = \eta(\text{MSK}, \text{UAV\_G}_n, \text{GK}_n)$。其中，MSK 为地面站秘密选取的主密钥，并且存在唯一与之对应的群组密钥获取算法 $\eta^{-1}(\cdot)$，当且仅当 $U_i \in \text{UAV\_G}_n$ 时，可获取 $B_n$ 中分发的群组密钥 $\text{GK}_n = \eta^{-1}(B_n, \text{Prk}_{U_i})$，$\text{Prk}_{U_i}$ 由地面站在无人机 $U_i$ 加入无人机群时为其分发（与 MSK 相对应），用于解密 $B_n$ 获取群组密钥的私钥。

无线信道的开放性使得攻击者具有主动窃听、拦截、伪造、重放消息的能力，因此，在群组密钥互愈过程中容易遭受恶意攻击，导致合法请求节点无法正确地恢复丢失的最新群组密钥。下面将以某无人机请求恢复丢失群组密钥为例，具体描述该过程中存在的攻击（定义 9.2），并给出本章方案的安全目标（定义 9.3）。

**定义 9.2**（非最新群组密钥重放攻击）假设节点 $U_q$ 在无人机群第 $t$ 次更新群组密钥后丢失通信链路，且在一段时间后其通信链路恢复正常（假设此时无人机群完成了第 $n$ 次群组密钥更新），此时该节点将通过互愈方式请求恢复其丢失的最新群组密钥，但由于该请求节点无法获知通信中断期间最新的群组成员变化及群组密钥更新情况，攻击者（特别是无人机群中离开的无人机）可在响应消息中发送无人机群第 $i$ 次（$t < i < n$）更新的群组密钥广播消息，欺骗该请求节点恢复丢失的群组密钥（将其误认为当前的最新群组密钥），导致其发送的群组密钥泄露。

**定义 9.3**（安全目标）结合定义 9.2，本章方案的安全目标为，在抵抗已知重放攻击、假冒攻击的同时，还能够抵抗非最新群组密钥重放攻击，确保合法请求节点正确恢复当前最新群组密钥。

## 9.3 方案设计

以地面站组建的面向某次任务协作的无人机群为例，详细描述本章提出的基于区块链的互愈式群组密钥更新方案。具体过程包括两部分，一部分是地面站在无人机网络中创建私有区块链，通过更新该区块链，完成无人机群组密钥的分发、存储和节点间信任关系的建立；一部分是在该私有区块链的基础上设计无人机网络群组密钥互愈机制，实现无人机节点丢失群组密钥的安全恢复。为了便于描述，本章方案中的部分符号及其意义如表 9.1 所示。

表 9.1 本章方案中的部分符号及其意义

| 符　　号 | 意　　义 |
| --- | --- |
| GCS | 地面站 |
| $U = \{U_1, U_2, \cdots, U_i, \cdots\}$ | 节点集合 |
| $\text{UAV\_G}_n \subseteq U$ | 第 $n$ 次节点变更后的无人机群组 |
| $\text{Join\_C}_n \subseteq U \setminus \text{UAV\_G}_{n-1}$ | 第 $n$ 次加入的节点集合，$\text{Join\_C}_1 \neq \varnothing$ |

续表

| 符　号 | 意　义 |
|---|---|
| $\text{Leave\_C}_n \subseteq \text{UAV\_G}_{n-1}$ | 第 $n$ 次离开的节点集合，$\text{Leave\_C}_1 \neq \varnothing$ |
| $\text{ID}_x$ | 实体 $x$ 的身份标识，$x \in \{\text{GCS}, U\}$ |
| $\text{GK}_n$ | GCS 第 $n$ 次更新的群组密钥 |
| $B_n$ | GCS 分发的用于更新第 $n$ 次群组密钥的广播消息 |
| $(\text{PK}_x, \text{SK}_x)$ | 实体 $x$ 的公私钥对 |
| $\text{Block}_n$ | 地面站第 $n$ 次更新的区块链 |
| $|w|$ | 滑动窗口 $w$ 的大小，$|w| > 0$ |
| $H(\cdot)$ | 哈希函数 |
| $\text{Sign}_{\text{SK}_x}(\cdot)$ | 实体 $x$ 使用其私钥 $\text{SK}_x$ 签名消息 |
| $\text{Ver}_{\text{PK}_x}(\text{Sign}_{\text{SK}_x}(\cdot))$ | 使用实体 $x$ 的公钥验证签名消息 $\text{Sign}_{\text{SK}_x}(\cdot)$ |

### 9.3.1　无人机网络私有区块链的建立

现有区块链技术的应用模式主要分为公有链、私有链。公有链无中心化的管理机构，节点可以自由加入区块链网络并参与共识，且数据读写权限不受限制，如 Bitcoin、Ethereum 等。私有链则建立在单个或多个管理机构内部，并由其制定和参与共识，且节点需经过许可认证才能加入该私有区块链，如 R3、Hyperledger 等。相对于公有链，私有链交易的确认只在联盟或单个管理机构内部进行，不涉及大量低信任的外部用户，因此具有共识效率高、交易确认速度快且不存在分叉攻击风险的优点。因此，在本章方案中，结合现有的无人机网络架构以及高实时性的要求，借鉴区块链技术私有链的应用模式，设计了无人机网络私有区块链 Blockchain，如图 9.2 所示。

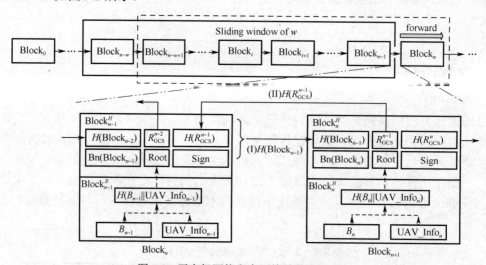

图 9.2　无人机网络私有区块链 Blockchain

首先，为了实现无人机群组密钥的更新及互愈，重新定义了区块的存储结构，用以记录节点变更和群组密钥更新的详细信息。其次，参考私有链的应用模式，将采用可信节点（地面站）直接生成并更新区块链，在此过程中需保证各节点中存储区块链的一致性。然而现有的私有链共识机制（如 Raft 算法[76]）需要同主节点进行多轮交互，其通信复杂度较高，在网

· 178 ·

络拓扑高动态变化的无人机网络中难以在短时间内达成区块链更新的一致性，因此，本章方案采用将地面站广播和节点动态互愈相结合的机制来保证存储区块链的一致性。同时，考虑到群组密钥的时效性，节点在群组密钥互愈过程中仅需恢复最近几次丢失的密钥，因此各节点可采用滑动窗口机制，仅保存机群中最近一段时间更新群组密钥的区块和相关的必要信息。与现有区块链网络中节点需要存储全网所有的历史区块不同，可以大幅降低节点的存储开销。最后，该私有链由地面站在组建执行某次飞行任务的机群之初创建，并随着任务执行过程中节点的变更而更新，同时，在本次机群任务执行结束后，该链也将被销毁。因此，本章方案中的无人机网络私有链可标识本次机群任务中的无人机，建立节点间的动态信任关系。

下面将详细介绍无人机网络私有区块链的建立过程，具体步骤如下。

**（1）初始化。** 地面站生成创世区块 $\text{Block}_0$，用于存储相关信息。

$$\text{Block}_0 = \{\text{Bn}(\text{Block}_0), \text{ID}_{\text{GCS}}, \text{PK}_{\text{GCS}}, H(R_{\text{GCS}}^0), \text{Sign}_{\text{SK}_{\text{GCS}}}(\text{ID}_{\text{GCS}} \| H(R_{\text{GCS}}^0))\}$$

其中，$\text{Bn}(\text{Block}_0) = 0$ 为创世区块号；$H(R_{\text{GCS}}^0)$ 为地面站在 $Z_p^*$（$p$ 为一个大素数）内选取随机数 $R_{\text{GCS}}^0$ 计算的哈希值，$H(\cdot)$ 表示哈希函数。

**（2）无人机网络私有区块链的更新。** 下面将以机群第 $n$ 次（$n \geqslant 1$）节点变更为例，详细描述无人机网络私有区块链的更新过程，具体如下。

① 当 $\text{Join\_C}_n \neq \varnothing$ 时，地面站需首先对本次新加入的节点进行身份认证并分发相关信息。$\forall U_i \in \text{Join\_C}_n$，$U_i$ 将其身份信息 $\text{ID}_{U_i}$ 发送至地面站，地面站在完成 $U_i$ 身份认证后，通过安全信道为其分发信息 $\{(\text{PK}_{U_i}, \text{SK}_{U_i}), \text{Prk}_{U_i}, \text{Blockchain}_{n-1}\}$。其中，$\text{Prk}_{U_i}$ 是地面站为 $U_i$ 分发的用于获取群组密钥的私钥；$\text{Blockchain}_{n-1}$ 为当前无人机网络的最新区块链，表示为

$$\text{Blockchain}_{n-1} = \begin{cases} \{\text{Block}_i \mid \forall i \in [0, n)\} & , n \leqslant |w| \\ \{\text{Block}_0\} \cup \{\text{Block}_i \mid \forall i \in [n-w, n)\} & , n > |w| \end{cases}$$

② 地面站将生成群组密钥广播消息 $B_n$，构造区块 $\text{Block}_n$ 并全网广播，在更新无人机私有区块链的同时，完成群组密钥和节点信息的更新和存储，$\text{Block}_n$ 的存储内容为

$$\text{Block}_n = \{\text{Block}_n^H, \text{Block}_n^B\}$$

$$\text{Block}_n^H = \{H(\text{Block}_{n-1}), R_{\text{GCS}}^{n-1}, H(R_{\text{GCS}}^n), \text{Bn}(\text{Block}_n), \text{Root}, \text{Sign}\}$$

其中，$H(\text{Block}_{n-1})$ 为前一区块 $\text{Block}_{n-1}$ 中相关信息的哈希值 $H(\text{Block}_{n-1}) = H(H(\text{Block}_{n-2}) \| R_{\text{GCS}}^{n-2} \| H(R_{\text{GCS}}^{n-1}) \| \text{Bn}(\text{Block}_{n-1}) \| \text{Root} \| \text{Sign})$，用以建立相邻区块的前向哈希链式关系（将其表示为函数 $f^{(\text{I})}(\text{Block}_{n-1}, \text{Block}_n)$，如图 9.2 中（Ⅰ）所示），当其成立时，定义函数 $f^{(\text{II})}(\text{Block}_{n-1}, \text{Block}_n) = 1$；$H(R_{\text{GCS}}^n)$ 为地面站第 $n$ 次生成区块时，秘密选取随机数 $R_{\text{GCS}}^n \in Z_p^*$ 计算的哈希值，其目的是建立相邻区块的后向哈希链式关系（表示为函数 $f^{(\text{II})}(\text{Block}_{n-1}, \text{Block}_n)$），如图 9.2 中（Ⅱ）所示），同理，当其成立时，定义函数 $f^{(\text{II})}(\text{Block}_{n-1}, \text{Block}_n) = 1$，这将使得仅有地面站可以生成区块完成该区块链的更新；$\text{Bn}(\text{Block}_n) = n$ 为区块号，也代表机群第 $n$ 次的更新群组密钥；$\text{Root} = H(\text{B}_n \| \text{UAV\_Info}_n)$ 为区块体 $\text{Block}_n^B$ 中相关信息的哈希值；$\text{UAV\_Info}_n$ 为第 $n$ 次节点变更时。

区块中存储的机群相关成员信息，具体分为如下两种情况。

$$\text{UAV\_Info}_n = \begin{cases} \{\{\text{ID}_{U_i}, \text{PK}_{U_i}\} \mid \forall U_i \in \text{UAV\_G}_n\}, & |w| = 1 \text{ or } n \bmod |w| = 1 \\ \text{Join\_Info}_n \cup \text{Leave\_Info}_n, & |w| \neq 1 \text{ and } n \bmod |w| \neq 1 \end{cases}$$

其中，$\text{Join\_Info}_n = \{\{\text{ID}_{U_i}, \text{PK}_{U_i}\} \mid \forall U_i \in \text{Join\_C}_n\}$，$\text{Leave\_Info}_n = \{\text{ID}_{U_t} \mid \forall U_t \in \text{Leave\_C}_n\}$，分别

表示第 $n$ 次加入和离开的节点信息，$UAV\_G_n$ 为第 $n$ 次节点变更后当前所有的群组成员。由此可知，地面站每隔 $|w|$ 次群组密钥更新时，存储一次机群最新的节点信息，在滑动窗口 $w$ 内时仅存储本次变更（加入和离开）的节点信息，这可以保证各无人机实时掌握机群全局信息以建立节点间动态的信任关系。$\text{Sign} = \text{Sign}_{\text{SK}_{\text{GCS}}}(H(\text{Block}_{n-1}) \| R_{\text{GCS}}^{n-1} \| H(R_{\text{GCS}}^n) \| \text{Bn}(\text{Block}_n) \| \text{Root})$，为地面站对新区块的签名信息。

③ 无人机节点更新本地区块链并获取群组密钥。机群中无人机节点（以 $U_i$ 为例）收到 $\text{Block}_n$ 后，与其本地存储区块链 $\text{Blockchain}_t$ 中的最新区块 $\text{Block}_t$ 进行比较，判断 $\text{Block}_n$ 的合法性（这里的合法性是指 $\text{Block}_n$ 是否由地面站生成，且区块中存储内容未经篡改）。当且仅当判断条件 $(t = n-1) \wedge (f^{(\text{I})}(\text{Block}_t, \text{Block}_n) = 1) \wedge (f^{(\text{II})}(\text{Block}_t, \text{Block}_n) = 1) \wedge \text{Pass}$（其中，"$\wedge$" 表示逻辑谓词"且"，$\text{Pass}$ 表示 $\text{Block}_n$ 中的签名信息 $\text{Sign}$ 验签通过）为真时，$\text{Block}_n$ 合法，此时 $U_i$ 将利用滑动窗口更新本地区块链 $\text{Blockchain}_n$，以保存最近一段时间（$|w|$ 次）群组密钥更新信息，降低其存储开销。在无人机节点完成区块链的更新后，通过 $\text{Block}_n$ 中存储的广播消息 $B_n$ 恢复更新群组密钥 $\text{GK}_n = \eta^{-1}(B_n, \text{Prk}_i)$。否则，$U_i$ 将请求机群内其他无人机获取丢失的区块，一方面可以保证机群内各无人机节点存储区块链的一致性，另一方面可以保证节点恢复丢失的群组密钥，其过程如 9.3.2 节所述。

### 9.3.2 节点丢失群组密钥的恢复

假设无人机 $U_q$ 在 $T_i$ 时刻同机群的通信链路丢失（假设此时机群已完成第 $t$ 次群组密钥更新），当其通信链路恢复后，$U_q$ 将利用区块链不可篡改、不可伪造以及可追溯的特性，通过互愈方式请求机群内邻居节点协助恢复其通信链路中断期间所有丢失的群组密钥 $\text{GK}_m, \forall m \in (t, n)$，其交互过程如图 9.3 所示。

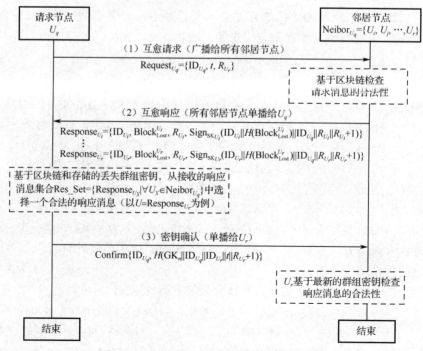

图 9.3 节点丢失群组密钥恢复的交互过程

（1）节点 $U_q$ 进行互愈请求。节点 $U_q$ 生成恢复丢失群组密钥的请求消息 $\text{Request}_{U_q} = \{\text{ID}_{U_q}, t, R_{U_q}\}$，并向周围所有邻居节点广播。其中，$t$ 为 $U_q$ 本地存储的最新区块号，也表示该节点请求恢复第 $t$ 次群组密钥更新后的所有丢失密钥；$R_{U_q} \in Z_p^*$，为 $U_q$ 选取的随机数，用以保证该请求消息的新鲜性。

（2）邻居节点对请求消息的互愈响应。收到 $\text{Request}_{U_q}$ 的邻居节点首先依据区块链 $\text{Blockchain}_n$ 中建立的节点间信任关系，判断节点 $U_q$ 请求消息的合法性，其目的是过滤机群中大量的非法请求消息。当满足 $U_q \in \text{UAV\_G}_n$ 且 $n - |w| \leqslant t < n$ 时，表明请求消息 $\text{Request}_{U_q}$ 合法（$U_q$ 是当前机群的成员，且请求恢复的丢失密钥在当前滑动窗口 $w$ 内），此时邻居节点 $U_X \in \text{Neibor}_{U_q}$ 生成响应消息发送给 $U_q$，其内容为

$$\text{Response}_{U_X} = \{\text{ID}_{U_X}, \text{Block}_{\text{Lost}}^{U_X}, R_{U_X}, \text{Sign}_{\text{SK}_{U_X}}(\text{ID}_{U_X} \| H(\text{Block}_{\text{Lost}}^{U_X}) \| \text{ID}_{U_q} \| R_{U_X} \| R_{U_q} + 1)\}$$

其中，$\text{ID}_{U_X}$ 为响应节点 $U_X$ 的身份标识；$\text{Block}_{\text{Lost}}^{U_X}$ 为节点 $U_q$ 通信链路中断期间机群更新的所有区块集合，当邻居节点 $U_X \in \text{Neibor}_{U_q} \bigcap \text{UAV\_G}_n$ 时，表明其为当前机群的合法节点，则此时其发送的丢失区块集合 $\text{Block}_{\text{Lost}}^{U_X} = \{\text{Block}_i \mid \forall i \in (t, n]\}$；$\text{Sign}_{\text{SK}_{U_X}}(\cdot)$ 用以保证响应消息的完整性和真实性。

（3）节点 $U_q$ 丢失群组密钥的确认。由于节点 $U_q$ 采用广播机制发送请求消息，在同一时间会收到多个邻居节点的响应。为了便于描述，将 $U_q$ 收到的响应消息集合记为 $\text{Res\_Set} = \{\text{Response}_{U_X} \mid \forall U_X \in \text{Neibor}_{U_q}\}$。考虑到此过程中可能有恶意节点（特别是离开节点）发起非最新群组密钥重放攻击（具体如 9.2.2 节定义 9.2），$U_q$ 将采用"最长链"机制从 $\text{Res\_Set}$ 中选择合法的响应消息，并从其包含的丢失区块集合中恢复所有丢失的群组密钥（包含当前最新群组密钥 $\text{GK}_n$），其过程如下。

为防止恶意节点发起女巫攻击，首先需对集合 $\text{Res\_Set}$ 中每条响应消息的签名 $\text{Sign}_{\text{SK}_{U_X}}(\cdot)$ 进行验证，若判断该消息集合中存在超过 $Q$（如 9.2.1 节系统模型中预设的阈值）条合法响应消息，则该请求节点周围至少存在 $Q$ 个邻居节点，此时可判断其与机群通信链路恢复。

将上述 $Q$ 条响应消息按照其包含丢失区块集合 $\text{Block}_{\text{Lost}}^{U_X}$ 的长度进行排序，并选取包含最长丢失区块集合且满足 $|\text{Block}_{\text{Lost}}^{U_X}| \leqslant |w|$ 的响应消息（假设为 $\text{Response}_{U_r}$），依次对其进行如下验证，判断该响应消息的合法性，具体步骤如下。

① 首先验证 $\text{Response}_{U_r}$ 区块集合 $\text{Block}_{\text{Lost}}^{U_r}$ 中各区块同 $U_q$ 本地存储区块的前向哈希链式关系是否成立。若满足 $\forall m \in (t, k]$ 均有 $f^{(1)}(\text{Block}_{m-1}, \text{Block}_m) = 1$，则前向哈希链式关系成立。其中，$k = |\text{Block}_{\text{Lost}}^{U_r}| + t$，表示 $\text{Block}_{\text{Lost}}^{U_r}$ 中最后一个区块的区块号。

② 然后验证 $\text{Block}_{\text{Lost}}^{U_r}$ 中最后一个区块 $\text{Block}_k$ 的签名信息 $\text{Sign}_{\text{SK}_{\text{GCS}}}(\cdot)$。若验证通过，则可以结合①中成立的前向哈希链式关系，表明 $\text{Block}_{\text{Lost}}^{U_r}$ 中各区块存储内容完整。

③ 当且仅当上述①②均验证通过时，可以判定响应消息 $\text{Response}_{U_r}$ 合法，表明其来自当前机群内合法成员，即 $U_r \in \text{Neibor}_{U_q} \bigcap \text{UAV\_G}_n$，其包含的丢失区块 $\text{Block}_{\text{Lost}}^{U_r}$ 为地面站最近一段时间（请求节点通信链路丢失期间）更新的所有区块 $\text{Block}_{\text{Lost}}^{U_r} = \{\text{Blcok}_m \mid \forall m \in (t, n]\}$。此后，请求节点通过获取丢失区块 $\text{Block}_{\text{Lost}}^{U_r}$ 中存储的群组密钥广播消息，恢复所有丢失的群组密钥 $\text{GK}_m, \forall m \in (t, n]$，并向邻居节点 $U_r$ 发送确认消息 $\text{Confirm} = \{\text{ID}_{U_q}, H(\text{GK}_n \| \text{ID}_{U_q} \| \text{ID}_{U_r} \| t \| R_{U_r} + 1)\}$，表明本次群组密钥恢复成功。

## 9.4 方案分析

### 9.4.1 安全性分析

为证明本章设计的群组密钥更新方案可满足其安全目标（如定义 9.3 所述），我们首先结合本章方案中设计的相关机制给出两个引理，并分别对其证明，具体如下。

**引理 9.1** 本章方案在无人机网络私有区块链建立过程中，可有效抵抗伪造、篡改以及重放攻击，确保该私有区块链的可信建立。

**证明：** 以机群第 $n$ 次群组密钥更新为例。首先，生成新区块的节点需要提供地面站在第 $n-1$ 次生成区块时秘密选取的随机数 $R_{GCS}^{n-1}$，以满足图 9.2 中后向哈希链式关系（Ⅱ），同时还需对其新生成的区块进行签名，以保证其内容的完整性。考虑到地面站私钥 $SK_{GCS}$ 和随机数 $R_{GCS}^{n-1}$ 的保密性，这将使得第 $n$ 次具有合法新区块生成权的节点只能是地面站，进而有效地防止了恶意节点伪造和篡改新生成的区块。同时，在生成 $Block_n$ 时需包含前一区块的哈希值 $H(Block_{n-1})$，当恶意节点重放历史的合法区块 $Block_i (i \leq n-1)$ 时，将无法满足图 9.2 中的前向哈希链式关系（Ⅰ）。因此，新区块在生成过程中可有效地抵抗伪造、篡改和重放攻击，保证了私有区块链的可信性，即引理 9.1 成立。

**引理 9.2** 本章方案在群组密钥互愈过程中，任何恶意节点响应消息中包含的请求节点丢失区块集合 $Block_{lost}^{false}$，其长度必不超过合法节点响应消息中包含的丢失区块集合 $Block_{lost}^{real}$，即 $|Block_{lost}^{false}| < |Block_{lost}^{real}|$。

**证明：** 在请求节点 $U_q$ 与机群通信链路恢复正常后（定义 9.1），其一跳通信范围内存在至少一个当前机群的合法节点，即 $Neibor_{U_q} \bigcap UAV\_G_n \neq \varnothing$。因此，当其采用广播机制发送群组密钥互愈请求时，在一定时间 $\Delta t$（两个节点在一跳通信范围中交互一次消息的平均时延）内收到的响应消息集合 Res_Set 中将至少存在一条合法节点的响应消息，其包含了请求节点 $U_q$ 所有丢失的区块集合 $Block_{lost}^{real} = \{Block_j | \forall j, j \in (r,n]\}$。基于此，将请求节点收到的响应消息 Res_Set 分为两类：①恶意节点的响应消息；②合法节点的响应消息。针对①类响应消息，其包含的丢失区块集合表示为 $Block_{lost}^{false}$。由引理 9.1 可知，恶意节点无法伪造和篡改区块，因此为了欺骗请求节点，将过期的群组密钥 $GK_i(t<i<n)$ 误认为当前机群最新的群组密钥，其响应消息中包含的丢失区块需满足 $Block_{lost}^{false} \subset Block_{lost}^{real}$，即 $|Block_{lost}^{false}| < |Block_{lost}^{real}|$。由此可知，在众多响应消息中，合法节点响应消息包含的丢失区块集合最长，故引理 9.2 成立。

**定理 9.1** 本章设计的群组密钥互愈方案在抵抗已知重放、伪造攻击的同时，还能够抵抗非最新的群组密钥重放攻击，确保合法请求节点从响应消息中正确恢复当前最新群组密钥。

**证明：** 在上述引理 9.1、9.2 以及定义 9.1 中的安全性假设③的基础上，采用协议安全分析工具 ProVerif（PV），对安全目标对应的安全属性进行自动化证明。PV 作为一款自动化协议安全分析工具，具有模拟和测试安全协议抵抗各种典型攻击（如重放、篡改、伪造等）的能力，已被广泛应用于各种安全协议的分析。在此过程中，首先需要形式化定义安全目标对应的安全属性，其通常包括对关键事件的定义及对事件关系的描述。具体到本章方案中，定义四个关键事件。

① event CoopRespondUq($\text{ID}_{U_r}$, $\text{Block}_{\text{Lost}}^{U_r}$, $R_{U_r}$, $\text{Sign}_{\text{SK}_{U_r}}(\cdot)$)：邻居节点收到请求消息，完成响应消息生成事件。

② event UqCheckCoop($\text{ID}_{U_r}$)：请求节点收到响应消息，结合引理 9.1 完成响应消息合法性验证事件。

③ event UqSendConf($\text{ID}_{U_q}$, $H_{\text{GK}_n}(\cdot)$)：请求节点完成确认消息生成事件。

④ event CoopConf($\text{ID}_{U_q}$)：邻居节点收到确认消息，完成确认消息合法性验证事件。

依据上述四个关键事件在方案中发生的先后顺序（如图 9.4 所示），将其插入到验证过程的形式化描述，根据安全目标，使用 Query 语句描述以下 2 种安全属性，并予以证明：

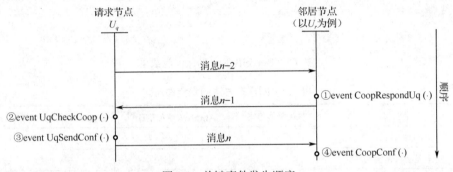

图 9.4　关键事件发生顺序

（1）请求节点和邻居节点交互消息具有新鲜性，可抵抗重放攻击。该属性是关于新鲜性的问题，因而事件对应性可描述为，每次请求节点完成响应消息合法性验证事件 UqCheckCoop($\cdot$)，有且仅有一次邻居节点响应消息生成事件 CoopRespondUq($\cdot$) 完成；每次邻居节点完成确认消息合法性验证事件 CoopConf($\cdot$)，有且仅有一次请求节点确认消息生成事件 UqSendConf($\cdot$) 完成。证明该属性的 Query 语句断言如下。

Query inj-event (UqCheckCoop ($\cdot$)) $\Rightarrow$ inj-event (CoopRespondUq($\cdot$))

Query inj-event (UqSendConf ($\cdot$)) $\Rightarrow$ inj-event (CoopConf ($\cdot$))

（2）请求节点和邻居节点可实现双向认证。具体表现为，首先，结合"最长链"机制，请求节点可实现对邻居节点身份的认证，确保请求节点正确地获取最新群组密钥，以抵抗非最新群组密钥重放攻击；其次，结合安全性假设③，仅合法的请求节点可以获取最新群组密钥，响应节点可实现对请求节点的身份认证。该属性是关于身份认证的问题，因而事件对应性可描述为，在请求节点完成相应消息合法性验证之前，邻居节点完成了请求消息的合法性验证及对应响应消息的生成；在邻居节点完成对确认消息的合法性验证之前，请求节点完成了对该确认消息的生成。证明该属性的 Query 语句断言如下。

Query event ( UqCheckCoop ($\cdot$)) $\Rightarrow$ event ( CoopRespondUq($\cdot$))

Query event ( UqSendConf ($\cdot$)) $\Rightarrow$ event (CoopConf ($\cdot$))

PV 对以上属性的自动化证明结果如图 9.5 所示，其中，事件推理结果为 true，说明其已证明 Query 语句所述的安全属性。

综上所述，定理 9.1 成立，即本章设计的无人机网络群组密钥更新方案满足所提安全目标。同时，将本章方案在群组密钥互愈过程中的相关安全性同现有的互愈式群密钥管理方案[27-29]进行比较，结果如表 9.2 所示。现有方案在节点丢失群组密钥恢复过程中均采用了较弱的安全保护机制，具体包括基于位置关系和共享群密钥的消息认证，容易导致节点遭受非最新群组密钥重放攻击。而本章方案充分考虑了无人机网络中节点动态变化频繁且位置不固定的特点，采用区块链技术建立节点间的信任关系，并通过非对称密钥实现交互消息的认证保护，具有较强安全性，能确保节点正确地恢复丢失的最新群组密钥。

```
-- Query inj-event(UqCheckCoop(ID_Ur_50)) ==> inj-event(coop
RespondUq(ID_Ur_50,ID_Uq_51,R_Ur_52,block_Ur_53,sig_Ur_54))
Completing...
Starting query inj-event(UqCheckCoop(ID_Ur_50)) ==> inj-even
t(coopRespondUq(ID_Ur_50,ID_Uq_51,R_Ur_52,block_Ur_53,sig_Ur
_54))
RESULT inj-event(UqCheckCoop(ID_Ur_50)) ==> inj-event(coopRe
spondUq(ID_Ur_50,ID_Uq_51,R_Ur_52,block_Ur_53,sig_Ur_54)) is
true.
-- Query inj-event(coopConf(ID_Uq_55)) ==> inj-event(UqSendc
onf(ID_Uq_55,H_56))
Completing...
Starting query inj-event(coopConf(ID_Uq_55)) ==> inj-event(U
qSendconf(ID_Uq_55,H_56))
RESULT inj-event(coopConf(ID_Uq_55)) ==> inj-event(UqSendcon
f(ID_Uq_55,H_56)) is true.
```

(a) 安全属性（1）证明结果

```
-- Query event(UqCheckCoop(ID_Ur_57)) ==> event(coopRespondU
q(ID_Ur_57,ID_Uq_58,R_Ur_59,block_Ur_60,sig_Ur_61))
Completing...
Starting query event(UqCheckCoop(ID_Ur_57)) ==> event(coopRe
spondUq(ID_Ur_57,ID_Uq_58,R_Ur_59,block_Ur_60,sig_Ur_61))
RESULT event(UqCheckCoop(ID_Ur_57)) ==> event(coopRespondUq(
ID_Ur_57,ID_Uq_58,R_Ur_59,block_Ur_60,sig_Ur_61)) is true.
-- Query event(coopConf(ID_Uq_62)) ==> event(UqSendconf(ID_U
q_62,H_63))
Completing...
Starting query event(coopConf(ID_Uq_62)) ==> event(UqSendcon
f(ID_Uq_62,H_63))
RESULT event(coopConf(ID_Uq_62)) ==> event(UqSendconf(ID_Uq_
62,H_63)) is true.
```

(b) 安全属性（2）证明结果

图 9.5　ProVerif 的自动化证明结果

表 9.2　同现有方案的安全性对比

| 安全性 | | Tian 等人方案[27] | Agrawal 等人方案[28] | Agrawal 等人方案[29] | 本章方案 |
|---|---|---|---|---|---|
| 抵抗重放攻击 | | √ | √ | √ | √ |
| 可认证性 | 基于相邻位置关系 | √ | √ | × | × |
| | 基于对称密钥共享 | √ | √ | √ | × |
| | 基于区块链和非对称密钥 | × | × | × | √ |
| 抵抗定义 9.2 中的攻击 | | × | × | × | √ |

## 9.4.2　计算及通信开销分析

本章方案在区块链生成、更新以及群组密钥互愈过程中涉及以下几类算法，具体为群组密钥广播消息生成算法 $\eta(\cdot)$、群组密钥获取算法 $\eta^{-1}(\cdot)$、签名算法 $\text{Sign}(\cdot)$、验签算法 $\text{Ver}(\cdot)$、哈希算法 $H(\cdot)$。分别用 $T_\eta$、$T_{\eta^{-1}}$、$T_s$、$T_v$、$T_h$ 表示其计算开销。下面从无人机区块链更新和节点丢失群组密钥恢复两个阶段给出本章方案相关实体计算开销分析。

（1）在无人机区块链更新阶段，地面站首先依据当前节点变更后的群组采用算法 $\eta(\cdot)$ 生成用于分发群组密钥的广播消息 $B_n$，并将其与本次节点变更信息 UAV_Info$_n$ 一同存储至新区块 Block$_n$，广播至无人机群。此过程中地面站所需的计算开销为 $T_\eta + 3T_h + T_s$。

机群内无人机收到区块 Block$_n$ 后，首先验证 Block$_n$ 和本地存储的最新区块 Block$_t$ 是否符合哈希链式关系，其次验证区块的签名消息，上述验证均通过后，无人机采用算法 $\eta^{-1}(\cdot)$ 获取更新的群组密钥 GK$_n$。此过程中机群内每个节点所需的计算开销为 $3T_h + T_v + T_{\eta^{-1}}$。

（2）在节点丢失群组密钥恢复阶段，请求节点 $U_q$ 首先在机群中广播恢复群组密钥的请求消息 Request$_{U_q}$，节点 $U_x$ 收到 Request$_{U_q}$ 后，查询本地区块链并验证其合法性，同时生成响应消息 Response$_{U_x}$，将其本地存储的请求丢失区块集合 Block$_{\text{Lost}}^{U_x}$ 发送给节点 $U_q$，此过程中邻居节点的计算开销为 $T_h + T_s$。

请求节点 $U_q$ 在收到响应消息集合后，采用"最长链"机制选取包含最长丢失区块集合 Block$_{\text{Lost}}^{U_x}$ 的合法响应消息，从中恢复所有丢失的群组密钥 GK$_m$，$\forall m \in (t,n]$，并向无人机群广播确认消息 Confirm，表明本次丢失群组密钥恢复成功。此过程中，节点 $U_q$ 所需的计算开销为

$(Q+2\cdot|\mathrm{Block}_{\mathrm{Lost}}^{U_x}|+1)\cdot T_h+(Q+1)\cdot T_v+|\mathrm{Block}_{\mathrm{Lost}}^{U_x}|\cdot T_{\eta^{-1}}$，邻居节点验证确认消息 Confirm 的计算开销为 $T_h$。

同时，将本章方案同现有的互愈式群密钥管理方案[27-29]进行对比，重点对比分析在节点丢失群组密钥恢复过程中（以节点恢复最新丢失群组密钥 $\mathrm{GK}_n$ 为例）相关实体的计算和通信开销，具体如表 9.3 所示。

表 9.3 相关实体的计算和通信开销对比

| 方案 属性 | 节点 | Tian 等人方案[27] | Agrawal 等人方案[28] | Agrawal 等人方案[29] | 本章方案 |
|---|---|---|---|---|---|
| 通信复杂度 | $R$ | $3\log p$ | $8\log p$ | $5\log p$ | $5\log p$ |
| | $C$ | $((2|G_n|+3)\cdot n +2)\log p$ | $((2|G_n|+3)+4)\log p$ | $(5\cdot(n-t)+3)\log p$ | $3\log p+\sum_{k=t+1}^{n}\mathrm{Size}(\mathrm{B}_k)$ |
| 计算复杂度 | $R$（S_1） | $T_{\mathrm{bp}}+T_h+T_d$ | $2T_e+3T_h+T_d$ | $(n-t-1)\cdot(3T_h+4T_b)+2T_h$ | $(Q+2(n-t)+1)\cdot T_h+(Q+1)\cdot T_v$ |
| | $R$（S_2） | $2T_{\mathrm{bp}}+|G_n|\cdot T_p+T_h+T_b$ | $2T_{\mathrm{bp}}+T_h+T_b$ | $T_h+3T_b$ | $T_{\eta^{-1}}$ |
| | $C$ | $T_{\mathrm{bp}}+T_h+T_e$ | $T_e+3T_h+2T_d$ | $3T_h+T_b$ | $T_s+2T_h$ |

符号意义如下。$R$：请求节点；$C$：邻居节点；S_1/2：从邻居节点获取 $B_n$/从 $B_n$ 中获取 $\mathrm{GK}_n$；$t$：请求节点拥有的最新群组密钥的序列号；$n$：当前群组最新群组密钥的序列号；$|G_n|$：第 $n$ 个会话群组节点数量；$Q$：邻居节点数量阈值；$T_{\mathrm{bp}}$：配对操作计算开销；$T_p$：点乘操作计算开销；$T_e/T_d$：对称加密/解密操作计算开销；$T_h$：哈希算法计算开销；$T_s/T_v$：公钥计算（如签名、验签）计算开销；$T_b$：异或操作计算开销；$\log p$：素数 $p$ 的比特长度。

## 9.5 实验

为了全面评估本章方案的性能，将通过以下两部分实验进行分析。在第一部分实验中，对比分析了在通信链路不稳定的无人机网络中，节点采用不同机制（请求重传、自愈式、互愈式）获取丢失群组密钥在时延方面的差异，证明了互愈式机制的高实时性。在第二部分实验中，分析了本章方案在不同阶段（无人机区块链更新阶段和节点丢失群组密钥恢复阶段）相关实体的计算和存储开销，同时将其同现有的互愈式群组密钥管理方案进行对比，更进一步验证本章方案的有效性。

### 9.5.1 实验环境建立

在实验中，采用网络仿真模拟无人机网络场景，如图 9.6 所示。在该场景中，设定了若干架无人机和一个地面站（GCS），它们的初始位置是随机分布的。在仿真过程中，地面站在初始位置处保持静止，各节点的移动采用随机路点（Random Waypoint，RWP）模型，以反映无人机网络拓扑的动态变化。同时，在本场景中，无人机网络将采用 AODV 路由协议，其作为一种典型的按需驱动路由协议，可实现移动终端间动态的、自发的路由，并且能够快速对网络拓扑的动态变化做出反应，已被研究者们广泛应用于移动自组网络中，其中也包括无人机网络。

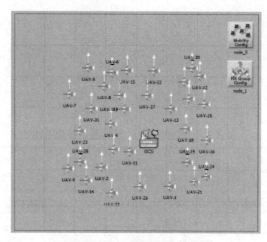

图 9.6　无人机网络仿真场景

具体实验环境：笔记本电脑硬件配置信息为 3.30 GHz Core i5-4590 CPU，4GB DDR3-1600 RAM，操作系统为 Winddows7，仿真软件选取 OPNET Modeler 14.5，它是一款常用的无线网络仿真工具，具有模型库丰富、模型配置简单以及数据分析快捷等优点，能够为系统模拟的各种场景提供更加真实的网络环境，可实现对方案的验证和对比。实验中设置的无人机网络仿真参数如表 9.4 所示，同时区块链相关算法的实现均采用 Java 编程语言，并使用了函数库 JPBC 2.0，它集成了大量密码学常用算法，是目前较为流行的 Java 密码学库文件。在此过程中，各算法及其参数选取具体为，哈希算法选择 SHA256；签名、验签算法选择椭圆加密曲线 ECDSA-secp256k1，其可提供 256 位的安全保护；大素数 $p$ 选择 1024bit；群组密钥 $GK_n$ 选择 128bit。

表 9.4　无人机网络的仿真参数设置

| 参　　　数 | 取　　　值 |
|---|---|
| 飞行速度 | ① Uniform[40,60]m/s<br>② Uniform[100,120]m/s |
| 飞行高度 | 5km |
| 飞行范围 | 7×8km² |
| 通信距离 | 1500m |
| 数据传输率 | 11Mbps |
| 仿真时间 | 300s |

另外，实验基于中国剩余定理的群组密钥更新方案（GRTGKM）进行，具体实现本章方案中群组密钥广播消息生成算法 $\eta(\cdot)$ 和群组密钥获取算法 $\eta^{-1}(\cdot)$。首先，GRTGKM 中仅涉及加法、乘法以及模运算，使得相关实体具有较低的计算开销；其次，生成的广播消息大小固定，不随节点数量变化，具有常数级的通信开销；最后，其安全属性满足前向和后向安全性，并且能够抵抗合谋攻击。因此，采用 GRTGKM 能在满足本章方案安全性需求的同时，进一步提高节点恢复丢失群组密钥的时效性。

### 9.5.2 实验结果及分析

#### 1. 不同机制的时延对比

首先将互愈式机制和请求重传机制进行对比。在实验过程中，按照表 9.4 中设置的仿真参数复制了两组无人机网络场景 A 和 B，且均设定场景中节点数为 32，节点间通信数据包大小为 2000bit，不同的是，场景 A、B 中节点飞行速度对应设置为表 9.4 中的①②。以场景 A 和 B 中同一节点为例，在仿真时间内多次统计节点与邻居节点和地面站的平均时延，它们分别反映了互愈式机制和请求重机制下节点获取丢失群组密钥广播消息的时延，具体实验结果如图 9.7 所示。

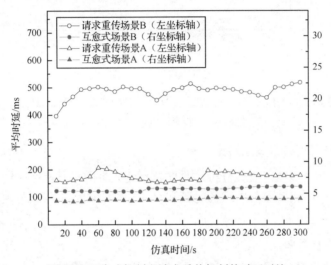

图 9.7 互愈式机制和请求重传机制的时延对比

对比图 9.7 中的实验结果可看出，互愈式机制相比请求重传机制具有更高的时效性。这是因为在请求重传机制中，请求节点和地面站间需要动态建立多跳路由来恢复丢失的群组密钥广播消息，其时延也将动态变化。例如，在图 9.7 的场景 A 中，节点从地面站获取丢失群组密钥广播消息的平均时延随机波动，稳定性差，其中最大时延为 0.21s，最小时延为 0.15s。然而，在互愈式机制中，由其邻居节点直接发送丢失的群组密钥广播消息，避免了交互消息的多跳传输，因此，相比于向地面站请求重传的方法，互愈式机制在节点密钥恢复过程中具有更高的实时性和稳定性。例如，在图 9.7 的场景 A 中，节点采用互愈式机制从周围邻居节点处获取丢失的群组密钥广播消息时，平均时延约为 0.004s，且基本保持不变。同时对比场景 A、B 中平均时延曲线的变化情况，可知随着节点飞行速度的增加，网络拓扑动态变化加剧，节点从地面站获取广播消息的平均时延也将增加，且波动性更为明显。

然后将互愈式机制和自愈式机制进行对比。在实验过程中，以无人机网络的场景 A 为例，将地面站广播消息的时间间隔分别设为 2s 和 4s，并选定其中一节点多次统计其接收到地面站广播消息的平均时延，代表其采用自愈式机制获取丢失群组密钥广播消息的时延，具体实验结果如图 9.8 所示。在自愈式机制中，群组密钥丢失的节点需要被动等待地面站下一次更新群组密钥的广播消息来恢复丢失密钥，其时延大小主要取决于地面站更新群组密钥的频率。然而在互愈式机制中，节点则采用主动请求的方式获取丢失群组密钥广播消息，因此具有较高的实时性。

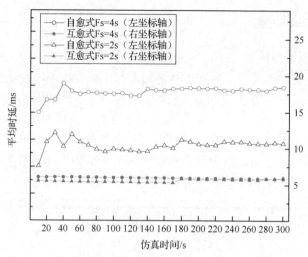

图 9.8　互愈式机制与自愈式机制的时延对比

综合上述实验分析，可以得出上述三种机制的实时性关系：$D_{\text{Self\_Healing}} \geqslant D_{\text{Retransmission}} \geqslant D_{\text{Mutual\_Healing}}$，其中，$D$ 表示节点获取丢失群组密钥广播消息的时延。

## 2. 性能分析及同现有方案的对比

下面首先对本章方案性能进行分析，具体包括无人机网络私有区块链更新以及无人机丢失群组密钥恢复阶段中相关参与实体的时延和存储开销。然后，将其与现有的互愈式方案进行对比。

### 1）无人机区块链更新

首先，分析节点变更以及滑动窗口大小对地面站更新区块链的时延和区块链存储开销的影响。在具体实验中，设定初始群组数量 $N=32$，分别取滑动窗口 $|w|$ 为 1、10 和 30，模拟 20 次节点变更，分别统计地面站每次更新区块链的时延和区块链的存储开销，其结果如图 9.9 和图 9.10 所示。

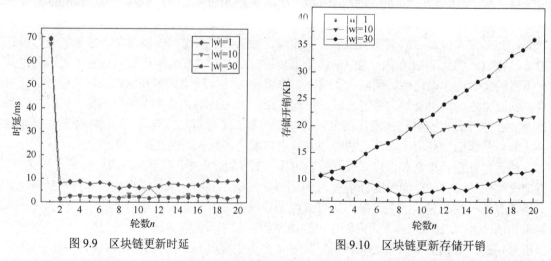

图 9.9　区块链更新时延　　　　　　　图 9.10　区块链更新存储开销

在本章方案中，当节点变更时（以第 $n$ 次为例），地面站将生成新区块并全网广播以更新区块链，该过程的时延主要包含两部分。一是新区块的生成时延，其由地面站所采用的 $\eta(\cdot)$ 算

法决定，具体到实验中有 $O(\eta) = O(|\,\text{UAV\_C}_n\,|)$（$|\,\text{UAV\_C}_n\,| = |\,\text{Join\_C}_n\,| + |\,\text{Leave\_C}_n\,|$，表示第 $n$ 次群组变更节点的数量）。因此在一个滑动窗口内（如图 9.9 所示，以 $|w| = 10$ 为例，$n$ 从 1 变化到 10），当节点动态变化时，新区块的生成时延也将随之变化。二是新区块的广播发送时延，其受区块大小的直接影响。在本章方案中，设计了滑动窗口机制，即地面站每隔 $|w|$ 次区块更新，将存储一次当前所有节点的信息，在滑动窗口 $w$ 内仅存储本次节点变更（加入和离开）的信息。特别地，当 $|w| = 1$ 时，由于每次更新区块均需存储当前机群所有节点的信息，故在相同节点变化条件下，同其他滑动窗口相比（如图 9.10 所示，在同一轮数 $n$ 下，以 $|w| = 1$ 和 10 为例）具有最大区块尺寸，使得其具有最大的区块发送时延。综上分析可知，节点的变更和滑动窗口的大小均会动态影响地面站更新区块链的时延，且在相同群组节点变更条件下，设置较大的滑动窗口将有利于减小区块链的更新时延。

图 9.10 给出了节点动态变化时，各节点在不同滑动窗口下，区块链存储开销的具体变化情况。滑动窗口机制使得各节点仅存储 $|w| + 1$ 个区块。由此可知，当 $0 < n \leqslant |w|$ 时，节点的存储开销将随节点变更次数 $n$ 线性增加，$\Delta = \text{Size}(\text{Block}_n)$；当 $n > |w|$ 时，由于采用了滑动窗口机制，相邻两次节点变更导致的区块链存储开销变化为 $\Delta' = \text{Size}(\text{Block}_n) - \text{Size}(\text{Block}_{n-|w|})$，这就表明本章方案所设计的滑动窗口机制可有效地降低节点存储区块链的开销。且在相同节点变更情况下，设置不同滑动窗口大小（假设 $|w_1| < |w_2| < |w_3|$），节点存储开销的大小关系将满足 $\text{Size}(\text{Blockchain}_n^{w_1}) \leqslant \text{Size}(\text{Blockchain}_n^{w_2}) \leqslant \text{Size}(\text{Blcokchain}_n^{w_3})$（$\text{Blockchian}_n^w$ 表示在设置滑动窗口 $w$ 时，第 $n$ 次更新区块后节点存储的区块链）。同时，综合图 9.9 的分析结果可知，滑动窗口 $w$ 设置过小将会增加更新时延，设置过大将会增加区块链的存储开销。因此，在实际设置过程中应该充分考虑群组密钥的时效性，选取大小适中的滑动窗口。

2）节点丢失群组密钥恢复

接下来分析在节点丢失群组密钥恢复过程中，请求节点的邻居节点数量阈值 $Q$ 及其通信链路中断期间地面站更新的群组密钥数量 $R$（其反映了节点通信链路中断时长）对相关时延的影响。在具体实验中，选取初始群组成员数量 $N = 32$，滑动窗口 $|w| = 10$，邻居节点数量阈值 $Q = 2, 5, 10$，模拟 20 次节点变更，在该过程中设定一节点在地面站进行 10 次区块更新后通信链路中断，并在地面站第 $n$（$t < n \leqslant 20$）次区块更新后通信链路恢复，该节点通信链路中断期间地面站更新的群组密钥数量 $R = n - 10$，分别统计不同 $R$（实验中可由 $n$ 值变化代替）和 $Q$ 条件下邻居节点和请求节点的处理时延，其实验结果如图 9.11（a）和图 9.11（b）所示。

本章方案在丢失群组密钥恢复时，请求节点首先向邻居节点发送请求消息，周围合法邻居节点在验证该请求消息后，将发送包含丢失区块集合 $\text{Block}_{\text{Lost}} = \{\text{Block}_m \mid \forall m \in (t, n]\}$ 的响应消息，以协助请求节点恢复最新丢失群组密钥，此过程邻居节点的时延主要包含两部分：一是验证请求消息和构建响应消息的计算时延，其基本不随 $n$ 变化，约为常数；二是响应消息的发送时延 $t_s \approx (\sum_{m=t+1}^{n} \text{Size}(\text{Block}_m))/\text{rate}$，$\text{Size}(\cdot)$ 表示区块大小，$\text{rate}$ 为数据发送率。由此可知，当 $n$ 增加时，请求节点通信链路中断期间地面站更新的群组密钥数量 $R$ 随之增加，导致邻居节点的时延也将增加。如图 9.11（a），当 $n$ 从 11 增加到 20 时，时延从 3.4ms 增加到 14.8ms。

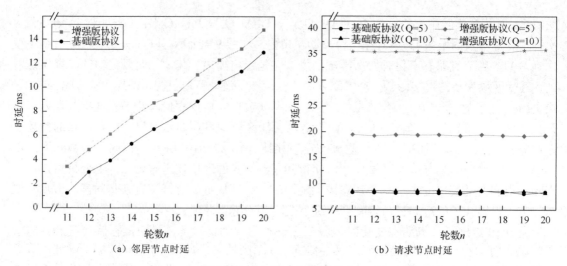

图 9.11　本方案中相关节点时延

在请求节点收到来自邻居节点发送的响应消息集合 Res_Set 后，利用"最长链"机制，经过至少 $Q$ 次消息验证后选取合法响应消息，并恢复全部丢失的 $R$ 个群组密钥，此过程中 $R$ 和 $Q$ 的增加均会导致请求节点的时延增加。如图 9.11（b），以固定的 $Q=10$ 为例，当 $n$ 从 11 增加到 20（对应 $R$ 从 1 增加到 10）时，其请求节点的时延从 16.4ms 增加到 16.7ms，但增加幅度较小。以固定的 $n=20$ 为例，当 $Q$ 从 2 变化到 10 时，其请求节点的时延从 3.5ms 增加到 16.4ms。

同时需要明确的是，在上述两部分实验中，虽然邻居节点和请求节点的时延分别随着 $n$ 和 $Q$ 增加而增加，但是总体的时延均保持为毫秒级别，仍然具有较低的时延。

3）同现有互愈式群组密钥管理方案对比

最后，将本章方案同现有的互愈式群组密钥管理方案[27-29]进行对比，以对比不同方案在节点丢失群组密钥恢复过程中（以节点恢复最新丢失群组密钥 $GK_n$ 为例）请求节点和邻居节点的时延，其实验过程如前文所示。需明确的是，本次实验设定 $Q=5$，$|w|=10$，实验结果如图 9.12（a）和图 9.12（b）所示。

在互愈式群组密钥管理方案中，请求节点恢复丢失群组密钥的时延主要包含两部分：一是请求节点采用互愈式机制获取丢失的群组密钥广播消息 $B_n$；二是请求节点从 $B_n$ 中解密恢复丢失的群组密钥 $GK_n$。对于方案[29]和本章方案，请求节点在互愈过程中仅通过少量的哈希运算和签名运算即可验证广播消息 $B_i$ 的合法性，同时两者均采用了基于中国剩余定理的群组密钥广播消息生成机制，故节点仅通过计算开销极低的模运算即可从 $B_n$ 中恢复丢失的群组密钥。而在方案[27,28]中，节点在获取和解密 $B_n$ 过程中需进行双线性对运算，这是非常耗时的。因此，如图 9.12（a）所示，在方案[29]和本章方案中，请求节点具有较低的时延。同时，在互愈式群组密钥管理方案中，邻居节点的时延也包含两部分：一是验证请求消息和构造响应消息的计算时延；二是响应消息的发送时延。在计算时延中，方案[27]需进行双线性对运算，而其余方案仅需少量的哈希运算和签名运算。时延主要取决于响应节点的通信开销，上述方案中节点数量、请求节点丢失群组密钥的数量等均会影响通信开销的大小。因此，如图 9.12（b）所示，当 $n$ 值变化时，各方案中邻居节点的时延也将动态变化，但均具有较低的时延。

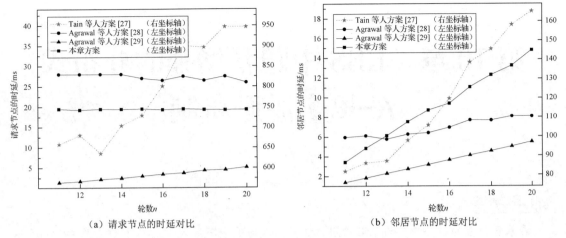

| （a）请求节点的时延对比 | （b）邻居节点的时延对比 |

图 9.12　不同方案中相关节点时间开销的比较

　　值得注意的是，虽然本章方案在群组密钥互愈过程中相比现有方案增加了时延（其主要原因是采用了非对称密码算法），但总体仍具有较低的时延，更为重要的是，本章方案解决了非最新群组密钥重放攻击，增强了安全性。

　　综合上述实验结果及表 9.2 中的安全性对比可知，本章方案在无人机群组密钥的更新和节点丢失群组密钥的恢复过程中，相关参与实体均具有较低的时延和通信开销，能安全、高效地解决无人机网络中由于通信链路不稳定导致的无人机群组密钥丢失问题，证明了本章方案具有很好的实用价值。

## 9.6　本章小结

　　现有的群组密钥管理方案主要分两类，一类是可靠通信网络中的群组密钥管理方案，另一类则是不可靠通信网络中的群组密钥管理方案。可靠通信网络中的群组密钥管理方案仅考虑了通信链路稳定场景下群组密钥的管理，无法解决无人机网络通信链路不稳定时群组密钥分发丢失的情况。不可靠通信网络中的群组密钥管理，则难以满足无人机网络中节点恢复丢失群组密钥的实时性和安全性。因此，本章结合无人机网络的特点和其在群组密钥管理中面临的挑战，利用区块链技术在无人机网络中创建私有区块链，完成群组密钥的更新和节点间动态信任关系的建立，并在此基础上解决了节点丢失群组密钥的恢复问题。安全性分析和大量实验表明，本章方案在保证无人机节点安全地恢复丢失群组密钥的同时，相关参与实体均具有较低的存储开销和时延，可有效地保证无人机网络在任务协作时通信的可靠性和安全性。

## 9.7　思考题目

1．导致无人机网络中群组密钥频繁丢失的原因有哪些？
2．简述群组密钥更新的基本流程，并解释前向安全性和后向安全性。
3．区块链如何实现存储数据的不可篡改性？
4．本章所提的基于"最长链"机制的方案如何保证相关节点恢复当前最新丢失的群组密钥？

# 第 10 章　LBS 中隐私增强的分布式 *K*-匿名激励机制

◤内 容 提 要◢

在基于位置的服务中，为了激励用户协助他人通过分布式 *K*-匿名保护位置隐私，研究者们提出了许多激励机制，使用户可以通过帮助他人获得报酬。但现有的分布式 *K*-匿名激励机制大多依赖于可信的第三方服务器，这将破坏 LBS 的分布式结构，同时忽略了用户的恶意策略，导致用户隐私泄露、激励失效。本章提出了一种隐私增强的分布式 *K*-匿名激励机制，通过确定用户之间的货币交易关系和位置传输关系，实现了在没有可信第三方服务器的情况下匿名区域的构建。同时，设计了角色识别机制和追责机制，以约束用户的恶意策略，保护用户位置隐私，对用户实施有效激励。

◤本 章 重 点◢

◆ 位置隐私
◆ 分布式 *K*-匿名
◆ 基于位置的服务
◆ 激励机制
◆ 博弈论

## 10.1　引言

随着无线网络和定位技术的发展，用户可以通过基于位置的服务（Location Based Service，LBS）来获取与空间位置相关的信息，这在日常生活中是不可或缺的。例如，在新型冠状病毒流行期间，请求者可以通过相关 LBS 应用查询患者的分布情况，从而计划出行。LBS 查询过程要求请求者将自己的位置信息（如办公室）发送给位置服务提供商（Location Service Provider，LSP），如图 10.1 所示。然而，请求者的位置隐私受到 LSP 的威胁，LSP 可能为了利益而推断出并泄露请求者的位置信息。因此，为了防止 LSP 窥探请求者的位置，研究者们提出了分布式 *K*-匿名[77]，它允许请求者获取 *K*-1 个协作者的位置，并由协作者和请求者的共计 *K* 个位置构建匿名区域。这种代表性的空间隐匿技术可以抵抗位置跟踪攻击，同时，无须复杂的加密操作和可信第三方服务器，就能够返回准确的查询结果。因此，它在 LBS 中得到了广泛的应用。然而，协作者提供协助会为自己带来通信或电池能量负担，如果协作者不愿意提供他们的位置，匿名区域将构建失败。幸运的是，激励机制允许协作者得到请求者的补偿，这有效地激励了协作者。因此，为了充分利用这种空间隐匿技术的诸多优势，分布式 *K*-匿名激励机制得到了广泛研究[30-32,34]。

图 10.1　患者分布情况的查询过程

现有的分布式 *K*-匿名激励机制存在一些不足。首先，它们大多依赖可信第三方服务器来构建匿名区域，确定请求者和协作者之间的货币交易关系[31,32,34]。同时，通过可信第三方服务器收集请求者和协作者的位置，进而构建匿名区域。这种方法破坏了分布式 *K*-匿名的结构，同时，在难以找到可信第三方服务器的 LBS 中也无法很好地扩展[78]。因此，现有的分布式 *K*-匿名激励机制难以在 LBS 中应用。

此外，现有的分布式 *K*-匿名激励机制忽略了用户的恶意策略，这将威胁用户的位置隐私，影响激励机制的有效性。具体来说，请求者在获取协作者的位置后，可能会公开其位置信息以获取额外的报酬。例如，在图 10.2（a）中，请求者在接收协作者的位置（如医院）并构建匿名区域后，可能会将协作者的位置信息公开给攻击者。如果攻击者意识到这些协作者在医院，他就可以推断出协作者的身体状况不佳。而这已经威胁到了协作者的隐私，进而阻碍了协作者的协助。此外，请求者可能会谎称自己是协作者，并参与激励机制，从而免费甚至有盈利地加入匿名区域[32]，这种角色欺骗攻击严重损害了激励机制的有效性。此外，为了保护位置隐私，协作者可能会提供虚假位置，同时仍然可以获得报酬[78]。例如，在图 10.2（b）中，为了保护真实位置信息（如医院）不被泄露，恶意协作者分别提供了位于湖泊和丛林的虚假地点。因此，攻击者能够将匿名区域缩小到办公室的范围内，并窥探请求者的位置。这种恶意策略会导致攻击者缩小匿名区域，从而泄露请求者的位置信息。

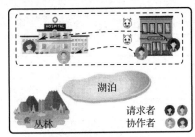
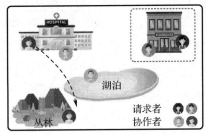

（a）请求者的恶意策略　　　　　　　　　　（b）协作者的恶意策略

图 10.2　激励机制中用户的恶意策略

为了解决上述问题，本章提出了一种隐私增强的分布式 *K*-匿名激励机制，其基于拍卖理论，通过货币补偿的方式激励协作者的协助。同时，在不依赖可信第三方服务器的情况下，在构建匿名区域的同时保护了请求者和协作者的位置隐私。具体地，本章机制在不依赖可信第三方服务器的情况下激励协作者协助构建匿名区域，基于拍卖理论，使 LSP 充当拍卖商，并决定请求者与协作者之间的货币交易关系。本章机制实现了从协作者到请求者的位置传输，从而实现了匿名区域的构建。此外，还设计了角色识别机制和追责机制来约束用户的恶意策略。具体来说，角色识别机制通过记录用户的拍卖角色，抵抗请求者的角色欺骗攻击，保证激励的有效性；追责机制约束了恶意用户的效用，实现了提交虚假位置的协作者和泄露位置的请求者的负效用。基于博弈论的理论分析表明，本章机制在满足个体理性、计算效率和满意率的同时，约束了用户的恶意策略。最后，使用真实数据集进行了大量的实验，实验结果表明，本章机制达到了更高的匿名区域构建成功率，其成功率超过 90%，并且能够避免轨迹信息泄露、单点故障等问题，有效降低了恶意用户的效用。

## 10.2 预备知识

本节给出系统模型，将匿名区域构建中的两个过程（货币交易、位置传输）分别定义为密封双向拍卖和位置传输博弈。随后，给出了威胁模型和设计目标。在详细描述之前，在表 10.1 中给出一些主要符号。

表 10.1 主要符号

| 符 号 | 描 述 |
|---|---|
| $\mathcal{R} = \{r_1, r_2, \cdots, r_m\}$ | 请求者集合 |
| $\mathcal{C} = \{c_1, c_2, \cdots, c_n\}$ | 协作者集合 |
| $U = \{U^+, U^-\}$ | 获胜/失败的用户效用 |
| $k_i$ | 请求者 $r_i$ 的匿名需求 |
| $o_i, a_j$ | 请求者 $r_i$ 的出价，协作者 $c_j$ 的要价 |
| $v_i, \sigma_j$ | 请求者 $r_i$ 的隐私价值，协作者 $c_j$ 的协助成本 |
| $x, k-x$ | 获胜请求者/协作者的数目 |
| $W_{\mathcal{R}} = \{r_1, r_2, \cdots, r_x\}$ | 获胜请求者集合 |
| $W_{\mathcal{C}} = \{c_1, c_2, \cdots, c_{k-x}\}$ | 获胜协作者集合 |
| $p_i, g_j$ | 获胜请求者 $r_i$ 需要支付的费用，获胜协作者 $c_j$ 能够获得的报酬 |
| Cert = {ID, Role} | 记录用户身份和角色的证书 |
| $\gamma \in \mathcal{R}, \tilde{U}_{\gamma}$ | 谎报角色的恶意请求者及其效用 |
| $R_h, R_c$ | 历史/当前位置传输记录 |
| $\mu^* = \{\mu^{(t)}, \mu^{(p)}\}$ | 位置传输博弈中的纳什均衡 |

### 10.2.1 系统模型

与现有机制[31,32]一致，本章机制考虑了多个请求者和协作者的情况。如图 10.3 所示，系统模型主要由三个实体组成，即请求者、LSP 和协作者。每个实体的角色和匿名区域构建过程如下所示。

请求者：寻求帮助以构建匿名区域的请求者首先向 LSP 提交他们的身份 IDs、所需匿名区域的大小（匿名需求）和愿意支付的最高价格（出价），如步骤（1）所示。拍卖结束后，获胜的请求者向 LSP 支付费用，如步骤（2）所示。

LSP：诚实且好奇的 LSP 作为拍卖商负责确定拍卖结果。随后，LSP 向获胜用户颁发由其签名的角色证书，如步骤（3）所示，根据预先设计的分配策略决定位置传输关系，并将位置传输关系签名后发送给获胜协作者，如步骤（4）所示。

协作者：协作者首先提交他们的 IDs 以及愿意接受的最低价格（要价）至 LSP，如步骤（1）所示。拍卖结束后，获胜的协作者根据位置传输关系将其位置发送给获胜的请求者，如步骤（5）所示。最后，只有当请求者确认他们没有提供虚假位置后，LSP 才能为获胜的协作者分发报酬，如步骤（6）所示。

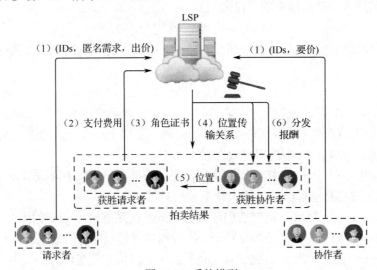

图 10.3　系统模型

### 10.2.2　问题定义

为了构建匿名区域，首先确定请求者和协作者之间的货币交易关系，随后实现获胜请求者与协作者之间的位置传输。前者是通过密封双向拍卖[32]实现的，后者可以被视为他们之间的博弈，定义如下。

**定义 10.1**（密封双向拍卖）文献[32]中提出的密封双向拍卖可以被视为一个元组 $\Gamma_1 = (\mathcal{R}, \mathcal{C}, \text{Bids}, U)$，其中 $\mathcal{R} = \{r_1, r_2, \cdots, r_m\}$ 和 $\mathcal{C} = \{c_1, c_2, \cdots, c_n\}$ 分别是请求者集合和协作者集合，$\text{Bids} = \{o_i, a_j\}$ 表示用户的策略集，$U = \{U^+, U^-\}$ 表示用户的效用。

具体而言，每个请求者 $r_i$ 拥有隐私价值 $v_i$，每个协作者 $c_j$ 承担协助成本 $\sigma_j$，其中，$\sigma_j$ 包括通信成本 $\sigma_j^c$ 和隐私成本 $\sigma_j^p$，因此有

$$\sigma_j = \sigma_j^c + \sigma_j^p \tag{10.1}$$

在密封双向拍卖中，请求者 $r_i$ 提交其出价 $o_i$，表示愿意为隐私价值支付的最高费用，协作者 $c_j$ 提交其要价 $a_j$，表示愿意接受协助成本的最低报酬。LSP 收到用户的所有报价后，确定获胜用户。每个获胜请求者 $r_i$ 都需要为其隐私价值支付一定的费用。每个获胜协作者 $c_j$ 都可以获得一定的报酬 $g_j$ 来补偿他的成本。此外，有

$$U^+ = \{U_{r_i}^+, U_{c_j}^+\} \tag{10.2}$$

$$U^- = \{U_{r_i}^-, U_{c_j}^-\} \tag{10.3}$$

分别表示请求者和协作者在拍卖后是否获胜的效用。因此，失败请求者 $r_i$ 不会获得任何隐私价值，也无须支付任何费用，其效用表示为 $U_{r_i}^- = 0$。失败协作者 $c_j$ 不会获得任何报酬，也无须提供任何协助，其效用表示为 $U_{c_j}^- = 0$。获胜用户的效用与位置传输博弈有关，将在后面描述。

在确定货币交易之后，本节定义了 $\Gamma_1$ 中获胜用户之间的位置传输博弈，如下所示。

**定义 10.2（位置传输博弈）** 位置传输博弈可以视为一个元组 $\Gamma_2 = (W_R, W_C, \mu, U^+)$，其中 $W_R = \{r_1, r_2, \cdots, r_x\}$ 和 $W_C = \{c_1, c_2, \cdots, c_{k-x}\}$ 分别是 $\Gamma_1$ 中的获胜的请求者集合和协作者集合，$\mu = \{\mu_R, \mu_C\}$ 表示用户的策略，$U^+ = \{U_{r_i}^+, U_{c_j}^+\}$ 表示用户的效用。

在位置传输博弈中，请求者的策略为

$$\mu_R = \{\mu^{(l)}, \mu^{(p)}\} \tag{10.4}$$

其中，$\mu^{(l)}$ 表示请求者泄露接收到的位置信息，而 $\mu^{(p)}$ 表示请求者保护接收到的位置信息。协作者的策略为

$$\mu_C = \{\mu^{(f)}, \mu^{(t)}\} \tag{10.5}$$

其中，$\mu^{(f)}$ 表示协作者提交了虚假的位置，$\mu^{(t)}$ 表示协作者提交了真实的位置。$U^+ = \{U_{r_i}^+, U_{c_j}^+\}$ 在 $\Gamma_1$ 中描述了获胜请求者 $r_i$ 和获胜协作者 $c_j$ 的效用。根据上述分析，考虑到两种类型的用户和四种类型的用户策略，$\Gamma_2$ 中的用户效用描述如下。

**请求者的效用**：$U_{r_i}^+ = \{U_{r_i\_1}^+, U_{r_i\_2}^+, U_{r_i\_3}^+, U_{r_i\_4}^+\}$ 表示获胜者 $r_i \in W_R$ 在不同策略下的效用集合。假设 $U_{r_i}^l$ 为泄露位置信息能够给获胜请求者带来的效用。

（1）$U_{r_i\_1}^+ = -p_i + U_{r_i}^l$ 表示 $c_j$ 提交虚假位置而 $r_i$ 泄露位置信息时 $r_i$ 的效用。

（2）$U_{r_i\_2}^+ = -p_i$ 表示 $c_j$ 提交虚假位置而 $r_i$ 未泄露位置信息时 $r_i$ 的效用。

（3）$U_{r_i\_3}^+ = v_i - p_i + U_{r_i}^l$ 表示 $c_j$ 提交真实位置而 $r_i$ 泄露位置信息时 $r_i$ 的效用。

（4）$U_{r_i\_4}^+ = v_i - p_i$ 表示 $c_j$ 提交真实位置而 $r_i$ 未泄露位置信息时 $r_i$ 的效用。

同时，$\tilde{U}_\gamma$ 是恶意请求者 $\gamma \in R$ 谎称自己是协作者并参与激励机制的效用，因此

$$\tilde{U}_\gamma = v_i + U_c^+ \tag{10.6}$$

其中，恶意请求者可以免费获得隐私保护 $v_i$，甚至可以获得普通协作者的效用 $U_c^+$。

**备注 10.1** 如果 $c_j$ 提交虚假位置，$r_i$ 在任何策略下都无法获得隐私价值。因此，当 $r_i$ 泄露位置信息时，$r_i$ 的效用是 $-p_i$ 和 $U_{r_i}^l$ 的总和，如果未泄露位置信息，其效用为 $-p_i$。此外，如果 $c_j$ 提交真实位置，则 $r_i$ 在这两种策略下都能够获得隐私价值。因此，当 $r_i$ 泄露位置信息时，$r_i$ 的效用是 $v_i$、$-p_i$ 和 $U_{r_i}^l$ 的总和，如果未泄露位置信息，其效用为 $v_i$ 和 $-p_i$ 的总和。

基于上述效用分析，当 $r_i$ 泄露协作者的位置或者谎称自己是协作者时，其效用更高，即

$$\begin{cases} U_{r_i\_1}^+ > U_{r_i\_2}^+ \\ U_{r_i\_3}^+ > U_{r_i\_4}^+ \\ \tilde{U}_\gamma > U_r^+ \end{cases} \tag{10.7}$$

因此，理性的请求者可能会选择恶意的策略来最大化其效用。

**协作者的效用**：$U_{c_j}^+ = \{U_{c_j\_1}^+, U_{c_j\_2}^+, U_{c_j\_3}^+, U_{c_j\_4}^+\}$ 表示获胜协作者 $c_j \in W_C$ 在不同策略下的效用集合。

（1）$U_{c_j\_1}^+ = g_j - \sigma_j^c$ 表示 $c_j$ 提交虚假位置而 $r_i$ 泄露位置信息时 $c_j$ 的效用。

（2）$U_{c_j\_2}^+ = g_j - \sigma_j^c$ 表示 $c_j$ 提交虚假位置而 $r_i$ 未泄露位置信息时 $c_j$ 的效用。

（3）$U_{c_j\_3}^+ = g_j - \sigma_j^c - \sigma_j^p$ 表示 $c_j$ 提交真实位置而 $r_i$ 泄露位置信息时 $c_j$ 的效用。

（4）$U_{c_j\_4}^+ = g_j - \sigma_j^c$ 表示 $c_j$ 提交真实位置而 $r_i$ 未泄露位置信息时 $c_j$ 的效用。

**备注 10.2** 考虑到位置信息可能被 $r_i$ 泄露，当 $c_j$ 提交虚假位置时，不会有隐私成本，其中，$c_j$ 的效用为 $g_j$ 和 $-\sigma_j^c$ 的总和；当 $c_j$ 提交真实位置时，其效用为 $g_j$、$-\sigma_j^c$ 和 $-\sigma_j^p$ 的总和。此外，当 $r_i$ 不会泄露位置信息时，不管 $c_j$ 采用何种策略，其效用均为 $g_j$ 和 $-\sigma_j^c$ 的总和。

基于上述效用分析，$c_j$ 在选择恶意策略时的效用更高，即

$$\begin{cases} U_{c_j\_1}^+ > U_{c_j\_3}^+ \\ U_{c_j\_2}^+ = U_{c_j\_4}^+ \end{cases} \tag{10.8}$$

因此，理性的协作者可能会提交虚假的位置，以使其效用最大化。

### 10.2.3 威胁模型

本章机制认为 LSP 是一个诚实但好奇的实体，这意味着 LSP 将严格遵守拍卖协议，但可能对用户的位置信息感兴趣。此外，恶意用户之间不存在信任关系，这意味着用户可能会根据恶意策略最大化其个人效用。这里介绍两个外部攻击者，包括 $A$ 和 $A^*$。具体来说，$A$ 可以说服诚实但好奇的 LSP 泄露用户的位置信息，$A^*$ 可以说服恶意用户威胁其他用户的位置隐私，并影响激励效果。

$A$ 可能会劝说 LSP，令其推断出所有用户的位置信息。

$A^*$ 具有以下攻击能力。

（1）$A^*$ 可能会让请求者冒充协作者参与拍卖。

（2）$A^*$ 可能会让获胜请求者泄露他们收到的位置信息。

（3）$A^*$ 可能会让获胜协作者在匿名区域构建中提交虚假位置。

为了获得用户的位置，攻击者 $A$ 和 $A^*$ 可能会串通，以交换用户的位置信息。

### 10.2.4 设计目标

根据以上博弈的论述，本章机制应满足以下拍卖目标和隐私目标。

**拍卖目标：** 大多数潜在的协作者都会积极参与拍卖，并协助构建匿名区域。拍卖追求的目标[32]描述如下。

（1）个体理性：在提交真实报价 $o_i$ 和 $a_j$ 时，用户的效用应该是非负的，其中，真实报价 $o_i$ 和 $a_j$ 分别等于隐私价值 $v_i$ 和协助成本 $\sigma_j$。

（2）真实性：请求者和协作者都不能通过提交虚假的 $o_i$ 和 $a_j$ 来提高其效用，也就是说，当他们提交真实位置时，效用应该最大化。

（3）计算效率：拍卖结果应在多项式时间内确定。

（4）满意率：在拍卖中获胜的用户数量应该最大化。

（5）抵抗角色欺骗攻击：谎报其角色的恶意请求者无法获得任何隐私保护，这意味着 $\tilde{U}_\gamma = U_c^+$。

**隐私目标：** 隐私目标包括请求者的隐私和协作者的隐私。

（1）请求者的隐私：获胜请求者可以从协作者处收集真实位置信息，并构建匿名区域来保护其位置隐私。

（2）协作者的隐私：获胜请求者不能泄露获胜协作者的位置信息。

这意味着位置传输博弈 $\Gamma_2$ 的纳什均衡是参与者的诚实策略，其中

$$\boldsymbol{\mu}^{*} = \{\mu^{(t)}, \mu^{(p)}\}$$

（10.9）

## 10.3　机制设计

尽管现有的激励机制[31,32,24]能够激励大多数用户参与匿名区域构建，但他们依赖于可信第三方服务器，并且忽略了用户的恶意策略。为了解决上述问题，本节提出了一种激励机制，在没有可信第三方服务器的情况下激励用户协助，同时约束用户的恶意策略。本节首先概述了本章的激励机制，随后对其进行详细描述。

### 10.3.1　机制概述

本章机制由三个模块组成，包括匿名区域构建、角色识别机制和追责机制，如图 10.4 所示。第一个模块确保成功构建匿名区域，包括拍卖过程和位置传输过程。后两个模块在匿名区域构建中约束用户的恶意策略。具体地，在拍卖过程中，请求者可能会谎称自己是协作者，从而降低激励的有效性。在位置传输过程中，协作者可能会提交虚假位置，请求者可能会泄露接收到的位置信息，从而威胁到用户的位置隐私。因此，有必要在匿名区域的构建过程中设计角色识别机制和追责机制。

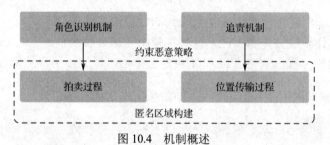

图 10.4　机制概述

**匿名区域构建**：在拍卖过程中，一旦确定了货币交易关系，获胜的协作者在位置传输过程中直接向获胜的请求者（非可信第三方服务器）提交位置。随后，获胜的请求者根据获取到的位置信息构建匿名区域。

为了在拍卖过程和位置传输过程中约束用户的恶意策略，设计了如下两种机制。

（1）**角色识别机制**：用户在参与匿名区域构建模块中的拍卖过程时，其拍卖角色会被 LSP 记录，因此，只有持有由 LSP 签名的请求者角色证书的用户才能匿名发起 LBS 查询。

（2）**追责机制**：在匿名区域构建模块的位置传输过程中，用户间的位置传输关系被 LSP 记录，因此，用户一旦发现其位置信息泄露，可以通过追责机制起诉和惩罚泄露其位置信息的恶意用户。

### 10.3.2　匿名区域构建

为了构建匿名区域，根据 10.2 节的问题定义，分别设计了两个过程，即拍卖过程和位置传输过程。

1）拍卖过程

拍卖过程包括两个阶段，即确定获胜者阶段和账单计算阶段。为了清楚地阐述拍卖过程，假设如下情况，请求者 $r_i \in \mathcal{R}$ $(i=1,2,\cdots,m)$ 向 LSP 提交他的 $\mathrm{ID}_i$、匿名需求 $k_i$ 以及出价 $o_i$，其中 $k_1 = k_2 = \cdots = k_m = k$。协作者 $c_j \in \mathcal{C}$ $(j=1,2,\cdots,n)$ 向 LSP 提交他的 $\mathrm{ID}_j$ 和要价 $a_j$。

（1）确定获胜者阶段。

匿名需求的大小和请求者数量会影响获胜者的确定过程。因此，LSP 从请求者和协作者两方获得拍卖信息后，先确定 $k$ 和 $m$ 之间的大小关系，然后根据以下两种情况确定获胜者。

① 请求者的数量大于或等于匿名需求的大小，即 $m \geq k$。

在这种情况下，请求者可以直接构建匿名区域，这意味着所有请求者都是获胜者，所有协作者都是失败者，即

$$\begin{cases} \forall r_i \in W_{\mathcal{R}}, i=1,2,\cdots,m \\ \forall c_j \notin W_{\mathcal{C}}, j=1,2,\cdots,n \end{cases} \tag{10.10}$$

② 请求者的数量小于匿名需求的大小，即 $m < k$。

在这种情况下，请求者需要在协作者的协助下构建匿名区域。因此，LSP 根据请求者的出价按降序对请求者进行排序，即请求者集合 $\mathcal{R} = \{r_1, r_2, \cdots, r_m\}$ 有相应的出价集合 $O = \{o_1 > o_2 > \cdots > o_m\}$。随后，LSP 根据协作者的要价按递增顺序对其排序，即协作者集合 $\mathcal{C} = \{c_1, c_2, \cdots, c_n\}$ 有相应的要价集合 $A = \{a_1 < a_2 < \cdots < a_n\}$。当请求者和协作者提交相同的报价时，他们会根据到达时间排序。

为了确保用户真实报价时的效用 $U_{c_j}$ 和 $U_{r_i}$ 非负且最大，同时，获胜请求者的数量最大（保证拍卖的个体理性、真实性和满意率），应该满足

$$\text{Maximize } x \tag{10.11}$$
$$\text{s.t.} \quad xo_x \geq (k-x)a_{k-x+1} \tag{10.12}$$

其中，$x$ 是获胜请求者的序列号，其出价 $o_i$ 在获胜请求者集合 $W_{\mathcal{R}} = \{r_1, r_2, \cdots, r_x\}$ 中最小；$o_x$ 是 $r_x$ 的出价，被称为"核心出价"；$k-x$ 作为匿名需求 $k$ 与 $x$ 相减的结果，是获胜协作者的数量，故获胜协作者集合为 $W_{\mathcal{C}} = \{c_1, c_2, \cdots, c_{k-x}\}$；$a_{k-x+1}$ 是 $c_{k-x+1}$ 的要价，被称为"核心要价"。

为了阐明如何找出满足上述条件的获胜者，本节通过图 10.5 展示了获胜者的确定过程。LSP 按照请求者/协作者的出价/要价按非递增/非递减顺序对请求者/协作者进行排序，获得请求者集合 $\mathcal{R} = \{r_1, r_2, r_3, r_4\}$（其中 $o_1 = 12, o_2 = 10, o_3 = 9, o_4 = 2$）和协作者集合 $\mathcal{C} = \{c_1, c_2, c_3, c_4\}$（其中 $a_1 = 1, a_2 = 2, a_3 = 6, a_4 = 8$）。随后，LSP 首先假设 $r_4$ 是出价最低的获胜请求者，此时，有获胜请求者集合 $W_{\mathcal{R}} = \{r_1, r_2, r_3, r_4\}$ 和获胜协作者集合 $W_{\mathcal{C}} = \{c_1, c_2\}$，存在

$$xo_x = 4 \times 2 < (k-x)a_{k-x+1} = 2 \times 6 \tag{10.13}$$

这不满足式（10.12）。随后 LSP 讨论获胜请求者集合 $W_{\mathcal{R}} = \{r_1, r_2, r_3\}$ 和获胜协作者集合 $W_{\mathcal{C}} = \{c_1, c_2, c_3\}$ 的可能性，存在

$$xo_x = 3 \times 9 > (k-x)a_{k-x+1} = 3 \times 8 \tag{10.14}$$

满足式（10.12）。因此，最大获胜请求者集合是 $W_{\mathcal{R}} = \{r_1, r_2, r_3\}$，此时获胜协作者集合是 $W_{\mathcal{C}} = \{c_1, c_2, c_3\}$，$x = 3$。

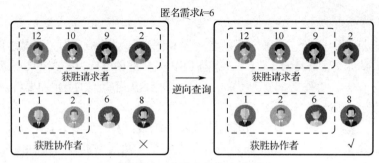

图 10.5　获胜者的确定过程

（2）账单计算阶段。

账单计算结果也取决于匿名需求大小和请求者数量。因此，LSP 根据以下两种情况计算每个获胜请求者/协作者的费用/报酬。

① 请求者的数量大于或等于匿名需求的大小，即 $m \geq k$。

在这种情况下，所有请求者都不需要支付任何费用，所有协作者都无法获得任何报酬，即

$$\begin{cases} \forall p_i = 0, i = 1, 2, \cdots, m \\ \forall g_j = 0, j = 1, 2, \cdots, n \end{cases} \tag{10.15}$$

② 请求者的数量小于匿名需求的大小，即 $m < k$。

在这种情况下，请求者需要通过拍卖构建匿名区域，LSP 对每个获胜请求者收取相同的费用，这意味着 $\forall r_i \in W_{\mathcal{R}}$ 需要共同支付所有获胜协作者 $\forall c_j \in W_C$ 的费用。

因此，每个获胜请求者 $r_i \in W_{\mathcal{R}}$ 需要支付

$$p_i = \frac{(k-x)a_{k-x+1}}{x} \tag{10.16}$$

随后，LSP 将向诚实的协作者支付费用，每个诚实的获胜协作者 $c_j \in W_C$ 都可以从 LSP 获得报酬，有

$$g_j = \max a_{k-x+1} \tag{10.17}$$

在收到所有请求者支付的费用后，LSP 会等待一段时间 $T$，而不是立即向获胜协作者支付 $g_j$。只有当 $r_i \in W_{\mathcal{R}}$ 基于匿名区域成功发起查询并且确认没有恶意协作者提交虚假位置后，LSP 方可向诚实的获胜协作者支付 $g_j$。

本章机制讨论了请求者具有相同匿名需求的拍卖过程。当匿名需求不同时，可以根据请求者的匿名需求对请求者进行分组，进而完成拍卖过程。

2）位置传输过程

在本章机制中，位置传输包括两种类型，即请求者和协作者之间的位置传输以及请求者之间的位置传输。

（1）请求者和协作者之间的位置传输。

在拍卖过程结束后，协作者 $c_j$ 提供其位置信息来构建匿名区域。以下几种情况会导致 $c_j$ 的位置信息泄露给 $r_i$ 带来较大的通信开销。

① 如果 $c_j \in W_C$ 将其位置发送给多个可能泄露位置信息的恶意请求者，追责机制将无法保护 $c_j$ 的位置隐私。

② 如果 $c_j \in W_C$ 多次将其不同时刻的位置发送给同一请求者 $r_i$，$c_j$ 的轨迹信息将被泄露。

③ 如果所有协作者 $\forall c_j \in W_C$ 将其位置发送给同一请求者 $r_i$，$r_i$ 的通信开销将非常大，这将导致单点故障。

为了避免上述情况，对协作者和请求者之间的位置传输提出以下要求。

① 每个获胜协作者 $c_j \in W_C$ 将其位置信息发送给从未收到其位置信息的获胜请求者 $r_i \in W_R$。

② 每个获胜请求者 $r_i \in W_R$ 接收到的位置信息应尽可能少。

为了实现上述目标，设计了相应的位置分配策略。通过输入获胜请求者集合 $W_R$、获胜协作者集合 $W_C$ 和历史位置传输记录 $R_h$，LSP 能够基于该位置分配策略得出获胜请求者和协作者之间的当前位置传输记录 $R_c = \{c_j \rightarrow r_i \mid j \in [1, k-x], i \in [1, x]\}$，以引导 $c_j$ 发送其位置信息。具体流程如下所示。

① 初始化：LSP 根据 $R_h$ 上记录的交易时间对获胜用户进行排序。

- 根据获胜协作者 $c_j \in W_C$ 发送位置信息的次数，对其进行降序排列，确保发送次数较多的获胜协作者能够优先选择目标获胜请求者，并将排序后的获胜协作者集合放入队列 $Q_C$。

- 根据获胜请求者 $r_i \in W_R$ 接收位置信息的次数，对其进行升序排列，确保接收次数较少的获胜请求者能够优先被选为目标获胜请求者，并将排序后的获胜请求者集合放入队列 $Q_R$。

因此，LSP 得到排序后的获胜协作者队列 $Q_C = \{c_1, c_2, \cdots, c_{k-x}\}$ 和获胜请求者队列 $Q_R = \{r_1, r_2, \cdots, r_x\}$。

② 确定传输关系：利用 $Q_C$、$Q_R$ 和 $R_h$，LSP 可以根据算法 10.1 得到 $R_c$。这里以图 10.6 为例来阐述该算法执行过程。为了分别在成功匹配和不成功匹配情况下展示算法执行步骤，本节假设 $c_1$ 和 $r_1$、$c_2$ 和 $r_3$、$c_3$ 和 $r_2$ 之间没有传输记录，$c_2$ 和 $r_2$ 之间存在传输记录。

| 算法 10.1　传输关系的确定 |
| --- |
| 输入：$Q_R$，$Q_C$ |
| 输出：$R_c$ |
| 初始化：$i = 1$，$j = 1$ |
| 1.　　　　**While** $Q_C$ 非空 **do** |
| 2.　　　　　　**搜索** $R_h$ |
| 3.　　　　　　**if** $\{c_j \rightarrow r_i\} \notin R_h$　**then** |
| 4.　　　　　　　　$R_c = R_c \bigcup \{c_j \rightarrow r_i\}$　//在 $c_j$ 和 $r_i$ 之间建立位置传递关系 |
| 5.　　　　　　　　$R_h = R_h \bigcup \{c_j \rightarrow r_i\}$　//更新历史传输记录 |
| 6.　　　　　　　　在 $Q_C$ 中取出 $c_j$，在 $Q_R$ 中取出 $r_i$ |
| 7.　　　　　　　　在 $Q_R$ 中插入 $r_i$ |
| 8.　　　　　　　　$j = j + 1$ |
| 9.　　　　　　**else** |
| 10.　　　　　　　　**if** $i = x$　**then** |
| 11.　　　　　　　　　　$i = 1$ |

| 12. | $R_c = R_c \bigcup \{c_j \rightarrow r_i\}$　//在 $c_j$ 和 $r_i$ 之间建立了位置传输关系 |
|---|---|
| 13. | 在 $Q_C$ 中取出 $c_j$ ，在 $Q_{\mathcal{R}}$ 中取出 $r_i$ |
| 14. | 在 $Q_{\mathcal{R}}$ 中插入 $r_i$ |
| 15. | $j = j+1$ |
| 16. | **else** |
| 17. | $i = i+1$ |
| 18. | **end if** |
| 19. | **end if** |
| 20. | **end while** |
| 21. | **return** $R_c = \{c_j \rightarrow r_i \mid j \in [1, k-x], i \in [1, x]\}$ |

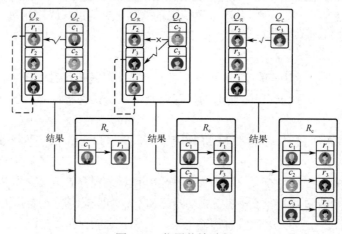

图 10.6　位置传输过程

确定所有传输关系 $R_c = \{c_j \rightarrow r_i \mid j \in [1, k-x], i \in [1, x]\}$ 之后，LSP 将其记录在历史传输记录 $R_h$ 中。随后，LSP 用他的私钥 $K_p$ 对 $R_c$ 签名以获取 $[R_c]_{K_p}$ ，并将 $[R_c]_{K_p}$ 发送给 $\forall c_j \in W_C$ 。$c_j \in W_C$ 根据 $[R_c]_{K_p}$ ，将其位置发送给目标获胜请求者。

（2）请求者之间的位置传输。

当所有获胜协作者 $c_j \in W_C$ 成功地将他们的位置发送给目标请求者后，LSP 随机选择一个获胜请求者 $U_a \in W_{\mathcal{R}}$ 作为查询代理，它是唯一一个拥有全局匿名区域信息的请求者，并为所有获胜请求者发起查询。存在如下两种类型的 $r_i$ 。

① $r_i \in W_{\mathcal{R}}$ 未收到协作者的位置信息。获胜的请求者 $r_i \in W_{\mathcal{R}}$ 直接向 $U_a$ 发送其位置信息。

② $r_i \in W_{\mathcal{R}}$ 收到协作者的位置信息。接收到获胜协作者的位置信息后，$r_i$ 隐藏协作者的身份信息，并将自身和协作者的位置信息发送给 $U_a$ ，使 $U_a$ 无法推断位置信息与用户的对应关系。完成上述步骤后，$U_a$ 可以利用匿名区域发起 LBS 查询。

### 10.3.3　角色识别机制

为了抵抗角色欺骗攻击，设计了角色识别机制。拍卖过程结束后，一旦获胜请求者向 LSP 支付了相应的费用，LSP 就会以式（10.18）的形式颁发由其签名的角色证书 $\text{Cert}^{(r_i)}$ 。

$$\text{Cert}^{(r_i)} = \{\text{ID}_{r_i}, \mathcal{R}\}_{K_p} \tag{10.18}$$

其中，$\text{ID}_{r_i}$ 能够唯一识别 $r_i \in W_{\mathcal{R}}$，$\mathcal{R}$ 是角色位。角色证书 $\text{Cert}^{(r_i)}$ 表明了用户是获胜请求者，并正确支付了费用。在完成匿名区域构建后，只有持有 $\text{Cert}^{(r_i)}$ 的获胜请求者 $r_i$ 才能向 $U_a$ 发送查询内容，进而在匿名区域中发起 LBS 查询。

同样地，在获胜协作者 $c_j \in W_C$ 提交其位置后，LSP 以式（10.19）的形式颁发由其签名的角色证书 $\text{Cert}^{(c_j)}$。

$$\text{Cert}^{(c_j)} = \{\text{ID}_{c_j}, \mathcal{C}\}_{K_p} \tag{10.19}$$

其中，$\text{ID}_{c_j}$ 代表 $c_j \in W_C$ 的身份，$\mathcal{C}$ 是角色位。角色证书 $\text{Cert}^{(c_j)}$ 表明了用户是获胜协作者，并提交了他的位置。在获胜请求者成功完成查询后，只有持有角色证书 $\text{Cert}^{(c_j)}$ 的诚实获胜协作者 $c_j$（提交了真实位置）才能从 LSP 处获得报酬。

### 10.3.4 追责机制

有研究者指出，如果用户的日常生活被骚扰，则可以推断用户的位置信息被泄露了。具体而言，攻击者通常向广告商提供 LBS 用户的位置，以获取额外的非法收益，广告商则根据用户的位置，向用户投放有针对性的广告。此外，中国消费者协会曾指出，被泄露位置信息的用户可能会收到大量欺诈电话、垃圾邮件，并遭受财产或时间的损失。

因此，在意识到其信息被泄露时，请求者 $r_i$ 和协作者 $c_j$ 可以通过追责机制检测并惩罚导致用户位置信息泄露的恶意用户。存在两种类型的恶意用户。

1）恶意协作者提交虚假位置

恶意协作者 $c_j$ 可能会提交虚假位置以保护其位置隐私。$r_i$ 基于由 $c_j$ 的虚假位置构建的不合理匿名区域发起了 LBS 查询，发现其位置隐私受到了威胁，他可以向 LSP 报告这种情况。对此，LSP 能够采用文献[78]中提出的虚假位置鉴别方法，检测匿名区域中哪个位置是虚假的。一旦发现恶意协作者 $c_j$，LSP 可以通过拒绝支付费用来惩罚 $c_j$，这意味着 $c_j$ 的效用为

$$U_{c_j}^+ = -\sigma_j^c \tag{10.20}$$

2）恶意请求者泄露位置信息

恶意请求者 $r_i$ 可能会泄露收到的位置信息以获得额外收益。受此威胁的 $r_i \in W_{\mathcal{R}}$ 和 $c_j \in W_C$ 可以采取如下措施。

（1）如果 $r_i \in W_{\mathcal{R}}$ 发现自己的位置信息被泄露，可以向 LSP 投诉。在匿名区域的构建过程中，$r_i \in W_{\mathcal{R}}$ 只将其位置信息发送给 $U_a$，因此 LSP 可以猜测是 $U_a$ 泄露了其位置信息。

（2）如果 $c_j \in W_C$ 发现自己的位置信息被泄露，可以向 LSP 投诉。在匿名区域的构建过程中，$c_j \in W_C$ 仅将其位置信息发送给一个目标请求者 $r_i \in W_{\mathcal{R}}$，因此可以推断是目标获胜请求者泄露了其位置信息。

当发现恶意请求者 $r_i$ 时，LSP 会阻止 $r_i$ 再次参与激励机制并寻求位置隐私保护。在 LBS 中，这对隐私敏感的用户来说是致命的，将导致 $r_i$ 的效用为

$$U_{r_i}^+ = -\infty \tag{10.21}$$

当 $r_i \in W_{\mathcal{R}}$ 和 $c_j \in W_C$ 向 LSP 投诉时，他们无法获得任何额外收益。因此，在本章机制中，不存在来自用户的恶意虚假投诉，因为用户在博弈论中都是理性的，他们不会做无利可图的事情。

此外，如果用户没有意识到自己的位置信息被泄露，他们的协助积极性就不会受到影响。因此，当用户无法检测到位置信息泄露时，本章机制虽然不会实施追责机制，但激励效果不会受到影响，仍然能够激励用户参与下一轮匿名区域的构建。

## 10.4 机制分析

本节首先证明了本章机制满足设计目标，然后分析了其时间复杂度。

### 10.4.1 设计目标分析

本章机制设计目标包括拍卖目标和隐私目标。本节证明其满足上述设计目标，详细证明过程如下。

**拍卖目标：** 采用文献[32]中设计的拍卖模式，其中一些拍卖目标（如真实性和满意度）已经被文献[32]证明。因此，本节重点分析了其他拍卖目标，包括个体理性、计算效率和抵抗角色欺骗攻击。

**定理 10.1** 拍卖过程满足 10.2.4 节中提出的个体理性。

**证明：** 每个获胜的请求者 $r_i \in W_{\mathcal{R}}$ 需要支付 $p_i = \dfrac{(k-x)a_{k-x+1}}{x}$，其中"核心要价" $a_{k-x+1}$ 满足 $xo_x \geq (k-x)a_{k-x+1}$，故

$$p_i = \frac{(k-x)a_{k-x+1}}{x} \leqslant \frac{(k-x)}{x} \cdot \frac{xo_x}{(k-x)} = o_x \leqslant o_i \tag{10.22}$$

也就是说，当获胜请求者 $r_i$ 诚实地报价时，他支付的 $p_i$ 低于他的出价 $o_i = v_i$，因此 $r_i$ 的效用为

$$U_{r_i}^+ = v_i - p_i = o_i - p_i \geq 0, \forall r_i \in W_{\mathcal{R}} \tag{10.23}$$

而失败请求者 $r_i \notin W_{\mathcal{R}}$ 不需要支付任何费用，且无法获得任何隐私价值。因此他的效用为

$$U_{r_i}^- = 0, \forall r_i \notin W_{\mathcal{R}} \tag{10.24}$$

因此，本章机制满足了请求者的个体理性，即 $U_{r_i} \geq 0, \forall r_i \in \mathcal{R}$。

每位获胜协作者 $c_j \in W_{\mathcal{C}}$ 将付出协助成本 $\sigma_j = \sigma_j^c + \sigma_j^p$（当其位置信息被保护时 $\sigma^p = 0$），并获得报酬 $g_j = \max a_{k-x+1}$，其中，$a_{k-x+1} > a_{k-x}$ 且 $a_{k-x}$ 是所有获胜请求者中出价最高的，因此得出

$$g_j = \max a_{k-x+1} \geq a_{k-x+1} > a_{k-x} \geq a_j \tag{10.25}$$

也就是说，当获胜协作者 $c_j$ 诚实地报价时，他获得的报酬 $g_j$ 高于他的要价 $a_j = \sigma_j = \sigma_j^c + \sigma_j^p$，因此 $c_j$ 的效用为

$$U_{c_j}^+ = g_j - \sigma_j = g_j - a_j \geq 0, \forall c_j \in W_{\mathcal{C}} \tag{10.26}$$

而失败协作者 $c_j \notin W_{\mathcal{C}}$ 没有承担任何协助成本，且不能获得任何报酬，因此他的效用为

$$U_{c_j}^- = 0, \forall c_j \notin W_{\mathcal{C}} \tag{10.27}$$

因此，本章机制满足了协作者的个体理性，即 $U_{c_j} \geq 0, \forall c_j \in \mathcal{C}$。

**定理 10.2** 拍卖过程满足 10.2.4 节中提出的计算效率。

**证明：** 当 LSP 根据 $m$ 个请求者和 $n$ 个协作者的出价和要价对其进行排序时，该过程的时间复杂度为 $O(m\log m + n\log n)$。此外，逆向查询中确定获胜请求者和协作者的时间复杂度为 $O(1)$。因此，拍卖过程的时间复杂度为 $O(m\log m + n\log n) + O(1) \approx O(m\log m + n\log n)$，拍卖可以在多项式时间内完成，故满足计算效率。

**定理 10.3** 拍卖过程满足 10.2.4 节中提出的抵抗角色欺骗攻击。

**证明：** 基于角色识别机制，恶意请求者 $\gamma \in \mathcal{R}$ 发起角色欺骗攻击的效用为

$$\tilde{U}_\gamma = g_i' - \sigma_i = g_i' - (\sigma_i^c + \sigma_i^p) \tag{10.28}$$

这意味着 $\gamma$ 只能作为普通的协作者获得效用，而不能获得期望的位置隐私保护服务。然而，请求者是理性的，他们参与拍卖的根本目的是寻求位置隐私保护。因此，理性的请求者不会发起角色欺骗攻击。

**隐私目标：** 证明如下。

**定理 10.4** 本章机制满足 10.2.4 节中提出的隐私目标。

**证明：** 通过追责机制，恶意用户的效用如下。

当获胜协作者发送虚假的位置信息时，获胜请求者的效用定义为

$$U_{r_i\_1}^+ = (-p_i + U_{r_i}^1) \geqslant U_{r_i\_2}^+ = -p_i \tag{10.29}$$

值得注意的是，由于协作者发送的是虚假位置信息，无法通过追责机制惩罚泄露位置信息的恶意请求者。因此，恶意请求者的效用与 10.2.2 节中分析的结果相同。

当获胜协作者发送真实的位置信息时，获胜请求者的效用定义为

$$U_{r_i\_3}^+ = -\infty \leqslant U_{r_i\_4}^+ = (v_i - p_i) \tag{10.30}$$

这意味着当协作者的真实位置信息被泄露时，恶意请求者能够被检测到并受到惩罚。例如，拒绝恶意请求者再次参与拍卖，以获得位置隐私保护，这使得隐私敏感的请求者效用为负无穷大。另外，如果请求者不泄露位置信息，那么他的效用为 $v_i - p_i$，大于选择恶意策略时的效用。

如果获胜请求者泄露了接收的位置信息，获胜协作者的效用定义为

$$U_{c_j\_1}^+ = -\sigma_j^c \leqslant U_{c_j\_3}^+ = (g_j - \sigma_j^c - \sigma_j^p) \tag{10.31}$$

当协作者发送虚假位置信息时，他会受到惩罚，并且无法获得任何报酬。当发送真实位置信息时，其效用定义为 $g_j - \sigma_j = g_j - \sigma_j^c - \sigma_j^p$。

如果获胜请求者不泄露接收的位置信息，获胜协作者的效用定义为

$$U_{c_j\_2}^+ = -\sigma_j^c \leqslant U_{c_j\_4}^+ = (g_j - \sigma_j^c) \tag{10.32}$$

当协作者发送虚假位置信息时，他无法获得任何报酬。当提交真实位置时，其效用定义为 $g_j - \sigma_j^c$。

基于上述分析，在本章机制中，请求者和协作者都会理性地选择诚实的策略，以最大化他们的效用。因此，用户之间位置传输博弈的纳什均衡定义为 $\mu^* = \{\mu^{(t)}, \mu^{(p)}\}$，满足隐私目标。

此外，除了 10.2.3 节定义的攻击，本章机制还可以抵抗一些已知的隐私攻击，包括受限空间识别和位置跟踪。攻击者利用这两种攻击可以推断用户的其他隐私（如政治派别、个人生活方式和健康状况等）。

### 1）抵抗受限空间识别

受限空间识别攻击指出，如果攻击者知道位置 $\mathcal{L}$ 完全属于某用户，那么攻击者能够推测出该用户位于位置 $\mathcal{L}$，并且发送消息 $\mathcal{M}$。例如，当用户查询办公室附近患者的分布时，他的位置与地理编码的邮政地址数据库相关联，而这会暴露该用户的身份，该身份很有可能就是发起查询的人。然而，在本章机制中，请求者的位置元组是 $K$-匿名的，这意味着实现了 $K$-匿名性，攻击者无法从 $K$ 个位置中识别出附近患者分布查询的发起人。同时，已有工作证明了 $K$-匿名性可以有效抵抗受限空间识别攻击。如果攻击者没有更多背景知识，请求者的位置信息泄露概率不超过 $\frac{1}{K}$。因此，本章机制能够抵抗受限空间识别攻击。

### 2）抵抗位置跟踪

位置跟踪攻击指出，如果攻击者能够识别出用户位于位置 $\mathcal{L}_i$，并将用户与位置 $\mathcal{L}_1, \mathcal{L}_2, \cdots,$ $\mathcal{L}_i, \cdots, \mathcal{L}_n$ 关联起来，那么攻击者就能推断出用户访问了上述所有位置。例如，当用户查询其办公室和住处附近的患者分布时，攻击者就可以窥探其每日的移动轨迹。然而，在本章机制中，每轮查询都基于 $K$-匿名区域。同时，已有工作证明了 $K$-匿名性可以有效地抵抗位置跟踪攻击，这意味着攻击者难以从由 $K$ 个位置构建的匿名区域中识别出用户的真实位置。尽管用户多次查询 LBS，攻击者也难以追踪用户的移动轨迹。因此，本章机制能够抵抗位置跟踪攻击。

## 10.4.2 时间复杂度分析

本节分析了本章机制的时间复杂度，其计算部分主要包括拍卖过程和位置传输过程。定理 10.2 的证明中分析了拍卖过程的时间复杂度，位置传输过程的时间复杂度分析如下。

位置传输过程包括排序过程和遍历匹配过程。排序过程使用快速排序，其时间复杂度为 $O(x \log x + (k-x) \log(k-x))$，遍历匹配的次数不多于 $x(k-x)$ 次，其时间复杂度为 $O(x(k-x)) = O(x^2 + kx)$。因此，位置传输过程的时间复杂度为 $O(x \log x + (k-x) \log(k-x)) + O(x^2 + kx) \approx O(x^2)$。

综上所述，表 10.2 总结了本章机制和现有机制[32,34]各项指标的对比。具体来说，为了激励协作者对匿名区域构建的协助，文献[32,34]中采用拍卖理论，确定请求者支付给协作者的费用。与本章机制类似，现有机制都关注 LBS 隐私保护中的激励机制。因此，本节将本章机制与现有机制[32,34]进行对比。

表 10.2　各项指标对比

| 指　标 | 本 章 机 制 | Zhang 等人机制[32] | Fei 等人机制[34] |
|---|---|---|---|
| 位置 | 真实 | 真实 | 虚假 |
| CM | √ | × | × |
| WT | √ | × | √ |
| 时间复杂度 | $O(x^2)$ | $O(m \log m)$ | $O(x^2)$ |

$x$：获胜请求者的数量；$m$：请求者的数量。CM：恶意策略约束，WT：无可信第三方服务器。

## 10.5 实验

本节首先介绍实验设置，然后分析实验结果。

### 10.5.1 实验设置

**实验环境**：编程语言采用 Python 语言，实验环境为 Intel（R）Core（TM）i7-6700 CPU @ 3.40 GHz，8192MB RAM，操作系统为 Windows 7。

**参数和数据集设置**：为了进行合理的性能评估，本节分别采用了模拟数据集和真实数据集。在模拟实验中，假设随机区域中有 1000 个用户，包括 500 个请求者和 500 个协作者。同时，使用了两个真实数据集，包括 Gowalla[79]和 Urban Data Release V2[80]。具体地，Gowalla 数据集[79]记录了 Gowalla（一个基于位置的社交网络应用，用户通过签到共享其位置信息）上 6442890 名用户的签到数据。本节从数据集中提取了共计 15000 个签到数据，以模拟 LBS 用户。此外，Urban Data Release V2[80]包含中国深圳的 7GB 异构数据。本节总共提取了 2000 个手机 CDR 数据来模拟 LBS 用户，包括 SIM 卡 ID、时间、纬度和经度。根据隐私敏感用户的比例，将上述两个数据集中的所有用户分为请求者集合（占总数的 20%）和协作者集合（占总数的 80%）。以上两个数据集在与位置信息相关的工作中得到了广泛应用，这保证了本节实验的说服力和合理性。此外，Gowalla 数据集[79]也被文献[32]采用，文献[32]中的机制是本章机制的对比机制。因此，本节利用 Gowalla 数据集进行对比实验，以实现公平性。详细的参数设置如表 10.3 所示。

表 10.3　参数和数据集设置

| 参　　数 | 模拟数据集 | 真实数据集 |
|---|---|---|
| $m,n$ | $50,60,\cdots,190,200$ | $20,22,\cdots,38,40$ |
| $o_i$ | $(0,2]$ | $(0,2]$ |
| $a_j$ | $(0,1]$ | $(0,1]$ |
| $k$ | $100,110,\cdots,190,200$ | $(0,1]$ |
| $r$ | $100,110,\cdots,190,200$ | $500,600,\cdots,1400,1500$ |

**对比指标**：为了证明本章机制的优越性，本节采用文献[32,34]中的机制作为对比，两者都与本章机制类似，关注 LBS 隐私保护中的激励机制。具体地，测试了如下指标。

（1）激励有效性：本章机制采用拍卖理论实施激励机制，激励用户不仅参与匿名区域的构建，还放弃了恶意策略。第一个激励由拍卖成功率决定，只有拍卖成功才能激励协作者。第二个激励反映在用户的效用上，如果恶意用户的效用低于诚实用户的效用，恶意用户的恶意策略将被约束。因为第二个激励是本章机制的重点之一，本节进一步针对该指标将本章机制与现有机制进行比较。

（2）设计有效性：本章机制设计了位置传输过程，该过程可能导致协作者的轨迹信息泄露和请求者的沉重负载。因此，为了验证其有效性，本节测试了协作者的轨迹信息泄露率，以及请求者接收位置的平均最大数量。此外，为了构建匿名区域，文献[32]中的机制依赖可信第三方服务器，文献[34]中的机制需要虚拟而非真实的位置。因此，这两个机制不存在前面提到的问题。

（3）计算开销：如果计算过程过于复杂，就无法实际应用。因此，本节测试了本章机制的计算开销，并进一步将其与现有机制进行对比，以反映上述工作的计算可行性。值得注意的是，本节忽略了传输时延，因为随着 6G 时代的到来，传输时延几乎可以忽略。

### 10.5.2 激励有效性

#### 1. 拍卖成功率

拍卖成功率定义为 $R_s = \dfrac{r^+}{r}$，其中，$r$ 是连续构建匿名区域的轮数，$r^+$ 是拍卖成功的次数，本节研究了用户数量和匿名需求对拍卖成功率 $R_s$ 的影响。

实验结果如图 10.7 所示。当请求者的数量很少时（如 $m < 90$），如图 10.7（a）所示，$R_s \to 0$，即拍卖成功率趋于 0。这是因为，当请求者的数量太少且匿名需求很高时，请求者支付不起较多协作者的费用。当请求者数量增加时，如图 10.7（a）、（c）、（e）所示，$R_s$ 快速增长至 1。当请求者的数量大于匿名需求时，如图 10.7（a）、（c）、（e）所示，请求者可以在没有协作者协助的情况下自行构建匿名区域，因此 $R_s = 1$。此外，随着协作者数量的增加，$R_s$ 逐渐增长至无限趋近于 1。图 10.7（b）、（d）、（f）展示了匿名需求 $k$ 对拍卖成功率 $R_s$ 的影响。在图 10.7（b）中，当 $k \leqslant 120$ 时，请求者可以在没有协作者协助的情况下自行构建匿名区域。然而，随着 $k$ 的增加，请求者所需的协作者数量也会增加，请求者逐渐支付不起费用，因此，$R_s$ 逐渐降低。

本章机制合理地采用了密封双向拍卖，当用户数量和匿名需求合理时，拍卖成功率超过 90%。因此，本章机制能够有效地激励协作者参与匿名区域的构建。

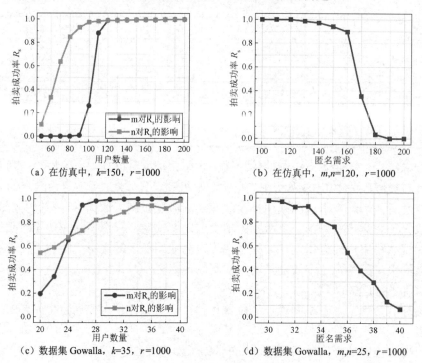

（a）在仿真中，$k$=150，$r$=1000　　　　（b）在仿真中，$m,n$=120，$r$=1000

（c）数据集 Gowalla，$k$=35，$r$=1000　　　（d）数据集 Gowalla，$m,n$=25，$r$=1000

图 10.7　拍卖成功率实验结果

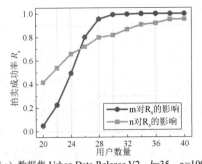 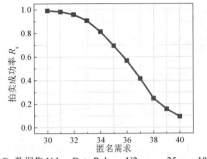

（e）数据集 Urban Data Release V2，$k=35$，$r=1000$　　（f）数据集 Urban Data Release V2，$m,n=25$，$r=1000$

图 10.7　拍卖成功率实验结果（续）

### 2. 用户效用

为了说明本章机制能够有效地激励用户的诚实策略，本节基于真实数据集 Gowalla[79]测试了本章机制和现有机制的用户效用。

图 10.8 总结了不同机制的用户效用。当用户随机地选择恶意策略时，两个现有机制中的用户效用和总效用稳步增加，这表明恶意请求者没有受到惩罚。然而，如图 10.8（a）所示，在本章机制的第 40～50 轮中，由于请求者采用恶意策略，请求者的效用降低到 0。如图 10.8（b）所示，与现有机制相比，本章机制中请求者总效用的增加速度也更加缓慢。图 10.8（c）和图 10.8（d）表明，当协作者随机选择恶意策略时，他们的效用迅速降低，甚至为负。

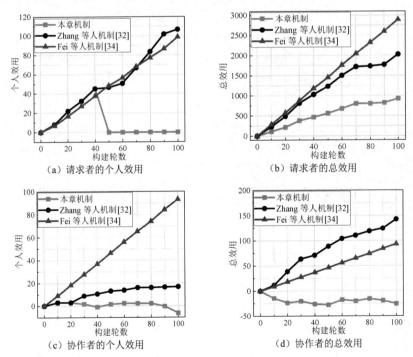

图 10.8　不同机制的用户效用

因此，本章机制能够惩罚和约束恶意用户，追求效用最大化的理性用户不会选择恶意策略。

### 10.5.3　设计有效性

#### 1．轨迹信息泄露率

轨迹信息泄露率定义为 $R_1 = \dfrac{r^*}{r}$，其中，$r$ 是连续构建匿名区域的轮数，$r^*$ 是获胜协作者提交其位置给相同获胜请求者的轮数。本节分别研究了用户数量和连续构建匿名区域轮数对轨迹信息泄露率 $R_1$ 的影响。

在图 10.9（a）中，当 $m=90$ 时，$R_1$ 略高，这是因为可供协作者选择的目标请求者数量很少。随着请求者数量增加，$R_1$ 显著降低。此外，协作者数量几乎不会影响到 $R_1$。当请求者数量合理时，随着协作者数量的增加，$R_1$ 始终保持为 0。这些结论在基于模拟数据集和真实数据集的实验中均能发现。在图 10.9（b）中，当 $r=6000$ 时，本章机制仍保持 $R_1=0$，当 $r=10000$ 时，本章机制的 $R_1<0.35$。同时，在真实数据集下，如图 10.9（d）、（f）所示，本章机制始终保持 $R_1=0$，这意味着连续构建 1500 个匿名区域后，本章机制仍然可以保护用户轨迹信息。

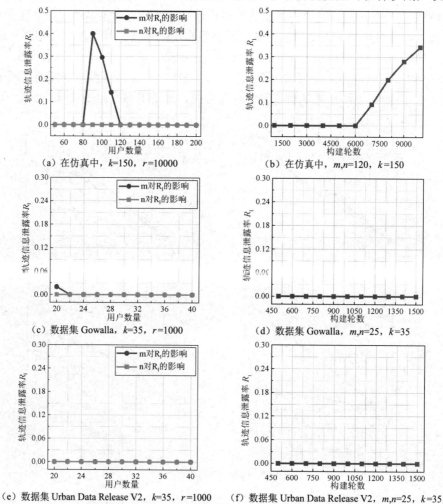

图 10.9　轨迹信息泄露率

由于用户之间合理的位置传输，本章机制能够阻止协作者将其多个位置提交给同一请求者。因此，本章机制在多次构建匿名区域后仍能保持较低的轨迹信息泄漏率 $R_1$。

**2. 接收位置的平均最大数量**

本节研究了用户数量、连续构建匿名区域轮数对获胜请求者接收位置的平均最大数量 $N_{max}$ 的影响。

图 10.10（a）、（c）、（e）总结了用户数量对 $N_{max}$ 的影响。可以发现，当拍卖成功时，$N_{max}$ 随着请求者数量的增加而减少。当请求者的数量较少时，$N_{max}$ 略高。当请求者的数量缓慢增加时，$N_{max}=1$。值得注意的是，在图 10.10（a）中 $m \geq 150$ 和图 10.10（c）、（e）中 $m \geq 35$ 的区域，请求者能够自行构建匿名区域，这样请求者不会从协作者处接收任何位置，这意味着 $N_{max}=0$。同时，协作者的数量对 $N_{max}$ 影响不大，随着 $n$ 的增加，$N_{max}$ 基本稳定在 1。此外，图 10.10（b）、（d）、（f）总结了 $r$ 对 $N_{max}$ 的影响。在图 10.10（b）中，当 $6000 < r \leq 10000$ 时，$N_{max}$ 的最大值小于 1.1，这意味着几乎所有获胜的请求者只接收一个位置。而在图 10.10（d）、（f）中的真实数据集下，$N_{max}$ 的最大值也接近 1。

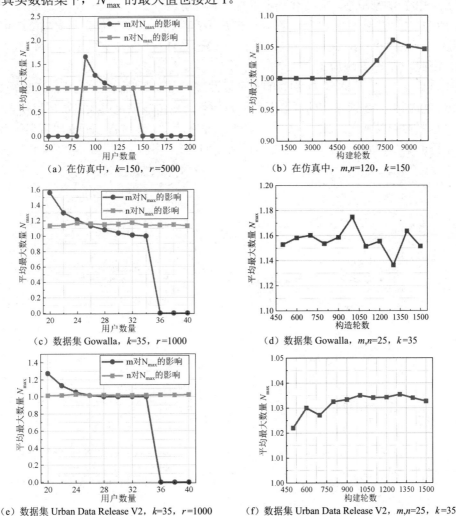

（a）在仿真中，$k=150$，$r=5000$
（b）在仿真中，$m,n=120$，$k=150$
（c）数据集 Gowalla，$k=35$，$r=1000$
（d）数据集 Gowalla，$m,n=25$，$k=35$
（e）数据集 Urban Data Release V2，$k=35$，$r=1000$
（f）数据集 Urban Data Release V2，$m,n=25$，$k=35$

图 10.10　接收位置的平均最大数量

基于合理的位置传输过程，本章机制能够有效防止所有协作者将其位置提交给同一个请求者。因此，本章机制能够在构建匿名区域数轮后，在保护协作者轨迹信息（$R_1 = 0$）的同时，控制每个获胜请求者接收的位置数量，从而避免单点故障问题。

### 10.5.4　计算开销

基于真实数据集 Gowalla[79]，本节研究了用户数量、匿名需求和构建匿名区域轮数对构建匿名区域所需计算开销 $D_c$ 的影响。

图 10.11（a）总结了请求者的数量对 $D_c$ 的影响。当请求者的数量增加时，本章机制的 $D_c$ 逐渐减少。本章机制的 $D_c$ 比文献[32]中的多 0.05ms，可以忽略不计。当 $m > 35$ 时，请求者的数量不少于匿名需求的数量，匿名区域能够在不进行拍卖的情况下成功构建，这使得 $D_c = 0$。文献[34]中的 $D_c$ 保持在 0.3ms 左右，几乎不受请求者数量的影响。

图 10.11（b）总结了协作者的数量对 $D_c$ 的影响。因为文献[34]的机制在任何情况下都只有一个协作者，所以本节给出了 $n = 1$ 时它的 $D_c$。值得注意的是，在这三种机制下，协作者的数量对 $D_c$ 产生影响都很小。其变化均在 0.1ms 内波动。

图 10.11（c）总结了 $k$ 对 $D_c$ 的影响。当 $k > m$ 时，$D_c$ 随 $k$ 增加，与文献[32]相比，本章机制的 $D_c$ 仅增加 0.05ms，这是可以接受的。在文献[34]中，随着 $k$ 的增加，需要构建更多匿名区域，因此，$D_c$ 略有增加。

图 10.11（d）总结了 $r$ 对 $D_c$ 的影响。可以发现，在现有机制下，$r$ 对 $D_c$ 的影响很小。然而，在本章机制中，连续多次的匿名区域构建使得历史传输记录更加丰富，用户之间的位置传输关系也更加难以确定，因此，$D_c$ 随 $r$ 的增加略有增加，在进行 10000 轮匿名区域构建后，计算开销仍能维持在 0.1ms 以下，这是可以接受的。

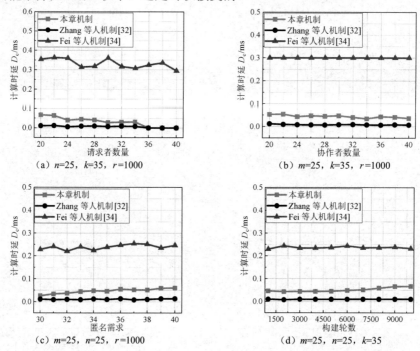

图 10.11　计算开销

因此，与现有机制相比，本章机制在具有许多优势的同时，可以维持较低的计算开销。

## 10.6　本章小结

本章提出了一种隐私增强的激励机制，能够在没有可信第三方服务器的情况下实现 $K$-匿名位置隐私保护。根据拍卖理论，本章机制首先确定了请求者和协作者之间的货币交易关系。随后，实现了获胜请求者和获胜协作者之间的位置传输关系，进而构建了匿名区域。本章机制提出的角色识别机制和追责机制，约束了用户的恶意策略，在有效激励协作者提供协助的同时，保护了用户的位置隐私。大量实验表明，本章机制实现了较高的匿名区域构建成功率，有效避免了轨迹信息泄露等问题，并显著降低了恶意用户的效用。

然而，本章机制只能在用户都希望获取更高效用的情况下激发用户的诚实策略，这意味着用户都是理性的。作为未来工作的一部分，将进一步考虑完全恶意或非理性的用户，从而鼓励这些用户参与匿名区域的构建，并放弃采取恶意策略。

## 10.7　思考题目

1．LBS 在人们生活中扮演越来越重要的角色，请列举 4～5 个生活中常见的 LBS 应用。

2．在享受 LBS 应用带来的便利时，人们的隐私不可避免地受到威胁，位置隐私泄露问题层出不穷，请列举 2～3 个你知道的位置隐私泄露事件。

3．除 $K$-匿名外，存在许多其他位置隐私保护方法，且诸多位置隐私保护方法各有优劣，适用场景各不相同。请列举你知道的位置隐私保护方法，并总结各个位置隐私保护方法的优缺点，并分析其适用场景有何不同？

4．除本章所提到的拍卖理论外，是否存在其他方法能够解决交易双方经济往来相关问题？如果有，请列举，并分别总结该方法与拍卖理论的优缺点，并分析其适用场景有何不同。如果没有，请从本章出发，总结拍卖理论的优缺点。

# 第11章 分布保持的 LBS 位置隐私保护方案

内 容 提 要

　　基于位置的服务（Location-Based Service，LBS）是现代社会最常用的移动应用之一。地理不可区分性是一种很有前景的 LBS 隐私保护模型，它可以为位置隐私提供正式的安全保护。然而，位置扰动会破坏 LBS 服务器上用户的位置分布，从而使服务器无法提供基于分布的服务。本章针对上述问题提出了一个称为 DistPreserv 的隐私定义，为用户提供严格的位置隐私保护。同时提出了一种保护位置隐私的 LBS 方案，该方案在激励相容性的指导下设计了一种位置扰动机制来实现给定的隐私定义，并给出了一种检索区域确定方法，通过在二维地图平面上使用动态规划来确保用户的查询准确性。

本 章 重 点

◆ 位置隐私保护
◆ 查询准确性
◆ 位置分布
◆ 激励相容性

## 11.1 引言

　　随着配备 GPS 芯片的移动设备和无线数据连接的日益普及，LBS 已得到学术界和工业界的广泛关注，它使用户能够获得与其当前位置相关的实时服务。最近的一项商业研究预测，2017—2025 年，全球 LBS 市场将以 19.9%的复合年增长率（Compound Annual Growth Rate，CAGR）迅速增长，市场价值将达到 997.7 亿美元。

　　LBS 可以方便用户的日常生活，但也会引起严重的隐私问题。当用户提交其当前位置以查询附近的兴趣点（Points Of Interests，POIs）时，LBS 服务器可能会收集他们的位置，并了解与他们相关的敏感信息，如家庭地址、收入水平等，从而对用户的隐私甚至人身安全构成威胁。因此，位置隐私问题是决定未来几年 LBS 流行程度的关键因素。为了保护用户的位置隐私，在传统隐私模型的基础上提出了一系列方法，如 $K$-匿名、$L$-多样性和 $T$-紧凑等。这些模型是启发式的，因此它们不能提供严格且正式的隐私保障。为了解决上述问题，研究者们基于差分隐私的地理不可区分性（Geo-Indistinguishability，Geo-Ind）提出了一种严格的位置扰动范式,用于保护用户的位置隐私,其思路是,用户提交一个扰动的位置,并给出检索大小,向当前位置添加噪声,以保护隐私的方式获取附近的 POIs。因此,Geo-Ind 已成为位置隐私的一个热门研究课题,并因其严格的隐私定义和方便的实现方法而得到实际应用(如空间视觉、位置保护)。

虽然 Geo-Ind 可以有效地保护用户的位置隐私,但它会破坏 LBS 服务器上用户的位置分布,因为它会在提交的位置添加扰动,而不考虑位置分布。事实上,位置分布对 LBS 很重要,因为它能够使位置服务提供商(LBS 服务器)了解空间域上的总体用户位置分布,并进一步了解用户的空间模式。具体而言,位置分布适用于多种应用场景,如检测景点的受欢迎程度、感知交通堵塞,以及警告拥挤地区等。然而,现有的 Geo-Ind 工作主要关注用户端的位置隐私保护,而忽略了服务器端用户位置分布的可用性要求,这导致了错误的位置分布,如图 11.1所示。这将使 LBS 服务器无法提供正确的基于位置分布的服务,损害 Geo-Ind 在 LBS 中的推广和应用。通过大量实验,我们已经证实,在添加位置扰动后,其平均位置分布会发生显著变化。

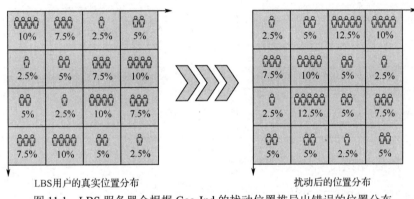

图 11.1　LBS 服务器会根据 Geo-Ind 的扰动位置推导出错误的位置分布

为了解决这个问题,在生成提交的扰动位置时,考虑用户位置分布是至关重要的。因此,从考虑 LBS 服务器端的用户位置分布可用性的角度,本章给出了一个新的隐私定义,可以为用户提供可证明的位置隐私保护,同时允许 LBS 服务器从查询中获取有效的位置分布信息。然后提出了一种保护位置隐私的 LBS 方案来实现该定义。新的隐私定义称为 DistPreserv,作为考虑用户位置分布的 Geo-Ind 的增强定义。具体来说,DistPreserv 主要基于位置隐私保护维护用户的集体位置分布,通过要求提交的位置和真实位置的欧氏距离和分布差异不可区分,可以实现此功能。之后,为 LBS 设计了一个隐私保护方案,为了实现 DistPreserv 的定义,在激励相容性的指导下,根据微分隐私指数机制设计了位置扰动机制,利用二维地图平面上的动态规划方法确定检索区域,从而在保证隐私的情况下实现高精度的查询。最后,提供了理论分析,以证明本章方案既满足 DistPreserv 的定义,又满足激励相容性的性质,并且 DistPreserv 可以实现更低的位置分布差异。此外,使用一个真实的数据集进行了大量实验,证明与经典的 Geo-Ind 相比,本章方案将用户位置分布的可用性提高了90%以上。

## 11.2　预备知识

本节首先简要介绍一些基本概念,然后描述本章的系统和威胁模型。最后,提出了设计目标。表 11.1 列出了经常使用的符号。

表 11.1 经常使用的符号

| 符　号 | 描　述 |
| --- | --- |
| $\varepsilon$ | 调节隐私级别 |
| $\mathcal{M}$ | 实现差分隐私随机化算法 |
| $K$ | 实现 Geo-Ind 随机化算法 |
| $\mathcal{K}$ | 实现 DistPreserv 随机化算法 |
| $d(\cdot,\cdot)$ | 两个位置之间的欧氏距离 |
| $\Pr(\cdot)$ | 事件发生的概率 |
| $x_0$ | 用户的真实位置 |
| $Z$ | LBS 查询中报告的位置 |
| $G$ | 用户所在的宏区域 |
| $D_G$ | $G$ 中当前用户的位置分布 |
| $f_{x_i}$ | 位置 $x_i$ 处的用户请求率 |
| $u$ | 对可能的扰动位置进行评分的效用函数 |
| $c$ | LBS 应用准确性的置信度 |
| $C(x,r)$ | 圆心为 $x$ 且半径为 $r$ 的圆 |

## 11.2.1 基础知识

### 1. 差分隐私和地理不可区分性

差分隐私是统计数据库领域提出的一种有吸引力的隐私模型，它可以防止用户的隐私被聚合查询泄露。由于它能提供从攻击者的先验知识中抽象出来的正式隐私保护，差分隐私已成为隐私保护领域的主流范式。

**定义 11.1**（差分隐私）　如果对所有 $\mathcal{S} \subseteq \text{Range}(\mathcal{M})$，以及所有数据集 $x, y$（$\|x - y\|_1 \leqslant 1$），都有 $\Pr[\mathcal{M}(x) \in \mathcal{S}] \leqslant \exp(\varepsilon) \Pr[\mathcal{M}(y) \in \mathcal{S}]$ 成立，则随机化算法 $\mathcal{M}$ 满足 $\varepsilon$-差分隐私。

在上述定义中，$\varepsilon$ 是一个正实数，反映了所需的隐私级别，$\varepsilon$ 越小，表示预期的隐私级别越高。此外，汉明距离被用于测量输入数据集之间的差异，在定义中，要求输入之间的差异最多为一个汉明距离。因此，为了让距离的度量不再局限于汉明距离，输入的差异不再局限于一个汉明距离，广义差分隐私被开发为一个更抽象的隐私定义，通过引入地理不可区分性来适应 LBS 的场景。

**定义 11.2**（地理不可区分性）　Geo-Ind 随机化算法 $K : \mathcal{X} \rightarrow \mathcal{D}(\mathcal{Z})$ 满足 $\varepsilon$-地理不可区分性，当且仅当 $\forall x, x' \in \mathcal{X}$ 时，有 $d(K(x), K(x')) \leqslant \varepsilon \cdot d(x, x')$。

在这个定义中，$\mathcal{X}$ 和 $\mathcal{Z}$ 分别表示用户所有可能的真实位置和扰动位置的集合。此外，$\mathcal{D}(\mathcal{Z})$ 为 $\mathcal{Z}$ 上的概率分布，$K(x)$ 表示当用户位于 $x$ 时，输出扰动位置点在 $\mathcal{Z}$ 上的概率分布。

此外，定义了 $d(\omega_1, \omega_2) = \sup_{Z \subseteq \mathcal{Z}} \left| \ln \dfrac{\omega_1(Z)}{\omega_2(Z)} \right|$ 来测量两个分布 $\omega_1$ 和 $\omega_2$ 之间的差异，约定当 $\omega_1(Z)$

和 $\omega_2(Z)$ 均为 0 时，$\left|\ln\dfrac{\omega_1(Z)}{\omega_2(Z)}\right| = 0$，当只有其中一个为 0 时，$\left|\ln\dfrac{\omega_1(Z)}{\omega_2(Z)}\right| = \infty$。$\varepsilon$ 是用户设置的隐私参数，$d(x,x')$ 为 $x$ 与 $x'$ 间的欧氏距离。注意，这个定义也可以表示为对所有 $x,x' \in \mathcal{X}$，$Z \subseteq \mathcal{Z}$，有 $K(x)(Z) \leq e^{\varepsilon \cdot d(x,x')} K(x')(Z)$ 成立。其中，$K(x)(Z)$ 表示当用户位于 $x$ 时，混淆位置点位于集合 $\mathcal{Z}$ 的概率。

直观地说，Geo-Ind 的隐私来自要求任意两个接近的位置以不可区分的概率扰动到同一位置。如果用户想要实现更强的隐私保护，则需要使隐私参数 $\varepsilon$ 的值更小。

**2. 激励相容性**

激励相容性是指，个人利益和集体利益是相容的，任何人都不能通过损害集体利益来扩大自己的利益。从形式上讲，激励相容性可以定义如下。

**定义 11.3（激励相容性）** 如果一个机制满足激励相容性，对于满足 $b(\mathcal{X}_1, \mathcal{X}_2, \cdots, \mathcal{X}_n) \geq b(\tilde{\mathcal{X}}_1, \tilde{\mathcal{X}}_2, \cdots, \tilde{\mathcal{X}}_n)$ 的任何情况，都应该保持 $U = \{\text{User}_i \mid i \in \mathbf{N}^*\} : v_i(\mathcal{X}_i) \geq v_i(\tilde{\mathcal{X}}_i)$。其中，$v_i(\cdot)$ 代表用户 $i$ 获得的个人效用，$b(\cdot)$ 代表特定策略组合为用户 $i$ 带来的公共效用，$\mathcal{X}_i$ 和 $\tilde{\mathcal{X}}_i$ 分别代表用户 $i$ 遵循和不遵循的策略。具体来说，在 $\mathcal{X}_i$ 策略中，用户 $i$ 提交他的真实位置，以判断他是否处于没有隐私保护的不敏感位置。如果处于敏感位置，他将采用本机制来执行 LBS 查询。

请注意，在某些情况下（如拍卖），$b(\mathcal{X}_1, \mathcal{X}_2, \cdots, \mathcal{X}_n)$ 被简单地定义为 $v_1(\mathcal{X}_1) + v_2(\mathcal{X}_2) + \cdots + v_n(\mathcal{X}_n)$，但在本章的场景中，$v_i(\mathcal{X}_i)$ 表示用户 $i$ 根据其隐私偏好接收的综合服务，$b(\mathcal{X}_1, \mathcal{X}_2, \cdots, \mathcal{X}_n)$ 表示根据其提交位置计算的总体用户位置分布的效用。

## 11.2.2 系统模型与威胁模型

**系统模型：** 如图 11.2 所示，本章方案的系统模型与由用户和 LBS 服务器组成的通用 LBS 系统模型一致。考虑一组用户，他们根据自己的位置向 LBS 服务器发送查询，以获取附近的 POIs（如发现附近的酒店或餐馆）。每个查询中包含的位置可以是用户的当前位置，也可以是根据用户的不同隐私要求生成的另一个位置。用户可以从 LBS 获得两方面的实用性，一方面是单个用户效用，其通过从 LBS 服务器获取附近 POIs 的信息实现，另一方面是公共效用，它对应于从其报告的位置聚合的用户位置分布。同时，用户希望他们的行踪被 LBS 服务器隐藏。

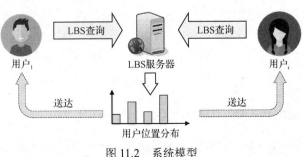

图 11.2　系统模型

本章提出了一种新的用户–服务器交互模式来保护用户的位置隐私，而不是让用户简单地

以 LBS 查询的形式提交他们的位置。当用户从 $U = \{\text{User}_i \,|\, i \in \mathbf{N}^*\}$ 启动 LBS 查询时，首先向 LBS 服务器报告他的宏位置 $G$（如城市），以请求该区域的当前用户位置分布 $D_G$。在接收到用户的宏位置 $G$ 后，LBS 服务器将 $D_G$ 作为响应返回给用户。其次，用户将扰动添加到他的位置，根据真实位置和 $D_G$（在算法 11.1 中详细说明）生成扰动位置，并向 LBS 服务器报告扰动位置以及用于查询 POIs 的检索半径。在接到查询后，LBS 服务器根据接收到的扰动位置和检索半径在其数据库中检索 POIs，将查询结果返回给用户。最后，用户根据自己的真实位置和实际感兴趣区域过滤接收到的 POIs。

**威胁模型：**与 LBS 的一般假设类似，LBS 服务器被视为诚实而好奇的攻击者，这意味着它将根据既定规则诚实地向用户提供服务，但期望从用户的 LBS 查询中推断出用户的真实位置。更正式地说，我们引入了一个攻击者 $\mathcal{A}^*$，它的目标是 LBS 服务器。$\mathcal{A}^*$ 的功能是，$\mathcal{A}^*$ 会损害 LBS 服务器，从而根据接收到的 LBS 查询推断用户的真实位置。此外，假设系统中的用户是理性的。具体来说，当用户当前对隐私不敏感时，他更喜欢在 LBS 查询中报告他的真实位置，以获得更好的服务。否则，他会更喜欢执行隐私保护 LBS 查询，以使他的行踪保密。在上述两种情况下，用户不需要关心其他用户的隐私。

### 11.2.3  设计目标

在本章方案中，我们的目标是在 LBS 查询过程中保护用户的位置隐私，同时使 LBS 服务器获得的用户的整体位置分布尽可能可用。这样，用户和服务器都可以获利，这表明本章方案在实际经济环境中是可以应用的。此外，如果用户采用本章方案来执行隐私保护的 LBS 查询，他们需要获得有用的结果，这意味着应该保证查询的准确性。值得注意的是，在本章方案中，如果用户位于不敏感的位置或没有隐私要求，则允许他们提交真实位置来进行 LBS 查询。总的来说，本章方案的设计目标可以总结如下。

（1）位置隐私：用户在 LBS 查询时应保护位置隐私。

（2）位置分布保护：用户在隐私保护的 LBS 查询时应尽可能向 LBS 服务器提供有效的位置分布信息。

（3）激励相容性：用户和 LBS 服务器都应该受益于这种模式，采用隐私保护查询的用户的利益不应该受到其他用户执行真实位置查询的损害。

（4）查询准确性：对于单个用户，应保证其 LBS 查询的准确性。

为了实现这些目标，在 11.3 节中给出一个新的隐私定义，考虑到分发的可用性，在 11.4 节中提出一个位置隐私保护方案，以在查询 LBS 时保持用户的位置隐私。

## 11.3  方案设计

### 11.3.1  DistPreserv：新的隐私定义

受广义差分隐私和 Geo-Ind 的启发，本章提出了一个新的位置隐私定义 DistPreserv。值得注意的是，在 DistPreserv 中，欧氏距离并不是平面上不同扰动位置之间差异的唯一度量。这些指标还包括在这些位置之间定义的一个特殊属性，即请求率的差异。具体而言，位置 $x_i$ 处

的用户请求率 $f_{x_i}$ 定义为 $f_{x_i} = n_{x_i}/n_{\text{total}}$，其中，$n_{x_i}$ 表示在 $x_i$ 处查询过的用户数，$n_{\text{total}}$ 表示用户总数。直观地说，请求率 $f_{x_i}$ 反映了在 $x_i$ 提交查询的用户占用户总数的标准化比例。此外，将 $\mathcal{K}$ 定义为概率函数，为每个位置 $x_i \in G$ 分配概率分布，当用户处于 $x_0$ 时，该机制可以根据该概率确定每个位置的采样概率。用 $\mathcal{K}(x)(z)$ 表示扰动 $x$ 到 $z$ 的概率，$d(\cdot,\cdot)$ 表示欧氏距离。考虑到用户位置分布随时间的动态特性，将时间视为连续时隙，并在每个时隙中独立计算请求率。形式上，DistPreserv 的定义如下。

**定义 11.4（DistPreserv）** 在保护隐私的 LBS 中，当 $\mathcal{K}(x)(z) \leqslant \mathrm{e}^{\varepsilon \cdot d(x,x') |f_x - f_{x'}|} \mathcal{K}(x')(z)$ 时，$\mathcal{K}: \mathcal{X} \to \mathcal{D}(\mathcal{Z})$ 达到 $\varepsilon$-DistPreserv，其中，$x, x' \in \mathcal{X}$，$d(\cdot,\cdot)$ 表示欧氏距离，$f_x, f_{x'} \in [0,1]$ 分别是位置 $x, x'$ 处的请求率。

该定义要求 $x$ 和 $x'$ 在生成扰动位置 $z$ 时，随着 $x$ 和 $x'$ 之间的相似度的增加，$x$ 和 $x'$ 越来越不可区分，其中，相似度准则同时考虑了欧氏距离和请求率，其中，$d(x,x')$ 或 $|f_x - f_{x'}|$ 均可用于度量。请注意，本章的 DistPreserv 实际上是用户隐私、个人收益和公共效用三方之间的权衡，这可以尽可能多地保留典型公共效用的用户位置分布。

DistPreserv 将公共效用作为一个新的维度，因此它实际上是 Geo-Ind 的一个增强。具体来说，回顾 DistPreserv 的定义，即 $\mathcal{K}(x)(z) \leqslant \mathrm{e}^{\varepsilon \cdot d(x,x') |f_x - f_{x'}|} \mathcal{K}(x')(z)$，然后将其改写为 $\mathcal{K}(x)(z) \leqslant \mathrm{e}^{(\varepsilon |f_x - f_{x'}|) \cdot d(x,x')} \mathcal{K}(x')(z)$，并有 $\varepsilon' = \varepsilon \cdot |f_x - f_{x'}|$，由此得到 $\mathcal{K}(x)(z) \leqslant \mathrm{e}^{\varepsilon \cdot d(x,x')} \mathcal{K}(x')(z)$，这是 Geo-Ind 形式的公式。此外，由于 $f_x, f_{x'} \in [0,1]$，很明显 $\varepsilon' \leqslant \varepsilon$，这意味着满足 $\varepsilon$-DistPreserv 的机制还可以满足 $\varepsilon$-Geo-Ind 的隐私要求。由于 $G$ 中每个位置 $x'$ 的请求率 $f_{x'}$ 不同，从 DistPreserv 获得的隐私级别相当于对不同的潜在扰动位置 $x'$ 自适应地应用不同参数 $\varepsilon'$ 的 Geo-Ind 进行保护。值得注意的是，对于每个位置 $x'$，$\varepsilon$-DistPreserv 提供的隐私级别不能低于由 $\varepsilon' \leqslant \varepsilon$ 引起的 $\varepsilon$-Geo-Ind 提供的隐私级别。这也意味着，在相同的隐私预算下，DistPreserv 是比 Geo-Ind 更强的隐私定义。事实上，由于 $G$ 中所有位置的请求率之和为 1，当且仅当用户真实位置的请求率为 1，而其他所有位置的请求率为 0 时，$\varepsilon$-DistPreserv 完全降解为 $\varepsilon$-Geo-Ind。DistPreserv 比 Geo-Ind 更强大的内在原因是，尽管在隐私定义中引入请求率是为了尽可能保留用户的位置分布，但请求率的差异也可以反映特定的隐私需求。特别是定义中的 $|f_x - f_{x'}|$，意味着当请求率接近用户真实位置时，隐私级别应该增加，即请求率越接近真实位置，就需要越大程度的不可区分性。这一特征说明，请求率的接近性意味着某种程度的位置同质性。也就是说，具有相似请求率的不同位置更有可能是语义相同的位置。因此，要求受扰动的位置在请求率上不可区分，不仅可以实现位置分布的保留，还可以在请求率的意义上保护用户的语义位置隐私。在这种情况下，如果请求率 $x \in G$ 相等（请求率均匀分布在 $G$ 中），根据定义，$x$ 和 $x'$ 应该是完全不可区分的，这意味着用户应该采用均匀分布来生成扰动位置（如算法 11.1 所述）。

值得注意的是，定义 11.4 的数学形式也满足广义差分隐私的 $d_\mathcal{X}$-隐私，即 $d_\mathcal{X}(x,x') = \varepsilon \cdot d'(x,x')$ 和 $d'(x,x') = d(x,x') \cdot |f_x - f_{x'}|$。因此，DistPreserv 也可以看作在 Geo-Ind 的基础上考虑用户位置分布的新方面以及对抽象的 $d_\mathcal{X}$-隐私的又一次具体化。另外，用乘法（$d(x,x') \cdot |f_x - f_{x'}|$）代替加法（$d(x,x') + |f_x - f_{x'}|$）的原因是，$d(x,x')$ 和 $|f_x - f_{x'}|$ 是从不同维度来测量位置差异的。$d(x,x') \in \mathbf{R}^+$ 且 $|f_x - f_{x'}| \in [0,1]$，因此 $d'(x,x') = d(x,x') \cdot |f_x - f_{x'}|$ 能够让 $d(x,x')$ 和 $|f_x - f_{x'}|$ 共同用于位置差异的度量。

### 11.3.2　保护隐私的 LBS 方案

在本章方案中，为了建立新隐私范式的研究基础，只讨论每个用户在一个时间段内执行单个 LBS 查询的情况。为此，使用欧氏距离来度量位置之间的距离，并将区域 $G$ 离散成网格，以便计算机处理。此外，将网格中的单个单元视为位置的基本观察单元，这意味着网格中的一个单元对应于 $G$ 中的一个位置。因此，在以下讨论中交替使用术语"位置"和"位置单元"。在此设置中，位置之间的距离由其单元中心测量。本节首先概述了本章方案，然后详细解释了方案流程。

#### 1．概述

为了在保护位置隐私的同时获得附近的 POIs，用户应该扰乱他的当前位置以产生扰动位置。在此过程中，用户首先提交一个宏区域，以获取该区域中用户位置分布的信息。请注意，如果他只是将这个扰动位置提交给 LBS 服务器进行查询，服务器将不知道为他检索 POIs 的区域有多大。因此，为了执行 LBS 查询，用户还需要确定检索半径，其中生成的扰动位置是检索区域的中心。一旦扰动位置和检索区域都已明确，用户就可以执行 LBS 查询来获取附近酒店、餐馆等信息。

另一方面，LBS 服务器监听并接收用户的查询，然后检索并返回 POIs。此外，它可以从用户报告的位置中计算当前的有效用户位置分布，无论报告的位置是真实的还是受干扰的。通常，本章方案的概述如图 11.3 所示。

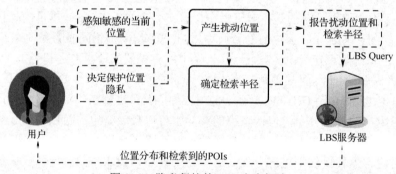

图 11.3　隐私保护的 LBS 方案概述

值得注意的是，在本章方案中，用户在干扰他们的位置时不关心其他用户的利益，也不考虑 LBS 服务器是否可以获得有效的用户位置分布。然而，通过本章方案，用户可以从 LBS 服务器获得有效的用户位置分布和附近的 POIs，即使在这个过程中，他们只追求自己的隐私保护 LBS 需求。下面给出保护隐私的 LBS 方案的具体流程。

#### 2．方案流程

与前面的讨论相对应，我们首先介绍为用户生成扰动位置的方法，然后解释用户如何根据扰动位置和返回结果的预期精度确定检索区域。最后，给出了一种 LBS 服务器在提供 LBS 时获得用户近似分布的方法。

（1）面向用户的位置扰动机制。

为了保护隐私，用户应该首先通过移动设备上的 GPS 获取他的当前位置 $x_0$，然后，向

LBS 服务器提交宏区域（如城市和地区），而不是直接报告真实位置。这样，用户可以获得位置分布信息以获得相关的服务。同时，这种方法对于 LBS 服务器推断用户的位置并提供天气服务等是必要的。

按照上述步骤，用户将其真实位置映射到所得到的分布 $D_G$ 上，并期望根据用户真实位置 $x_0$ 与其他位置 $x_i \in G$ 之间的欧氏距离和请求率差产生一个扰动位置。为了使这个过程满足 DistPreserv，将采用差分隐私指数机制。本章方案的目标是保护用户的位置隐私，通过欧氏距离和请求率测量，使其真实位置与相似位置无法区分，这意味着用户需要以更高的概率将其真实位置扰动到空间和请求率更相似的位置。

为此，需要设计一个合适的效用函数 $u : G^2 \rightarrow \mathbf{R}$ 来评估每个离散位置单元 $x_i \in G$ 的效用。具体来说，取 $u(x_0, x_i) = -d(x_0, x_i) \cdot |f_{x_0} - f_{x_i}|$，其中 $x_0, x_i$ 均为 $G$ 内的位置单元，$f_{x_0}$ 和 $f_{x_i}$ 分别表示 $x_0$ 和 $x_i$ 处的请求率。为了确定 $G$ 中每个位置的选择概率，可以在场景中引入效用函数 $u : G^2 \rightarrow \mathbf{R}$ 的敏感度。直观上，效用函数的敏感度反映了在最多一个随机度量下，当替代投入之间的差异限制在 1 以内时，效用值的最大变化。由于所设计的效用函数包含两个不同的度量（$d(x_0, x_i)$ 和 $|f_{x_0} - f_{x_i}|$），当 $x_0$ 在一个随机度量下最多变化 1，而在另一个度量下固定时，其敏感度可描述为效用值 $u(x_0, x_i)$ 的最大变化。具体来说，设 $\Gamma(x_0, x_0')$ 表示在一个随机度量下最多变化 1 且在另一个度量下固定的约束，其中，$x_0' \in G$ 是 $x_0$ 的比较位置，则约束 $\Gamma(x_0, x_0')$ 可指定为 $\Gamma(x_0, x_0') = (d(x_0, x_0') \leqslant 1 \wedge |f_{x_0} - f_{x_0'}| = 0) \vee (d(x_0, x_0') = 0 \wedge |f_{x_0} - f_{x_0'}| \leqslant 1)$。由此，效用函数的敏感度可以正式定义为

$$\Delta u = \max_{x_i \in G} \max_{\Gamma(x_0, x_0')} |u(x_0, x_i) - u(x_0', x_i)|$$

其中，$x_0, x_0' \in G$ 表示更改前后用户的真实位置，$x_i' \in G$ 代表任何观察到的位置。敏感度中的欧氏距离和请求率的约束如图 11.4 所示。结合效用函数的形式化，可以很容易地得到 $\Delta u = 1$。

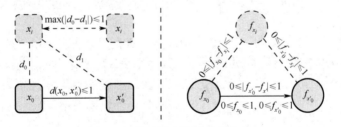

图 11.4 欧氏距离和请求率约束

基于所设计的效用函数，可调用差分隐私指数机制，选择 $G$ 中的一个扰动位置作为查询的报告位置，整个过程满足 DistPreserv 的定义（这在 11.5.1 节中得到证明）。算法 11.1 给出了产生扰动位置的详细算法。

| 算法 11.1 扰动位置产生机制 $\mathcal{K}$ |
|---|
| 输入：$x_0, G, \varepsilon$ |
| 输出：$z$ |
| 1.   **for** $x_i$ in $G$ **do**: |
| 2.         $u(x_0, x_i) \leftarrow -d(x, x') \cdot |f_x - f_{x'}|$   //为每个位置分配效用值 $x_i$ |
| 3.         $\text{weight}_i \leftarrow e^{\frac{\varepsilon \cdot u(x_0, x_i)}{2\Delta u}}$ |

| 4. | $\mathrm{cum} \leftarrow \displaystyle\sum_{x_i \in G} \mathrm{weight}_i$ |
|---|---|
| 5. | **for** $x_i$ **in** $G$ **do:** |
| 6. | $\mathrm{Pr}(x_i) \leftarrow \dfrac{\mathrm{weight}_i}{\mathrm{cum}}$  //计算绘制概率分布 $x_i$ |
| 7. | 根据上面计算的分布，在 $G$ 中随机绘制 $x_i$ |
| 8. | $z \leftarrow x_i$ |
| 9. | **return** $z$ |

算法 11.1 的时间复杂度为 $O(|G|)$，空间复杂度为 $O(|G|)$，$|G|$ 是 $G$ 中的位置数。通过执行该算法，用户可以得到一个受扰动的位置 $z$ 以提交保护隐私的 LBS。

（2）检索区域的确定。

用户希望在生成扰动位置后获得有关周围 POIs 的信息。这是因为，如果真实位置的扰动阻止用户从 LBS 服务器获取所需的 POIs 信息，那么扰动将毫无意义，也没有吸引力。与大多数使用圆形区域进行检索的现实世界 LBS（如 Google Map、AMAP）类似，本章方案也将检索区域设置为圆形，以使其与现有商业应用程序兼容。这样，检索区域的确定实际上就是中心点和检索半径的确定。显然，算法 11.1 生成的报告扰动位置是检索的中心点。因此，本章方案主要讨论以下检索半径的确定方法。

检索区域（Area of Retrieval，AOR）应始终完全覆盖用户真正感兴趣的区域，因为在这种情况下，用户可以获得期望的所有 POIs。然而，由于位置扰动的随机性以及用户感兴趣区域（Area of Interest，AOI）大小的不确定性，AOR 始终完全覆盖 AOI 说明用户始终在 AOR 内，这会损害用户的位置隐私。因此，AOR 半径的确定应与扰动位置 $z$ 独立，这意味着不能使 AOI 始终完全包含在 AOR 中。通过这种方式，确定检索半径的过程可以提供隐私来源的"合理否认"。

基于上述讨论，本章方案引入了 LBS 精确率的概念，用于表示用户获得期望的完整 POI 信息的概率，即 AOR 完全覆盖 AOI 的概率。具体来说，用 $r_{\mathrm{AOR}}$ 和 $r_{\mathrm{AOI}}$ 来表示 AOR 和 AOI 的半径，$C(x,r)$ 表示圆心为 $x$，半径为 $r$ 的圆，$c$ 表示准确性置信度。如果对于所有 $x \in G$，$C(x,r_{\mathrm{AOI}})$（AOI）完全包含在 $C(x,r_{\mathrm{AOR}})$（即 AOR）中的概率不小于 $c$，则 $(\mathcal{K},r_{\mathrm{AOR}})$ 是 $(c,r_{\mathrm{AOI}})$ 精确的。

基于此，本章方案的目标是在给定任何 $C(x,r_{\mathrm{AOI}})$ 的情况下确定适当的 $r_{\mathrm{AOR}}$，使 $(\mathcal{K},r_{\mathrm{AOR}})$ 满足 $(c,r_{\mathrm{AOI}})$ 的精度。实现这一目标的简单方法是将 $r_{\mathrm{AOR}}$ 设置为一个非常大的常数，但这种方法会导致用户接收大量返回的 POIs，从而导致过度的带宽消耗。因此，为了尽可能降低带宽成本，本章方案的理想 $r_{\mathrm{AOR}}$ 应该是满足精度需求的最小值。

为了实现这个目标，应该注意，对于任何 $x_0$，都有 $d(x_0,z) \leq \alpha$ 的概率不小于 $\sigma(\alpha) = \sum_{x_i \in C(x_0,\alpha)} \mathrm{Pr}(x_i)$，其中 $\alpha \in \mathbf{R}^*$，$z = \mathcal{K}(x_0)$，$\mathrm{Pr}(x_i)$ 为选取 $x_i \in G$ 作为扰动位置的概率。此外，$x_i \in C(x_0,\alpha)$ 表示 $d(x_0,x_i) \leq \alpha$ 的情况。从这个角度来看，当 $c \leq \sigma(\alpha)$ 时，机制 $\mathcal{K}$ 满足 $(\alpha,c)$-usefulness 的概念，这意味着对于任何位置 $x_0$，若其提交的位置 $z = \mathcal{K}(x_0)$ 满足 $d(x_0,z) \leq \alpha$，则概率至少为 $c$。结合 $(c,r_{\mathrm{AOI}})$-accuracy 的概念，可以得到，若一个 $\mathcal{K}$ 是 $(\alpha,c)$-useful 的，则当且仅当 $r_{\mathrm{AOR}} \geq r_{\mathrm{AOI}} + \alpha$ 时满足 $(c,r_{\mathrm{AOI}})$-accuracy。若 $c \leq \sigma(\alpha)$，则 $\alpha \geq \sigma^{-1}(c)$，因此要求 $r_{\mathrm{AOR}} \geq r_{\mathrm{AOI}} + \sigma^{-1}(c)$ 成立。为了满足 $(c,r_{\mathrm{AOI}})$-accuracy，满足精度需求的

最小 $r_{AOR}$ 为 $r_{AOI} + \sigma^{-1}(c)$。

注意，$\sigma^{-1}(c)$ 是使 $\sum_{x_i \in C(x_0, \alpha)} \Pr(x_i)$ 不小于 $c$ 的最小 $\alpha$，当 $\sum_{x_i \in C(x_0, \alpha)} \Pr(x_i) \geq c$ 时，可将其改写为 $\sigma^{-1}(c) = \arg\min_{\alpha} |\sum_{x_i \in C(x_0, \alpha)} \Pr(x_i) - c|$。由于地图平面被划分为网格，$x_i \in G$ 的请求率不可预知，$x_i$ 的选择概率与用户的真实位置 $x_0$ 之间不存在简单的解析函数关系。考虑到算法 11.1 中这些概率是已知的，因此采用动态规划的方法计算 $\sigma^{-1}(c)$，以避免在每个位置重复考虑概率。

本章方案的思路是，当 $\alpha$ 随着单位距离步长逐渐增加时，检查 $C(x_0, \alpha)$ 中候选位置的概率和，即将满足 $d(x_0, x_i) \leq \alpha$ 的所有 $\Pr(x_i)$ 的和表示为 $\mathcal{P}$。利用动态规划的目的是，当 $\alpha$ 从一个小值探索到一个大值时，$\mathcal{P}$ 中累积的每个位置的选择概率不会被重复遍历。为此，当 $\alpha$ 增加时，根据 $x_0$ 和每层之间的距离依次检查位置网格层，动态更新 $\mathcal{P}$。在网格的每个四边形层内，位置 $x_i$ 也按照 $d(x_0, x_i)$ 从小到大进行遍历。这个过程记录了网格层的起始序列，其中有尚未遍历的位置单元，以及每层的当前遍历位置。当起始遍历层的所有位置单元内的概率被计算到 $\mathcal{P}$ 中时，起始遍历层的序号增加 1（单位距离）。在累积过程中，当 $\mathcal{P}$ 第一次不小于 $c$ 时，此时的 $\alpha$ 是 $\sigma^{-1}(c)$。

根据算法的程序，使用数组 Tr 存储每个四边形层中最新的遍历位置，并使用 startLayer 表示尚未完全遍历的第一个剩余层的序号。注意，虽然该算法遍历到第 $k$ 个四边形层的第 Tr[$k$] 个位置，但本章方案是同时计算与 $x_0$ 等距且距离为 $\sqrt{k^2 + \text{Tr}[k]^2}$ 的 4 个位置的概率。检索半径确定的详细过程如算法 11.2 所示，其本质是遍历网格平面上不断增长的圆形区域。在算法 11.2 中，时间和空间复杂度均为 $O(|G|)$，该算法的作用是使用动态规划确定满足 $(c, r_{AOI})$-accuracy 要求的 $r_{AOR}$ 值。

| 算法 11.2　计算 $r_{AOR}$ |
|---|
| 输入：$r_{AOI}, x_0, \alpha, M_\delta$<br>输出：$r_{AOR}$ |
| 1.　　Mapping $x_0$ to $M_\delta(x, y)$ |
| 2.　　$L \leftarrow$ initiate an empty list　　//记录每层的轮数 |
| 3.　　cum $\leftarrow 0$ |
| 4.　　count $\leftarrow 1$　　//记录每轮的起始层，首先从层 1 开始 |
| 5.　　tag $\leftarrow 0$ |
| 6.　　**for** $r$ from 1 to $\infty$ **do**: |
| 7.　　　　在 $L$ 的尾部增加一个新的值为 0 的元素 |
| 8.　　　　**for** $i$ from count to $r$ **do**:　　//从内层到外层看 |
| 9.　　　　　　**for** $j$ from $L[i]$ to $i$ **do**: //一层中的最大轮数为 $i$ |
| 10.　　　　　　**if** $j = 0$ **then**:　　//交叉顶端 |
| 11.　　　　　　　cum += $M_\delta(x-i, y) + M_\delta(x, y-i) + M_\delta(x+i, y) + M_\delta(x, y+i)$ |
| 12.　　　　　　　$L[i] \leftarrow j + 1$ |
| 13.　　　　　　**else if** $j \neq i$ **then**: |
| 14.　　　　　　　**if** $M_\delta(x-j, y+i) \leq r$ **then**: |
| 15.　　　　　　　　cum $\leftarrow$ cum $+ M_\delta(x-j, y+i) + M_\delta(x+j, y+i) +$ |

$$M_\delta(x-j,y-i)+M_\delta(x+j,y-i)+$$
$$M_\delta(x-i,y-j)+M_\delta(x-i,y+j)+$$
$$M_\delta(x+i,y-j)+M_\delta(x+i,y+j)$$

16.    **else if** $M_\delta(x-j,y+i)>r$ **then**:
17.     $L[i]\leftarrow j$
18.     **break**
19.    **else if** $j=i$:  //该层已完全圆整
20.     cum $\leftarrow$ cum $+M_\delta(x-j,y+i)+M_\delta(x+j,y+i)+$
     $M_\delta(x-j,y-i)+M_\delta(x+j,y-i)$
21.     count $\leftarrow$ count $+1$
22.    **if** cum $\geqslant\alpha$  **then**: //累积概率达到目标概率
23.     tag $\leftarrow 1$
24.     **break**
25.   **if** tag $=1$ **then**:
26.    **break**
27.  $r_{\text{AOR}}\leftarrow r_{\text{AOI}}+r$
28. **return** $r_{\text{AOR}}$

（3）查询过程和用户位置分布生成。

为了查询当前位置附近的 POIs，并以保密的方式获取其宏观区域的位置分布信息，用户获取服务所需的过程如下。①执行预查询。具体来说，用户向 LBS 服务器发送其宏位置 $G$，然后获取 $G$ 中用户位置分布信息 $D_G$ 作为其公共效用；②分别根据算法 11.1 和算法 11.2 生成扰动位置 $z$ 与检索半径 $r_{\text{AOR}}$，然后用户向 LBS 服务器报告，以获取 AOR 中的 POIs；③用户根据由自己的 AOI 过滤获得的 POIs 获得个人利益。

由于用户的位置分布不是静态的，LBS 服务器必须动态地维护和更新用户位置分布。本章方案采用的方法是，将连续的时间离散为若干相等的时隙，并令服务器始终维护一个最新的完整时隙内的用户位置分布，在统计用户报告位置的过程中进行动态更新。因此，LBS 服务器在统计用户报告位置的过程中执行动态更新。具体而言，LBS 服务器执行的步骤如下：①服务器等待并接收用户的预查询。如果在时隙 $i$ 收到预查询，则返回在宏位置 $G$ 的时隙 $i-1$ 中聚合的全局用户位置分布 $D_G$；②LBS 服务器接收用户提交的报告位置和检索半径，然后返回 AOR 中的 POIs；③当时隙 $i+1$ 到达时，LBS 服务器根据在时隙 $i$ 采集到的报告位置更新在时隙 $i$ 的分布。LBS 服务器在时隙 $i$ 的处理步骤如算法 11.3 所示。

| 算法 11.3  服务器操作 |
|---|
| 输入：$x_0,\varepsilon$ |
| 输出：$D_G^{i-1}$, POIs in AOR |
| 1. 初始化 $U^{(i)}=\varnothing$ <br> 2. 依据时隙 $i-1$ 内收集到的用户位置 $\{x_u^{(i-1)}\,|\,u\in U^{(i)},x_u^{(i-1)}\in G\}$，计数得到 $\{(x,k)\,|\,x\in G,k\in\mathbf{N}^+\}$ <br> 3. 对 $\{(x,k)\,|\,x\in G,k\in\mathbf{N}^+\}$ 正则化得到 $D_G^{i-1}$ |

4. 接收来自 $\text{User}_k$ 的预查询请求

5. 返回已统计的 $G$ 内的 $D_G^{i-1}$

6. 接收 $\text{User}_k$ 报告的 $z$ 和 $r_{\text{AOR}}$

7. 在 AOR 中检索 POIs，并返回给 $\text{User}_k$

8. **if** $\text{User}_k \notin U^{(i)}$

9.     add $\text{User}_k$ to $U^{(i)}$

10.    add $x_k^{(i)}$ to $\{x_u^{(i)} \mid u \in U^{(i)}, x_u^{(i)} \in G\}$

在算法 11.3 中，LBS 服务器在每个时隙初始化并维护一组用户标识符，以记录在此时隙中发起查询的用户。当接收到用户的预查询时，LBS 服务器基于前一时隙中收集的报告位置将位置分布信息返回给用户，并记录当前时隙报告的用户的位置信息。值得注意的是，需要讨论系统运行初期的冷启动过程（$D_G$ 的初始化）。具体来说，为了反映用户的位置分布，初始 $D_G$ 不应随机生成或人为设置。相反，由于现有的 LBS 提供商（如谷歌地图、Amap 等）已经稳定运营了很长一段时间，可以通过几乎实时接收到的位置来统计用户的位置分布。因此，LBS 服务器可以将初始 $D_G$ 设置为从其先前的非隐私保护服务获得的位置分布。这也意味着，在现实世界的业务运营中，服务提供商不需要从头开始就拥有额外的隐私保护功能。相反，服务提供商可以根据其获得的位置分布直接应用 DistPreserv，这也使得 DistPreserv 更具潜在实用性。此外，步骤 2 的操作是灵活的，因为 LBS 服务器的多样化实现允许它们以各种方式尽可能地获得有效的位置分布。例如，LBS 的运营商可以在用户端应用程序中设置隐私保护选项，以便其可以识别用户是否执行了位置隐私保护。在这种情况下，LBS 服务器可以统计按照默认配置报告真实位置的用户位置分布。采用隐私保护的用户报告的位置不包括在位置分布统计中。

通过算法 11.3，在时隙 $i$ 中进行查询的用户可以获得其所在区域的用户位置分布以及其所在位置附近的 POIs。同时，服务器可以为用户提供 LBS，同时了解用户的总体位置分布情况。11.4.4 节证明了本章方案是激励相容的，这也意味着任何用户都不能通过损害集体利益来增加自己的利益，从而确保整个系统的可行性和稳定性。算法 11.3 的时间复杂度为 $O_{\text{time}}^{(1)} + O_{\text{time}}^{(2)}$，其中 $O_{\text{time}}^{(1)}$ 表示步骤 2 的时间复杂度，$O_{\text{time}}^{(2)}$ 表示步骤 7 的时间复杂度，它们都跟 LBS 服务器的具体实现方式有关。空间复杂度是 $O_{\text{space}}^{(1)} + O_{\text{space}}^{(2)}$，其中 $O_{\text{space}}^{(1)}$ 指服务器为存储 $\{x_u^{(i-1)} \mid u \in U^{(i-1)}, x_u^{(i-1)} \in G\}$ 所实现的空间复杂度，$O_{\text{space}}^{(2)}$ 指服务器为存储 $\{(x,k) \mid x \in G, k \in \mathbf{N}^+\}$ 所实现的空间复杂度。同样地，它们与服务器数据结构的详细设计相关。

## 11.4　方案分析

本节将对本章方案进行理论分析。首先证明了所提出的位置扰动机制满足 DistPreserv 的定义。然后讨论了在选择报告位置时该机制的实用性能。最后，证明了本章方案满足激励相容性的性质。

### 11.4.1 隐私分析

与之前的工作相比，本章方案认为应该允许用户在查询 LBS 时保持其位置的私密性，并且在这个过程中，LBS 服务器了解到的用户位置分布应该与用户的真实位置分布相似。为此，本节给出了一个定理，表明本章方案可以满足新引入的隐私定义。

**定理 11.1**　对于任何隐私参数 $\varepsilon$，所提位置扰动机制都满足 DistPreserv 的定义。

**证明**：由于 DistPreserv 的正式定义限制了机制的输入输出关系，因此机制必须满足 $\Pr[\mathcal{K}(x)=z] \leqslant \mathrm{e}^{\varepsilon \cdot d(x,x')|f_x-f_{x'}|}\Pr[\mathcal{K}(x')=z]$，请注意，当用户的真实位置为 $x$ 时，位置扰动机制以概率 $\Pr[\mathcal{K}(x)=z]$ 生成报告的扰动位置 $z$。因此有

$$
\begin{aligned}
\frac{\Pr[\mathcal{K}(x)=z]}{\Pr[\mathcal{K}(x')=z]} &= \frac{\exp\left(\dfrac{\varepsilon u(x,z)}{2}\right)\Big/ \displaystyle\sum_{z'\in G}\exp\left(\dfrac{\varepsilon u(x,z')}{2}\right)}{\exp\left(\dfrac{\varepsilon u(x',z)}{2}\right)\Big/ \displaystyle\sum_{z'\in G}\exp\left(\dfrac{\varepsilon u(x',z')}{2}\right)} \\[2ex]
&= \frac{\exp\left(\dfrac{\varepsilon u(x,z)}{2}\right)}{\exp\left(\dfrac{\varepsilon u(x',z)}{2}\right)} \cdot \frac{\displaystyle\sum_{z'\in G}\exp\left(\dfrac{\varepsilon u(x',z')}{2}\right)}{\displaystyle\sum_{z'\in G}\exp\left(\dfrac{\varepsilon u(x,z')}{2}\right)} \\[2ex]
&= \exp\left(\frac{\varepsilon(u(x,z)-u(x',z))}{2}\right) \cdot \sum_{z'\in G}\exp\left(\frac{\varepsilon u(x',z')}{2}\right)\Big/\sum_{z'\in G}\exp\left(\frac{\varepsilon u(x,z')}{2}\right) \\[2ex]
&= \exp\left(\frac{\varepsilon(d(x',z)\cdot|f_{x'}-f_z|-d(x,z)\cdot|f_x-f_z|)}{2}\right) \cdot \frac{\displaystyle\sum_{z'\in G}\exp\left(\dfrac{-\varepsilon d(x',z')\cdot|f_{x'}-f_{z'}|}{2}\right)}{\displaystyle\sum_{z'\in G}\exp\left(\dfrac{-\varepsilon d(x,z')\cdot|f_x-f_{z'}|}{2}\right)} \\[2ex]
&\leqslant \exp\left(\frac{\varepsilon\cdot d(x,x')\cdot|f_x-f_{x'}|}{2}\right) \cdot \exp\left(\frac{\varepsilon\cdot d(x,x')\cdot|f_x-f_{x'}|}{2}\right) \cdot \frac{\displaystyle\sum_{z'\in G}\exp\left(\dfrac{\varepsilon u(x',z')}{2}\right)}{\displaystyle\sum_{z'\in G\cup\mu}\exp\left(\dfrac{\varepsilon u(x',z')}{2}\right)} \\[2ex]
&= \exp(\varepsilon\cdot d(x,x')\cdot|f_x-f_{x'}|)
\end{aligned}
$$

### 11.4.2 扰动位置的效用分析

虽然通过微分隐私指数机制在 $G$ 中选择报告位置是概率性的，但是用户不必担心会将效用值非常低的元素选作报告位置进行查询。效用值非常低的元素意味着它离用户的真实位置太远，这会降低单个效用，同时，其请求率与真实位置相差过大，会降低公共效用。由于位置 $x'\in G$ 的效用为 $u(x,x')=-d(x,x')\cdot|f_x-f_{x'}|$，本章方案将 $G$ 中位置的最大效用值表示为 $\mathrm{OPT}_u(G)=\max_{x'\in G}u(x,x')$，并有集合 $R_{\mathrm{OPT}}=\{x'\in G:\ u(x,x')=\mathrm{OPT}_u(G)\}$。可得 $\Pr[u(x,\mathcal{K}(x))\leqslant \mathrm{OPT}_u(G)-\dfrac{2}{\varepsilon}(\ln(|G|)+t)]\leqslant \mathrm{e}^{-t}$。这意味着，对于任何指定的值，实际扰动位置的效用值一定小于或等于该给定值的概率，存在严格的上界。例如，如果已经知道 $x_k$ 是 $G$ 中效用值最小的元素，有 $x_k=\underset{x'\in G}{\arg\min}(u(x,x'))$，注意 $u(x,x_k)\leqslant 0$。然后，利用上述不等式，可以直接

得到所提机制的输出 $x_k$ 作为提交位置的概率不超过 $|G| \cdot \exp(\varepsilon \cdot u(x, x_k)/2)$。

### 11.4.3 分布差异分析

本节从理论上评估了公共效用，即 LBS 获得的用户位置分布的质量。通过将本章方案与 Geo-Ind 在 JS-Divergence 度量下进行比较，来检验真实位置分布和扰动后位置分布之间的用户位置分布差异。为此，本节给出了一个定理来说明位置分布发散特性。

**定理 11.2** 对于任何隐私参数 $\varepsilon$，$\varepsilon$-DistPreserv 扰动后真实位置分布与分布之间的 JS-Divergence 不超过 $\varepsilon$-Geo-Ind 扰动后的 JS-Divergence。

**证明：** 当用户的当前位置为 $x_0$ 时，根据算法 11.1，用户干扰 $x_0$ 到 $x_k$ 的概率为

$$\Pr(z = x_k) = \frac{\mathrm{e}^{\varepsilon \cdot u(x_0, x_k)/2}}{\sum_{x_i \in G} \mathrm{e}^{\varepsilon \cdot u(x_0, x_k)/2}} \tag{11.1}$$

其中，$u(x_0, x_k) = -d(x_0, x_k) \cdot \left| f_{x_0} - f_{x_k} \right|$。由于 $\sum_{x_i \in G} \mathrm{e}^{\varepsilon \cdot u(x_0, x_k)/2}$ 是不变的，当 $x_0$ 的用户需要扰动其位置时，可以只关注式（11.1）的计数部分。因此，有 $\Pr(z = x_k) \propto \mathrm{e}^{\varepsilon \cdot u(x_0, x_k)/2}$，即

$$\Pr(z = x_k) \propto \mathrm{e}^{-\varepsilon \cdot d(x_0, x_k) \left| f_{x_0} - f_{x_k} \right|/2} \tag{11.2}$$

式（11.2）可以重写为 $\Pr(z = x_k) \propto \mathrm{e}^{(-\varepsilon \cdot d(x_0, x_k)/2)^{|f_{x_0} - f_{x_k}|}}$。注意 $\Pr(z = x_k) \propto \mathrm{e}^{-\varepsilon \cdot d(x_0, x_k)/2}$，位置扰动过程基于 Geo-Ind 的平面拉普拉斯机制，因此 DistPreserv 可以视为 Geo-Ind 对位置扰动的概率提高。由于存在 $\mathrm{e}^{-\varepsilon \cdot d(x_0, x_k)/2} \in [0,1]$ 并且 $|f_{x_0} - f_{x_k}| \in [0,1]$，一直存在

$$\mathrm{e}^{(-\varepsilon \cdot d(x_0, x_k)/2)^{|f_{x_0} - f_{x_k}|}} \geqslant \mathrm{e}^{-\varepsilon \cdot d(x_0, x_k)/2} \tag{11.3}$$

这表明，随着 $|f_{x_0} - f_{x_k}|$ 的减小（$f_{x_0}$ 更接近 $f_{x_k}$），DistPreserv 将以比 Geo-Ind 更大的概率扰动 $x_0$ 到 $x_k$。请求率 $f_{x_k}$ 反映了在 $x_k$ 提交查询的用户数占用户总数的比例。由于 DistPreserv 可以以更大的概率将真实位置扰动到请求率更相似的另一个位置，因此对于扰动位置 $x_k$，DistPreserv 处理的扰动前后的请求率 $f_{x_k}$ 以更大的概率接近。设 $f_{x_k}^{(\mathrm{true})}$ 表示 $x_k$ 处的真实请求率，$f_{x_k}^{(\mathrm{DistPreserv})}$ 表示 DistPreserv 扰动后 $x_k$ 处的请求率，$f_{x_k}^{(\mathrm{Geo\text{-}Ind})}$ 表示 Geo-Ind 扰动后 $x_k$ 处的请求率。根据上述定理，有 $\left| f_{x_k}^{(\mathrm{ture})} - f_{x_k}^{(\mathrm{DistPreserv})} \right| < \left| f_{x_k}^{(\mathrm{ture})} - f_{x_k}^{(\mathrm{Geo\text{-}Ind})} \right|$。这个不等式意味着对于 $x_k$，$f_{x_k}^{(\mathrm{DistPreserv})}$ 比 $f_{x_k}^{(\mathrm{Geo\text{-}Ind})}$ 更接近 $f_{x_k}^{(\mathrm{true})}$。

$D_G^{(\mathrm{T})}$ 表示扰动前用户的真实位置分布，$D_G^{(\mathrm{D})}$ 表示 DistPreserv 扰动后用户的位置分布，$D_G^{(\mathrm{L})}$ 表示 Geo-Ind 扰动后用户的位置分布。有 $f_{x_k}^{(\mathrm{true})} \in D_G^{(\mathrm{T})}$，$f_{x_k}^{(\mathrm{DistPreserv})} \in D_G^{(\mathrm{D})}$ 和 $f_{x_k}^{(\mathrm{Geo\text{-}Ind})} \in D_G^{(\mathrm{D})}$。

根据 JS-Divergence 公式，有

$$\mathrm{JS}(D_G^{(\mathrm{T})} \| D_G^{(\mathrm{D})}) = \frac{1}{2} D_{\mathrm{KL}}(D_G^{(\mathrm{T})} \| D_G^{(\mathrm{M})}) + \frac{1}{2} V_{\mathrm{KL}}(D_G^{(\mathrm{D})} \| D_G^{(\mathrm{M})}) \tag{11.4}$$

其中 $D_G^{(\mathrm{M})} = (D_G^{(\mathrm{T})} + D_G^{(\mathrm{D})})/2$，$D_{\mathrm{KL}}(D_G^{(\mathrm{T})} \| D_G^{(\mathrm{M})}) = \sum_{x_k \in G} f_{x_k}^{(\mathrm{true})} \log(f_{x_k}^{(\mathrm{true})}/f_{x_k}^{(\mathrm{average})})$，$f_{x_k}^{(\mathrm{average})} \in D_G^{(\mathrm{M})}$。将 KL-Divergence 形式化为 JS-Divergence，分别得到 DistPreserv 和 Geo-Ind 的公式展开。

$$JS(D_G^{(\text{T})} \| D_G^{(\text{D})}) = \frac{1}{2} \sum_{x_k \in G} f_{x_k}^{(\text{true})} \log \left( \frac{2 \cdot f_{x_k}^{(\text{true})}}{f_{x_k}^{(\text{true})} + f_{x_k}^{(\text{average})}} \right) +$$
$$\frac{1}{2} \sum_{x_k \in G} f_{x_k}^{(\text{distPreserv})} \log \left( \frac{2 \cdot f_{x_k}^{(\text{DistPreserv})}}{f_{x_k}^{(\text{DistPreserv})} + f_{x_k}^{(\text{average})}} \right) \tag{11.5}$$

$$JS(D_G^{(\text{T})} \| D_G^{(\text{L})}) = \frac{1}{2} \sum_{x_k \in G} f_{x_k}^{(\text{true})} \log \left( \frac{2 \cdot f_{x_k}^{(\text{true})}}{f_{x_k}^{(\text{true})} + f_{x_k}^{(\text{average})}} \right) +$$
$$\frac{1}{2} \sum_{x_k \in G} f_{x_k}^{(\text{Geo-Ind})} \log \left( \frac{2 \cdot f_{x_k}^{(\text{Geo-Ind})}}{f_{x_k}^{(\text{Geo-Ind})} + f_{x_k}^{(\text{average})}} \right) \tag{11.6}$$

式（11.5）和式（11.6）可以连续写为如下形式。

$$JS(D_G^{(\text{T})} \| D_G^{(\text{D})}) = \frac{1}{2} \sum_{x_k \in G} f_{x_k}^{(\text{true})} \log \left( \frac{4 \cdot f_{x_k}^{(\text{true})}}{3 \cdot f_{x_k}^{(\text{true})} + f_{x_k}^{(\text{DistPreserv})}} \right) +$$
$$\frac{1}{2} \sum_{x_k \in G} f_{x_k}^{(\text{DistPreserv})} \log \left( \frac{4 \cdot f_{x_k}^{(\text{DistPreserv})}}{3 \cdot f_{x_k}^{(\text{DistPreserv})} + f_{x_k}^{(\text{true})}} \right) \tag{11.7}$$

$$JS(D_G^{(\text{T})} \| D_G^{(\text{L})}) = \frac{1}{2} \sum_{x_k \in G} f_{x_k}^{(\text{true})} \log \left( \frac{4 \cdot f_{x_k}^{(\text{true})}}{3 \cdot f_{x_k}^{(\text{true})} + f_{x_k}^{(\text{Geo-Ind})}} \right) +$$
$$\frac{1}{2} \sum_{x_k \in G} f_{x_k}^{(\text{Geo-Ind})} \log \left( \frac{4 \cdot f_{x_k}^{(\text{Geo-Ind})}}{3 \cdot f_{x_k}^{(\text{Geo-Ind})} + f_{x_k}^{(\text{true})}} \right) \tag{11.8}$$

由于 $\left| f_{x_k}^{(\text{true})} - f_{x_k}^{(\text{DistPreserv})} \right| < \left| f_{x_k}^{(\text{true})} - f_{x_k}^{(\text{Geo-Ind})} \right|$，有

$$\left| 4 f_{x_k}^{(\text{true})} - (3 f_{x_k}^{(\text{true})} + f_{x_k}^{(\text{DistPreserv})}) \right| < \left| 4 f_{x_k}^{(\text{true})} - (3 f_{x_k}^{(\text{true})} + f_{x_k}^{(\text{Geo-Ind})}) \right| \tag{11.9}$$

和

$$\left| 4 f_{x_k}^{(\text{DistPreserv})} - (3 f_{x_k}^{(\text{DistPreserv})} + f_{x_k}^{(\text{true})}) \right| < \left| 4 f_{x_k}^{(\text{Geo-Ind})} - (3 f_{x_k}^{(\text{Geo-Ind})} + f_{x_k}^{(\text{true})}) \right| \tag{11.10}$$

基于此，有

$$\left| \frac{4 \cdot f_{x_k}^{(\text{true})}}{3 \cdot f_{x_k}^{(\text{true})} + f_{x_k}^{(\text{DistPreserv})}} - 1 \right| < \left| \frac{4 \cdot f_{x_k}^{(\text{true})}}{3 \cdot f_{x_k}^{(\text{true})} + f_{x_k}^{(\text{Geo-Ind})}} - 1 \right| \tag{11.11}$$

和

$$\left| \frac{4 \cdot f_{x_k}^{(\text{DistPreserv})}}{3 \cdot f_{x_k}^{(\text{DistPreserv})} + f_{x_k}^{(\text{true})}} - 1 \right| < \left| \frac{4 \cdot f_{x_k}^{(\text{Geo-Ind})}}{3 \cdot f_{x_k}^{(\text{Geo-Ind})} + f_{x_k}^{(\text{true})}} - 1 \right| \tag{11.12}$$

这表明式（11.7）中的对数表达式比式（11.8）中的对数表达式更接近于零。根据以上公式，可以得到 $JS(D_G^{(\text{T})} \| D_G^{(\text{D})}) < JS(D_G^{(\text{T})} \| D_G^{(\text{L})})$。因此，DistPreserv 扰动的 JS-Divergence 小于 Geo-Ind 扰动的 JS-Divergence。

### 11.4.4　激励相容性分析

激励相容机制要求参与者的个人利益与集体利益相一致。因此，一个满足激励相容性的机制可以吸引参与者自发地遵循定义的规则，并吸引更多参与者加入系统。在本章方案的场

景中，用户被认为是理性的，而 LBS 服务器被认为是诚实但好奇的，这意味着它不是理性的用户。因此，与 11.4.2 节中的讨论一致，通过将总体用户位置分布的可用性视为公共效用来分析用户的激励相容性。为此，分别用 UT、UG 和 UD 表示用户直接提交真实位置、使用 Geo-Ind 以及使用 DisPreserv 进行 LBS 查询下的个人效用，通过直接报告真实位置，使用 Geo-Ind 或在执行 LBS 查询时使用 DistPreserv 来表示用户获得的单个实用程序。选择 Geo-Ind 作为比较基准，因为它有着严格的理论基础，并且已经被广泛研究，已经成为位置隐私的事实标准。用 PT、PD、PG 分别表示上述三种情况下用户的真实位置分布与根据提交位置统计得到的位置分布之间的相似性。显然，有 PT > PD > PG。接下来给出一个定理并证明。

**定理 11.3** 本章提出的 DistPreserv 满足激励相容性。

**证明：**考虑以下两种情况来证明。

情况一。对于目前对隐私不敏感的用户，他们倾向于不采取任何隐私保护策略，并希望提交他们当前的真实位置以获得 LBS。对于这样的用户，有 UT > UG > UD。因为在这种情况下，用户没有追求隐私的动机，所以他们的最佳策略是直接提交真实位置以供 LBS 查询。由于 UT 和 PT 分别是最优的个人和公共效用，直接提交真实位置的策略对于用户的个人利益和集体利益都是最有益的。此时，用户没有动机损害公共利益，使其低于 PT，且这种行为也会损害他的个人利益。

情况二。对于目前对隐私敏感的用户，隐私级别是用户最关心的。对于这些用户，有 UD > UG > UT，这意味着目前用户的最佳策略是使用 DistPreserv 进行 LBS 查询。一方面，由于 PD > PG，如果用户想通过使用 Geo-Ind 来减少集体利益，那么也会损害个人利益，因此，关心自己隐私的理性用户在发出 LBS 查询时将使用 DistPreserv 而不是 Geo-Ind。另一方面，虽然使用真实位置查询会因为 PT > PD 提高公共效用，但是理性用户不会因为 UT < UD 而采用这种策略来泄露隐私。

因此，无论用户是否对隐私敏感，他们都不能在追求个人利益的过程中损害集体利益。这表明 DistPreserv 满足激励相容性。

## 11.5　实验

本节将通过大量实验重点介绍本章方案的性能。在模拟实验中，将 $G$ 划分为 50×50 的网格，并在真实数据集上将北京市五环内的区域划分为 100×100 的网格。通过与 Geo-Ind 中的平面拉普拉斯机制进行比较，证明了本章方案的性能。此外，在一台配备英特尔 Core i7-6700 3.4GHz CPU、8GB RAM 和 Windows 7-64 位操作系统的 PC 上进行了实验。所有实验都是用 Python 编程的，相关代码可以在 GitHub 上找到。

### 11.5.1　用户位置分布的可用性比较：模拟实验

本节讨论用户扰乱位置后位置分布的可用性。首先将 $G$ 划分为 50×50 的网格，再计算用户的扰动位置分布与其真实位置分布之间的距离。我们仍然使用 JS-Divergence 来评估用户位置分布在扰动前后的差异，并在计算中使用 e 为底的对数来计算 KL-Divergence。

首先展示了用户真实位置分布、基于平面拉普拉斯机制的扰动位置分布和本章方案之间

的比较。在这个实验中，控制每个网格上的用户数，使其在[0,50]上服从均匀分布。实验结果如图 11.5 所示。在使用平面拉普拉斯机制进行扰动后，扰动后的位置分布直观上与用户真实位置分布显著不同。然而，采用本章方案，扰动后的位置分布通常在视觉上更接近。实际上，如果将 $G$ 中用户的真实位置分布表示为 $D_G^{(T)}$，将平面拉普拉斯机制扰动后的用户位置分布表示为 $D_G^{(L)}$，将本章方案扰动后的用户位置分布表示为 $D_G^{(D)}$，则当所有用户共享 $\varepsilon = 0.5$ 时，可以得到 $\mathrm{JS}(D_G^{(T)} \| D_G^{(L)}) = 0.064$ 和 $\mathrm{JS}(D_G^{(T)} \| D_G^{(D)}) = 0.005$，这表明本章方案将用户位置分布可用性提高了 92.2%。当每个用户随机选择 0.1～1 的隐私参数时，得到 $\mathrm{JS}(D_G^{(T)} \| D_G^{(L)}) = 0.061$ 和 $\mathrm{JS}(D_G^{(T)} \| D_G^{(D)}) = 0.005$，这意味着本章方案的用户位置分布可用性提高了 91.8%。

（a）从左到右分别是用户真实位置分布、基于平面拉普拉斯机制的扰动位置分布、本章方案的扰动位置分布（用户共享相同的隐私参数）

（b）从左到右分别是用户真实位置分布、基于平面拉普拉斯机制的扰动位置分布、本章方案的扰动位置分布（用户选择各自的隐私参数）

图 11.5　扰动前后用户位置分布的比较

　　然后，评估用户报告的位置分布和用户真实位置分布之间的差异。在图 11.6（a）中，将用户设置为共享相同的 $\varepsilon$，并使每个位置的用户数在[0,50]上服从均匀分布；在图 11.6（b）中，使所有用户共享相同的 $\varepsilon = 0.5$，并使每个位置的用户数服从 $(\mu,10)$ 的正态分布；在图 11.6（c）中，允许每个用户在[0.1,1]范围内随机选择 $\varepsilon$，并且仍然使每个位置的用户数遵循 $(\mu,10)$ 的正态分布。在图 11.6（a）、图 11.6（b）和图 11.6（c）中，假设当前时隙中的所有用户都采用位置扰动来保持他们的行踪是私密的。在图 11.6（d）中，使每个位置的用户数在[0,50]上服从均匀分布，并使所有用户共享相同的 $\varepsilon = 0.5$。然后，使采用位置隐私保护的用户比例逐渐增加，这意味着检查了一些用户选择提交其真实位置而没有采用位置隐私保护的情况，并对这些进行了 100 次评估，计算了观察结果的平均值和误差，其中，误差用 $\pm 2 \times \mathrm{SE}$（95% CI）测量，SE 和 CI 分别代表标准误差和观察值的置信区间[81]。结果如图 11.6 所示。

图 11.6（a）、图 11.6（b）和图 11.6（c）表明，用户选择的隐私参数 $\varepsilon$ 对扰动前后用户位置分布之间的 JS-Divergence 几乎没有影响。但是，随着 $\varepsilon$ 的增大，JS-Divergence 有小幅下降的趋势，这也符合这样的直觉：$\varepsilon$ 越小，位置扰动的随机性越强。此外，图 11.6（b）和图 11.6（c）表明，当每个位置的用户数逐渐增加时，通过平面拉普拉斯机制获得的 JS-Divergence 总是大于本章方案的 JS-Divergence，尤其是当用户数较小时。图 11.6（d）显示，随着采用位置隐私保护的用户比例的增加，平面拉普拉斯机制在扰动后逐渐失去用户位置分布的可用性，但本章方案尽可能有效地保持扰动后的用户位置分布，使其与之前类似。

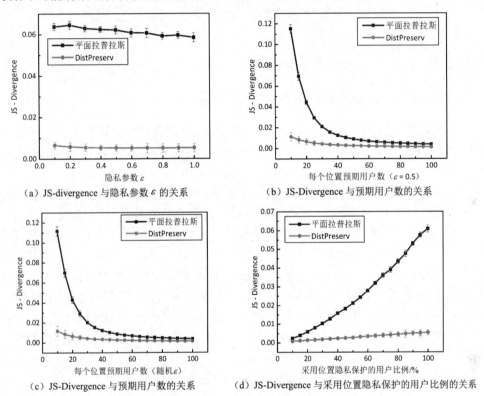

（a）JS-divergence 与隐私参数 $\varepsilon$ 的关系　　　　（b）JS-Divergence 与预期用户数的关系

（c）JS-Divergence 与预期用户数的关系　　（d）JS-Divergence 与采用位置隐私保护的用户比例的关系

图 11.6　JS-Divergence 评估

## 11.5.2　用户位置分布的可用性比较：真实世界实验

在检查了用户位置分布的可用性之后，我们在一个名为 Geolife 的真实数据集上评估了这个问题，该数据集由 Microsoft Research 在北京市收集。在实验中，我们将北京市五环内的区域划分为 100×100 的网格，并随机抽取数据集中 30% 的位置作为用户的真实位置。因为在这个实验中，每个位置的用户数是不受控制的，所以仅通过改变隐私参数 $\varepsilon$ 和采用位置隐私保护的用户的比例来评估 JS-Divergence。在每次评估中，进行 100 次实验以计算平均值和误差，其中，误差也通过 $\pm 2 \times \mathrm{SE}$（95% CI）计算。结果如图 11.7 所示。

在图 11.7（a）中，让所有用户共享相同的隐私参数 $\varepsilon$，在图 11.7（b）中，每个用户在 [0.1,1] 范围内随机选择一个隐私参数。结果表明，DistPreserv 显著提高了扰动后用户位置分布的可用性，这进一步证实了本章方案的优势。

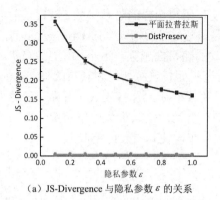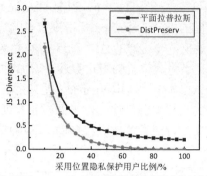

（a）JS-Divergence 与隐私参数 $\varepsilon$ 的关系　　（b）JS-Divergence 与采用位置隐私保护用户比例的关系

图 11.7　在真实数据集上进行 JS-Divergence 评估

### 11.5.3　LBS 查询的查准率和查全率比较

通过引入两个广泛用于评价检索信息的度量指标，即查准率和查全率来考察查询 POIs 的准确性。在 LBS 场景中，查准率是指用户实际收到的感兴趣的 POIs 占 AOR 内 POIs 总数的比例，查全率是指收到的感兴趣的 POIs 占 AOI 内 POIs 总数的比例。从形式上描述，如果用 True 表示 AOI 中的 POIs，用 Positive 表示 AOR 中的 POIs，用 TP 表示 AOI∩AOR 中的 POIs，则查询的查准率为 TP/Positive，根据这些符号，查询的查全率等于 TP/True。

在本实验中，我们仍然选择北京市五环内作为宏观区域 $G$，并在该区域投影 100×100 的网格。此外，控制每个网格上的用户数，使其在[0,50]上服从均匀分布，然后在此区域内均匀选择 100 个位置作为用户的真实位置。根据这些设置，我们在每个位置生成报告的位置 $z$，并分别基于本章方案和对比方案确定检索区域的半径 $r_{AOR}$。然后，调用 AMAP"邻接搜索"API，分别查询真实位置和报告位置周围的 POIs。例如，想获取距离该位置 500 米（120.101193，30.238169）以内的所有酒店的 POIs 信息，可以通过下面的 HTTPS 请求进行查询。

```
restapi.amap.com/v3/place/around?key = ourToken&
location = 120.101193,30.238169&radius = 500&
keywords = hotels
```

除了查准率和查全率，本书还结合这两个因素来计算他们的 $F_\beta$ 分数[82]。$F_\beta$ 分数的公式定义为

$$F_\beta = (1+\beta^2)\cdot\frac{\text{precision}\cdot\text{recall}}{(\beta^2\cdot\text{precision})+\text{recall}}$$

其中，$\beta$ 是调节查全率重点的评分参数，较大的 $\beta$ 表示在评估中查全率的重要性较高[52]。评估中的其他控制因素分别为实验中情况 1（$\varepsilon = 0.1$，$r_{AOI} = 500$，$c = 0.5$）和实验中情况 2（$\varepsilon = 0.5$，$r_{AOI} = 800$，$c = 0.5$）。每次评估测试 100 次，以获得平均值和误差，其中，误差也通过 $\pm 2\times\text{SE}$（95% CI）测量，这些指标的评估结果如图 11.8 所示。

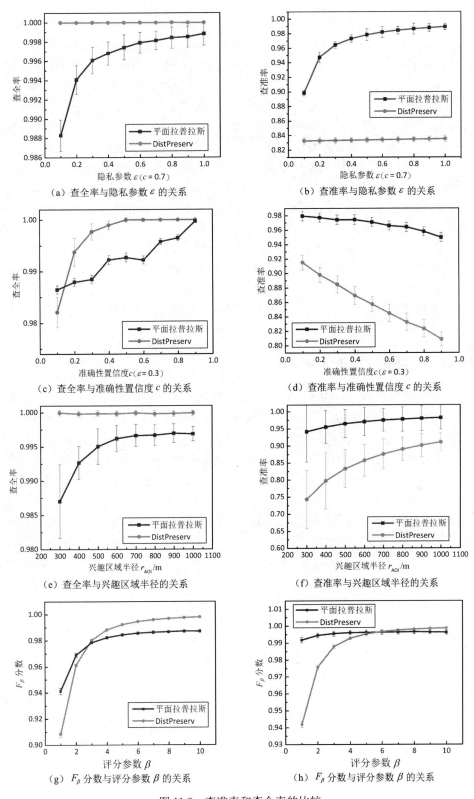

（a）查全率与隐私参数 $\varepsilon$ 的关系

（b）查准率与隐私参数 $\varepsilon$ 的关系

（c）查全率与准确性置信度 $c$ 的关系

（d）查准率与准确性置信度 $c$ 的关系

（e）查全率与兴趣区域半径的关系

（f）查准率与兴趣区域半径的关系

（g）$F_{\beta}$ 分数与评分参数 $\beta$ 的关系

（h）$F_{\beta}$ 分数与评分参数 $\beta$ 的关系

图 11.8　查准率和查全率的比较

由图 11.8 可知，查准率和查全率在某种程度上构成了一种权衡。总的来说，本章方案在查全率方面优于对比方案，在查准率方面则不如对比方案。出现这种现象的原因是，本章方案可以提供更高级别的隐私，因此需要更大的检索半径来满足用户指定的查准率。较大的检索半径意味着用户可以收到更多的 POIs，因此用户可以得到更完整的结果，这可以通过更高的查全率反映出来。同时，由于接收到更多的 POIs，其中不可避免地包含了一些不在用户 AOI 中的结果，因此查准率会降低。此外，值得注意的是，在 LBS 中，查全率是服务质量的主要体现，因为它表示查询结果的完备性，LBS 的基本目标是提供完备的结果。相比之下，查准率反映了所需 POIs 在所有接收 POIs 中的比例，较高的查准率反映了查询的精炼程度较高，较低的查准率反映了查询结果存在冗余，这意味着查准率只体现了 LBS 中的带宽开销。由于在当前 5G/WiFi 网络和未来 6G 网络中，带宽开销可以得到有效的解决，因此查全率是一个比查准率更重要的指标。

此外，通过对 $F_\beta$ 的综合度量可知，随着评分参数 $\beta$ 的增大，两种方案的 $F_\beta$ 分数都会增大。随着 $\beta$ 的增大，本章方案在一定的评分参数 $\beta$ 下可以超过比较方案，这意味着随着对查全率的重视程度的提高，本章方案在 POIs 查询性能方面的优越性将凸显出来。基于以上讨论可以得到，本章方案是有效且实用的，因为它可以提供更完整的查询结果，具有负担得起的带宽开销。

### 11.5.4  计算开销和带宽开销

本节将继续研究本章方案的计算开销和带宽开销。首先评估具有不同隐私参数和用户数期望的计算开销，在图 11.9（a）中，使每个位置的用户数服从 [0,50] 上的均匀分布；在图 11.9（b）中，将 $\varepsilon$ 设为 0.5，每个位置的用户数服从均匀分布，期望值不同。本实验中的对比方案与前文一致，直到扰动位置的用户数与真实位置的用户数相差不超过 10。执行这两个方案，生成报告位置 100 次，并计算开销的平均值和误差。误差也通过 $\pm 2 \times \text{SE}$（95% CI）进行测量。结果如图 11.9 所示。

图 11.9（a）反映了当用户数在每个位置上服从 [0,50] 均匀分布时，本章方案比对比方案具有更低的计算开销。此外，由图 11.9（b）可知，随着用户数期望的增加，本章方案的计算开销几乎不变，而对比方案的计算开销逐渐增大。注意，本章方案的最大计算开销约为 0.5ms，这是用户可以接受的。

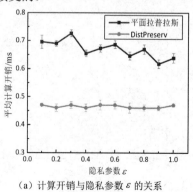

（a）计算开销与隐私参数 $\varepsilon$ 的关系　　　　（b）计算开销与用户数期望的关系

图 11.9　计算延迟的评估

本章方案可以提供高水平的隐私，在受到干扰后保持用户位置分布，并获得相当准确的查询，因此需要在查询中使用更大的检索半径，这将体现在带宽开销上。对 $G$ 和 $D_G$ 使用与前文相同的设置，让用户设置隐私参数 $\varepsilon$、准确性置信度 $c$ 和感兴趣区域的半径 $r_{AOI}$，并调用相应的算法来生成扰动位置 $z$ 和检索区域的半径。之后，用与前文相同的方式向 AMAP 搜索 API，报告 $z$ 和 $r_{AOR}$，以获取 POIs 信息，通过这些信息我们可以计算带宽开销。随机选择 100 个用户作为查询用户，并计算出带宽开销的平均值。结果如图 11.10 所示。

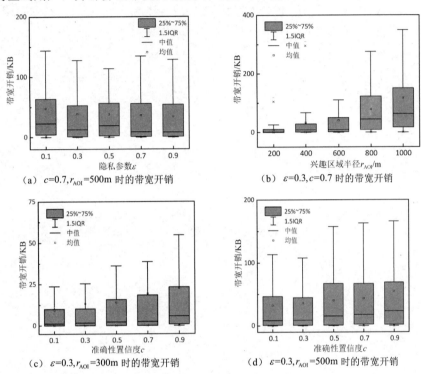

图 11.10　评估带宽开销

从图 11.10 中可以看出，隐私参数 $\varepsilon$ 与带宽开销没有显著关系。然而，随着 $r_{AOI}$ 的增加，带宽开销也逐渐增加。此外，不断增长的准确性置信度 $c$ 使带宽开销在一定程度上略有上升趋势。我们还从数据中了解到，实验中的最大带宽开销约为 350KB。该开销大约相当于 720P YouTube 视频的 0.6s，因此认为移动用户可以接受该开销。

## 11.6　本章小结

由于 Geo-Ind 破坏了位置扰动后查询用户的真实位置分布，本章给出了一个新的隐私定义，即 DistPreserv，在位置扰动后，用户位置分布可以很大程度地保留在 LBS 服务器上，确保查询稳定性。首先设计了一个详细的机制来产生满足隐私定义的扰动位置，然后提供了一种检索半径确定方法，使用户能够在保护位置隐私的同时获得首选的查询精度，最后讨论了在实现过程中 LBS 服务器与用户之间的交互问题。理论分析证明，本章方案能够达到预期的隐私水平和激励相容性。实验结果证明，本章方案能够更好地保留查询用户的真实位置分布，具有可行性。

## 11.7　思考题目

1. DistPreserv 与差分隐私的关系是什么？
2. DistPreserv 与地理不可区分性（Geo-Ind）的关系是什么？
3. DistPreserv 中考虑了哪几个方面的用户需求？
4. 本章所提的方案在实际应用中还需要解决哪些问题？

# 第12章　基于博弈论的隐私保护用户位置分布移动群智感知方案

内 容 提 要

在移动群智感知中获取用户的位置分布可以给用户带来许多好处。尽管用户位置隐私的泄露已经受到很多研究者的关注，但现有工作忽视了用户的理性，导致用户即使提供了真实位置信息，也可能无法得到满意的位置分布。为了解决这一问题，本章利用不完全信息博弈论对用户之间的交互进行建模，并通过博弈的学习方法寻求均衡状态。首先将服务建模为满意度形式的博弈，并定义该服务的均衡。然后，设计了用户满意度期望固定时隐私策略学习的 LEFS 算法，并进一步设计了允许用户具有动态满意度期望的 LSRE。从理论上分析了算法的收敛条件和特点，以及本章方案所获得的隐私保护水平。实验结果表明，本章方案在感知位置分布可用性方面比传统的基于位置隐匿的方案提高 85%。

本 章 重 点

- ◆ 移动群智感知
- ◆ 位置分布
- ◆ 位置隐私
- ◆ 博弈论
- ◆ 满意度形式

## 12.1　引言

随着移动设备的智能化，移动群智感知（Mobile Crowdsensing，MCS）已经成为一种很有前景的新兴服务范式。在 MCS 中，大量用户可以使用他们的移动设备（如智能手机、可穿戴设备、平板电脑）来收集各种数据并将数据上报给 MCS 平台，以获得综合服务。得益于移动用户几乎在所有领域普遍存在，MCS 在获取用户位置分布等各种应用中受到广泛关注。在这个应用中，用户将他们的位置信息发送到 MCS 平台。MCS 平台基于收集到的位置信息聚合用户整体位置分布，然后将位置分布作为服务返回给用户。例如，车辆可以根据大量车辆贡献的位置分布确定发生交通拥堵的区域。在 COVID-19 流行期间，移动用户可以根据用户整体的位置分布避开拥挤区域。然而，由于用户的位置信息往往与其生活习惯、宗教信仰等相关，向平台提交其行踪可能会导致用户隐私泄露。

为了在感知用户位置分布的同时保护位置隐私，现有工作通常使用差分隐私，因为它可以提供严格的隐私保证。具体来说，一些工作使用集中式的可信第三方服务器将精心设计的差分隐私噪声添加到收集的位置信息中，以保护用户的位置隐私。该方法在添加噪声的同时，将收集到的数据作为一个整体考虑以提高数据效用，但由于存在潜在的单点失效问题，且现实中可信第三方服务器具有稀缺性，该方法在分布式应用中不能很好地扩展。其他不依赖可信第三方服务器的工作允许服务器利用本地差分隐私实现隐私保护的用户位置分布感知。由于这种方法允许用户在本地添加噪声并将添加噪声的位置提交给服务器进行聚合，因此它在学术和工业领域得到了广泛的探索[35,36,84]。

虽然本地差分隐私可以在没有任何可信第三方服务器的情况下保护用户的位置隐私，但它很少考虑现实中的用户是理性的，并且对其他用户一无所知。每个用户在本地做出他自己的隐私策略，并确定所需分布精度的限制条件，这对其他用户都是未知的。结果，即使他向服务器提供了真实位置，也可能无法获得令人满意的位置分布精度，因为其他用户可能对来自所有用户的整体位置分布贡献了过于模糊的位置，如图 12.1 所示。因此，在实际中很难得出满足所有用户的位置分布。

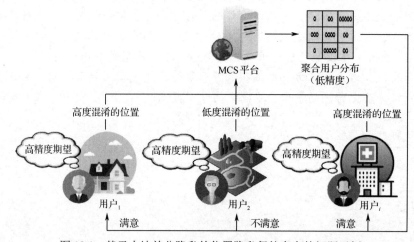

图 12.1　基于本地差分隐私的位置隐私保护存在的问题示例

为了解决上述问题，本章提出了一种基于博弈论的隐私保护用户位置分布移动群智感知方案。具体来说，本章采用博弈论满意度形式对用户之间的交互进行建模，并设计迭代学习算法以尽可能地寻求所有理性用户的满意度均衡。满意度均衡是所有用户都对感知结果（用户位置分布）感到满意，从而不再继续改变策略的状态。本章首次通过隐私保护的位置分布来解决理性用户满意度的问题。具体地，将 MCS 中的隐私保护位置分布建模为一种博弈论的满意度形式，并定义了该博弈的满意度均衡，允许每个用户在隐私保护水平和位置分布的可用性之间进行权衡，同时考虑其他用户的满意度。基于用户通过平台的隐式交互设计了两种学习算法，使用户确定他们的满意度均衡策略。LEFS 算法适用于用户对位置分布的满意度限制固定的情况。LSRE 算法允许用户有动态的满意度限制，以促进均衡收敛并为用户保留更多的隐私。理论分析表明，所提出的算法促进了用户策略的收敛，并正式给出了收敛后隐私保护水平的上限。然后，大量实验证明 LSRE 比 LEFS 具有更好的收敛效果，两种算法的位置分布可用性都比传统的基于位置隐匿的方案提高 85%左右。

## 12.2 问题描述

本章首先简要介绍了系统模型，包括 MCS 平台和用户。然后，给出了威胁模型，该模型指定了对参与者的假设。最后，对问题进行定义，描述了 MCS 位置分布感知的博弈论模型。

### 12.2.1 系统模型

考虑一种位置分布的移动群智感知应用。如图 12.2 所示，本章方案的系统模型由两个实体组成，即 MCS 平台和用户。每个实体的作用如下。

（1）MCS 平台获取用户位置信息，统计其在特定区域内的位置分布，并将感知结果返回给用户以便他们获取利益。

（2）用户使用他们的移动设备来获取位置分布作为服务，以便他们根据自己的偏好来决定前往或避开特定区域。

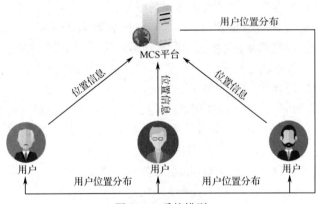

图 12.2 系统模型

当用户参与该系统时，主要希望获得受他们精度期望限制的、满意的位置分布（在下文的讨论中也称为满意度限制）。在这一前提下，他们会对位置隐私有需求。具体地说，当用户对感知结果感到满意时，他更喜欢提交虚假位置而不是真实位置来保证隐私。否则，他愿意降低隐私保护水平，以获得尽可能满意的位置分布。由于平台接收到的位置信息不再准确，位置分布的精度不可避免地会受到影响。服务器聚合得到位置分布后，对分布的精度进行评估，随后将这一评估结果返回给用户。用户在收到反馈后，决定是否根据他的满意度限制来调整位置隐私保护水平。如果用户收到的评估分布不满足用户的精度期望，则用户必须调整他的隐私保护水平，并将更新后的混淆位置信息发送到 MCS 平台以得到更满意的位置分布。可以看出，精度期望和隐私保护水平之间存在内在的均衡。因此，在系统中分开考虑两种不同类型的用户偏好。对于第一类的用户偏好，主要目的是获得尽可能满意的位置分布，只有在此基础上才会考虑隐私。此外，对于第二类的用户偏好，用户更愿意同时考虑满意的分发和位置隐私，并试图在隐私和服务之间找到平衡。

此外，为了建立具有满意度均衡的隐私保护位置分布移动群智感知的研究基础，本章只关注用户固定且每个用户的真实位置不变的情况。这种关注在现实中也是可以理解的，因为在目前的移动设备和 5G/WiFi 网络中，计算和通信效率很高，因此在后续算法运行期间可以将用户视为大致固定的群体。

### 12.2.2  威胁模型

平台被视为诚实好奇的，这意味着它总是诚实地按照设计的规则执行服务流程，但可能对用户的位置信息感兴趣，期望从用户提交的位置中获得他们的真实位置。此外，用户寻求满意度是理性的，这意味着他们对位置分布的精度有个性化的期望，并可以根据期望本地制定隐私策略。这些隐私策略共同决定了由所有用户贡献的位置分布的感知精度，而过于严格的策略可能会导致一些用户在他们的期望下不满意。此外，值得注意的是，该系统构成了一个不完全信息博弈，其中用户不能观察其他用户的策略，也不知道其他用户的满意度限制。每个用户掌握的唯一知识是他自己的隐私策略和满意度限制，这使得用户自己选择的策略很难推导出一个满足所有策略的感知结果。

### 12.2.3  问题定义

由于用户之间通过提交位置和接收感知结果来进行交互，所有的用户 $U = \{u_1, u_2, \cdots, u_n\}$ 被视为博弈者。将用户 $u_l$ 选择的隐私参数 $\tau_l$ 作为 $u_l$ 的隐私策略，该隐私策略也表示在特定的区域 $G$ 中统一生成的虚假位置的数量。根据该隐私策略，用户采用基于 $K$-匿名启发的位置隐匿[85] 来保护位置隐私。用户根据自己的隐私策略在特定的区域 $G$ 中统一生成 $\tau_l$ 个虚假位置，然后将这些虚假位置连同他的真实位置一起发送到平台。

用户可以采用的所有可能的策略都被称为策略位置，它们被定义为集合 $A_l = \{\tau_l \in \mathbf{Z} \mid 0 \leqslant \tau_l \leqslant \tau_{\max}\}$，$\tau_{\max}$ 是一个常量整数，表示用户可以选择的最大隐私参数。而且，策略组合 $\tau = (\tau_1, \tau_2, \cdots, \tau_N)$ 表示所有用户选择策略的组合。不失一般性，从用户 $u_l$ 的视角出发，策略组合也可以被写为 $\tau = (\tau_l, \tau_{-l})$，其中 $\tau_l$ 定义如式（12.1）所示。

$$\tau_{-l} = (\tau_1, \cdots, \tau_{l-1}, \tau_{l+1}, \cdots \tau_N) \tag{12.1}$$

由于服务器没有位置分布的先验知识，本章设计了一种方法，通过函数 $g : A \rightarrow \{y \in \mathbf{R} \mid 0 < y < 1\}$ 快速评估分布精度，其中 $A = A_1 \times A_2 \times \cdots \times A_N$。在 $g$ 和 $u_l$ 的限制下，只有 $A_l$ 中的一部分策略可以使 $u_l$ 实现满意度，将这些满意度策略定义为

$$s_l(\tau_{-l}) = \{\tau_l \in A_l \mid g(\tau_l, \tau_{-l}) \geqslant \theta_l\} \tag{12.2}$$

其中，$\theta_l$ 表示用户满意度精度的限制。值得注意的是，当 $\tau_{-l}$ 给定时，$A_l$ 中可能没有满足 $u_l$ 的策略，即 $\exists \tau_{-l}$ 使 $s_l(\tau_{-l}) = \phi$。当除 $u_l$ 之外的用户普遍选择较大的隐私策略参数时，即使 $u_l$ 设置 $\tau_l = 0$，即提交他真实的位置，也不能获得满意的精度，这是由于位置分布是由所有用户贡献的。

基于所示的符号，给出博弈的三元组形式定义

$$G = (U, \{A_l\}_{l \in N}, \{s_l\}_{l \in N}) \tag{12.3}$$

式（12.3）是 MCS 中感知用户位置分布的满意度形式。本章的目标是让 MCS 用户在位置分布感知中找到隐私和精度之间的均衡，实现两者之间的平衡。为此，可以给出满意度均衡的定义如下。

**定义 12.1（满意度均衡）** 一个策略组合 $\tau^+$ 是一个满意度形式 $G = (U, \{A_l\}_{l \in N}, \{s_l\}_{l \in N})$ 的满意度均衡，若 $\forall u_l \in U$，则 $\tau_l^+ \in s_l(\tau_{-l}^+)$。

这一概念的含义是，在均衡条件下，所有的用户都会对在他们的满意度限制下所有用户贡献的位置分布感到满意。在这个场景中，没有用户会愿意改变他们的策略，从而实现了策略交互的稳定性。

## 12.3  方案设计

基于上述构想，本章给出了让用户实现满意度均衡的方案。为此，首先给出了方案的主要思想，提出了一种结合隐私保护的快速评估分布精度的方法。然后，描述了两种算法，这两种算法的目的是让用户在不同的情况下获得满意的位置分布，从而使他们可以追求满意度均衡。表 12.1 中列举了经常使用的符号。

表 12.1  符号定义

| 符　　号 | 定　　义 |
| --- | --- |
| $U = \{u_1, u_2, \cdots, u_n\}$ | 用户集 |
| $u_l$ | $U$ 中特定的用户 |
| $\tau_l$ | $u_l$ 的策略（隐私参数） |
| $A_l$ | 用户 $u_l$ 的策略位置 |
| $\tau = (\tau_1, \tau_2, \cdots, \tau_N)$ | 用户的策略组合 |
| $\tau_{-l} = (\tau_1, \tau_2, \cdots, \tau_{l-1}, \tau_{l+1}, \cdots, \tau_N)$ | 除用户 $u_l$ 外其他用户的策略组合 |
| $\sigma$ | 平台的精度评估函数 |
| $\tau^* = (\tau_1^*, \tau_2^*, \cdots, \tau_N^*) = (0, 0, \cdots, 0)$ | 精度最佳的策略组合 |
| $s_l$ | 用户 $u_l$ 的满意度策略集 |
| $\theta_l$ | 用户 $u_l$ 对分布精度的满意度限制 |
| $G = (U, \{A_l\}_{l \in N}, \{s_l\}_{l \in N})$ | 位置感知博弈的满意度形式 |
| $\eta$ | 策略连续调整概率 |
| $\Psi_l^{(k)}$ | 用户 $u_l$ 生成 $k$ 个虚假位置集 |
| $G$ | 平台设置的最大特定区域 |
| $D_G$ | 用户在区域 $G$ 的感知位置分布 |

### 12.3.1  主要思想

为了实现满意度均衡，用户需要调整他们的隐私保护水平来执行策略学习。在这个过程中，用户多次向平台提交不同隐私保护水平的混淆位置以追求满意度。在这种情况下，由于差分隐私的组合性，隐私损失可能会随着隐私预算的消耗而累积。与差分隐私相比，位置隐匿技术实现起来更简单方便。由于本章的工作关注的是用户固定的情况，该隐匿方法对于用户多次提交位置的场景具有很好的容错性。因此，在接下来的设计中，采用了位置隐匿作为隐私保护的基本构建块。此外，一些工作[86-89]已经提出了提高隐私保护水平的方法，这些用于生成虚假位置的技术可以集成到本章的方案中，以保护用户的位置隐私。

在隐私构建块的基础上，实现满意度均衡意味着用户可以在保护其位置隐私的同时获得满意的位置分布。平台需要向用户返回分布精度的评估作为用户是否满意的判断依据。然而，由于 MCS 平台没有位置分布的先验知识，它只能根据用户发送的位置来评估感知位置分布精度。为此，在服务器端设计了一种快速评估用户位置分布的方法。具体地说，给出函数 $g:A \to \{\gamma \in \mathbf{R} \mid 0 \leqslant \gamma \leqslant 1\}$ 来衡量用户策略对感知位置分布精度的影响。由于平台可以获取系统中的用户数以及用户提交的位置总数，本章定义

$$\sigma = g(\tau) = g(\tau_l, \tau_{-l}) = \frac{\omega \cdot |U|}{\omega \cdot |U| + (1-\omega) \cdot \sum_{i=1}^{|U|} \tau_i} \quad （12.4）$$

以允许平台快速评估位置分布的感知精度 $\sigma$。它的直观含义是参与系统的用户数量与用户提交的位置数量的比例。其中，权重 $\omega = \{\omega \in \mathbf{Z} \mid 0 \leqslant \omega \leqslant 1\}$ 是由平台设置的常数，反映系统对位置分布不确定性的容忍度，$\omega$ 越小，平台对精度的需求越严格，因为评估对 $\tau$ 的变化更敏感。

直观地，当 $\tau_{-l}$ 固定时，由于 $u_l$ 提交了更模糊的位置信息，感知位置分布 $D_G$ 的精度随着 $\tau_l$ 的增加而降低。类似地，如果 $\tau_l$ 固定，$\tau_{-l}$ 也会影响 $D_G$ 的精度，这是因为 $D_G$ 取决于所有用户选择的隐私参数。具体地说，令

$$\upsilon = \frac{1}{N-1} \cdot \sum_{i \in U, i \neq l} \tau_i \quad （12.5）$$

并将 $\sigma$ 重写为

$$\sigma = g(\tau_l, \tau_{-l}) = g'(\tau_l, \upsilon) \quad （12.6）$$

其中，$g'$ 是 $g$ 的改进输入。然后，可以定义

$$\frac{\partial g'(\tau_l, \upsilon)}{\partial \tau_l} < 0 \text{ 和 } \frac{\partial g'(\tau_l, \upsilon)}{\partial \upsilon} < 0 \quad （12.7）$$

式（12.5）～式（12.7）表示当 $\tau_l$ 固定时，其他用户设置的隐私参数越大，意味着感知位置分布的精度越低。当 $\tau_{-l}$ 固定时，感知精度随着 $\tau_l$ 的增加而降低。

值得注意的是，从帕累托最优的角度来看，每一种策略组合都有 $\tau = (\tau_1, \tau_2, \cdots, \tau_N)$，构成了本章所考虑的场景中的帕累托最优情况，因为帕累托优化无法在不降低任何用户隐私保护水平的情况下获得更高的精度。另外，很显然，当用户把他们的隐私参数设置为最小值时，即 $\tau^* = (\tau_1^*, \tau_2^*, \cdots, \tau_N^*) = (0, 0, \cdots, 0)$，感知位置分布精度可以达到它的最优值 $\sigma^* = g(\tau^*) = 1$。在这种情况下，所有用户都可以满意，且策略不再具有能让用户得到更好精度的改进位置。然而，因为 $\tau^*$ 表示所有用户应该提交他们的真实位置，所以当用户希望保护他们的位置隐私时，很难实现最优精度 $\sigma^*$。因此，对用户来说，更实际的方法是对他们满意度限制和隐私进行均衡，使得每个用户的满意度限制小于最优精度 $\sigma^*$，即 $\forall u_l \in U, \theta_l \leqslant \sigma^*$，这里 $\theta_l$ 是 $u_l$ 的满意度限制。

一般来说，本章之所以使用 $\sigma = g(\tau)$ 来评估感知位置分布的精度，是因为平台和用户都不具有所有用户的真实位置分布的全局和先验知识。相反，平台在与用户交互时只能获得关于用户数量和提交位置数量的信息。显然，与地面真值相比，$\sigma$ 是片面的，但它为平台提供了一种可行的方法，以快速评估实际获得的位置分布。

### 12.3.2 详细设计

#### 1. 方案概述

在明确了判断用户是否满意的标准后，本章设计了让用户学习隐私策略以实现满意度均

衡的方法。由于每个用户不知道其他用户的任何信息，如策略、满意度限制等，他不能通过理性的思考和计算达到满意度均衡。为了达到均衡，用户需要通过迭代学习过程来决定他们的隐私策略或满意度限制。为此，本章首先提出了一个策略学习算法 LEFS，用于满足给定满意度限制的用户。在这种情况下，用户需要根据他的满意度限制和来自平台的反馈动态学习他的策略，其中，策略会受到满意度限制的影响。然后，本章给出了一种改进算法 LSRE，该算法允许用户相互自适应地学习他们的策略和满意度限制，以实现均衡，其中，策略和限制在学习过程中相互影响，且这两种算法都在用户端执行。本章方案概述如图 12.3 所示。

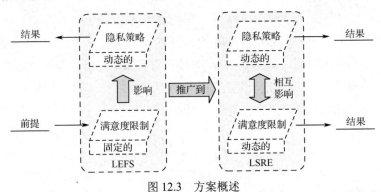

图 12.3　方案概述

如图 12.3 所示，在 LEFS 中，用户的策略可以动态调整，他的策略调整受到满意度限制的影响。然后，LSRE 通过允许用户具有动态满意度限制，以对 LEFS 进行推广，他可以交互地调整满意度限制和隐私策略。

### 2. LEFS 算法设计

每个用户对位置分布有一个固定的满意度限制，并通过学习过程调整他的隐私策略以寻求均衡。这个学习过程本质上是以平台为中介的用户之间的策略交互。它被表示为一个迭代过程，即用户反复向平台提交位置并获得整体位置分布。设 $\tau_l^{(k)}$ 表示用户 $u_l$ 的第 $k$ 次迭代，其中 $k \in N$。为了让用户获得尽可能好的隐私保护水平，在博弈开始时让用户选择隐私保护水平最高的策略。也就是说，对于每个 $u_l$，都有 $\tau_l^{(0)} = \tau_{\max}$。此时，用户的策略组合是

$$\tau(0) = (\tau_1^{(0)}, \tau_2^{(0)}, \cdots, \tau_N^{(0)}) = (\tau_{\max}, \tau_{\max}, \cdots, \tau_{\max}) \quad (12.8)$$

其决定了一个初始的精度，记为 $\sigma^{(0)}$。

用户 $u_l$ 选择自己的策略 $\tau_l^{(0)}$ 之后，在目标区域 $G$ 内依据均匀分布随机产生 $\tau_l^{(0)}$ 个虚假位置构成集合 $\Psi_l^{(0)}$，随后将 $\Psi_l^{(0)}$ 与自己的真实位置发送给平台。平台依据收到的位置信息对用户的位置分布进行聚合以得到用户的位置分布 $D_G^{(0)}$，并计算感知精度 $\sigma^{(0)}$。随后，平台将 $\sigma^{(0)}$ 返回给用户。用户收到平台的反馈后判断 $\sigma^{(0)}$ 是否达到自己的满意度，即是否有 $\sigma^{(0)} \geqslant \theta_l$。如果这一条件被满足，即用户 $u_l$ 对当前的位置分布精度感到满意，那么用户将以一个调整因子 $\kappa \in \{r \in \mathbf{R} \mid 0 \leqslant r \leqslant 1\}$ 控制的概率 $\eta = \kappa \cdot \tau_l^{(0)} / \tau_{\max}$ 去进行进一步的策略调整，以保证他自己和其他用户的服务质量。而如果这一条件不满足，即用户 $u_l$ 对 $\sigma^{(k-1)}$ 的结果不满意，则用户选择下一个策略 $\tau_l^{(k)}$。新的策略需要用户倾向于对提交的位置信息的模糊化程度进行降低，这意味着选择更小的隐私参数，即 $\tau_l^{(k)} \leqslant \tau_l^{(k-1)}$。

值得注意的是，当用户 $u_l$ 选择更小的隐私参数以保护用户的真实位置不被泄露时，新产

生的 $\tau_l^{(k)}$ 个虚假位置需要在第 $k-1$ 次迭代时所产生的位置中采样得到，即要求 $\Psi_l^{(k)} \subseteq \Psi_l^{(k-1)}$。此外，隐私参数的调整应该是适应性的，即当用户的当前策略是一个较大的隐私参数时，为了更快地得到满意的聚合结果，他应该在调整隐私参数时倾向于选择更大的幅度；而随着用户隐私参数的逐渐降低，用户应当会更加谨慎地选择用其位置隐私换取精度，因为考虑到自己已经为聚合的结果作出了足够的贡献。

形式化地，用 $\Delta\tau_l^{(k)}$ 表示用户 $u_l$ 对于第 $k$ 次迭代的策略所选择的调整步长，如式（12.9）所示。

$$\Delta\tau_l^{(k)} = \tau_l^{(k-1)} - \tau_l^{(k)} \tag{12.9}$$

其中，$\Delta\tau_l^{(k)} \in \mathbf{N}$。为了实现上述的自适应的参数调整，本章规定在用户 $u_l$ 执行学习过程的第 $k$ 次迭代中保持原有策略的概率为 $1-\tau_l^{(k-1)}/\tau_{\max}$，选择对其策略进行调整的概率为 $\tau_l^{(k-1)}/\tau_{\max}$。为便于描述，用 $\Gamma_l^{(k)}$ 来表示用户在第 $k$ 次迭代中是否对策略进行调整，并令 $\Gamma_l^{(k)}=1$ 表示对策略进行调整，$\Gamma_l^{(k)}=0$ 表示继续保持原有策略。因此，有

$$\Pr(\Gamma_l^{(k)}=1) = \frac{\tau_l^{(k-1)}}{\tau_{\max}}, \quad \Pr(\Gamma_l^{(k)}=0) = 1 - \frac{\tau_l^{(k-1)}}{\tau_{\max}} \tag{12.10}$$

这意味着，随着 $\tau_l^{(k-1)}$ 的降低，用户将更不愿意下调其隐私保护水平。否则，当 $u_l$ 最近的隐私参数 $\tau_l^{(k-1)}$ 接近其所能选择的最大值时，会有更大的概率下调其隐私参数以获得满意度。

用户通过概率抽样确定调整策略后，将会继续依据下述规则确定调整步长。具体地，本章规定当 $\tau_l^{(k-1)} > \tau_{\max}/2$ 时，调整步长 $\Delta\tau_l^{(k)}$ 从 $[1, \tau_l^{(k-1)} - \lfloor \tau_{\max}/2 \rfloor]$ 的范围内均匀采样得到，而当 $\tau_l^{(k-1)} \leqslant \tau_{\max}/2$ 时，调整步长 $\Delta\tau_l^{(k)}$ 被限定为 1。在确定步长之后，用户 $u_l$ 在此种情况下的最新的策略可以通过式（12.9）计算。通过上述步骤，用户在其隐私参数较大时，如果得不到满足，就会以较大的概率选择较大的步长降低其隐私参数。

这一过程反映了随着隐私参数的减少，用户对于继续降低其隐私参数更加谨慎，具体表现为策略调整概率 $\eta$ 的下降，调整步长被限制为 1。按照上述讨论，第 $k$ 次迭代中的隐私调整步长的数学期望为

$$E(\Delta\tau_l^{(k)}) = \begin{cases} \dfrac{\left(1+\tau_l^{(k-1)}-\left\lfloor\dfrac{\iota_{\max}}{2}\right\rfloor\right)\cdot\tau_l^{(k-1)}}{2\cdot\tau_{\max}}, & \tau_l^{(k-1)} > \dfrac{\tau_{\max}}{2} \\[4mm] \dfrac{\tau_l^{(k-1)}}{\tau_{\max}}, & \tau_l^{(k-1)} \leqslant \dfrac{\tau_{\max}}{2} \end{cases} \tag{12.11}$$

记用户 $u_l$ 的真实位置为 $\mathrm{Loc}_l^{(0)}$，在第 $k$ 次迭代中，依据其策略 $\tau_l^{(k)}$ 产生的模糊位置为 $\mathrm{Loc}_l^{(1)}, \mathrm{Loc}_l^{(2)}, \cdots, \mathrm{Loc}_l^{(\tau_l^{(k)}-1)}$，在平台聚合得到的用户位置分布为 $D_G^{(k)}$。依据上述描述，用户的策略学习过程的详细描述可由算法 12.1 给出。在该算法中，用户 $u_l$ 向平台发送位置，并收到平台反馈的感知精度（第 1~4 步）。如果 $u_l$ 目前不能获得满意的感知精度，他会根据预定规则降低 $\tau_l$（第 6~17 步）；否则，若 $u_l$ 获得了满意的感知精度，他会以很小的概率对策略进行轻微调整（第 19~22 步）。然后，$u_l$ 请求平台获得当前位置分布。注意：算法 12.1 的时间复杂度为 $O(\min(\tau_{\max}, T))$，其中，$T$ 表示系统允许的最大迭代次数，位置复杂度为 $O(\tau_{\max})$。算法结束后，用户 $u_l$ 即可以获得由平台所反馈的所在区域的用户整体位置分布。

| 算法 12.1　LEFS 算法 |
|---|
| 输入：$\text{Loc}_l^{(0)}, G, \theta_l, \kappa$ |
| 输出：$\tau_l^{(k)}(k=0,1,2,\cdots,T), D_G^{(k)}$ |

1. 　　$\tau_l^{(0)} \leftarrow \tau_{\max}$
2. 　　依据均匀分布在目标区域 $G$ 内产生 $\tau_l^{(0)}$ 个模糊位置 $\Psi_l^{(0)} = \{\text{Loc}_l^{(w)} \mid w \in \mathbf{Z},$
$1 \leqslant w \leqslant (\tau_l^{(k)}-1)\}$
3. 　　将用户真实位置 $\text{Loc}_l^{(0)}$ 与 $\Psi_l^{(0)}$ 发送到平台
4. 　　接收平台返回的感知精度 $\sigma^{(0)}$
5. 　　for $k=1$ to $T$ do:
6. 　　if $\sigma^{(k-1)} < \theta_l$ and $\tau_l^{(k-1)} > 0$:
7. 　　　　$p \leftarrow \tau_l^{(k-1)}/\tau_{\max}$; // 进行策略调整的概率
8. 　　　　以均匀分布在[0,1]内产生随机实数 $r$
9. 　　　　if $r \leqslant p$ and $\tau_l^{(k-1)} > \tau_{\max}/2$:
10. 　　　　　　在 $[1, \tau_l^{(k-1)} - \lfloor \tau_{\max}/2 \rfloor]$ 内随机采样得到 $\Delta\tau_l^{(k)}$
11. 　　　　else if $r \leqslant p$ and $\tau_l^{(k-1)} \leqslant \tau_{\max}/2$:
12. 　　　　　　$\Delta\tau_l^{(k)} \leftarrow 1$
13. 　　　　else
14. 　　　　　　$\Delta\tau_l^{(k)} \leftarrow 0$
15. 　　　　$\tau_l^{(k)} \leftarrow \tau_l^{(k-1)} - \Delta\tau_l^{(k)}$
16. 　　　　生成模糊位置集合 $\Psi_l^{(k)}$，并将 $\text{Loc}_l^{(0)}$ 与 $\Psi_l^{(0)}$ 发送到平台
17. 　　　　收到平台返回的感知精度 $\sigma^{(k)}$
18. 　　else if $\sigma^{(k-1)} \geqslant \theta_l$ and $\tau_l^{(k-1)} > 0$
19. 　　　　以 $\kappa \cdot \tau_l^{(0)}/\tau_{\max}$ 的概率令 $\Delta\tau_l^{(k)} \leftarrow 1$，否则 $\Delta\tau_l^{(k)} \leftarrow 0$
20. 　　　　$\tau_l^{(k)} \leftarrow \tau_l^{(k-1)} - \Delta\tau_l^{(k)}$
21. 　　　　生成模糊位置集合 $\Psi_l^{(k)}$，并将 $\text{Loc}_l^{(0)}$ 与 $\Psi_l^{(0)}$ 发送到平台
22. 　　　　跳转到 for 循环
23. 　　else
24. 　　　　$\tau_l^{(k)} \leftarrow \tau_l^{(k-1)}$
25. 　　　　生成模糊位置集合 $\Psi_l^{(k)}$，并将 $\text{Loc}_l^{(0)}$ 与 $\Psi_l^{(0)}$ 发送到平台
26. 　　　　跳转到 for 循环
27. 　　向平台发送请求以获得当前最新的位置分布 $D_G^{(k)}$

## 3. LSRE 算法设计

不同于每个用户都具有固定不变的满意度限制，LSRE 偏向于同时考虑位置隐私和满意度限制。这意味着允许用户牺牲一部分满意度限制以保持更好的隐私保护水平。换句话说，用户在学习过程中不仅可以对其策略进行调整，还可以对其满意度限制进行调整。为此，记用

户 $u_l$ 在第 $k$ 次迭代中对聚合精度的满意度限制为 $\theta_l^{(k)}$，并回想第 $k$ 次迭代后平台对用户提交的位置信息所做出的精度评估为 $\sigma^{(0)}$。然后给出用户在这种情况下进行学习的策略描述。

用户 $u_l$ 在开始学习时先将自己的隐私保护水平设置为最大选项，即选择策略为 $\tau_l^{(0)} = \tau_{\max}$，此时用户的策略组合为 $\tau(0) = (\tau_{\max}, \tau_{\max}, \cdots, \tau_{\max})$。同时，用户将初始精度限制设定为 $\theta_l^{(0)} = \sigma^*$，即在该博弈中所能达到的帕累托最优精度。显然，此时有 $\forall u_i \in U$，$\sigma^{(0)} < \theta_i^{(0)}$，即在初始情况下所有用户均未得到满足。

随后，在第 $k$ 次迭代中，用户 $u_l$ 依据自己所选择的策略 $\tau_l^{(k)}$ 随机产生 $\tau_l^{(k)}$ 个虚假位置构成集合 $\Psi_l^{(k)}$。然后将自己的真实位置与 $\Psi_l^{(k)}$ 一并发送到平台以获得反馈的感知精度 $\sigma^{(k)}$。如果用户在收到反馈后判断 $\sigma^{(k)}$ 无法达到自己的满意度限制，即 $\sigma^{(k)} < \theta_l^{(k)}$，则适度下调自己的满意度限制且同时下调所采取策略的隐私保护水平。此外，在调整满意度限制时，有必要逐渐减少调整的步长以避免满意度限制的大幅波动，从而令满意度限制可以收敛到一个固定值。具体地，用 $\varpi_l^{(k)}$ 表示 $u_l$ 的满意度限制在第 $k$ 次迭代中的调整步长，用 $\rho_l \in (0,1)$ 表示 $u_l$ 的满意度限制的调整步长的乘数因子，为了实现对于满意度限制的收敛，有 $\varpi_l^{(k)} = \rho_l \cdot \varpi_l^{(k-1)}$。基于这一设定，$\varpi_l^{(k)}$ 在策略学习的过程中逐渐减小并趋于 0。当 $\tau_l^{(k)} < \tau_l^{(k-1)}$ 时，用户在提交基于 $\tau_l^{(k)}$ 模糊化的位置信息时，需要确保 $\Psi_l^{(k)} \subseteq \Psi_l^{(k-1)}$ 以保护用户的真实位置无法被求交集。

如果用户 $u_l$ 在收到反馈 $\sigma^{(k)}$ 后判断为满意，即 $\sigma^{(k)} \geqslant \theta_l^{(k)}$，此时无法确定是不是较大的下调步长所导致的，从而无法确定限制是否还有提升的位置。因此，为了得到尽可能精确的位置分布精度，用户 $u_l$ 将尝试上调自己的满意度限制。在这种情况下，上调的步长依然需要逐渐缩小，尝试收敛，即有 $\varpi_l^{(k)} = \rho_l \cdot \varpi_l^{(k-1)}$。此外，为了对冲上调满意度限制可能带来的不满意的风险，且允许用户提交更精确的位置，本章令用户以一定概率继续下调其隐私保护水平。

具体地，令用户以 $\tau_l^{(k-1)}/\tau_{\max}$ 的概率按照固定步长 $\Delta \tau_l^{(k)} = 1$ 得到其策略 $\tau_l^{(k)}$，其含义是，随着用户当前隐私保护水平的降低，他将更加勉强地去进一步降低其隐私参数。依据上述讨论，当 $\sigma^{(k)} \geqslant \theta_l^{(k)}$ 时，即一个用户在第 $k$ 次迭代中对当前策略满意时，存在三种可能情况。

第一种情况是，在策略历史上没有出现过满意，即 $\forall i \in \mathbf{N} \wedge i < k$，$\sigma^{(k)} \geqslant \theta_l^{(k)} \wedge \sigma^{(i)} < \theta_l^{(i)}$，即当前的满意状态是在学习中第一次得到满意。在这种情况下，用户依据前面讨论的规则调整满意度限制与隐私策略。

第二种情况是，用户判断到自己在上一次迭代学习中也获得了满意，即 $\sigma^{(k)} \geqslant \theta_l^{(k)} \wedge \sigma^{(k-1)} \geqslant \theta_l^{(k-1)}$，说明用户的满意度限制依然存在提升的位置，因此依旧按照前述规则上调其满意度限制，并以一个自适应的概率下调其隐私保护水平。

第三种情况则有所不同，此时用户判断到自己在上一次策略中是不满意的，但是在策略历史上出现过满意，即 $\sigma^{(k)} \geqslant \theta_l^{(k)} \wedge \sigma^{(k-1)} < \theta_l^{(k-1)} \wedge (\exists i < k, \sigma^{(i)} \geqslant \theta_l^{(i)})$。这说明用户已经经历过满意并上调满意度限制的情况，且由于过度的上调导致了不满意并重新达到了满意。此时，用户将不再调整其满意度限制与隐私策略，以尝试维护其满意的状态。上述叙述过程的详细描述由算法 12.2 给出。

在该算法中，用户 $u_l$ 向平台发送位置并获得感知精度的反馈（第 1~4 步）。如果 $u_l$ 当前不能获得满意的感知精度，则他以自适应步长交互降低 $\tau_l$ 和 $\theta_l$（第 6~16 步）；否则，他判断 $\theta_l$ 是否过度下降（第 18 步）。如果下降幅度过大，则尝试进行回调（第 22~31 步）。如果没有过度下降，则 $u_l$ 向 MCS 平台请求用户的位置分布（第 19~20 步）。

算法 12.2 的时间复杂度是 $O(\min(\tau_{\max}, T))$，位置复杂度是 $O(\tau_{\max})$。在算法执行过程中，

用户自适应地学习其尽可能大的满意度限制以及为了达到均衡所应具备的隐私策略。算法执行结束后，用户可以得到平台聚合后的用户整体位置分布 $D_G^{(k)}$。此外，由于用户之间通过平台间接进行交互，因此策略学习在每一轮迭代中都是并发的，这意味着该算法是公平的，避免了首先采取行动的用户处于不利地位的情况。这一公平性特征也适用于 LEFS 算法。

---

**算法 12.2　LSRE 算法**

输入：$\mathrm{Loc}_l^{(0)}, G, \varpi_l^{(0)}, \rho_l$

输出：$\tau_l^{(k)}(k = 0,1,2,\cdots,T), \theta_l, D_G^{(k)}$

1.　　$\tau_l^{(0)} \leftarrow \tau_{\max}, \theta_l^{(0)} \leftarrow \sigma^*$

2.　　依据均匀分布在目标区域 $G$ 内产生 $\tau_l^{(0)}$ 个模糊位置 $\Psi_l^{(0)} = \{\mathrm{Loc}_l^{(w)} \mid w \in \mathbf{Z}, 1 \leqslant w \leqslant (\tau_l^{(k)} - 1)\}$

3.　　将用户真实位置 $\mathrm{Loc}_l^{(0)}$ 与 $\Psi_l^{(0)}$ 发送到平台

4.　　接收平台返回的感知精度 $\sigma^{(0)}$

5.　　for $k = 1$ to $T$ do:

6.　　　　if $\sigma^{(k-1)} < \theta_l^{(k-1)}$：

7.　　　　　　$\theta_l^{(k)} = \theta_l^{(k-1)} - \varpi_l^{(k-1)}, \varpi_l^{(k)} = \rho_l \cdot \varpi_l^{(k-1)}$

8.　　　　　　$l \leftarrow \tau_l^{(k-1)} / \tau_{\max}$　// 进行动作调整的概率

9.　　　　　　以均匀分布在 $[0,1]$ 内产生随机实数 $r$

10.　　　　　if $r \leqslant l$ and $\tau_l^{(k-1)} > \tau_{\max}/2$：

11.　　　　　　　在 $[1, \tau_l^{(k-1)} - \lfloor \tau_{\max}/2 \rfloor]$ 内随机采样得到 $\Delta \tau_l^{(k)}$

12.　　　　　else if $r \leqslant l$ and $\tau_l^{(k-1)} \leqslant \tau_{\max}/2$：

13.　　　　　　　$\Delta \tau_l^{(k)} \leftarrow 1$

14.　　　　　else

15.　　　　　　　$\Delta \tau_l^{(k)} \leftarrow 0$

16.　　　　　$\tau_l^{(k)} = \tau_l^{(k-1)} - \Delta \tau_l^{(k)}$

17.　　　　else

18.　　　　　if $(\sigma^{(k-2)} < \theta_l^{(k-2)}) \wedge (\exists i < k, \sigma^{(i)} \geqslant \theta_l^{(i)})$：　//上一次不满意，历史上满意过

19.　　　　　　　$\theta_l^{(k)} = \theta_l^{(k-1)}, \tau_l^{(k)} = \tau_l^{(k-1)}$

20.　　　　　　　跳转到 for 循环

21.　　　　　else

22.　　　　　　　$\theta_l^{(k)} = \theta_l^{(k-1)} + \varpi_l^{(k-1)}, \varpi_l^{(k)} = \rho_l \cdot \varpi_l^{(k-1)}$

23.　　　　　　　$l \leftarrow \tau_l^{(k-1)} / \tau_{\max}$　// 进行策略调整的概率

24.　　　　　　　以均匀分布在 $[0,1]$ 内产生随机实数 $r$

25.　　　　　　　if $r \leqslant l$

26.　　　　　　　　　$\Delta \tau_l^{(k)} \leftarrow 1$

27.　　　　　　　else

28.　　　　　　　　　$\Delta \tau_l^{(k)} \leftarrow 0$

| 29. | $\tau_l^{(k)} = \tau_l^{(k-1)} - \Delta\tau_l^{(k)}$ |
|---|---|
| 30. | 依据 $\tau_l^{(k)}$ 产生模糊位置集合 $\Psi_l^{(k)}$，满足 $\Psi_l^{(k)} \subseteq \Psi_l^{(k-1)}$，并将 $\mathrm{Loc}_l^{(0)}$ 与 $\Psi_l^{(0)}$ 发送到平台 |
| 31. | 接收平台返回的感知精度 $\sigma^{(k)}$ |
| 32. | 向平台发送请求以获得当前最新的聚合分布 $D_G^{(k)}$ |

## 12.4 方案分析

本节首先分析证明了本章方案实现了满意度均衡的收敛，然后从隐私保护的角度分析本章方案性能。

### 12.4.1 收敛分析

本节分析了本章方案的收敛性，即验证所有参与博弈的用户是否都能达到满意，并分别分析了 LEFS 和 LSRE。

#### 1. LEFS 的收敛性

考虑到博弈开始的时候所有用户都选择其最大隐私参数作为策略，即此时 $\tau(0) = (\tau_{\max}, \tau_{\max}, \cdots, \tau_{\max})$，因此有 $\forall u_i \in U$，$\sigma^{(0)} \leqslant \theta_i^{(0)}$，即此时所有用户都是不满意的，当且仅当有一个用户的满意度限制等于 $\sigma^{(0)}$ 时等号成立。因此，不满意的用户们需要在后续的策略学习中不断调整其隐私参数以达到满意。给出以下定理。

**定理 12.1** 在 LEFS 中，当且仅当对每个用户 $u_l$ 来说，都有 $\theta_l \leqslant \omega \cdot |U| / [\omega \cdot |U| + (1-\omega) \cdot (\sum\limits_{i \neq l} \tau_i^{(t)} + \tau_l^{(t)})]$ 时，用户策略可以收敛到满意度均衡。

**证明：** 若用户策略在第 $t$ 次迭代时可以收敛到满意度均衡，这意味着对每个用户 $u_l$ 来说，有 $\sigma^{(t)} \geqslant \theta_l$，因为有

$$\sigma^{(t)} = g(\tau_l^{(t)}, \tau_{-l}^{(t)}) = \frac{\omega \cdot |U|}{\omega \cdot |U| + (1-\omega) \cdot (\sum\limits_{i \neq l} \tau_i^{(t)} + \tau_l^{(t)})} \qquad (12.12)$$

即需要满足 $g(\tau_l^{(t)}, \tau_{-l}^{(t)}) \geqslant \theta_l$，这个不等式可以推导出

$$\tau_l^{(t)} \leqslant \frac{\omega \cdot |U| \cdot (1-\theta_l) - (1-\omega) \cdot \sum\limits_{i \neq l} \tau_i^{(t)} \cdot \theta_l}{(1-\omega) \cdot \theta_l} \qquad (12.13)$$

收敛意味着 $u_l$ 在策略学习之后能够对非负隐私参数感到满意，这就要求在执行 LEFS 后，有 $\exists \tau_l^{(t)} \geqslant 0$，即 $\omega \cdot |U| \cdot (1-\theta_l) - (1-\omega) \cdot \sum\limits_{i \neq l} \tau_i^{(t)} \cdot \theta_l \geqslant 0$ 成立，则以下不等式成立

$$\theta_l \leqslant \frac{\omega \cdot |U|}{\omega \cdot |U| + (1-\omega) \cdot \sum\limits_{i \neq l} \tau_i^{(t)}} \qquad (12.14)$$

根据以上不等式，定理得到了证明。

当用户 $u_l$ 的限制满足式(12.14)时，收敛最终可以实现，它收敛后的隐私参数满足式(12.13)。

从其他用户所选择的策略 $\tau_{-l}^{(t)}$ 的角度看，定理 12.1 可以稍作转化，当用户已经确定了其满意度限制 $\theta_l$ 时，当且仅当 $\sum_{i\neq l}\tau_i^{(t)} \leq \omega \cdot |U| \cdot (1-\theta_l)/[(1-\omega) \cdot \theta_l]$ 时，用户 $u_l$ 才可以在后续迭代中到达收敛的策略。定理 12.1 表明用户 $u_l$ 的精度期望不能超过实现收敛的限制。此外，对于所有用户，限制是可以由其他用户动态决定的，这意味着没有用户可以在参加策略学习之前计算这个限制。定理 12.1 还指出，若最终没有达到收敛，根本原因是，相较于用户 $u_l$ 的期望，最终的 $\sum_{i\neq l}\tau_i^{(t)}$ 太大，这是因为除 $u_l$ 之外的用户已经达到满意并停止了学习迭代。这表示，对于每个用户 $u_l$ 来说，实现满意意味着他的期望应该与大部分用户一致，不能远高于其他用户的期望。这一特征在现实世界中是很有趣也很常见的，如著名的凯恩斯选美博弈。

定理 12.1 的结论可以从另一个角度分析得到证实。用 $U_S^{(k)} = \{u_i \,|\, u_i \in U, \theta_i \leq \sigma^{(k)}\}$ 表示第 $k$ 次迭代中满意用户的集合，而用 $U_U^{(k)} = \{u_i \,|\, u_i \in U, \theta_i > \sigma^{(k)}\}$ 表示第 $k$ 次迭代中不满意用户的集合。由于用户逐渐下调隐私参数以寻求收敛，本章假设在第 $t$ 次迭代开始时，除 $u_l$ 以外的所有用户均已达到满意，即有 $U_U^{(t)} = \{u_l\}$ 且 $U_S^{(t)} = \{u_i \,|\, U - U_U^{(t)}\}$。在此情况下，显然，对用户 $u_l$ 来说，最难达到满意的情况是，$U_S^{(t)}$ 中的用户 $u_i$ 已经感到满意，因此不再改变其策略，即 $\eta = 0$，$\sigma^{(t+\Delta t)}$ 将仅由 $u_l$ 的策略 $\tau_l^{(t+\Delta t)}$ 决定，其中 $\tau_{-l}^{(t+\Delta t)} = \tau_{-l}^{(t)}$，且是固定的，故可将 $\sigma^{(t+\Delta t)} = g(\tau_l^{(t+\Delta t)}, \tau_{-l}^{(t+\Delta t)})$ 重写为 $\sigma^{(t+\Delta t)} = g'(\tau_l^{(t+\Delta t)})$，因此有 $\tau_l^{(t)} - \tau_l^{(t+\Delta t)} = (g')^{-1}(\sigma^{(t)}) - (g')^{-1}(\sigma^{(t+\Delta t)})$。假设用户在 $\Delta t$ 步后其策略可以收敛，即 $\sigma^{(t+\Delta t)} \geq \theta_l$，则

$$\tau_l^{(t)} - \tau_l^{(t+\Delta t)} \geq (g')^{-1}(\sigma^{(t)}) - (g')^{-1}(\theta_l) \tag{12.15}$$

这表明要想达到满意，$u_l$ 需要有足够的调整策略的余地，从而使得其策略调整能够对精度产生影响。同样地，依据 $\sigma^{(t+\Delta t)} - \sigma^{(t)} = g'(\tau_l^{(t+\Delta t)}) - g'(\tau_l^{(t)})$ 与 $\sigma^{(t+\Delta t)} \geq \theta_l$，可得 $\theta_l \leq g'(\tau_l^{(t+\Delta t)}) - g'(\tau_l^{(t)}) + \sigma^{(t)}$，即

$$\theta_l \leq g'(\tau_l^{(t+\Delta t)}) - g'(\tau_l^{(t)}) + g(\tau_l^{(t)}, \tau_{-l}^{(t)}) \tag{12.16}$$

这意味着，随着其他用户满意，如果用户 $u_l$ 尚不满意，那么要想达到收敛，他对精度的期望需要小于一个特定限制。如果相比于其他用户，$u_l$ 维护了过高的期望，那么在其他用户都达到满意后，$u_l$ 就无法只通过自己收敛达到满意。

## 2. LSRE 的收敛性

相比于 LEFS，LSRE 具有用户的隐私策略与满意度限制均可以被学习的特点。在博弈开始时，由于 $\tau(0) = (\tau_{max}, \tau_{max}, \cdots, \tau_{max})$ 且 $\forall u_i \in U, \theta_i^{(0)} = \sigma^*$，因此所有用户均未满意。在学习过程中，用户 $u_l$ 的隐私策略 $\tau_l^{(t)}$ 和满意度限制 $\theta_l^{(t)}$ 随着迭代次数 $t$ 的增加而逐渐降低。经过不断的调整，用户可以达到收敛。为了更清楚地分析这个问题，给出如下定理。

**定理 12.2** 在 LSRE 中，用户的策略总会收敛到满意度均衡。

**证明**：对用户 $u_l$ 来说，需要 $\sigma^{(t)} \geq \theta_l^{(t)}$ 时才能达到满意。根据式（12.12），可以推导出 $g(\tau_l^{(t)}, \tau_{-l}^{(t)}) \geq \theta_l^{(t)}$，这个不等式可以写为

$$\frac{\omega \cdot |U|}{\omega \cdot |U| + (1-\omega) \cdot (\sum_{i\neq l}\tau_i^{(t)} + \tau_l^{(t)})} \geq \theta_l^{(t)} \tag{12.17}$$

可以推导出

$$\tau_l^{(t)} \leqslant \frac{\omega \cdot |U| \cdot (1 - \theta_l^{(t)}) - (1 - \omega) \cdot \sum_{i \neq l} \tau_i^{(t)} \cdot \theta_l^{(t)}}{(1 - \omega) \cdot \theta_l^{(t)}} \tag{12.18}$$

$\tau_l^{(t)}$ 在学习过程中逐渐减小，当且仅当用户 $u_l$ 迭代学习后，$\tau_l^{(t)} \geqslant 0$ 成立时才能实现收敛，因此要求 $\omega \cdot |U| \cdot (1 - \theta_l^{(t)}) - (1 - \omega) \cdot \sum_{i \neq l} \tau_i^{(t)} \cdot \theta_l^{(t)} \geqslant 0$。那么可以推导出

$$\theta_l^{(t)} \leqslant \frac{\omega \cdot |U|}{\omega \cdot |U| + (1 - \omega) \cdot \sum_{i \neq l} \tau_i^{(t)}} \tag{12.19}$$

如果式（12.19）成立，在执行 LSRE 之后可以达到收敛。由于 $\theta_l^{(t)}$ 在学习过程中也会减小，对用户 $u_l$ 来说，式（12.19）当且仅当 $\omega \cdot |U| \geqslant 0$ 时成立。很明显 $\omega \cdot |U| \geqslant 0$ 成立，因此用户策略在 LSRE 中可以收敛到满意度均衡。

### 12.4.2 隐私分析

由于在学习过程中，用户不断动态地调整他们的隐私策略和限制，本节分析了用户可以获得的隐私保护水平。具体地说，在 LEFS 中，用户必须从 $\tau_{\max}$ 逐渐调整他们的隐私策略以实现满意，本节给出了一个用户在这个过程中能够获得隐私保护水平的上界。为此，对 LEFS 给出以下定理。

**定理 12.3** 在 LEFS 中，若用户策略学习在第 $t$ 次迭代时可以收敛到满意度均衡，用户 $u_l$ 可以获得的隐私保护水平上限为 $\tau_l = [\omega \cdot |U| \cdot (1 - \theta_l) - (1 - \omega) \cdot \sum_{i \neq l} \tau_i^{(t)} \cdot \theta_l] / [(1 - \omega) \cdot \theta_l]$。

**证明**：在 LEFS 中，当用户策略学习在第 $t$ 次迭代中实现满意度均衡时，对用户 $u_l$ 有 $g(\tau_l^{(t)}, \tau_{-l}^{(t)}) \geqslant \theta_l^{(t)}$。根据式（12.12），可以推导出式（12.13），这表明收敛后的隐私保护水平上限为 $\tau_l^{(t)} = [\omega \cdot |U| \cdot (1 - \theta_l) - (1 - \omega) \cdot \sum_{i \neq l} \tau_i^{(t)} \cdot \theta_l] / [(1 - \omega) \cdot \theta_l]$。

在这种情况下，根据威胁模型，攻击者仅能以式（12.20）的概率推测 $\{\text{Loc}_l^{(t+Vt)}, \Psi_l^{(t+\Delta t)}\}$ 中的用户真实位置，即

$$\frac{1}{\tau_l^{(t)} + 1} - \frac{(1 - \omega) \cdot \theta_l}{\omega \cdot |U| \cdot (1 - \theta_l) - (1 - \omega) \cdot \left( \sum_{i \neq l} \tau_i^{(t)} - 1 \right) \cdot \theta_l} \tag{12.20}$$

否则，若 $\tau_l^{(t+\Delta t)} > [\omega \cdot |U| \cdot (1 - \theta_l) - (1 - \omega) \cdot \sum_{i \neq l} \tau_i^{(t)} \cdot \theta_l] / [(1 - \omega) \cdot \theta_l]$，则 $u_l$ 无法得到满意的位置分布，无法实现均衡。为了实现满意度，LEFS 规定 $u_l$ 在学习过程中不断下调 $\tau_l^{(t)}$。根据定理 12.1，若式（12.14）成立，则 $\exists \tau_l^{(t)} \geqslant 0$ 使用户 $u_l$ 满意；若式（12.14）不能成立，在学习策略后，$\tau_l^{(t)}$ 将收敛到 0。这意味着，在 LEFS 下，如果由于用户的精度期望过高而无法获得满意的位置分布，用户必须向平台提交真实位置，以尽可能获取满意的位置分布。

同样，对于 LSRE，本节也分析了用户在隐私策略和满意度限制相互调整的过程中可以获得的隐私保护水平。为此，对 LSRE 给出以下定理。

**定理 12.4** 在 LSRE 中，若用户策略学习在第 $t$ 次迭代时可以收敛到满意度均衡，用户 $u_l$ 可以获得的隐私保护水平上限为 $\tau_l = [\omega \cdot |U| \cdot (1 - \theta_l^{(t)}) - (1 - \omega) \cdot \sum_{i \neq l} \tau_i^{(t)} \cdot \theta_l^{(t)}] / [(1 - \omega) \cdot \theta_l^{(t)}]$。

**证明**：在 LSRE 中，对于任意用户 $u_l$，为了得到满足，需要有 $\sigma^{(t)} \geqslant \theta_l^{(t)}$，即有

$$\frac{\omega \cdot |U|}{\omega \cdot |U| + (1-\omega) \cdot \sum_{i \in [1,|U|]} \tau_i^{(t)}} \geqslant \theta_l^{(t)} \tag{12.21}$$

其中

$$\tau_1^{(t)} \leqslant \frac{\omega \cdot |U| \cdot (1-\theta_1^{(t)}) - (1-\omega) \cdot \sum_{i \neq l} \tau_i^{(t)} \cdot \theta_1^{(t)}}{(1-\omega) \cdot \theta_1^{(t)}} \tag{12.22}$$

这种不等性决定了在满足满意度均衡的情况下，用户 $u_l$ 可以获得的最优隐私保护水平为 $[\omega \cdot |U| \cdot (1-\theta_1^{(t)}) - (1-\omega) \cdot \sum_{i \neq l} \tau_i^{(t)} \cdot \theta_1^{(t)}] / [(1-\omega) \cdot \theta_1^{(t)}]$。

此外，在连续提交位置信息的情况下，当平台得到用户提交的位置信息 $\{\mathrm{Loc}_l^{(t+Vt)}, \Psi_l^{(t+\Delta t)}\}$ 时，注意到它其实已经收集到了 $\{\mathrm{Loc}_l^{(t+Vt)}, \Psi_l^{(t+\Delta t)}, \cdots, \Psi_l^{(t)}, \cdots, \Psi_l^{(0)}\}$，此时，想要获知 $\{\mathrm{Loc}_l^{(t+Vt)}, \Psi_l^{(t+\Delta t)}\} \cap \cdots \cap \{\mathrm{Loc}_l^{(t)}, \Psi_l^{(t)}\} \cap \cdots \cap \{\mathrm{Loc}_l^{(0)}, \Psi_l^{(0)}\}$ 是否会揭露关于用户位置的信息。由于在 LEFS 与 LSRE 中，均有当用户 $u_l$ 在学习过程中下调隐私参数时，即 $\tau_l^{(t+\Delta t)} < \tau_l^{(t)}$ 时，$\Psi_l^{(t+\Delta t)} \subseteq \Psi_l^{(t)}$，也就是说，要求在第 $t + \Delta t$ 次迭代中，依据用户的隐私策略 $\tau_l^{(t+\Delta t)}$ 所产生的虚假位置应该从依据 $\tau_l^{(t)}$ 所产生的虚假位置中随机选取，有 $\Psi_l^{(t+\Delta t)} \cap \Psi_l^{(t)} = \Psi_l^{(t+\Delta t)}$，$\{\mathrm{Loc}_l, \Psi_l^{(t+\Delta t)}\} \cap \{\mathrm{Loc}_l, \Psi_l^{(t)}\} = \{\mathrm{Loc}_l, \Psi_l^{(t+\Delta t)}\}$，使得即使将用户历史上提交的位置信息并列，依据用户提交的位置信息推断用户真实位置的概率依旧为 $1/[\tau_l^{(t+\Delta t)} + 1]$。这一特性保证了在迭代过程中平台无法利用用户历史提交的信息推断用户的真实位置。否则，若用户 $u_l$ 对位置分布的期望较高，由于隐私和精度之间的内在权衡，允许用户在迭代学习过程中令 $\tau_l^{(t+\Delta t)} = 0$，即用户 $u_l$ 为了尽可能追求更精确的位置分布而向平台提交真实位置。

## 12.5　实验

本节通过大量的实验来评估本章方案的性能。为此，首先构造特定的最大位置区域 $G$，并将 $G$ 划分为具有自定义尺寸的网格。然后，将初始隐私参数和满意度限制等其他因素设置为变量，这些变量可以在每次评估中手动调整。支持在 $G$ 内对用户位置进行统一采样，并根据 GeoLife 数据集生成用户位置。硬件配备为，CPU：Intel（R）Core（TM）i7-6700 3.4GHz，RAM：8GB 和 Windows 7 64 位操作系统的 PC 上使用 Python 进行所有实验。

### 12.5.1　收敛性评估

为衡量本章方案的收敛性，设置了五个用户。对于 LEFS，首先为五个用户设置相对相似的满意度限制，然后使其中一个用户的满意度限制显著高于其他四个用户。在这种情况下，分别通过多次运行 LEFS 和单次运行 LEFS 来观察精度。在 LSRE 中，用户在每次迭代学习后都会具有动态的满意度限制，因此给出其在不同的条件设定下，多次迭代的精度变化趋势与达成收敛后的用户满意度限制。具体地，在 LSRE 中，首先使每个用户 $u_i \in U$ 具有不同的满意度限制初始步长 $\varpi_i^{(0)}$，并具有相同的缩减系数 $\rho_i$。然后，令每个用户 $u_i \in U$ 具有相同的 $\varpi_i^{(0)}$，并具有不同 $\rho_i$。每次实验中，设置 $t_{\max} = 10, T = 100$。实验结果如图 12.4 所示。

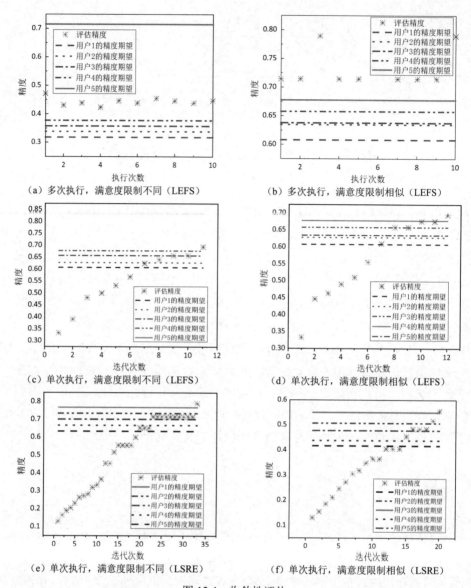

图 12.4 收敛性评估

从图 12.4（a）、（b）可以看出，当系统中的用户具有相对相似的满意度限制时，所有用户都可以达到满意，并且 LEFS 可以达到收敛。如果其中一个用户的满意度限制高于其他用户，尽管其他用户已经满意，但他可能总是无法对位置分布感到满意。这是因为，在其他用户满意的同时，他们变得不愿进一步调整自己的隐私策略。在这种情况下，即使具有较高满意度限制的用户已经将隐私参数降低到最小值，他仍然无法达到满意，因为精度是由所有用户贡献的。图 12.4（c）、（d）表明，用户在迭代学习过程中，精度提高，从中也可以看出，如果每个用户的满意度限制设置得与其他用户相似，则所有用户都更有可能达到满意。图 12.4（e）、（f）表明，在 LSRE 中，所有用户最终都能达到满意，这是因为，用户可以在学习过程中相互调整他们的隐私策略和满意度限制。实验结果表明，LSRE 在收敛能力方面比 LEFS 具有更大的优势。此外，评估表明，LSRE 所需的迭代次数大于 LEFS 所需的迭代次数，这意味着收敛能力的优势是以更多迭代次数为代价的。

### 12.5.2 位置分布精度比较

本节评估在执行方案后实现的位置分布精度。选择传统的基于位置隐匿的方案作为对比方案，在不考虑用户满意度的情况下显示位置分布精度[85]。同时，为了衡量隐私保护前后的位置分布差异，借用位置聚合中的最大绝对误差（Maximum Absolute Error，MAE）作为分布差异的度量[96]。具体地，真实位置分布和模糊位置分布之间的 MAE 被定义为 $\mathrm{MAE}(D_G, D_T) = \max_{x \in G} |c_x - v_x|$，其中，$D_G$ 是用户的感知位置分布，$D_T$ 是用户的真实位置分布，$c_x$ 表示用户在 $x \in G$ 处对应于报告位置 $D_G$ 的计数，$v_x$ 表示用户在 $x \in G$ 处对应于真实位置 $D_T$ 的计数。然后，分别基于合成和真实数据集对 MAE 进行了评估。对于合成数据集，实验中的用户均匀地分布在 $G$ 内。对于真实数据集，使用 GeoLife 数据集生成用户的真实位置，并将北京市五环为区域划分为具有自定义维度的网格作为 $G$。在实验中，首先考察用户数量逐渐增长的情况下的 MAE，继而考察用户数量固定且 $G$ 内的位置维度逐渐增长情况下的 MAE。实验结果如图 12.5 所示。

从图 12.5（a）、（c）可以看出，对比方案的真实位置分布和模糊位置分布之间的差异比本章方案大，并且差异的程度随着用户数量的增加有上升的趋势，这意味着可能有很多用户对对比方案的结果感到不满意。此外，对比方案和本章方案都有 MAE 随着用户数量的增加而增长的趋势，这也表明用户数量确实对位置分布精度有负面影响。此外，图 12.5（b）、（d）显示，随着 $G$ 位置维度的增加，所有方案的 MAE 都有下降的趋势。尽管二者有某种一致的趋势，但对比方案的 MAE 始终大于 LEFS 和 LSRE。总体而言，本章方案可以在各种控制因素上实现较小的位置分布差异，这表明它可以获得比对比方案更好的位置分布精度。

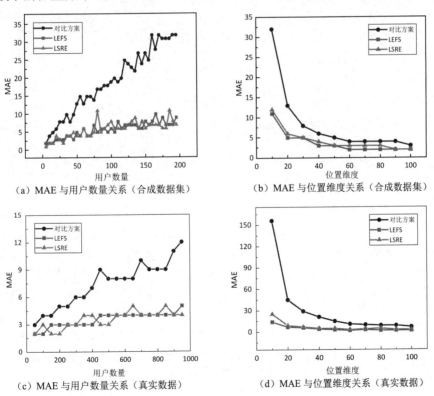

（a）MAE 与用户数量关系（合成数据集）　（b）MAE 与位置维度关系（合成数据集）

（c）MAE 与用户数量关系（真实数据）　（d）MAE 与位置维度关系（真实数据）

图 12.5　MAE 评估

### 12.5.3 平均隐私保护水平

本节从隐私保护水平的角度来测试方案的性能。分别给出 LEFS 和 LSRE 所能得到的平均隐私保护水平，其通过 $[|U|+\sum_{i=1}^{|U|}\tau_i]/|U|$ 来计算，其含义是系统内的用户在收敛的情况下向服务器提交的虚假位置的平均个数。在实验中，首先观察了在控制其他因素的情况下，用户数量和初始隐私参数分别变化时，LEFS 和 LSRE 的平均隐私保护水平的变化情况。由于 LSRE 中没有相关变量，测试了 LEFS 中不同满意度限制以及不同调整概率下的隐私保护水平。实验结果如图 12.6 所示。

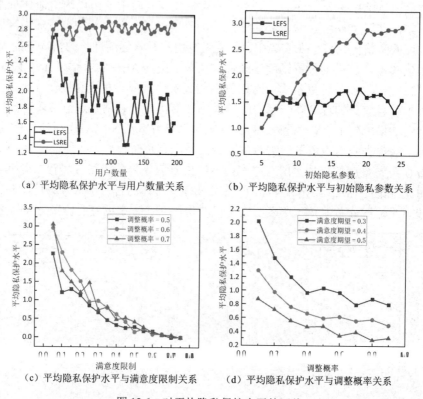

（a）平均隐私保护水平与用户数量关系　　（b）平均隐私保护水平与初始隐私参数关系

（c）平均隐私保护水平与满意度限制关系　　（d）平均隐私保护水平与调整概率关系

图 12.6　对平均隐私保护水平的评估

图 12.6（a）表明，虽然用户数量不同，但 LSRE 可以实现比 LEFS 更高的隐私保护水平，这是因为，LSRE 允许用户通过调整他们的满意度限制来尽可能保留更多的隐私。此外，可以看出，LSRE 在隐私保护水平方面相比于 LEFS 具有更好的稳定性。图 12.6（b）表明，随着初始隐私策略的改进，LEFS 实现了相对稳定的隐私保护水平，而 LSRE 中的用户可以获得不断增长的隐私保护水平。图 12.6（c）表明，随着用户对满意度限制的增加，他们可以获得的平均隐私保护水平变得更小，这是因为增加满意度限制意味着用户都期望得到更精确的位置分布，从而使得每个人都要牺牲更多的隐私保护水平。图 12.6（d）表明，随着概率 $\eta$ 的增加，用户获得的隐私保护水平呈逐渐下降的趋势，这表明当用户更愿意帮助他人时，尽管可以获得更精确的位置分布，但用户需要牺牲自己的隐私作为成本。

### 12.5.4 收敛时延和带宽开销

本节对本章方案在达到均衡时的时延进行测量。为此，分别评估了所有用户的 LEFS 和 LSRE 的收敛时延，包括两个不同因素下的度量，即用户数量和用户的初始隐私参数。另外，值得注意的是，在本实验中，只考虑了收敛过程中的计算时延，没有考虑通信时延，这是因为，在实际应用中，通信时延会受到许多因素的影响，如采用的通信技术、到平台的拓扑距离以及网络拥塞等。在实验中，对每个因素组合进行了 100 次评估，并统计了平均时延。实验结果如图 12.7 所示。

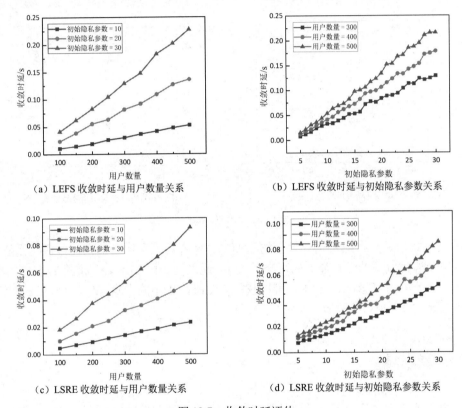

图 12.7　收敛时延评估

从图 12.7 可以看出，无论是 LEFS 还是 LSRE，随着用户数量和用户初始隐私参数的增加，收敛时延逐渐增大。此外，从图 12.7 中还可以看到，随着用户数量以及初始隐私参数的增加，用户的收敛时延以相对较快的速度增加。

然后，评估了本章方案的带宽开销。在实验中，统计了迭代学习过程中单个用户的所有上传和下载流量的开销。具体地说，首先在 $G$ 中定位，平台的反馈精度用 1 字节表示，返回的位置分布可以用 $\lceil \log_2 |G| \rceil$ 字节 Byte 表示。然后，仍然对每个因素组合进行 100 次评估，并取平均值，以得到结果。实验结果如图 12.8 所示。

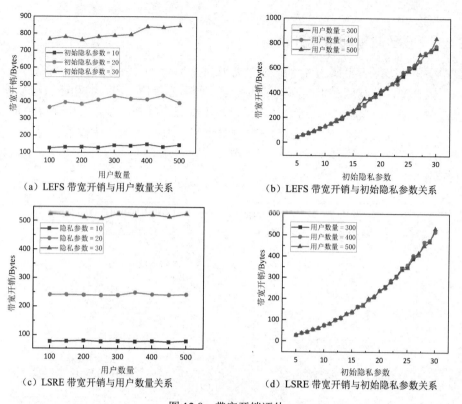

（a）LEFS 带宽开销与用户数量关系　　（b）LEFS 带宽开销与初始隐私参数关系

（c）LSRE 带宽开销与用户数量关系　　（d）LSRE 带宽开销与初始隐私参数关系

图 12.8　带宽开销评估

从图 12.8 可以看出，随着用户数量的增加，带宽开销没有明显的变化，说明系统中的用户数量对用户的带宽开销没有显著的影响。此外，通过比较图 12.8（a）和图 12.8（c）、图 12.8（b）和图 12.8（d）可以看出，LSRE 可以获得比 LEFS 更小的带宽开销，这也表明在实际应用中 LSRE 比 LEFS 更可行。

## 12.6　本章小结

为了使理性用户在彼此不知情的情况下获得满意的隐私保护用户位置分布，首先将服务建模为满意形式的博弈，并定义了该服务的均衡。然后，设计了一种名为 LEFS 的算法，用于在用户满意度期望固定的情况下进行隐私策略学习，并进一步设计了另一种名为 LSRE 的算法，允许用户具有动态的满意度期望。理论分析显示了算法的收敛条件和特点。大量的实验证明了本章方案的优越性，在感知位置分布可用性方面，本章方案与传统的基于位置隐匿的方案相比，可以获得 85% 以上的优势。

未来的目标是将本地差分隐私（如 K-RR[83,84]、PLDP[36]等）整合到博弈论满意度形式中，进一步提高隐私保护水平。面临的主要挑战是克服本地差分隐私在连续提交过程中的隐私预算消耗问题。此外，将本章的工作扩展到移动用户的轨迹保护中是有实际意义的。另一个感兴趣的方向是减少用户学习过程中的迭代次数，以便尽快达到收敛。

## 12.7　思考题目

1．基于位置隐匿的方案与基于本地差分隐私的方案在保护位置隐私方面各自的优劣是什么？

2．满意度均衡与纳什均衡有什么异同之处？

3．在基于博弈论的隐私保护用户位置分布移动群智感知中，需要考虑的用户需求主要是什么？

4．要在实际中推广基于博弈论的隐私保护用户位置分布移动群智感知，还需要考虑哪些问题？

# 第13章 移动群智感知下动态位置隐私保护任务分配方案

内 容 提 要

移动群智感知（Mobile Crowdsensing，MCS）被认为是利用移动设备收集感知数据的有效服务范式。但是，在 MCS 任务分配中，现有的位置隐私保护方案没有考虑到用户的动态隐私需求，仍然使用户的位置隐私面临风险。为了解决这个问题，我们综合考虑了连续任务分配中用户的动态隐私需求。具体来说，针对用户不断请求任务分配时的隐私参数选择问题，提出了一种隐私参数自适应调整机制。此外，针对用户在任务执行过程中由于隐私需求的变化而不适合连续地执行任务的情况，提出了一种转卖机制来实现任务的完成。理论分析表明，本章方案满足个体理性和预算平衡的特点。实验结果表明，本章方案能够满足用户的动态隐私需求并有效地分配任务。

本 章 重 点

◆ 移动群智感知
◆ 任务分配
◆ 位置隐私
◆ 动态隐私保护

## 13.1 引言

随着移动设备的快速发展，一种结合移动设备众包和感知功能的数据采集模式受到了广泛关注，称为移动群智感知。在典型的 MCS 服务中，当出现新任务时，服务器会通过某种标准（如最小化用户的行进距离）来选择合适的移动用户完成任务，并向其提供金钱或服务等奖励。这种用户选择过程被称为任务分配，这在 MCS 服务中至关重要，因为适当的任务分配可以确保感知数据的质量，从而保证任务有效完成。然而，在任务分配过程中，MCS 服务器可以观察到用户的位置，导致用户的位置隐私被泄露。因此，在 MCS 的任务分配中，保护用户的位置隐私成为亟待解决的关键问题。

基于差分隐私的位置扰动可用于保护用户在 MCS 任务分配中的位置隐私，但仍有一个具有挑战性的问题亟待解决。现有的解决方案完全忽略了用户隐私需求的动态特性，因为当用户参与任务分配时，他们的隐私需求可能会因为位置的变化而发生显著的变化。一方面，在请求和执行连续任务时，如果用户使用固定的隐私参数，他的隐私将不可避免地被泄露。即使每次都调整隐私参数，如何正确有效地设置隐私参数仍然是一个具有挑战性的问题。这是因为，连续的参数设置不仅会因为消耗隐私预算而暴露用户的隐私，而且会带来沉重的操作负担。此外，由于在差分隐私中很难直观地理解隐私参数，如果用户手动设置其隐私参数，隐私预算可能会被不当的隐私设置很快消耗，这导致用户参与执行连续任务的次数减少。另外，当用户的隐私需求在任务执行过程中变得更高时，继续完成任务可能会泄露其隐私。如图 13.1 所示，用户的隐私需求可能会随着任务执行的时间和空间变化而动态变化。如果用户在任务执行期间从不敏感位置移动到敏感位置，其实时隐私需求可能会增加，并且与原始隐私设置不匹配，使其不再适合此任务，因为继续执行可能会泄露用户的位置隐私。

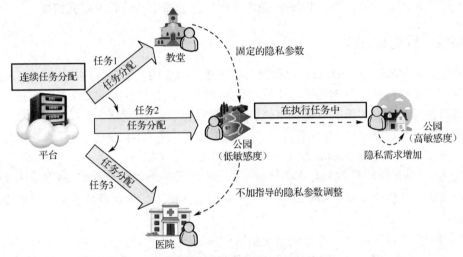

图 13.1　连续任务分配存在的问题

　　为了解决上述问题，本章提出了一种保护隐私的 MCS 任务分配方案，以满足用户动态的隐私需求。具体地，首先，针对连续任务分配中的用户提出了一种基于隐马尔可夫模型的隐私参数自适应调整机制，帮助用户在有限的隐私预算下决定下一次的差分隐私参数，满足用户在连续任务分配过程中的动态隐私需求并减少隐私预算的消耗。其次，针对任务执行过程中用户隐私需求提高的问题，提出了一种基于维克瑞拍卖的任务转卖机制。该机制将具有更高隐私需求的不合适用户的任务转卖给其他用户，从而保证买家可以继续执行不再适合卖家的任务，避免了任务完成率低的情况，提高了用户的感知参与度。从理论上证明了当用户诚实地参与任务分配和转卖任务时，本章方案可以最大化用户的效用。最后，进行了大量实验，实验结果表明，与现有方案相比，本章方案可以提供更强的隐私保护，同时可以达到比现有方案高 20%左右的任务转卖率。

## 13.2　预备知识

### 13.2.1　差分隐私

　　差分隐私（Differential Privacy，DP）可以提供严格且可量化的隐私保护并且存储计算开销极低，因此受到了广泛的关注。差分隐私最早是在统计数据库领域由 Dwork 提出的，这是一种加密手段，允许研究人员在不透露个人信息的情况下分析整个数据集，用于解决聚合查询导致的隐私泄露问题。这是一个可以提供隐私正式定义的概念。差分隐私的定义如下。

**定义 13.1（差分隐私）** 假设一个随机算法 $M$，$S$ 是 $M$ 所有可能的输出结果构成的集合。对于任意两个相邻数据集 $x, y$，如果两个数据集的差别只有 1 条记录 $\|x - y\| \leqslant 1$，且两个相邻集合的概率分布满足

$$\Pr[M(x) \in S] \leqslant \exp(\varepsilon)\Pr[M(y) \in S] \tag{13.1}$$

则称算法 $M$ 提供了 $\varepsilon$ - 差分隐私保护。在上述定义中，$\varepsilon$ 是一个正实数，反映了所需的隐私级别，$\varepsilon$ 越小，则表示期望的隐私级别越高。此外，隐私预算 $\Psi$ 是 DP 的一个基本特征，即用户可接受的隐私泄露程度。隐私预算 $\Psi$ 越大，用户接受的隐私泄露程度就越高。

### 13.2.2　维克瑞拍卖

维克瑞拍卖（Vickrey Auction），也称第二价格密封拍卖（The Second Price Sealed Auction），每个买家向卖家提供密封后的出价，卖家可以看到出价，而其余买家无法看到出价，即买家在不知道其他买家出价的情况下提供出价，出价最高者中标（获胜），但只需支付第二高的出价。例如，第一竞标者出价 1000 万元，第二名竞标者出价 1500 万元，则第二个竞标者将赢得竞标，并支付第二高价（1000 万元）。维克瑞拍卖的定义如下。

**定义 13.2（维克瑞拍卖）** $bid_n$ 表示任何买家的非负值估值 $ask_n$ 的出价。每个买家 $n \in [1, N]$ 向拍卖商报告一个价格，拍卖商把货物拍卖给出价最高的人，但获胜的买家只需要支付第二高的出价。

维克瑞拍卖有以下优点。维克瑞拍卖鼓励买家报告实际的出价。对于每个已完成交易的买家 $m_i^b$，降低其价格不会对其实际收入产生任何影响，但会降低其获得拍卖物品的可能性。因此，买家 $m_i^b$ 通常更倾向于报告接近他的真实估值的出价。维克瑞拍卖使买家丧失直接操纵交易价格的能力，从而尽可能降低了低出价的可能性。在理想的情况下，大多数 $m_i^b$ 的交易价格将接近于他们的真实估值。因此，与密封拍卖等经济学中广泛使用的拍卖机制相比，维克瑞拍卖更符合本章方案的设计要求。

维克瑞拍卖的缺点是不能处理非理性用户的反社会行为。但由于本章假设用户是诚实的，因此本章中维克瑞拍卖的应用是在我们的假设范围内的，不需要考虑非理性用户的行为。此外，维克瑞拍卖还满足了以下拍卖过程的几个经济特征。

（1）个体理性：买卖双方都无法通过虚假报价来提高自己的效用，即当且仅当参与拍卖的买卖双方都如实地提交自己的报价时，他们的效用都是非负的，并且其效用能达到最大值。

（2）预算平衡：买家支付的总费用足以支付卖家的总报酬。

（3）激励相容：买卖双方通过对资源的真实估值进行报价来优化其预期效用。

（4）计算效率：拍卖结果可以在多项式时间内确定。

### 13.2.3　贪心算法

整体最优解可以通过选择一系列局部最优解来实现，每个选择可以依赖于前一个选择，但不依赖于后一个选择。

**定义 13.3（贪心算法）** 在具有 $N$ 行和 $M$ 列的正整数矩阵中，需要从每行中选择一个数字，以使所选数字的和最大。其核心思想是选择 $N$ 次，每次从当前行中选择最大值，最后相

加得到总和。

对于具有 $n$ 个元素的已知序列，完全排列的结果 $N$ 呈指数增加。如果计算每个排列的结果，计算的量将根据 $n$ 的超重叠呈指数增加。因此，利用贪心算法对序列中的每个元素进行操作，以找到局部最优值，并依次得到整个序列的最优结果。

## 13.3 问题表述

本节首先给出系统模型。然后，描述问题定义。

### 13.3.1 系统模型

如图 13.2 所示，本章方案的系统模型由三个实体组成，即服务器、数据请求者和用户。每个实体的作用如下。

服务器：服务器接收来自数据请求者的任务请求，并将任务发布给用户。

数据请求者：数据请求者向服务器发送任务请求。

用户：用户参与任务，并将任务的感知数据提交给服务器。

如图 13.2 所示，在步骤（1）中，数据请求者向服务器发送任务请求。在步骤（2）中创建时空任务之后，服务器将任务发布给用户。然后，用户获得确切的任务位置，并决定是否申请该任务。在连续任务分配中，使用隐马尔可夫模型高效地生成用户的 DP 参数，该参数既满足用户的动态隐私需求，又符合用户的历史决策。此外，使用基于维克瑞拍卖的任务转卖机制将他们的任务转卖给其他合适的用户。

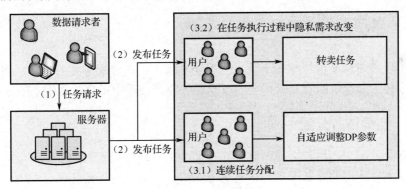

图 13.2　系统模型

在步骤（3.1）的连续任务分配中，用户使用 DP 扰动他们和任务兴趣之间的距离，以保护他们的位置隐私。在本章方案中，考虑到每个用户都有固定的隐私预算，用户在每次任务请求中消耗部分隐私预算。在步骤（3.2）中，当用户执行任务时，其隐私需求可能会增加，这可能会导致其隐私在执行该任务时被泄露。因此，用户不再适合分配给他的任务。为了继续执行这项任务，可以将任务转卖给适当的用户。

### 13.3.2 问题定义

在连续任务分配中，当用户请求和执行连续任务时，使用 $U = \{u_1, u_2, \cdots, u_a\}$ 表示用户的集合，$T = \{t_1, t_2, \cdots, t_b\}$ 表示任务集合，其中 $a$ 和 $b$ 分别是用户和任务的数量。现有两个问题，一是当用户 $u_i \in U$ 申请下一个任务 $t_j$ 时，如果用户使用固定的 DP 参数，可能会由于其隐私需求太高而无法获得下一个任务，其中，$i \in [1, a], j \in [1, b]$；二是如果用户手动调整其 DP 参数以获得任务，由于 DP 参数过大，隐私预算 $\Psi$ 可能被过快消耗，导致其参与后续任务的次数减少。

连续任务分配过程中使用的隐马尔可夫模型定义如下。

隐马尔可夫模型是 $\lambda = (A, B, \pi)$。假设 $V = \{v_1, v_2, \cdots, v_M\}$ 是每个用户的隐私参数集合，$Q = \{q_1, q_2, \cdots, q_N\}$ 是每个用户的位置集合。在本章方案中，假设 $\epsilon = \{\epsilon_1, \epsilon_2, \cdots, \epsilon_L\}$ 是长度为 $L$ 的观察序列，它表示 $u_i$ 在连续任务请求中发布的隐私参数；$P_u = \{p_{u_1}, p_{u_2}, \cdots, p_{u_L}\}$ 是对应的状态序列，它表示 $u_i$ 在连续任务请求中的实际位置。根据该模型，服务器只能获取用户界面上传的隐私参数，而不能获取用户的实际位置。此外，为了方便用户更好地决策，要求用户的隐私参数只能在 $\{v_1, v_2, \cdots, v_M\}$ 中选择。

在用户执行任务的过程中，我们知道有三个实体相互作用，即买家 $m_i^b$、卖家 $m_j^s$ 和服务器。设 $m^b = \{m_1^b, m_2^b, \cdots, m_\alpha^b\}$ 和 $m^s = \{m_1^s, m_2^s, \cdots, m_\beta^s\}$ 分别为买家集合和卖家集合。我们使用 $M_W^B(t)$ 和 $M_W^S(t)$ 表示获胜的买家组和获胜的卖家组。服务器允许卖家 $m_j^s \in m^s$ 将未完成的任务转卖给 $M_W^B(t)$ 中的正确买家 $m_i^b$，服务器向买家支付提交感知数据的费用，其中，$i \in [1, \alpha], j \in [1, \beta]$。如果用户从不敏感位置移动到敏感位置，其隐私需求可能会增加，这可能会在继续执行之前的任务时泄露其位置隐私。

## 13.4　方案设计

在本节中，考虑移动群智感知下动态位置隐私保护任务分配方案的设计。我们考虑的动态反映在连续任务分配中的隐私保护上，以及任务执行过程中用户隐私需求的变化上。

### 13.4.1　连续任务分配

在连续任务分配中，用户会因为时间和空间的关系而改变他们的隐私需求，因此需要调整隐私参数以满足当前的隐私需求。在本章方案中，我们针对连续任务分配中的用户提出了一种基于隐马尔可夫模型的隐私参数自适应调整机制。为了帮助用户根据当前位置和历史隐私参数决定下一个隐私参数，应该满足用户的动态隐私需求，并减少隐私预算消耗。

如果用户自行调整隐私参数，则会有一些负面影响。首先，它可能导致用户的隐私需求与任务不匹配，从而无法获得任务。其次，这将导致用户过快地消耗他们的隐私预算，并减少他们参与 MCS 的次数。因此，本章方案应该能够让用户在保护位置隐私的同时更多地参与 MCS。

为了在连续任务分配中保护用户的隐私，MCS 服务器无法看到用户的位置。隐马尔可夫模型包含状态序列和观测序列，状态序列是隐藏的，因此，我们将用户的位置建模为状态序列，将隐私参数建模为隐马尔可夫模型中的观测序列。通过这种方式，本章方案可以确保 MCS 服务器看不到用户的位置，同时，服务器仍然可以计算隐私参数候选序列，然后根据用户的当前位置和历史隐私参数为用户计算下一个隐私参数。

**1. 隐私参数候选序列的确定**

在连续任务分配中，我们在服务器上部署了隐马尔可夫模型，并使用它帮助用户根据当前位置和历史隐私参数确定下一个隐私参数。需要注意的是，服务器认为每个位置都有其特殊性。当每个用户在某个位置选择相同的隐私参数时，我们认为这能够反映用户位置的特殊性。本节我们进行出现概率最大的隐私参数候选序列的确定。

服务器根据初始状态概率向量 $\boldsymbol{\pi}$、观测概率矩阵 $\boldsymbol{B}$ 和状态转移概率矩阵 $\boldsymbol{A}$ 为用户确定自适应隐私参数。$\boldsymbol{B}=[b_i(k)]_{N\times M}$，其中 $b_j(k)$ 是 $t$ 时刻处于位置 $q_j$ 的条件下生成隐私参数 $\varepsilon_j$ 的概率，其表达式为

$$b_j(k) = P(o_t = v_k \mid i_t = q_j) \tag{13.2}$$

然后根据用户的状态转移概率得到状态转移概率矩阵 $\boldsymbol{A}$，$\boldsymbol{A}=[a_{ij}]_{N\times N}$。其中，$a_{ij}$ 是 $t$ 时刻处于位置 $q_i$ 的条件下在 $t+1$ 时刻转移到位置 $q_j$ 的概率。

$$a_{ij} = P(i_{t+1} = q_j \mid i_t = q_i) \tag{13.3}$$

$\boldsymbol{\pi}$ 为初始状态概率向量。当用户在当前位置时，其初始状态概率为 1，其余均为 0。

首先，假设地图平面上的位置集合是状态序列，每个位置对应的隐私参数是观测序列，对所有可能的隐私参数进行排列组合。具体来说，当前服务器已经知道隐马尔可夫模型 $\lambda$ 和隐私参数序列 $\Gamma=\{\varepsilon_1,\varepsilon_2,\cdots,\varepsilon_{L+1}\}$。首先，我们对所有隐私参数候选序列中的隐私参数进行全排列 $\mathrm{A}_{L+1}^{L+1}$。

$$\mathrm{A}_{L+1}^{L+1} = (L+1)! \tag{13.4}$$

其次，使用隐马尔可夫概率计算问题中的前向算法（Forward Algorithm），以计算在模型 $\lambda$ 下每个 $\varepsilon_i$ 的概率 $P(\varepsilon_i\mid\lambda)$，对于已知的隐马尔可夫模型 $\lambda=(\boldsymbol{A},\boldsymbol{B},\boldsymbol{\pi})$，前向概率 $\alpha_{t+1}(i)$ 表示到 $t+1$ 时刻观测到部分隐私参数候选序列 $\Gamma$ 且状态为 $q_{i+1}$ 的概率，表示为

$$\alpha_{t+1}(i) = P(\varepsilon_1,\varepsilon_2,\cdots,\varepsilon_L,\varepsilon_{L+1},i_{t+1} = q_{i+1}\mid\lambda) \tag{13.5}$$

最后，选择一个具有最大出现概率的隐私参数候选序列 $\{\varepsilon_1,\varepsilon_2,\cdots,\varepsilon_{L+1}\}$ 作为用户可供选择的隐私参数候选序列，用户可以根据其位置选择对应的最有可能的隐私参数。因为候选序列有很多，所以我们的目标是找到出现概率最大的一个候选序列，使它尽可能符合用户的历史决策与位置的敏感性特点。

然而，在上述过程中，计算的置换和组合的数量随着序列长度的增加呈指数增长，用于计算前向算法的时延也呈指数增长。为此，我们提出了一种改进的贪心算法，该算法依次对每个位置的候选隐私参数进行概率计算。最后，得到具有给定长度和最高发生概率的候选序列。通过我们的贪心算法，确定候选序列的时间复杂度降低到 $O(n)$。因此，基于贪心算法，我们设计了一种最大概率隐私参数候选序列选择算法，如算法 13.1。

其基本思想解释如下。①对于 $\Gamma$，计算第一个位置出现的最大概率 $P(\varepsilon_i\mid\lambda)$（第 1 步）。②选择出现概率最大的隐私参数 $\varepsilon_i$，然后将隐私参数固定在该位置（第 2 步）。③以第二位置出现的最大概率 $P(\varepsilon_i\mid\lambda)$ 计算隐私参数（第 5~10 步），并获得长度为两个隐私参数候选序列的隐私参数候选序列出现的最大概率（第 12~13 步）。④按顺序计算，以获得给定长度的出现概率最大的隐私参数候选序列 $\{\varepsilon_1,\varepsilon_2,\cdots,\varepsilon_L,\varepsilon_{L+1}\}$（第 14~16 步）。

| 算法 13.1　基于贪心算法的最大概率隐私参数候选序列选择算法 |
|---|
| 输入：隐马尔可夫模型 $\lambda = (\boldsymbol{A}, \boldsymbol{B}, \boldsymbol{\pi})$，隐私参数的序列 $\Gamma = \{\varepsilon_1, \varepsilon_2, \cdots, \varepsilon_{L+1}\}$<br>输出：最大概率隐私参数候选序列 $\{\varepsilon_1, \varepsilon_2, \cdots, \varepsilon_{L+1}\}$ |
| 1.　for $i = 1, 2, \cdots, L$ do<br>2.　　for $\varepsilon_i$ in $\Gamma = \{\varepsilon_1, \varepsilon_2, \cdots, \varepsilon_L, \varepsilon_{L+1}\}$<br>3.　　　for $t = 1, 2, \cdots, t-1$ do<br>4.　　　　// 根据前向算法计算前向概率<br>5.　　　　计算 $\alpha_{t+1}(i)$<br>6.　　　　$\alpha_{t+1}(i) \leftarrow \left[\sum\limits_{j=1}^{N} \alpha_t(j) a_{ji}\right] b_i(\epsilon_{t+1}), i = 1, 2, \cdots, N$<br>7.　　　　计算 $P(\varepsilon_i \mid \lambda)$<br>8.　　　　$P(\varepsilon_i \mid \lambda) \leftarrow \sum\limits_{i=1}^{N} \alpha_T(i)$<br>9.　　　end for<br>10.　　　计算 $\varepsilon_i$ with $P(\varepsilon_i \mid \lambda)$<br>11.　　end for<br>12.　　选择最大概率 $\max P(\varepsilon_i \mid \lambda)$ with $\varepsilon_i$<br>13.　　固定第一个状态为 $\Gamma = \{\varepsilon_1, \varepsilon_2, \cdots, \varepsilon_L, \varepsilon_{L+1}\}$<br>14.　　计算第二个状态 $\varepsilon$<br>15.　end for<br>16.　选择最大概率隐私参数候选序列 $\{\varepsilon_1, \varepsilon_2, \cdots, \varepsilon_L, \varepsilon_{L+1}\}$ |

贪心算法的本质是子问题的优化，因此我们将每个位置的隐私参数的计算视为一个子问题，目的是获得所有子问题的最优组合。因此，算法 13.1 只是为了提高系统效率，无法得到准确的结果。

在本章方案中，假设服务器已经掌握了一个隐马尔可夫模型。由于模型中的参数获取过程与移动群智感知的任务分配无关，且可以独立于任务分配问题去进行，而我们的目标是给出一个移动群智感知的动态位置隐私保护任务分配的通用方案，因此隐马尔可夫中各个参数的获取过程不是我们的关注重点。在上述的概率矩阵中，$b_j(k)$ 是生成隐私预算的概率，$a_{ij}$ 是用户状态转移的概率，这些参数可以通过多样化的方式得到，如专家知识或隐马尔可夫[90]中的学习问题。值得注意的是，服务器只需要知道可用于估计模型中所需参数的统计信息。根据道路网的专家知识和位置敏感性，可以直接给出相应的转移概率。而在后者中，只需要知道观测序列，即隐私参数的统计情况，即可估计模型中的所需参数。后者中需要的信息，是可以从先前的工作中获得的。总体而言，我们的目标是为用户提供一种自动化的隐私决策工具。因此，可以通过各种可能的方法来确定两个概率值，如何设置 $b_j(k)$ 以及 $a_{ij}$ 的概率值不是关注的重点。

**2. 用户隐私参数确定**

服务器已经得到了出现概率最大的隐私参数候选序列 $\{\varepsilon_1, \varepsilon_2, \cdots, \varepsilon_{L+1}\}$，并将其得到的隐私

参数候选序列发送给用户，然后用户根据其位置计算对应的隐私参数。隐私预算（Privacy Budget）指用户在进行任务请求时能够接受的隐私泄露的程度。我们假设用户的隐私预算是一定的，因此用户每进行一次任务请求，都会消耗一部分隐私预算。如果隐私预算耗尽，用户的隐私需求将无法得到满足。若用户在最大概率隐私参数候选序列中，前几次选择的隐私参数过大，则会出现隐私预算不足的情况，或者出现用户隐私参数大于剩余隐私预算的情况。为了避免用户隐私预算不足而导致用户进行感知活动时任务请求次数减少，我们提出一种基于隐私预算的用户隐私参数选择算法，来保证在相同的隐私预算条件下用户可以进行更多次任务请求。

用 $\Psi$ 表示隐私预算，在考虑隐私预算的前提下，通过公式（13.6）计算在 $i$ 这个位置上的隐私参数。

$$\varepsilon_i = \frac{\varepsilon_i}{\max\{\varepsilon_1, \varepsilon_2, \cdots, \varepsilon_{L+1}\}} \Psi \tag{13.6}$$

在此基础上得到的隐私参数解决了用户不经计算直观调整而导致的用户隐私预算被过快消耗从而泄露位置隐私的问题。

算法 13.2 是基于隐私预算的用户隐私参数选择算法。

在算法 13.2 中，首先根据式（13.6）计算候选序列中的 $\varepsilon_i$。然后定义一个计数变量 $n$。每次用户消耗 $\Psi$ 时，$n$ 增加 1，直到 $\Psi$ 消耗完，或者剩余的 $\Psi$ 不足以满足隐私参数。

---

**算法 13.2　基于隐私预算的用户隐私参数选择算法**

输入：最大概率隐私参数候选序列 $\{\varepsilon_1, \varepsilon_2, \cdots, \varepsilon_{L+1}\}$，用户的隐私预算 $\Psi$

输出：基于隐私预算的用户隐私参数 $\hat{\varepsilon}_i$，用户可以进行任务请求的次数 $n$

1.   for $\varepsilon_i$ in $\{\varepsilon_1, \varepsilon_2, \cdots, \varepsilon_{L+1}\}$ do

2.      $\hat{\varepsilon}_i = \dfrac{\varepsilon_i}{\max\{\varepsilon_1, \varepsilon_2, \cdots, \varepsilon_{L+1}\}} \Psi$

3.      $n = 0$

4.      for $i$ in $m, m-1, \cdots, 0$ do

5.         if $\Psi_{i-1} \geqslant \hat{\varepsilon}_i$ then

            $\Psi_{i-1} = \Psi_i - \hat{\varepsilon}_i$

6.           $n = n+1$

7.         end if

8.      end for

9.   end for

---

根据算法 13.2 可以得到基于隐私预算 $\Psi$ 的用户隐私参数 $\hat{\varepsilon}_i$，同时得到了用户可以进行任务请求的最大次数。然后服务器将得到的用户隐私参数 $\hat{\varepsilon}_i$ 返回给用户。在获得隐私参数 $\hat{\varepsilon}_i$ 后，用户使用差分隐私扰动其位置[91,92]，以获得用户与感兴趣任务之间的扰动距离。由于服务器已有用户在下一位置的隐私参数 $\varepsilon_i$，所以当用户选择其感兴趣任务时，无须重复提交其隐私参数 $\hat{\varepsilon}_i$，只需提交其与感兴趣任务的扰动距离，即任务距离元组 $(t_j, \tilde{d}_{ij})$。本章用户的位置对应于隐马尔可夫模型中的状态，其中，状态是不可见的。由于隐马尔可夫的这一特性，用户的位置隐私不会被泄露，本章方案可以抵抗攻击者的恶意行为。

接下来，通过 Wang 等人[93]提出的任务分配方法，为任务选择最合适的用户。具体来说，用户首先向服务器提交任务分配请求，该请求包含用户 ID 的元组以及用户受干扰位置与任务之间的距离。随后，Wang 等人设计了一种方法，用于比较用户执行位置干扰后用户与任务之间距离的概率。候选用户最接近待分配任务的概率被当作匹配标准。如果存在任务冲突，即一个用户是连续任务的获胜者，则此用户之后的第二个用户将选择并分配剩余的每个冲突任务。

选择每个任务的获胜者后，获胜者向服务器提交其感知数据，服务器需要向提交感知数据的用户支付一定金额的报酬。我们假设移动用户收到的报酬不会超过请求感知数据的值。同时，利用现有工作[93]提出的获胜者支付确定机制来确定每个获胜者的支付金额。该机制通过考虑其旅行距离和隐私级别来确定适当的支付金额。

## 13.4.2　用户任务执行中隐私需求变化

在连续任务分配中，当用户的隐私需求在任务执行过程中发生变化时，他将不适合该任务。即如果用户的隐私需求与任务的敏感性不匹配，他将不愿意继续执行任务。因此，我们要求卖家将任务转卖给合适的买家。在此过程中，成功参与转卖的用户将获得报酬，以鼓励MCS 的用户参与该系统。针对用户执行任务时，其对隐私需求的增加导致任务无法连续执行的情况，我们提出了一种基于维克瑞拍卖的任务转卖机制来转卖任务。

当用户执行任务时，由于用户隐私需求的变化，任务无法被继续执行。因此，卖家将任务转卖给适当的用户，并确保任务分配的持续性。其中，我们只考虑用户在执行任务时隐私需求的变化，在解决隐私问题的同时保证任务分配的连续性。

首先，给出一个任务分级范式：服务器维护两个任务池，初次待分配任务池和待转卖任务池。在初次待分配任务池中，停留的是待分配给用户的任务；在待转卖任务池中，转卖的是隐私需求提升后不适合用户的任务，包含用户已感知的感知数据以及用户后续需要完成的任务。我们不将任务放回任务池进行重新分配，而是依然借助服务器来进行转卖。一是因为这样可以保留用户已感知的感知数据，从而不浪费整个系统的感知成本（此处的感知成本包括服务器需要支付给用户已感知的感知数据的成本以及服务器需要进行重新分配的成本）。二是因为转卖体现了任务本身的特点。一个任务进行到转卖这一阶段，其本身提供了这一任务特点的一些信息，说明这些任务涉及某些敏感位置或存在某种困难度。此时我们不采用集中的任务分配（其中的报酬只包含了位置因素以及距离因素），而采用更加注重卖家期望的拍卖模式，不对任务价格的下限进行限定（此时的报酬中不仅有初次任务分配的距离因素，还包括了买家对于隐私泄露的风险、任务困难性等因素的考虑），这样更能够体现理性用户假设下任务的差异性，同时确保用户的正收益，实现对用户的有效激励。基于上述讨论，我们给出转卖交互过程，如图 13.3 所示。

（1）卖家 $m_j^s$ 向服务器发送转卖任务请求，以告知服务器其需要转卖手中不能完成的任务。

（2）服务器向卖家 $m_j^s$ 返回请求确认，允许 $m_j^s$ 拍卖其无法完成的任务。

（3）卖家 $m_j^s$ 向服务器发送其从分配到任务到当前已感知的感知数据。

（4）服务器将未完成的任务添加到待转卖任务池中，同时给买家 $m_i^b$ 广播待转卖任务列表。

（5）买家 $m_i^b$ 根据其意愿选择竞拍任务，并向服务器上传出价。

（6）服务器根据买家 $m_i^b$ 的出价，通过维克瑞拍卖算法选出获胜买家。

（7）服务器向买家 $m_i^b$ 宣布需要转卖的任务对应的获胜买家。

（8）获胜买家向服务器付款，即第二高出价 $\text{bid}_{h-1}$。

（9）服务器将获胜买家支付已感知的感知数据的报酬发送给卖家。

（10）买家完成任务后上传剩余感知数据。

（11）服务器在经过校验后向买家支付其上传的感知数据的报酬 $p_{ij}$。

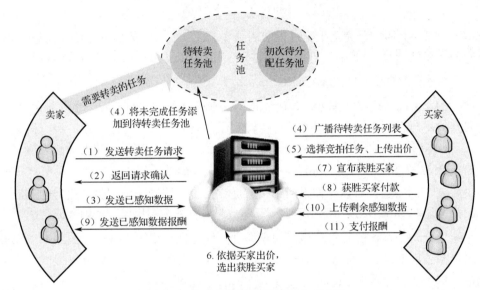

图 13.3　任务转卖机制的转卖交互过程

在实际生活中，MCS 服务器通常采用一些基于拍卖的机制[94,95]，以吸引用户参与任务。由于各种原因，用户可能无法执行当前任务，如任务执行期间隐私需求的变化。为了保证任务的完成率并吸引用户，MCS 服务器可以创建一个拍卖网站，用于接收卖家的任务转卖申请，然后将特定存储区域划分为任务转卖池。在该网站上，买家可以竞标任务，服务器选择获胜买家。之后，服务器宣布获胜买家并等待他们付款。此外，服务器在拍卖结束时向卖家支付赔偿金，并在完成任务后验证来自获胜买家的感知数据。最后，获胜的买家可以从服务器获得任务的报酬。转卖过程中的所有支付都是在线支付，如支付宝、PayPal 等。其中，服务器向买家支付的感知数据的报酬一定大于卖家转卖其手中任务获得的报酬，卖家 $m_j^s$ 的效用为

$$u(m_j^s) = \text{bid}_{h-1} - p_c \tag{13.7}$$

其中，$\text{bid}_{h-1}$ 为拍卖的任务的报酬，即第二高出价，$p_c$ 是卖家 $m_j^s$ 没有按时提交感知数据的赔偿金。买家 $m_i^b$ 的效用为

$$u(m_i^b) = p_{ij} - \text{bid}_{h-1} \tag{13.8}$$

其中，$p_{ij}$ 为任务的报酬。

在系统中，由于用户的隐私需求是动态的，我们不能确保一个时间段内因隐私需求变高而退出任务的用户只有一个，因此我们假设卖家 $m_j^s \in m^s$ 的数量大于1但远少于买家 $m_i^b \in m^b$ 的数量。由于每个任务只分配给一个用户并且每个用户最多分配一个任务，在拍卖过程中只会

出现一个任务对应多个买家的情况，因此我们使用维克瑞拍卖机制来进行任务的转卖，并解决任务分配问题。如果出现任务冲突，即一个用户是多个任务的获胜者，则对于其余冲突任务中的每个任务，将分配给除这个用户以外的次优者。

在单次任务分配过程中，在用户由于其隐私需求变高而退出任务的情况下，我们的设计目标是，要求用户能够将当前任务转交给其余用户继续完成从而确保任务完成率，在此过程中所有用户均获得正收益以激励用户参与系统。因此我们的目标为

$$\text{Max}\left(\sum_{i=1}^{n} z_i\right), n \in \mathbf{N}^* \tag{13.9}$$

在本章方案中，服务器充当拍卖过程中的拍卖商。卖家向服务器发送转卖任务的请求后，服务器向卖家返回同意其转卖任务的确认信息，服务器根据卖家提交的估值 $\text{ask}_j$ 对卖家进行升序排列，得到升序集合 $M^S = \{\text{ask}_1, \text{ask}_2, \cdots, \text{ask}_m\}$，其中 $\text{ask}_i$ 为卖家 $m_i^s$ 的估值，低估值的卖家优先进行拍卖，以实现高匹配度，若估值相同，则根据其提交的先后顺序进行排序。然后，服务器向其他用户广播待转卖的任务，对待转卖任务列表中的任务感兴趣的买家构成买家集合 $M^B(t)$，买家向服务器提交其 ID 及其出价 $\text{bid}_i$，卖家根据买家的出价对其进行降序排列，得到买家集合 $M^B = \{\text{bid}_1, \text{bid}_2, \cdots, \text{bid}_n\}$，其中 $\text{bid}_i$ 为买家 $m_i^b$ 的出价。请注意，某些规则可以用来解决冲突[96]的问题。所以，如果两个买家提交的出价相同，则按照其提交的先后顺序进行排序。若 $\text{bid}_h \geq \text{ask}_j$，则拍卖成功，否则拍卖失败，$h$ 为最高出价。将拍卖成功的买家添加至获胜买家集合 $M_W^B(t)$，同时将其移出买家集合，以保证一个用户只被分配到一个任务。拍卖成功的卖家添加至获胜卖家集合 $M_W^S(t)$，直至所有卖家参与过一轮拍卖。

为保证拍卖的预算平衡（Budget Balance）特性，即保证获胜买家的总支付金额大于或等于卖家 $m_j^s$ 获得的总报酬，有

$$x\text{Bid}' \geq x\text{Ask}' \tag{13.10}$$

在式（13.10）中，$x$ 为能够成功匹配的买卖双方的数量，$\text{Bid}'$ 为获胜买家支付给卖家的总金额，$\text{Ask}'$ 为获胜卖家获得的总报酬。

在卖家向服务器提交转卖任务的请求且服务器同意后，卖家需要向服务器支付一定的赔偿金 $p_c$，即支付其没有按时提交感知数据的赔偿。在这里，由于服务器只知道卖家的估值 $\text{ask}_j$，因此我们计算赔偿金的方式为

$$p_c = \mu\text{ask}_j, \ \mu \in (0,1) \tag{13.11}$$

在式（13.11）中，服务器使用 $\mu$ 来控制卖家需要支付的赔偿金，使卖家的效用为非负，满足拍卖的真实性，即

$$u(m_j^s) = \text{bid}_{h-1} - p_c = \text{bid}_{h-1} - \mu\text{ask}_j \geq 0 \tag{13.12}$$

算法 13.3 是基于维克瑞拍卖的任务转卖算法。

| **算法 13.3　基于维克瑞拍卖的任务转卖算法** |
| --- |
| 输入：买家 $m_i^b$，卖家 $m_j^s$，买家的出价 $\text{bid}_i$，卖家的估值 $\text{ask}_j$ |
| 输出：获胜买家集合 $M_W^B(t)$ 与获胜卖家集合 $M_W^S(t)$ |
| 1. for $m_j^s \in m^s$ do |
| 2.　　对 $m_j^s$ 按 $\text{ask}_j$ 升序排序 |

| | |
|---|---|
| 3. | for $m_i^b \in m^b$ do |
| 4. | 对 $m_i^b$ 按 $\text{bid}_i$ 降序排序 |
| 5. | if $\text{bid}_h \geq \text{ask}_j$ then |
| 6. | 将 $m_i^b$ 添加到 $M_W^B(t)$，$m_i^b$ 从 $M^B(t)$ 中移除 $m_i^b$ |
| 7. | 将 $m_j^s$ 添加到 $M_W^S(t)$ |
| 8. | end if |
| 9. | end for |
| 10. | end for |

拍卖结束后，获胜买家得到未完成的任务并继续完成，完成任务后将剩余的感知数据上传到服务器，服务器在经过校验后支付给买家感知数据的报酬，即服务器原应支付给卖家的报酬为

$$p_{ij} = p_{ij}^m + p_{ij}^l \tag{13.13}$$

其中，$p_{ij}^m$ 为卖家的初始移动成本，$p_{ij}^l$ 为卖家的初始隐私成本。我们的转卖方案使用现有方法[97]来保护竞价隐私，以抵抗攻击者的恶意行为。

### 13.4.3　总结不同角色的工作流程

在本节中，我们从用户和服务器的角度总结了整个 MCS 系统的工作流程，如图 13.4 所示。用户特定的工作流程如下：如果用户的隐私需求保持不变，用户将其感知数据上传到服务器。在连续任务分配中，服务器计算出出现概率最大的隐私参数候选序列后，用户计算出特定隐私预算条件下用户下一个状态的隐私参数，如算法 13.2 所示。如果用户的隐私需求在任务执行期间发生变化，卖家的任务将被转卖，获胜买家将通过算法 13.3 进行选择，其任务将被转卖给获胜者。

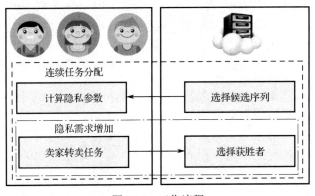

图 13.4　工作流程

接下来总结服务器的工作流程。如果用户的隐私需求保持不变，服务器使用方案[93]中的选择机制来选择任务的获胜者，并将任务分配给获胜者。在连续任务分配中，服务器首先计算隐私参数候选序列的出现概率，然后选择出现概率最大的隐私参数候选序列，如算法 13.1 所示，然后发送给用户。如果用户的隐私需求在任务执行期间发生变化，卖家将向服务器提交一份转卖任务的申请，作为拍卖商的服务器同意卖家转卖任务。

## 13.5　方案分析

为了验证本章方案在实现动态位置隐私保护任务分配中的特性，我们对本章方案进行了一系列的理论与技术分析，包括个体理性、预算平衡、激励相容性等。

### 13.5.1　个体理性

个体理性指用户在执行任务时将具有非负效用，即参与用户的效用大于或等于零。如果拍卖的分配没有使任何代理人比没有代理人参与该机制的情况更糟，则拍卖被认为是个体理性的（或者说具有自愿参与的属性）。也就是说，每个代理都通过参与该机制而获得非负效用。本章方案中的任务转卖算法需满足个体理性，即在任务转卖算法中买家和卖家的效用一定是非负的。只有满足个体理性，用户才会参与到该拍卖系统中，促使拍卖过程顺利进行。根据个体理性与本章方案，对任务转卖算法进行证明，以分析其满足个体理性。具体证明如下。

**定理 13.1**　本章方案的任务转卖算法满足个体理性。

**证明：**如果拍卖方案满足个体理性，则对每个买家都应满足 $u(m_i^b) \geq 0$。此属性可确保拍卖市场中的每个用户在拍卖过程中获得非负效用。为了研究拍卖算法的个体理性，将从买家和卖家这两个方面分别考虑。

买家：对于每个买家，如果在拍卖中失败，则其的效用为零。如果成为获胜者，那么买家的效用可以计算为 $u(m_i^b) = p_{ij} - \mathrm{bid}_{h-1}$，其中，任务的报酬一定大于拍卖中任务的交易价格，买家 $m_i^b \in m^b$ 的效用为 $u(m_i^b) \geq 0$。因此，对于买家来说，任务转卖算法满足个体理性。

卖家：对于每个卖家，如果在拍卖中失败，则其的效用为零。如果成为获胜者，那么卖家的效用可以计算为 $u(m_j^s) = \mathrm{bid}_{h-1} - p_c = \mathrm{bid}_{h-1} - \mu \mathrm{ask}_j \geq 0$，卖家 $m_j^s \in m^s$ 的效用为 $u(m_i^s) \geq 0$。因此，对于卖家来说，任务转卖算法也满足个体理性。

### 13.5.2　预算平衡

若要拍卖满足预算平衡，则要求获胜买家支付的总费用大于或等于获胜卖家获得的总报酬。在拍卖过程中，如果在所有可行的结果中，买家支付的费用大于卖家获得的报酬，那么拍卖的预算平衡就很弱，称之为弱预算平衡。如果买家支付的费用等于卖家获得的报酬，那么拍卖将在预算上保持很高的平衡。在本章方案中，由于买家支付的费用大于或等于卖家获得的报酬，因此任务转卖算法是满足弱预算平衡的。若无法满足弱预算平衡，买家支付的费用不足以支付卖家的报酬，则需要服务器补偿其中的亏损，因此该特性可以保证服务器不会注入资金进行拍卖，不会使其出现亏损。基于此，对方案进行证明，以分析其满足弱预算平衡。具体证明如下。

**定理 13.2**　本章方案的任务转卖算法满足弱预算平衡。

**证明：**如果买家成为获胜买家，则有 $\sum\limits_{i \in M_W^B} p_i z_i - \sum\limits_{i \in M_W^S} p_i z_i \geq 0$，其中，$p_i$ 是交易价格，$z_i$ 表示任务是否分配。对于那些没有获胜的买家，其支付的费用和分配均为 0。总而言之，在所

有时间段都必须有 $\sum\limits_{i \in M_W^B} p_i z_i - \sum\limits_{i \in M_W^S} p_i z_i \geq 0$。因此，本章方案的任务转卖算法可以满足弱预算平衡。

### 13.5.3  激励相容性

若一个机制中用户个人的利益与所有用户的利益是一致的，则说明该机制是激励相容的。本章方案满足激励相容性，所以能够吸引买家和卖家主动遵守拍卖规则，并可以吸引更多买家参与到我们的拍卖过程中，以提高转卖任务的完成率。如果拍卖方案满足激励相容性，则对每个买家都应满足 $u(\text{bid}_i) \geq u(\text{bid}_i')$。$\text{bid}_i$ 和 $\text{bid}_i'$ 分别表示为买家 $m_i^b$ 的真实出价和虚假出价。买卖双方都无法通过虚假报价来提高自己的收益，即只有报价真实时，双方才能获得最大收益。根据激励相容性与本章方案，对基于维克瑞拍卖的任务转卖算法进行证明，以分析其满足激励相容性。具体证明如下。

**定理 13.3**  本章方案的任务转卖算法满足激励相容性。

**证明：** 在本章方案中，买家和卖家被认为是理性的，而服务器则被认为是诚实但好奇的。因此，在拍卖过程中，买家和卖家可能会谎报出价或估值，或者为了获得报酬故意参与转卖。为了研究激励相容性，考虑以下两种情况。

（1）若 $m_i^b$ 和 $m_j^s$ 谎报出价或估值，对于在我们转卖过程中的买家 $m_i^b$，如果他们谎报了出价，即 $m_i^b$ 提交 $\text{bid}_i'$，根据维克瑞拍卖的原则，买家将无法成为获胜买家。所以，若 $m_i^b$ 参与拍卖，则必须提交他们的真实出价，即 $\text{bid}_i = \text{bid}_i'$。对于 $m_j^s$，如果他们谎报 $\text{ask}_j$，则也会无法成为获胜卖家，并且 $m_j^s$ 的效用 $u(m_j^s) = \text{bid}_{h-1} - p_c$ 将会小于 0。如果原应成为获胜者的买卖双方无法赢得拍卖，则会降低拍卖效果，使任务的转卖完成率降低。因此，在转卖过程中，买卖双方不能谎报出价或估值来提高其报酬。本章方案的任务转卖算法满足了激励相容性。

（2）$m_i^b$ 和 $m_j^s$ 为了获得报酬故意参与转卖。为了避免卖家为了获得报酬而故意转卖任务，在方案中添加了赔偿金。用户若要参与转卖，需向服务器支付一定的赔偿金。同时，买家若为了获得任务而参与转卖，他们的移动成本与隐私消耗成本将会大于其报酬，导致其效用 $u(m_i^b)$ 小于 0。因此，本章方案的任务转卖算法满足了激励相容性。

综上所述，本章方案的任务转卖算法满足激励相容性。

### 13.5.4  计算与存储效率

本节对方案中的任务转卖算法以及连续任务分配的时间复杂度、空间复杂度进行分析，以证明本章方案在计算与存储效率上是有效的。基于此，对方案中的基于维克瑞拍卖的任务转卖算法以及连续任务分配分别进行证明，以分析其计算与存储效率。具体证明如下。

在本章方案中，连续任务分配中的计算主要包括用户隐私参数的概率计算以及获胜者选择机制的计算。在用户隐私参数的概率计算中，主要使用隐马尔可夫的前向算法。在前向算法中，局部计算前向概率，然后利用路径结构将前向概率递推到全局，得到 $P(\varepsilon | \lambda)$。在 $t = 1$ 时，计算 $\alpha_1(i)$ 的 $N$ 个值，在各个时刻 $t = 1, 2, \cdots, T-1$，计算 $\alpha_{t+1}(i)$ 的 $N$ 个值，每个 $\alpha_{t+1}(i)$ 的计算利用前一时刻 $N$ 个 $\alpha_t(j)$ 完成。这样，每次计算直接引用前一时刻的计算结果，可以避免重复计算，极大地减少了计算时间复杂度。获胜者选择机制的计算已在文献[93]中给出，对于 $m$

个任务和 $n$ 个用户计算的时间复杂度为 $O(k^2n^2/m+k^2n)$。因此，本章方案中多次过程的时间复杂度为 $O(N^2T+k^2n^2/m+k^2n)$。对于它的空间复杂度，算法在运行过程中占用的存储空间大小为 $O(n^2)$，因此空间复杂度为 $O(n^2)$。

在本章方案中，算法 13.3 中排序操作的复杂度为 $O(|M^S(t)|\log|M^S(t)|)$，for 循环的复杂度为 $O(|M^S(t)\|M^B(t)|)$。因此，算法 13.3 的计算复杂度为 $O(|M^S(t)\|M^B(t)|)$。根据算法 13.3 的时间复杂度分析，其时间复杂度为 $O(|M^S(t)\|M^B(t)|+|M'^S(t)\|M'^B(t)|)$。因此，基于维克瑞拍卖的任务转卖算法可以按多项式时间顺序输出结果。现有方案[98]的计算复杂度为 $O(T|M^B(t)|(|M^B(t)|+|M^S(t)|\log|M^S(t)|))$。本章方案的计算复杂度明显低于现有方案[98]，比较结果见表 13.1。在后面的 for 循环中不再为数据分配新的空间，因此我们的任务转卖算法的空间复杂度为 $O(1)$。

表 13.1　计算与存储效率对比表

| | 时间复杂度 | 空间复杂度 |
|---|---|---|
| 连续任务分配 | $O(N^2T+k^2n^2/m+k^2n)$ | $O(n^2)$ |
| 任务转卖算法 | $O(|M^S(t)\|M^B(t)|+|M'^S(t)\|M'^B(t)|)$ | $O(1)$ |
| Liu 等[98] | $O(T|M^B(t)|(|M^B(t)|+|M^S(t)|\log|M^S(t)|))$ | — |

## 13.6　实验

本节进行了大量的数值实验来测试本章方案在动态位置隐私保护任务分配中的性能。所有的算法都是用 Python 实现的。通过分别使用用户和服务器作为线程来模拟任务分配过程。实验在一台配备英特尔 Core i7-6700 3.4GHz CPU、8GB RAM 和 Windows7 64 位操作系统的 PC 上进行。

实验通过使用 GeoLife 数据集计算得到用户的初始状态概率向量以及状态转移概率矩阵。在连续任务分配中，将用户的隐私参数候选序列长度以 1 为增量从 2 增加到 16，用户的隐私预算从 1 增加到 9。用全局最优和局部最优的隐私预算消耗和计算开销来衡量本章方案的性能，并将隐私预算消耗与 PWSM[93] 进行对比。此外，我们将与隐私参数不变与隐私参数随机变化的情况进行对比，衡量本章方案的隐私保护水平。

### 13.6.1　隐私预算消耗对比

每个用户在参与任务中都有固定的隐私预算，将隐私预算的消耗过程看作用户的请求次数。下面研究隐私参数候选序列的长度和隐私预算对请求次数的影响，并与 PWSM[93] 进行了对比，如图 13.5 所示。

图 13.5（a）给出了隐私参数候选序列长度对请求次数的影响，设置隐私预算为 3；图 13.5（b）给出了隐私预算对请求次数的影响，我们设置隐私参数候选序列长度为 4。

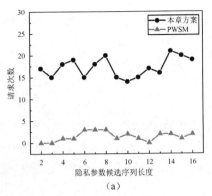 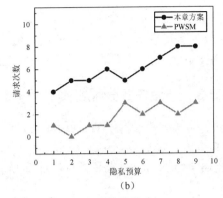

图 13.5　隐私参数候选序列长度与隐私预算对请求次数的影响

从图 13.5（a）可以看出，本章方案明显优于 PWSM。与 PWSM 相比，在固定隐私预算的情况下，本章方案请求次数明显多于 PWSM。从图 13.5（b）可以看出，随着隐私预算的增加，用户请求的数量在一定范围内波动。尽管如此，本章方案由于隐私序列中的隐私参数是随机的，所以计算出的请求次数在一定范围内也呈轻微增长的趋势。同时，与 PWSM 相比，当候选序列长度固定时，本章方案的请求次数明显更多。总体来说，实验结果表明，本章方案在隐私预算消耗方面，即请求次数的表现上是优于 PWSM 的。

### 13.6.2　隐私保护水平

将隐私保护水平定义为用户的隐私参数和位置敏感度之间的差异。研究了隐私参数候选序列长度和用户位置对隐私保护水平的影响，如图 13.6 所示。使用 1 到 20 代表 20 个不同的用户位置，将隐私参数候选序列长度设置为 4，隐私预算设置为 4。由于目前没有连续方案，继续使用现有方案，使其应用于连续任务分配。通过这种方式，可以将它们与本章方案进行对比。构造了两个比较方案：一是在连续请求中直接采用现有的任务分配方案，如经典方案 PWSM[93]，并使其始终保持相同的隐私参数，称为单任务分配方案（Single Task Allocation Scheme，STAS）；二是随机选择用户的隐私参数，称为 RANDOM。

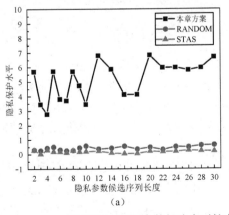 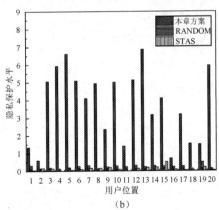

图 13.6　隐私参数候选序列长度与用户位置对隐私保护水平的影响

图 13.6（a）显示了隐私参数候选序列长度对隐私保护水平的影响。图 13.6（b）显示了用户位置对隐私保护水平的影响。

从图 13.6（a）可以看出，本章方案的隐私保护水平明显高于 STAS 和 RANDOM。从图 13.6（b）可以看出，对于不同的用户位置，本章方案的隐私保护水平明显高于 STAS 和 RANDOM。由此可见，本章方案可以更好地满足用户的隐私保护要求。

### 13.6.3　连续任务分配方案计算开销

研究了隐私参数候选序列长度和隐私预算对计算开销的影响，如图 13.7 所示。其中，图 13.7（a）给出了隐私参数候选序列长度对计算开销的影响，我们分别设置隐私预算为 3、6 和 9；图 13.7（b）给出了隐私预算对计算开销的影响，分别设置隐私参数候选序列长度为 4、10 和 16。

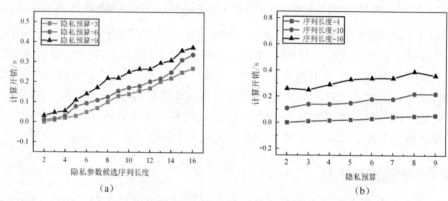

图 13.7　隐私参数候选序列长度与隐私预算对计算开销的影响

从图 13.7（a）可以看出，连续任务分配的计算开销随着隐私参数候选序列长度的增加而增加，因为隐私参数候选序列长度越长，选择出现概率最大的隐私参数序列所需的计算就越多。此外，很容易观察到，连续任务分配的计算开销随着隐私预算的增加而增加。因此，我们还测试了隐私预算对计算开销的影响，如图 13.7（b）所示。从图 13.7（b）可以看出，当隐私参数候选序列的长度固定时，连续任务分配的计算开销随着隐私预算的增加而略微增加，因为隐私预算越大，用户请求次数越多。

### 13.6.4　任务转卖率

在用户执行任务的阶段，假设区域内共存在 400 个用户，其中包括 200 个买家及 200 个卖家，随机从买卖双方集合中抽取若干用户进行实验，买卖双方的价格依据正态分布采样 $N$ 个随机数。在每次实验中，我们令买家数量以 10 为增量从 80 增加至 150。同时，我们令买卖双方的用户报价均服从正态分布，并将各自的方差设为 10，买卖双方报价分布的期望以 10 为增量从 20 增加至 90。

定义转卖率为获胜买家数量与买家总数之比，用来表示既定区域内用户隐私被保护的程度。转卖率 $\mu$ 定义为 $R^s = |B^w|/\alpha$，其中，$|B^w|$ 表示获胜的买家数量，$\alpha$ 表示买家总数。分别考察了本章方案中买家数量、卖家数量、买家出价分布期望以及卖家估值分布期望对任务转卖率的影响，并与现有的 UIBIM 方案[98]进行对比，如图 13.8 所示。

买家数量对任务转卖率的影响在图 13.8（a）中给出，设置卖家数量为 80，买卖双方报价分布的期望均为 20，方差均为 10；图 13.8（b）给出了卖家数量对任务转卖率的影响，设置买家数量为 150；图 13.8（c）给出了买家出价分布期望对任务转卖率的影响，设置买卖双方的数量均为 80，卖家估值分布期望为 50；图 13.8（d）给出了卖家估值分布期望对任务转卖率的影响，设置买卖双方的数量均为 80，卖家估值分布期望为 50。

从图 13.8（a）中可以看出，由于卖家数量一定并且少于买家数量，因此当买家数量增加时，系统的任务转卖率降低。从图 13.8（b）中可以看出，在买家数量一定的情况下，卖家数量越多，任务转卖率越高。因为卖家数量一直少于买家数量，任务的数量是供小于求的，因此在需求一定的情况下，供给越多任务转卖率越高。从图 13.8（c）中可以看出，当买家出价分布期望增加时，系统的任务转卖率会增加。从图 13.8（d）中可以看出，当卖家估值分布期望增加时，系统的任务转卖率会降低。

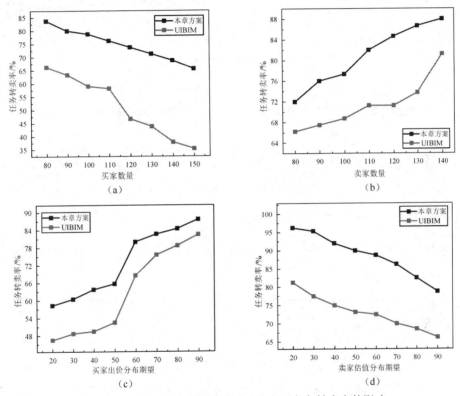

图 13.8　用户数量与用户报价分布期望对任务转卖率的影响

总体上，图 13.8 反映了任务转卖率在买家数量、卖家数量、买家出价分布期望以及卖家估值分布期望影响下的对比，可以看出本章方案的任务转卖率优于现有的 UIBIM 方案，表明本章方案更能满足用户对隐私保护的需求。

### 13.6.5　转卖方案计算开销

分别考察了本章方案中买家数量、卖家数量、买家出价分布期望以及卖家估值分布期望对转卖方案计算开销的影响，并与现有的 UIBIM 方案[98]进行对比，如图 13.9 所示。

图 13.9（a）反映了买家数量对计算开销的影响，设置卖家数量为 80，买家数量以 10 为增量从 80 增长到 150；图 13.9（b）反映了卖家数量对计算开销的影响，设置买家数量为 150，卖家数量以 10 为增量从 80 增长到 140；图 13.9（c）反映了买家出价分布期望对计算开销的

影响，设置买卖双方的数量均为 80，卖家估值分布期望为 50；图 13.9（d）反映了卖家估值分布期望对计算开销的影响，同样的，设置买卖双方的数量均为 80，买家出价分布期望为 50。

从图 13.9（a）中可以发现，任务转卖的计算开销保持在 0.0056s 内，与现有的 UIBIM 方案相比，本章方案的计算开销是毫秒级的，计算开销很低。从图 13.9（b）中可以看出，任务转卖的计算开销保持在 0.0053s 内，远低于现有的 UIBIM 方案。从图 13.9（c）中可以发现，任务转卖的计算开销不超过 0.0066s，仍远低于现有的 UIBIM 方案。从图 13.9（d）中可以看出，任务转卖的计算开销不超过 0.0067s，仍比现有的 UIBIM 方案低。

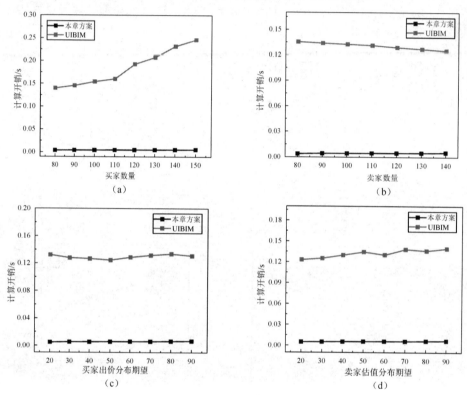

图 13.9　用户数量与用户报价分布期望对计算开销的影响

总体上，图 13.9 反映了本章方案和 UIBIM 方案的系统计算开销在买家数量、卖家数量、买家出价分布期望以及卖家估值分布期望影响下的对比，可以明显地看出本章方案的计算开销远低于现有的 UIBIM 方案，表明使用本章方案计算开销极低，能以更高的效率完成任务的转卖。

## 13.7　本章小结

由于 MCS 任务分配中现有的隐私保护工作不能解决满足用户动态隐私需求，本章提出了一种动态位置隐私保护任务分配方案。首先，提出了一种基于隐马尔可夫模型的连续任务分配条件下的用户自适应隐私参数调整机制，帮助用户根据当前位置和历史隐私参数信息决定下一个隐私参数，满足用户的动态隐私需求，减少隐私预算的消耗。此外，提出了一种基于维克瑞拍卖的任务转卖机制，并在任务执行过程中设计了相应的算法。新用户可以继续执行不再适合原始用户的任务。

## 13.8 思考题目

1. 连续任务分配中需要考虑哪两种情形的隐私需求调整问题？
2. 基于隐马尔可夫模型的隐私参数自适应调整机制为什么适用于连续任务分配隐私保护建模？
3. 为什么不需要处理任务执行过程中用户隐私需求降低的情况？
4. 采用基于维克瑞拍卖的任务转卖机制有什么优势？

# 第 14 章　总结与展望

内 容 提 要

　　本章以无线网络中用户活动环节为主线，总结了本书在接入认证、安全传输和位置隐私保护三个部分的研究内容。具体地，在接入认证部分，总结了针对无线局域网和移动通信网中的接入认证研究工作。在安全传输部分，以新兴无线网络应用领域——空间信息网和无人机网络为例，总结了安全端到端通信和安全群组通信研究工作。在位置隐私保护部分，以最常见的 LBS 为例，总结了位置隐私保护研究工作。然后，针对上述三个部分亟待解决的问题和未来研究方向进行了讨论。

本 章 重 点

　◆　接入认证研究工作总结
　◆　安全传输研究工作总结
　◆　位置隐私保护研究工作总结
　◆　亟待解决的问题和未来研究方向

## 14.1　总结

　　无线网络在给大众带来便捷生活的同时，也面临着严重的安全和隐私威胁。以用户在无线网络中的活动环节为主线来看，其在网络接入环节面临身份隐私泄露，在数据传输环节面临数据隐私泄露，在服务使用环节面临位置隐私泄露。与此同时，这三类隐私信息存在密切的关系，例如，用户身份信息的泄露会导致位置信息甚至传输信息的泄露，而位置信息的泄露也会导致身份信息的泄露。

　　无线网络中用户信息的泄露，严重威胁了其个人隐私，甚至生命、财产安全。为此，研究者们陆续提出了许多相关的安全和隐私保护方法。本书对这些方法进行了深入的分析，总结出其存在的不足，并提出了对应的解决方案，具体包括接入认证、安全传输和位置隐私保护。

　1）接入认证

　　接入认证是确保无线网络安全的第一道防线。本书对目前最常用的两类无线网络——无线局域网和移动通信网中的接入认证架构展开了研究。

　　在无线局域网中，首先对接入认证国际标准 IEEE 802.11 进行研究，发现其在接入初始链路建立过程中消息交互轮数过多，导致认证效率低，针对此问题提出了一种高效的初始访问认证协议 FLAP。该协议仅通过两条往返消息即可实现认证和密钥分配，显著提高了认证效率。当无线网络变得拥堵时，FLAP 的优势变得更加突出。然后，对接入认证过程中的身份隐私保护进行研究。现有基于非对称密钥的匿名身份认证计算开销大，难以适用于能力受限的终端设备。而基于对称密钥的匿名身份认证，虽然所需计算开销小，但其存在时间关联攻击，对用户身份信息保护效果差。为此，提出了一种基于共享密钥的轻量级匿名认证协议。

在移动通信网中，首先关注了两类具体前沿通信网络 5G 和 6G 中的接入认证问题。其中，5G 网络最显著的特点是引入了网络切片来支持各种垂直行业，用户可以在订阅的多个网络切片间来回切换以满足自身的服务需求，其中涉及三种类型的切片切换。然而，现有的切片切换架构，一方面缺乏统一性，不具备通用性；另一方面，没有考虑片间切换时用户隐私保护的持续性。基于此，提出了 5G 网络中具备切片选择隐私保护的统一认证架构，其在考虑用户身份隐私保护的前提下实现了切片接入和切换的统一认证管理。6G 网络作为 5G 网络的演进，其在继承切片技术的同时，还将提供可广泛接入和灵活的网络，覆盖开放环境中更多无人值守的终端。然而，无人值守终端的网络切片接入面临着挑战。具体来说，物理攻击是开放环境中无人值守终端的重大威胁。同时，无人值守终端资源有限和无缝服务的特点也必须加以考虑。为此，提出 6G 切片网络中适用于无人值守终端的认证架构，实现了 6G 网络中无人值守终端抗物理攻击的快速片间切换认证。然后，关注了通用的移动通信网络架构下的接入认证问题。具体来说，在移动通信中，各种接入网的接入认证方式虽然不同，但都基于 USIM 中提供的认证算法，这存在诸多弊端，无法满足未来移动通信的需求。本书提出了一个统一的接入认证框架，其利用扩展认证协议 EAP，在 USIM 中增加了一个独立认证层，实现了 USIM 在认证算法上的可扩展性，且认证框架独立于通信技术，使得网络服务商能够根据特定场景协商和运行合适的认证框架。

2）安全传输

用户接入网络后，需要建立可靠信道进行安全数据传输。本书对该过程中涉及的安全端到端通信和安全群组通信技术进行了研究。

首先，空间信息网作为实现无线网络泛在连接、全面覆盖的大型基础网络设施，具有异构多安全域的特点。由于各域采用的安全机制不同，使得不同安全域内的用户彼此间无法直接进行跨域通信。针对该问题，提出了一种可跨域的端到端安全关联协议，其通过改进密钥交换体制，屏蔽不同安全域之间的差异性，实现了跨域安全端到端通信。物联网作为无线网络的典型应用领域，已广泛应用于智能家居、智能交通和工业制造中。然而，现有的物联网中的可信网络连接框架，难以满足分布式、多层次的端到端连接需求。为此，利用区块链去中心化、安全可信的特点，提出了基于区块链的分布式可信网络连接协议，实现了分布式环境下终端之间双向验证及安全端到端通信过程。无人机网络作为无线网络的新兴应用领域，在军事和民用中发挥着重要作用，如联合作战、环境勘探等。然而，考虑到无人机网络具有节点移动快、网络拓扑高动态、外部环境复杂多样的特点，导致无人机网络中通信链路不稳定，使得分发的群组密钥消息频繁丢失。针对该问题，采用区块链技术提出了无人机网络中具有互愈能力的群组密钥更新方案，确保了无人机节点安全高效地恢复丢失的群组密钥，实现了高鲁棒性的安全群组通信。

3）位置隐私保护

LBS 是无线网络中用户最常使用的服务。本文围绕用户在使用 LBS 过程中存在的位置隐私泄露问题展开研究，提出了一系列位置隐私保护方法。

具体地，激励机制是基于 $K$-匿名位置隐私保护的关键，然而现有的激励机制一方面需要依赖可信第三方服务器，难以在分布式场景下部署，另一方面忽略了用户的恶意策略，导致用户隐私泄露。针对此问题，提出了一种隐私增强的分布式 $K$-匿名激励机制。首先，通过确定用户之间的货币交易关系和位置传输关系，实现了在没有可信第三方服务器的情况下构建匿名区域。然后，在此基础上，通过角色识别机制和追责机制来约束和惩罚恶意用户，在保护用户位置隐私的同时，对用户实施有效激励。基于差分隐私的地理不可区分性作为一种严格的位置扰动范式，已被广泛地应用于用户的位置隐私保护。但由于其在添加位置扰动时，未考虑整体分布，导致 LBS 服务器上用户的位置统计分布不可用。针对这一问题，首先给出了一个新的考虑用户位置分布的隐私定义，然后在此基础上，采用差分隐私指数机制设计了一个分布保持的 LBS 位置隐私保护方案，其在实现位置隐私保护的同时兼顾了位置分布的可用性。移动群智感知作为一种新兴的服务范式，已经得到广泛使用。本地差分隐私是一种无须依靠可信第三方服务器来感知用户空间分布并实现位置隐私保护的方法。然而，现有的此类方案中均缺乏对用户理性的现实考虑，导致在实际的移动群智感知应用中难以得到满足所有用户的感知空间分布。为了解决这一问题，提出了移动群智感知服务中隐私保护的空间分布感知方案，其通过博弈论满意度形式化地对用户之间的交互进行建模，并设计迭代学习算法以尽可能地寻求所有理性用户的满意度均衡，实现了理性用户在彼此不知情的情况下获得满意的隐私保护空间分布。基于位置的任务分配是群智感知服务中至关重要的环节，与此同时，为了避免位置隐私泄露，通常需要采用差分隐私机制提供保护。然而，现有的此类方案忽略了用户隐私需求的动态特性，导致用户在持续执行任务过程中存在位置隐私泄露的风险。为此，提出移动群智感知下动态位置隐私保护任务分配方案，其通过所设计的基于隐马尔可夫模型的隐私参数自适应调整机制和基于维克瑞拍卖的任务转卖机制，在满足用户动态隐私保护需求的前提下，进一步提高任务的完成率。

## 14.2 展望

本书从网络接入、数据传输和服务使用三个环节，系统、全面地探讨了无线网络面临的安全威胁并给出应对方法，但由于无线网络体系庞杂、技术日新月异，仍面临诸多有待解决的问题。本节将以用户在无线网络中三个活动环节为主线，对无线网络安全领域未来可能的研究方向进行介绍，具体如下。

### 1. 网络接入

随着智能设备的大规模应用和普及，越来越多的用户接入无线网络享受各种服务。这势必会给认证服务器带来巨大的处理压力，同时也会影响用户的服务体验。服务器扩容是一种简单有效的方法，但这只能部分缓解网络压力。因此，必须从接入认证架构和认证方法上进行根本性的改进和提升。具体来讲，在认证架构上，通过区块链技术将集中式认证架构转化为分布式认证架构，分散认证流量，进行同步处理。在认证方法上，通过设计支持批处理能力的认证方法，提升高并发下的批量处理能力。将二者进行有机结合，是未来值得进一步研究的方向。此外，随着 AI 技术的深入发展和应用，移动终端设备能够便捷地采集人体生物特征的特性，接入认证技术的研究重点也逐渐从传统的基于口令的认证转向了以生物特征识别技术为主的认证。例如，通过智能手机能够便捷地采集到用户的指纹、声纹、人脸、步态等生物特征信息。因此，在未来，基于生物特征的接入认证也是同样值得深入研究的方向。

## 2. 数据传输

在传输过程中，尽管现有的加密和认证可以保证数据内容的安全，有效地抵抗攻击者获取或篡改数据，但无法阻止其通过窃听、流量分析等手段获取数据收发双方的位置、身份以及通信关系等重要信息。然而，在实际应用中这些信息对用户来说是极其敏感的。例如，在民用网络中，人们不愿意让别人知道自己正在访问哪个站点；即时通信的用户不愿意让别人知道自己正在和谁聊天；电子商务的客户不愿意让别人知道在和谁交易。此外，在某些通信敏感的场景中，攻击者可以监听到某个网络节点非常活跃，有大量数据在发送、接收，虽然不能破解信息内容，但是大量发送和接收的信息表明此节点足够活跃，攻击者会把它作为一个重要目标。如果在军用网络中，活跃的节点就有可能是军事指挥中心，攻击者会采取攻击手段进行破坏。因此，在数据传输过程中，不仅需要保护数据内容安全，还需要保护收发双方的身份、位置以及通信关系，这在未来是值得进一步深入研究的。

## 3. 服务使用

正如本书所呈现的，在 LBS 中，位置隐私保护方案多种多样，且每一种都具有较强的异质性，对其保护效用的评价准则也各不相同。因此，在未来一个潜在的研究方向是通过在隐私、效用和性能三个维度上定义一个可接受的评价标准，来实现位置隐私保护方案的统一评估体系。同时，位置隐私保护方案的研究和评价还需要依赖真实数据集上的实验结果。然而，目前公开可用的位置数据集十分有限，且部分过于陈旧，难以反映当前的位置服务现状。因此，迫切需要收集并建立新的位置数据集以推进位置隐私保护的研究。此外，在 LBS 服务中，位置隐私保护水平和服务质量是相互矛盾的，高的位置隐私保护水平往往会导致低的服务质量。因此，在未来应该分析影响用户位置隐私保护水平和服务质量的因素，采用博弈论的方法建立两者之间的博弈模型，使得位置隐私保护方案能够兼顾两者，以此指导位置隐私保护方案的设计。

目前以 6G 网络、虚拟现实、元宇宙为代表的新兴信息系统概念层出不穷，无线网络的演进日新月异。无线网络快速的发展过程，也正是物理世界和信息世界的深度融合过程。这势必会使其承载更多的用户隐私，如果用户身份、数据和位置信息得不到有效的保护，这无疑将会让用户成为网络中的"透明人"，这一方面增加了人们对新技术应用的担忧，另一方面也让不法分子有机可乘。因此，研究者们需要持续投入大量的精力聚焦于无线网络安全保护的研究和标准的制定。我们也有理由相信，随着各项保护技术和法规政策的应用落地，无线网络将为大众提供更安全便捷的服务，构建智慧和谐的家园。

# 参考文献

本书参考文献请扫描下方二维码获取。

# 反侵权盗版声明

电子工业出版社依法对本作品享有专有出版权。任何未经权利人书面许可，复制、销售或通过信息网络传播本作品的行为，歪曲、篡改、剽窃本作品的行为，均违反《中华人民共和国著作权法》，其行为人应承担相应的民事责任和行政责任，构成犯罪的，将被依法追究刑事责任。

为了维护市场秩序，保护权利人的合法权益，我社将依法查处和打击侵权盗版的单位和个人。欢迎社会各界人士积极举报侵权盗版行为，本社将奖励举报有功人员，并保证举报人的信息不被泄露。

举报电话：（010）88254396；（010）88258888
传　　真：（010）88254397
E-mail：　dbqq@phei.com.cn
通信地址：北京市海淀区万寿路 173 信箱
　　　　　电子工业出版社总编办公室
邮　　编：100036